北京高等教育精品教材

动植物检疫概论

李志红　杨汉春　沈佐锐　主编

中国农业大学出版社

图书在版编目(CIP)数据

动植物检疫概论/李志红,杨汉春,沈佐锐主编．—北京:中国农业大学出版社,2004.10(2019.6 重印)

ISBN 978-7-81066-645-9

Ⅰ.动… Ⅱ.①李… ②杨… ③沈… Ⅲ.①兽疫-检疫-概论 ②植物检疫-概论 Ⅳ.①S851.34②

中国版本图书馆 CIP 数据核字(2004)第 103671 号

书　　名　动植物检疫概论

作　　者　李志红　杨汉春　沈佐锐　主编

策划编辑　孙　勇　　**责任编辑**　孙　勇

封面设计　郑　川　　**责任校对**　陈　莹

出版发行　中国农业大学出版社

社　　址　北京市海淀区圆明园西路 2 号　　**邮政编码**　100193

电　　话　发行部 010-62818525,8625　　读者服务部 010-62732336

编辑部 010-62732617,2618　　出　版　部 010-62733440

网　　址　http://www.cau.edu.cn/caup　　**E-mail**　caup @ public.bta.net.cn

经　　销　新华书店

印　　刷　北京时代华都印刷有限公司

版　　次　2004 年 10 月第 1 版　　2019 年 6 月第 9 次印刷

规　　格　787×980　　16 开本　　27 印张　　494 千字

定　　价　54.00 元

主　编　李志红　杨汉春　沈佐锐

副主编　张国珍　林　伟　张宝峰　游忠明

编　者　(按姓氏拼音排序)

毕丁仁(华中农业大学)
毕克新(国家质量监督检验检疫总局)
崔建洲(河北农业大学)
郭　鑫(中国农业大学)
和淑琪(云南农业大学)
胡白石(南京农业大学)
李淑芳(湛江海洋大学)
李志红(中国农业大学)
廖　明(华南农业大学)
林　伟(国家质量监督检验检疫总局)
马　骏(湖南农业大学)
沈佐锐(中国农业大学)
王新武(国家质量监督检验检疫总局)
温俊宝(北京林业大学)
杨汉春(中国农业大学)
游忠明(国家质量监督检验检疫总局)
于洪春(东北农业大学)
曾　玲(华南农业大学)
张宝峰(国家质量监督检验检疫总局)
张国珍(中国农业大学)

主　审　陈仲梅(国家质量监督检验检疫总局)
黄冠胜(国家质量监督检验检疫总局)

前　言

加入 WTO 为我国农业带来新的挑战和发展机遇，以保护农业生产安全和人体健康、促进国际农产品贸易为宗旨的动植物检疫工作受到政府以及相关组织的高度重视。为了迎接入世的挑战，我国检验检疫部门、农产品生产和贸易部门等对动植物检疫专业人才以及具有动植物检疫基础知识的各相关专业人才提出了特别的需求。

为了普及动植物检疫的基础知识，优化高等院校学生的知识结构，满足社会对各相关专业人才的新要求，中国农业大学于 2001 年开设了面向各个专业本科生的“动植物检疫概论”课程。该课程使学生在学习动植物检疫基本概念和法规的基础上，掌握动植物检疫的主要程序和措施、认识检疫性动物疫病和植物有害生物的种类与危害，并进一步了解现代技术、国际贸易与动植物检疫的密切关系。

《动植物检疫概论》教材的编写得到了北京市教委高等教育精品教材建设重点项目的资助，同时也得到了中国农业大学教改项目的支持。与国内外同类教材比较，该教材的创新之处主要体现在两个方面：①综合论述动植物检疫的基本理论、法规和技术，内容丰富、素材新颖且适用范围较为广泛；②随教材附赠动植物检疫多媒体教学光盘《动植物检疫图像信息系统》，为读者提供了拍摄于主要贸易国以及我国部分口岸的珍贵图像资料。本教材包括 8 章 33 节，由来自全国部分高校从事动植物检疫教学工作的教师和国家质量监督检验检疫总局的有关专家共同编写完成。由于学识和经验所限，定有错误和遗漏之处，敬请指正！

在本教材的编写过程中，得到了诸多前辈、师长、领导和专家的悉心指点，得到了中国农业大学 IPMIST 实验室和植物检疫实验室师生的热情帮助，在此谨表衷心感谢！

本教材编写完成后，特邀请长期从事动植物检疫工作、拥有丰富经验的国家质量监督检验检疫总局陈仲梅研究员和黄冠胜研究员对全文进行审定，在此谨表衷心感谢！

“继承传统，求实创新”，谨以此书敬献给在中国动植物检疫领域里辛勤耕耘的劳动者！

李志红

2004 年 8 月 12 日

目　　录

第1章　动植物检疫起源与发展

本章简介　动植物检疫迄今已有300余年的发展历史，法制性是其基本属性之一。作为保护农业生产和人体健康、促进经济贸易的一种强制性措施，动植物检疫受到世界各国政府以及相关国际组织的高度重视。本章在介绍动植物检疫起源的基础上，详细论述了动植物检疫的一般概念、主要目的、基本类型和属性，并对中国动植物检疫的历史进行了概要性回顾。

章节安排　1.1　动植物检疫的起源

1.1.1　检疫的萌芽与动植物检疫

1.1.2　人为传播与灾难性动植物疫情

1.1.3　早期的动植物检疫

1.2　动植物检疫的基本概念

1.2.1　动植物检疫基本术语的含义

1.2.2　动植物检疫的主要目的

1.2.3　动植物检疫的实施范围

1.3　国际动植物检疫的现状

1.3.1　动植物检疫的主要类型

1.3.2　动植物检疫的基本属性

1.3.3　动植物检疫的发展特点

1.4　中国动植物检疫的发展

1.4.1　动植物检疫的孕育与建立

1.4.2　动植物检疫的开拓与进取

1.4.3　动植物检疫的改革与创新

1.1 动植物检疫的起源

学习重点

- 了解卫生检疫与动植物检疫的关系
- 了解人为传播与灾难性动植物疫情的关系
- 掌握动植物检疫最早的范例

在世界范围内，有一项事业与人类的切身健康直接相关，同时又对保护农业生产、促进经济贸易起着重要的作用，这项工作就是检疫。当前，检疫已成为各主权国家防范人类传染病、动物疫病和植物有害生物入侵的一种法律强制性措施，受到各国政府以及相关国际组织的高度重视，如世界贸易组织(World Trade Organization，WTO)专门针对检疫制定了相应的条款，以对各成员国的检疫工作予以规范和透明。

1.1.1 检疫的萌芽与动植物检疫

"检疫"的英文词为"quarantine"，有隔离的含义。一般文献资料认为"quarantine"来源于拉丁文"quarantum"，本意为"四十"或"四十天"；林火亮(1989 年)指出，"quarantine"来源于意大利语"quarantina"（四十天）和"quaranta"(四十)。检疫的最早萌芽出现在 14 世纪中叶的欧洲。当时，欧洲大陆流行黑死病(black death)、霍乱(cholera)、黄热病(yellow fever)等严重疾病，威胁着人类的生命安全。为了阻止上述传染病的传入，当时的威尼斯共和国采取了一项强制性措施，即要求外来船舶和人员在进港前必须滞留、隔离 40 d。经 40 d 的观察，证明船上人员没有感染上述传染病时，才允许船舶进港、人员上岸。

这是一种针对人类传染病的强制性隔离措施，在当时医药技术尚不发达的条件下，该方法确实对阻止人类传染病的传播蔓延起到了重要的作用。此后，许多国家(地区)陆续效仿这种做法，逐渐发展形成了被国际上普遍认同的卫生检疫。直至今日，隔离仍是一种预防危险性人类疾病传播、扩散的有效方法。2003 年春，中国、新加坡等国家及部分地区暴发非典型性肺炎(SARS)，在该病得到有效控制的过程中，隔离措施起到了至关重要的作用。

随着历史与文明的发展，人类逐渐认识到，与人类疾病给人体健康所带来的危害一样，动物疫病、植物有害生物对动物、植物、环境以及人类自身的安全也具有相当大的威胁。如何预防动物疫病和植物有害生物的传播蔓延呢？上述卫生检疫的措施给人类以启迪，并被逐步应用于针对动物疫病和植物有害生物的检疫，进而形成了当今的动植物检疫(animal and plant quarantine)。

1.1.2　人为传播与灾难性动植物疫情

人类在认识到动植物检疫的重要性和必要性之前曾为此付出了特别的代价。历史上一些灾难性的动物疫病和植物有害生物的出现给人类带来了极为惨痛的教训，这些疫情因人为传播且缺乏有效的检疫措施，而在世界范围内或部分地区肆虐横行，给农业生产、经济贸易造成了巨大的损失，有的甚至直接危及了数百万人口的生命安全。

欧洲于19世纪30年代从南美洲的秘鲁引进马铃薯进行种植。与此同时，一种致病菌——马铃薯晚疫病菌(*Phytophthora infestans*)也在人类毫不知觉中潜随而至。这种病菌遇到气候适宜时便生出大量菌丝体，造成马铃薯腐烂，生成的孢子可再次侵染。当时，人们并未意识到这一潜在的危险，而是被马铃薯诸多的优点所吸引，进行大量种植，特别是在爱尔兰几乎成为唯一的粮食作物。1845年，由马铃薯晚疫病菌引起的一场灾难降临欧洲。这一年的气候条件非常适合该病菌的繁殖，马铃薯还没等到收获就全部枯死，造成了震惊世界的爱尔兰大饥荒，死于饥荒者达100多万人，另有200万人外出逃荒。

马铃薯甲虫(*Leptinotarsa decemlineata*)原产于墨西哥北部落基山东麓，以野生茄科植物的叶片为食。1817年，北美地区从智利引入栽培用马铃薯，这使马铃薯甲虫找到了更可口的食粮，从此放弃野生茄科植物，转而以栽培的马铃薯为食。1855年，在美国的科罗拉多州发现该虫严重危害马铃薯；1874年，该虫抵达美国东海岸。鉴于马铃薯甲虫的危害，欧洲一直禁止从美国调种。但是，由于第一次世界大战将德国的马铃薯供种基地彻底摧毁，法国迫不得已从美国引进种薯。1921年，马铃薯甲虫在法国西南部立足；至1939年，法国全境发生。该虫借助人为传播及自身每年135 km的飞行速度，在1975年时已遍及欧洲大陆的主要部分，现在正威胁着我国西部地区。

舞毒蛾(*Lymantria dispar*)原产欧洲。1869年，一美国人打算以该幼虫的丝开发一项新兴工业，于是故意从欧洲带回美国。从此，舞毒蛾在美国慢慢扩散。1905年，康涅狄格州舞毒蛾大暴发，给林果区酿成了大害。有这样的报道形容当时的情景“阔叶林几乎全部受损，6月出现三冬景象，汽车经过林区路面，因虫尸太厚，比冰面还滑；大量幼虫爬进住房，直接威胁人们的生活。”

在动物疫病方面，也有诸多由于人为传带而造成灾难性疫病流行的事例。例如马耳他，仅因一位旅客将飞机上的残羹捡回家喂猪，就致使非洲猪瘟病毒

(african swine fever)(剩饭中的猪肉制品上带有该病毒)传入了该国。非洲猪瘟病毒很快在马耳他全境蔓延而无法控制,马耳他政府不得不采取紧急措施,即扑杀全国所有生猪的办法来消灭非洲猪瘟。

1.1.3 早期的动植物检疫

动植物检疫在其产生初期就已具备一个非常突出的特征,即运用法律和行政的强制手段,禁止一切带有危险性动物疫病和植物有害生物的动植物及其产品的输入,以保护本国农牧业的生产安全和人类的身体健康。

1)早期的植物检疫

1660 年,法国的 Leon 地区通过一项法令,专门用以铲除小檗并禁止其传入(图 1-1)。这是由于小檗的存在与小麦秆锈病(wheat stem rust)暴发直接相关,该病是危害小麦茎秆的一种真菌病害,对小麦生产造成影响。这是文献记载中植物检疫最早的范例,也是人类首次运用法律手段来防止植物有害生物的传入。

1872 年,法国颁布了禁止从国外输入葡萄枝条的法令。这一法令的颁布与葡萄根瘤蚜(*Viteus vitifoliae*)密切相关。该虫原产美国,是一种严重危害葡萄根部并影响植株生长的害虫。1858 年,葡萄根瘤蚜随葡萄枝条的输出传到了欧洲,并于 1860 年传入法国。在 25 年的时间里,葡萄根瘤蚜危害并毁坏了法国近 1/3(约 200 万 hm^2)的葡萄园,使该国的支柱产业——葡萄酿酒业遭受了沉重打击。

图 1-1 动植物检疫早期范例

(仿夏红民,2002)

19 世纪 70 年代,马铃薯甲虫在美国的传播以及造成的危害促使许多欧洲国家先后颁布了各自的针对该虫的检疫法令。例如,俄国在 1875 年颁布的法令中,不仅禁止美国的马铃薯进口,而且也不准做包装材料用的马铃薯枝叶进口。又如,英国在 1877 年于利物浦港码头发现一头活的马铃薯甲虫,该疫情立即引起政府的重视,随即制定和颁布了《毁灭性昆虫法令》(Destructive Insects Act),以防止马铃薯甲虫的传入和扩散。

2)早期的动物检疫

1866 年,英国颁布一项法令,批准采取紧急措施,扑杀由于进口种牛带进的牛瘟(rinderpest)所传染的全部病牛。牛瘟是一种严重的动物传染病,为了预防这一疫病的再发生,英国又于 1869 年制定了《动物传染病法》,以控制牛的进口。1871 年,日本政府采取措施,防止西伯利亚地区流行的牛瘟传入该国,并于 1886 年制定了《兽类传染病预防法规》。

1879 年,由于在进口的美国肉类制品中发现带有旋毛虫(trichina)、绦虫(cestode),意大利下令禁止进口美国的肉类制品。旋毛虫和绦虫都是动物的寄生虫,严重危害动物健康。1881 年,奥地利、德国和法国也相继颁布禁止美国肉类进口的法令。

小　结　检疫起源于 14 世纪的欧洲,是一种强制性的措施。早期的检疫只是用于控制人类传染病的传入和扩散,即卫生检疫。随着对动植物疫情与人为传播关系认识的不断深入,人类将卫生检疫的做法借鉴到危险性动物疫病和植物有害生物的控制中,从而使动植物检疫得到了发展。早期动植物检疫的突出特点是采取强行禁止贸易或引进的方法来预防危险性动植物疫情的传入。

1.2　动植物检疫的基本概念

学习重点

- 掌握动植物检疫等相关术语的含义
- 掌握动植物检疫的主要目的
- 了解动植物检疫的实施范围

动植物检疫作为一具有法律强制性防范危险性动植物疫情传入、传播的巨大屏障,已经成为各主权国家保护本国农牧业生产安全和国民身体健康的一项重要工作。同时,在服务和促进对外经济贸易发展,特别是促使创汇农产品打入国际市场、引进动植物优良品种等方面,动植物检疫亦做出了重要贡献。认识动植物检疫等相关术语的基本含义,进一步理解动植物检疫的根本宗旨和管理范围,是非常必要的。

1.2.1　动植物检疫基本术语的含义

如何理解“动植物检疫”以及相关术语的基本含义呢？在动植物检疫的发展

过程中，联合国粮食与农业组织（Food and Agriculture Organization of the United Nations，FAO）等国际组织，曾经向各成员国发放相关的术语表或国际标准；各国或地区对这些术语也进行了一定的描述。笔者参考国际组织的有关界定以及其他相关文献的描述，并综合考虑动植物检疫的特点，对“动物疫病”“植物有害生物”“检疫性动物疫病和植物有害生物”以及“动植物检疫”等术语进行初步概括。

在动植物检疫领域，动物疫病（animal disease）指的是为害或可能为害动物及动物产品的任何传染病和寄生虫病。植物有害生物（plant pest）泛指为害或可能为害植物及其产品的任何生物，即任何对植物或植物产品有害的植物、动物或病原体的种、株（品）系或生物型（Any species，strain or biotype of plant，animal，or pathogenic agent，injurious to plants or their products）。检疫性动物疫病和植物有害生物（Quarantine animal disease and plant pest）是对受其威胁的地区具有潜在经济重要性，但尚未在该地区发生，或虽已发生但分布未广并正在进行官方控制的动物疫病和植物有害生物（The animal diseases and plant pests of potential economic importance to the area endangered thereby and not yet present there，or present but not widely distributed and being officially controlled）。

关于“动植物检疫”这一术语，过去一般是从“动物检疫”和“植物检疫”两个角度分别解释其含义。综合考虑其特点，动植物检疫（animal and plant quarantine）是旨在防止检疫性动物疫病和植物有害生物的传入、传出和（或）扩散，或确保其官方控制的一切活动（All activities designed to prevent the introduction and/or spread of quarantine animal diseases and plant pests or to ensure their official control）。近 10 年来，动植物检疫在全世界范围内受到了更多的关注，得到了更快速的发展。当今的动植物检疫已成为由官方机构依法对动植物及其产品等应检物采取一系列限制措施以完成检验、检测和处理等检疫程序，从而有效防止危险性动物疫病和植物有害生物传入、传出和（或）扩散的重要体系。

1.2.2 动植物检疫的主要目的

动植物检疫的主要目的在于：①防止危险性动物疫病和植物有害生物的传入、传出及扩散；②保护农、林、牧、渔业生产安全、人体健康以及生态环境；③促进国际及国内经济贸易的发展。

动植物检疫所限制的动物疫病和植物有害生物，其危害均较严重且经济意义也较突出。这些危险的动物疫病和植物有害生物，能够给各国的农业生产、人体健康和社会安定带来巨大的危害、影响和威胁。例如，有关资料显示目前人畜共患的传染病近 200 种。在美国，自 1975 年以来，加利福尼亚州发生地中海实蝇(*Ceratitis capitata*)为害，造成的直接经济损失和用于防治的费用每年高达 20 多亿美元。在英国，1996 年发生牛海绵状脑病（俗称疯牛病）(bovine spongiform encephalopathy)，病例达 17 余万宗，并有 24 人因食用了病牛肉而感染患上“克—雅氏症”，其中 22 人死亡。一时间，英国人“谈牛色变”。英国是世界牛肉出口大国，因疯牛病许多国家纷纷宣布禁止从英国进口牛、牛肉和奶制品等，这使英国养牛业遭受沉重打击，年损失外汇达 6 亿美元，近 10 万人失业，国民生产总值下降 40 多亿美元。

我国是一个农业大国，农业是国民经济的基础。加入 WTO 后，我国的市场将进一步开放，动物疫病和植物有害生物的入侵风险将随之增加。与此同时，动物疫病和植物有害生物本身也在不断变化，其复杂性、危害性均在不断提高。因此，我国的农业生产安全将面临更大的威胁。严守国门，保护农业生产安全，使我国农业免受国际重大疫情灾害的影响，是动植物检疫事业的头等任务。目前，我国的动植物检疫划分为进出境动植物检疫和国内动植物检疫两个部分。主管进出境动植物检疫工作的部级机关是国家质量监督检验检疫总局，主管国内动植物检疫的部级机关是农业部和国家林业局。在我国各出入境检验检疫局（图 1-2）以及国内各级动、植物检疫站的共同努力下，有效地防止了诸如牛海绵状脑

图 1-2　中国口岸局出入境检验检疫现场

（李志红摄于北京首都国际机场，2000）

病、非洲猪瘟、地中海实蝇、小麦矮腥黑穗病菌（*Tilletia controversa*）等危险动物疫病和植物有害生物的传入。有关资料显示，我国口岸每年都截获大量的有害生物、传染病媒介物以及存在安全问题的动植物产品，例如 2002 年共截获各类有害生物 1 300 多种 22 430 批次、传染病媒介物 1 037 批次、存在安全问题的动植物产品 927 批；在所截获的有害生物中，昆虫为 810 种 13 903 次、线虫为 67 种 4 069 次、杂草 243 种 3 058 次、真菌 124 种 1364 次、细菌 6 种 9 次、病毒 6 种 11 次，其他有害生物 40 多种 16 次。

农产品进出口在对外经济贸易中占有特殊地位。动植物检疫是国际性的，世界各国对进境动植物和动植物产品的检疫均较严格，不经动植物检疫的相关产品或检疫不合格的产品输入国不允许进口。在世界许多国家或地区，动植物检疫在促进其农产品的出口方面，发挥着重要的作用，如在中国动植物检疫机关的努力下，通过中、日两国检疫合作，实现了我国新疆哈密瓜对日本的输出。此外，动植物检疫在如何实现切实、有效、灵活地从国外引进动植物优良品种和农产品的过程中也担当着重要的角色，例如近年来通过中、美动植物检疫机关的努力，已在美国苹果、柑橘等输华问题上取得了一定进展。

1.2.3 动植物检疫的实施范围

哪些物品必须经过动植物检疫呢？这就是动植物检疫的实施范围。在我国的进出境动植物检疫中，其实施范围主要包括 4 大类物品：①动植物和动植物产品；②装载容器、包装物及铺垫材料；③运输工具；④其他检疫物，现分述如下。

1）动植物及其产品

依法检疫的动物指饲养、野生的动物，主要包括 4 类：①通过贸易、科技合作、赠送、援助等方式进出境的动物，主要为种用或饲养的家畜、家禽（如牛、马、猪、羊、鸡、鸭、鹅、兔、鸽等），野生动物数量较少；②旅客携带的进境动物，主要是伴侣动物（如猫、狗等）和观赏动物（如鹦鹉、金鱼等）；③邮寄进境的动物，主要是蜂（王）、蚕（卵）等；④过境动物，主要包括演艺动物、竞技动物和展览的观赏动物（如狮、象、熊、犬等）。

依法检疫的动物产品是指来源于动物未经加工或虽经加工但仍有可能传播疾病的产品，主要包括 3 类：①通过贸易、科技合作、赠送、援助等方式进出境的动物产品，主要是肉类、毛类（如羊毛、猪鬃等）以及皮张（猪皮、牛皮、羊皮、兔皮、貂皮等）；②旅客携带进境的动物产品，较多的是皮张、毛类和肉制品（如火腿、香肠等）；③邮寄进境的动物产品，包括多种产品，如肉制品、奶制品、毛类、皮张、动物水产品类（如鱼、虾蟹等）、动物性药材（如鹿茸、蛇胆等）以及蹄、骨、角类（如牛蹄、虎骨、鹿角、象牙等)等。

依法检疫的植物是指栽培植物、野生植物及其种子、种苗和其他繁殖材料等,主要包括 3 类:①通过贸易、科技合作、赠送、援助等方式进出境的植物,其中进境较多的植物主要是我国农业科研单位和生产单位引进的种子、种苗(如水稻、小麦、玉米、棉花、油料、柑橘、苹果、花卉、林木种苗等);②旅客携带的进境植物,主要有盆栽花卉、绿化和观赏树苗、蔬菜种子以及果树苗木、接穗、插条等;③邮寄进境的植物,主要包括蔬菜、瓜果种子及各种花卉繁殖材料。

依法检疫的植物产品指来源于植物未经加工或虽经加工但仍有可能传播病虫害的产品,主要包括 3 类:①通过贸易、科技合作、赠送、援助等方式进出境的植物产品,其中进境较多的有粮谷(如水稻、小麦、玉米等)、水果(如柑橘、苹果、龙眼等)和木材;②旅客携带进境的植物产品,主要包括水果、蔬菜、干果以及粮食、药材、烟叶等;③邮寄进境的植物产品,主要有粮食、干果、中药材等。

2)装载容器、包装物和铺垫材料

装载容器是那些可多次使用、易受病虫害污染并用于装载进出境货物的容器,如笼、箱、桶、筐等。目前,集装箱是应用最广的装载容器(图 1-3)。此外,在国际运输中,大多数动植物产品需要牢固地包装和铺垫物,这些材料多为植物性产品,且为质次又未经特殊加工处理的材料,极易感染和传播病虫害。装载容器、包装物、铺垫材料已成为检疫范围中非常重要的内容,具体包括 3 类:①装载进出境动植物、动植物产品和其他检疫物的装载容器、包装物、铺垫材料;②装载过境动物的装载容器;③装载过境植物、动植物产品和其他检疫物的包装物、装载容器。

3)运输工具

依法检疫的运输工具主要包括 4 类:①来自动植物疫区的运输工具(如船舶、飞机、火车等),特别是对可能隐藏病虫的处所(如餐车、配餐间、厨房、储藏室等)进行检疫;②进境的废旧船舶,包括供拆船用的废旧钢船以及我国淘汰的远洋废旧钢船;③装载出境动植物、动植物产品和其他检疫物的运输工具;④装载过境动物的运输工具。

4)其他检疫物

包括动物疫苗、血清、诊断液以及动植物性废弃物等。

小　结　动植物检疫是旨在防止检疫性动物疫病和植物有害生物之传入、传出和(或)扩散,或确保其官方控制的一切活动,其目的在于防止危险性动物疫病和植物有害生物的传入、扩散,保护大农业生产安全、人体健康和生态环境,同

图 1-3 停放在货运码头的集装箱

(李志红、邵刚摄于青岛出入境检验检疫局,2004)

时促进经济贸易的发展。实施进出境动植物检疫的物品范围包括 4 类,即动植物及其产品,装载容器、包装物及铺垫材料,运输工具以及其他检疫物。

1.3 国际动植物检疫的现状

学习重点

- 掌握动植物检疫的基本类型
- 掌握动植物检疫的基本属性
- 了解动植物检疫的发展特点

动植物检疫是全世界普遍实施的一种强制性措施。经过 300 余年的不断发展，国际动植物检疫的现状可从其主要类型、基本属性和发展特点上略见一斑。

1.3.1　动植物检疫的主要类型

人为传带造成了动物疫病和植物有害生物的远距离传播，特别是进入 20 世纪以来，随着对外贸易、旅游、科研合作等的飞速发展更使一些疫病和有害生物跨越了高山、大海等自然障碍的阻隔，在世界范围内传播、定殖和危害。动植物检疫是以疫病和有害生物的生物学特性为基础，采用法律手段和技术手段相结合的方法来预防检疫性动物疫病和植物有害生物传入国境以及在本国内传播。历经几百年的发展，各国根据自身的特点（例如自然条件等）形成了带有一定特色的动植物检疫，从而构成了当前国际动植物检疫的 5 种基本类型，即环境优越型、发达国家大陆型、经济共同体大陆型、发展中国家大陆型以及工商业城市型。

1）环境优越型

动植物检疫类型属于环境优越型的国家主要指岛国和半岛国，例如澳大利亚、新西兰、日本和韩国等。这些国家具有特殊的地理环境，凭借这一水域屏障，动物疫病和植物有害生物的自然传播很难对其农业生产、人类健康构成威胁，因而如何严格地控制疫病与有害生物的人为传播和入侵在这种动植物检疫类型的国家中变得更为重要。在澳大利亚，动植物检疫特别是进境动植物检疫受到高度重视，通过采取各种先进的检疫措施和技术严格地控制疫病和有害生物的侵入（图 1-4）。在环境优越型的国家中，一般对进境动植物检疫要求极为严格，出境检疫相对较宽松且根据进口国要求出证。但由于各国农业生产又有其自身特点，因此各国的进境检疫要求也有所不同，例如新西兰除引进少数优良品种外基本上不进口农产品，如果进口则制定特别严格的检疫要求；日本进口农产品较多，但一般从没有相关动物疫病或植物有害生物发生的国家或地区进口。

2）发达国家大陆型

动植物检疫类型为发达国家大陆型的，主要指地理位置毗邻的经济发达国家，例如美国和加拿大。从地理环境看，这种类型的国家彼此之间具有很长的边境线，这一自然环境很容易造成有害生物的自然传播和人为传播，按说这些国家之间的检疫应该非常严格才合乎常理。但由于这些国家的经济一般均较发达，在足够经费的支持下其彼此的疫情情况均较清楚、检疫技术也都较先进（例如实蝇诱捕监测技术等，见图 1-5），因而，这些国家之间的检疫要求就较为宽松。在对待其他国家时，进境检疫非常严格，出境检疫相对宽松且根据进口国要求出证。

图 1-4　澳大利亚的检疫宣传标志

（张宝峰摄于澳大利亚悉尼）

图 1-5　美国地中海实蝇的野外诱捕监测

（张宝峰摄于美国加利福尼亚州）

3)经济共同体大陆型

动植物检疫类型属于经济共同体大陆型的,主要指地理位置相邻且构成了经济共同体的国家,例如欧洲经济共同体(European Economic Community, EEC)的成员国。这些国家在政治和经济上形成了共同体,就动植物检疫而言,共同体制定了一系列的动植物检疫法规并要求成员国实施共同的动植物检疫原则和措施。依据共同体的规定,这些国家在执行动植物检疫任务时主要是将疫病和有害生物控制在共同体之外的原发地。因而,共同体国家之间的动植物检疫非常宽松,几近取消;但共同体以外的国家,其进境检疫要求十分严格,出境检疫相对宽松且根据进口国要求出证。

4)发展中国家大陆型

经济尚不发达的大陆型国家其动植物检疫类型属于发展中国家大陆型,例如中国、印度、智利、南非及其他部分美洲、非洲国家。这些国家的经济基础较薄弱,与发达国家和地区相比,农业生产特别是动植物疫情管理、监控方面的经费投入较少。这种类型的国家,在进境检疫中,以防止检疫性动物疫病和植物有害生物的传入为主,因此对特殊地区、特殊物品的检疫非常严格;在出境检疫中,由于这些国家的疫情较复杂,因此进口国一般提出较高的检疫要求,从而使这些国家的出境检疫也相对较为严格。

5)工商业城市型

以工商业为主的城市化国家或地区,其动植物检疫类型属于工商业城市型,例如新加坡、中国香港等。这些国家或地区的农牧业较贫乏,其动植物及动植物产品主要依靠进口。在进境检疫中,对动物、动物产品以及种子、种苗实施较严格的检疫,但对植物产品检疫较宽松;其出口检疫相对宽松且根据进口国要求出证。

1.3.2 动植物检疫的基本属性

动植物检疫是动物疫病和植物有害生物控制系统工程中的一个重要组成部分,它同一般的动物疫病和植物有害生物防治工作是相辅相成的。没有动植物检疫的防治是被动的防治;没有防治工作相配合的动植物检疫是消极的检疫。动植物检疫同一般的动物疫病和植物有害生物治理工作相比较,除了技术性这一共同属性外,还具有4个较为突出的基本属性,即法制性、预防性、国际性和综合性。

1)动植物检疫的基本属性——法制性

动植物检疫是依法开展工作的,法制性是其与生俱来的基本属性之一。进入20世纪后，各国纷纷立法，并陆续组建专门的动植物检疫机构，并由这些机构执行法律所赋予的各种检疫权利。例如，日本在1886年颁布了《兽医传染病法》，1896年制定了《兽医预防法》，1914年以后又陆续制定了《进出口植物检疫取缔法》《家畜传染病预防法》。又如，美国1912年颁布了《植物检疫法》，1935年颁布《动植物检疫法》；新西兰1960年以后相继公布了《动物保护法》《植物引进条例》和《植物保护法》等。我国于1991年公布《中华人民共和国进出境动植物检疫法》，并于1997年制定了《中华人民共和国进出境动植物检疫法实施条例》。

2）动植物检疫的基本属性——预防性

动植物检疫的核心问题是预防本国或本地区以外的检疫性疫病和有害生物的传入和扩散，防患于未然是动植物检疫的基本属性之一。动物疫病与植物有害生物的发生、分布有其自身的生物学特点，亦有其自身的复杂性、隐蔽性和突发性。因此，动植物检疫必须有较为完备的疫情预警机制，而这一预警机制的建立正是动植物检疫预防性的特点所决定的。最常见的预警方式是发布一份预警名单（Alert List），被列在这一名单上的是那些特别需要预防传入的动物疫病或植物有害生物。

3）动植物检疫的基本属性——国际性

国际合作与交流对动植物检疫来说具有重要的意义，国际性成为动植物检疫的一个基本属性，特别是对于进出境动植物检疫，其国际性更为突出。从农业生态系统角度来看，只有在一个较大范围的生物地理区域预防、控制或扑灭某些疫病和有害生物，才能使这一区域内的所有国家或地区的农牧业生产得到有效的保护。人类逐步认识到动植物检疫工作中区域性合作的必要性和紧迫性，进而形成了一些区域性国际组织，这些组织制定、实施了一些相关的动植物检疫国际公约、标准等，指导并协调各签约国的动植物检疫工作。

4）动植物检疫的基本属性——综合性

动植物检疫的综合性主要表现在动植物检疫是一个综合管理体系，既表现在其管理对象的错综复杂，又表现在其管理手段的有机综合。动植物检疫的管理对象既包括法定的检疫性动物疫病和植物有害生物，也包括疫病和有害生物的各种载体（如动植物、动植物产品、运输工具、包装物等），同时还涉及受检疫法规约束的公民和法人。动植物检疫的管理手段包括法律手段、行政手段和技术手段，并实施于动植物及动植物产品流通的全过程。

1.3.3 动植物检疫的发展特点

纵观国际动植物检疫的历史，分析其发展特点主要体现在下述5个方面：

1)动植物检疫的执法更加严格

世界农业生产自20世纪50年代以来取得了显著的进步,为保护农业生产安全的动植物检疫也得到了飞速发展。目前,大多数国家都制定了本国的动植物检疫法规,并设专门的动植物检疫机构负责执法。从全球范围看,进一步地严格执法已成为国际动植物检疫发展的一个共同特点。“有法必依,执法必严,违法必究”“法律面前人人平等”等被动植物检疫日复一日地实践着。例如,许多国家检疫法规定的禁止进境物品,除非是科学研究等的特殊需要另经动植物检疫主管部门的特许审批,其他用途一律禁止进口,即使是国家元首也不例外。又如,检疫法中规定的检疫物,无论其物主或用途如何,都必须经过检疫。在北京,与我国建交的国家都设立了驻华大使馆,使馆人员需要经常地从其国内购进食品、水果等动植物产品,这些产品都必须经我国动植物检疫部门的检疫,并且需要证明其合格后才允许进境。

2)动植物检疫的范围不断扩大

世界经济贸易的发展使动植物、动植物产品以及人员的流动更加频繁,这无疑增加了危险性动物疫病和植物有害生物传入、扩散的机会。动植物检疫的实施范围不断扩大,对动植物疫情的防范更加严密,是国际动植物检疫发展的又一共同点。目前,一切有可能传带动物疫病和植物有害生物的载体也都被列入检疫范围之内。例如,大多数国家对入境的交通工具(火车、汽车、轮船、飞机等)进行严格的检疫,特别是对其食品库进行严格监管,对垃圾实行无害化处理。又如,一些国家对进境集装箱实施了检查和处理,主要原因是集装箱运输在国际贸易中被频繁地使用,使其已成为传带疫病和有害生物的一种载体。

3)动植物检疫的政策及时调整

动物疫病和植物有害生物的发生、流行是经常变化着的,即疫情是活的,针对这种变化,各国将及时调整本国的检疫政策,这已成为国际动植物检疫的一个共同特点。例如,当某一疫病和有害生物遇到非常适宜的定殖、为害条件,就会突然暴发或引起重大灾害,各国政府将采取相应的紧急检疫措施对其加以防范。1980年,美国加利福尼亚州发现地中海实蝇,由于该虫是水果的第一大杀手,一方面美国政府投入大量人力、物力在其发生地进行扑灭;另一方面世界上34个国家和地区在当时立即中断了与美国的水果和蔬菜贸易,明令禁止美国水果、蔬菜的进口。

4)动植物检疫的技术逐步提高

科学技术的进步为动植物检疫提供了先进的仪器、设备和方法,检疫技术逐步提高,向着简洁、快速、准确的方向不断迈进,这是当今国际动植物检疫发展的又一共同点。现代生物技术与信息技术的应用,使动植物检疫又上新的台阶。例如,在有害生物的检测过程中,先进国家或地区已经尝试采用分子生物学技术进行物种的快速鉴定。又如,在动植物疫情的监测、预警中,计算机技术特别是网络数据库、地理信息系统(Geographical Information System,GIS)等正在发挥重要的作用。

5)动植物检疫宣传全面加强

动植物检疫几乎会涉及每一个人,不仅因为贸易、旅游、科研交流等日益发展,而且因为动植物及其产品安全问题正在受到更多的关注。因此,如何宣传动植物检疫,使更多的人认识动植物检疫的基本目的、了解动植物检疫的基础知识,从而做到知法、守法,这是动植物检疫工作中非常重要的内容。近年来,有关动植物检疫的宣传在全球范围内得到普遍加强,特别是在发展中国家,更多的媒体开始关注检疫,有关的检疫教育迅速发展,为数众多的普通公民开始自觉地认知检疫。

在我国,动植物检疫的宣传得到特别的重视。例如,在机场的进境旅客携带物检疫大厅,有关的检疫宣传标志非常醒目(图 1-6),一些印刷精美的宣传手册随处可见,旅客可免费获得这些资料。1997 年 10 月,首都机场检疫局在对截获的外国驻华使馆人员携带入境的水果进行检疫时,检出危险性害虫——地中海实蝇,国家质量监督检验检疫总局为此在北京举行疫情通报会。应邀到会的有

图 1-6 针对入境旅客的检疫宣传

(李志红摄于广州白云机场,2003)

全国人大、国务院有关部委、口岸查验单位、北京市有关部门代表以及中央和北京新闻单位工作人员计 70 余人。在动植物检疫教育方面，我国高等院校已进行了多年的研究和尝试。例如，中国农业大学始终高度重视动植物检疫相关教育的发展，并设立教学改革项目进行动植物检疫相关课程的建设。在国家及口岸动植物检疫机关和人员的大力支持下，通过课程的学习、检疫口岸的参观实习以及与检疫人员的座谈交流等方式，学生们增强了对动植物检疫的认识。为了进一步普及动植物检疫知识，中国农业大学于 2001 年将"动植物检疫概论"列为全校性选修课，使学生得到有关动植物检疫的基本教育。

小　结　从自然条件和经济水平角度出发，一般将国际动植物检疫划分为环境优越型、发达国家大陆型、经济共同体型、发展中国家大陆型和工商业城市型等 5 种基本类型。动植物检疫具备法制性、预防性、国际性和综合性等基本属性，在其发展过程中体现出诸多的特点，如动植物检疫的执法更加严格、检疫范围不断扩大、检疫政策及时调整、检疫技术逐步提高以及检疫宣传全面加强等。

1.4　中国动植物检疫的发展

学习重点

- 了解我国动植物检疫的发展阶段
- 了解我国动植物检疫的重要历史事件

中国的动植物检疫已有近百年的发展历史。认识、了解动植物检疫的重要历史阶段，对把握中国动植物检疫的发展趋势、促进其发展具有一定的现实意义。

1.4.1　动植物检疫的孕育与建立(1903—1948 年)

1.4.1.1　中国早期的动植物检疫(1903—1928 年)

1)最早的动物检疫

据史料记载，我国最早的动物检疫出现在 1903 年。由于清政府在 1896 年允许沙俄在东北修建中东铁路，为解决修路人员的供给，1903 年在中东铁路管理局设立了铁路兽医检疫处，检疫来自沙俄的各种肉类食品。我国早期的动植物检疫带有显著的半殖民地色彩，这是由于 1840 年鸦片战争后欧美各国迫使清政府签订了一系列不平等条约，使中国的对外贸易为各列强所控制，动植物检疫也同样随列强的意愿而为之。例如1913年，英国为了防止牛羊疫病的传入，禁止病畜皮毛进口，在上海的英国商人为了贸易的需要，聘请英国兽医到上海做出口检验，并签发兽医证书。

中国官方最早的动物检疫机构出现于1927年，在天津成立了“农工部毛革肉类出口检查所”，最早的动物检疫法规是同年制定的《毛革肉类出口检查条例》及与此条例相配套的《毛革肉类出口检查条例实施细则》，可以说是国外的压力及国内商人的强烈要求促使了这一官方机构及法规的出现。1922年，美国曾以中国无国家兽医出口检查机关为由禁止中国肉类的进口；后又颁布关于限制毛革肉类进口的法令，该法令规定自1927年12月1日起，凡未经政府兽医机关检验，没有按规定式样签发兽医证书的猪、羊肠衣禁止进口。迫于这样的压力，中国政府决定在通商口岸建立毛革肉类出口检查所，并配备兽医人员及设备，执行动物检疫。

2)最早的植物检疫

在中国，关于植物检疫的思想和建议，最早出现于1916年，邹秉文先生(中国植物病理学先驱，商品检验局的创始人)撰文《植物病理学概要》，强调植物检疫的重要性。在治病方法中，邹先生指出：“治病方法有四：一曰禁病(Exclusion)，禁止外来病之入境也；二曰除病(Eradication)，除已在境之致病植也；三曰防病(Protection)，防护植物不为致病植侵害也；四曰御病(Immunization)，改良植种使能御病，虽有致病植不能侵入，治植病者所用，不外此也。”“禁病，其法有二：一曰检阅，于两省两国交界之间及轮舟口岸，对于生植之运入，非有证明无病之担保，均须派人检阅果不藏有致病植，方准入境。二曰禁入，某国或某省有某种危险病害之发生，或其致病植不易检阅时，则政府宜定一例，凡各种植物为此致病植所可寄生者，均不得入境”。1927—1929年，我国另一位著名的植物病理学家朱凤美先生在《中国农学会丛刊》上分3期发表论文《植物之检疫》，论述植物检疫的必要性和重要性，文中就病虫害问题写到“实民生所关，亦国家命脉之所系，而其灾患之减轻与消弭，乃治国之要计，爱民之真旨也。彼东西方先进诸邦，均以政治学问之全力，从事与此，良有以哉。”就植物检疫论述到“吾人不欲保护国内农林植物则已，否则不可不行植物输入检疫，以防病虫害之蔓延也，吾人不欲发展国外农产贸易则已，否则不可不行输出检疫以坚消费国之信用也。”

中国最早的植物检疫机构是1928年在上海、广州、天津等地先后成立的“农产物检查所”，最早的植物检疫法规是1928年公布的《农产物检查条例》以及

1929年制定的《农产物检查条例实施细则》《农产物检查所检验病虫害暂行办法》《农产物检查所检查农产物处罚规则》等。当时,中国的棉纺织业已有相当的发展,但国内原棉生产不能满足需要且国产棉花纤维长度不足,因而开始引进美国陆地棉种,在上海、江苏、湖北等地试种成功。考虑到美国一种棉铃象的为害极严重以及其他病害也会因引种而被传入,一些昆虫、植物病理学家纷纷撰写文章,建议政府仿照欧美办法,设立口岸检查所,执行植物有害生物检验。同时,英美等国也制定了进口农产品必须进行植物检疫,没有输出国政府专设机关检疫证书的货物不准进口的法令。在上述各方面影响下,中国最早的植物检疫机构和法规得以建立和颁布。

1.4.1.2 抗战前后的动植物检疫(1929—1948年)

1)最早的商品检验局——统一管理进出口商品检验及动植物检疫

1929年,当时的工商部在上海、青岛、汉口、天津和广州等地设立了商品检验局。邹秉文先生出任中国第一个商品检验局——上海商品检验局的首任局长。这些机构的主要任务有二:一是检验出口商品质量,维护出口商品信誉,二是防止有毒有害的商品进口。1930年,工商部颁布《商品检验暂行条例》,将进出口农畜产品列为有害危险的商品应执行病虫害检疫之列。1930年,农矿、工商两部合并改建为实业部,商品检验局改属实业部领导,各地商检局根据实际情况接管了农产物检查所和肉类检查所,统一管理进出口商品检验,分别设置有蚕丝、化工产品、农产品和畜产品检验处。其中农产品和畜产品检验处分别负责进出口农产品和畜产品的品质检验和病虫害检疫。

1935年,上海商品检验局将农产品检验处植物有害生物检验组扩建为“植物有害生物检验处”,这是我国植物检疫发展过程中最早的一个专业单位。该处规定检验的植物产品有种子、苗木、粮谷、豆类、水果、蔬菜和中药材等项,设置有植物病理、园艺害虫、粮谷害虫和熏蒸消毒等4个实验室。中国动植物检疫历史上第一次熏蒸处理工作就是由上海商品检验局的植物有害生物检验处来完成的,即在1935年用二硫化碳对进口的100 t美国棉种进行了熏蒸处理。

2)战争期间的动植物检疫——基本处于停顿状态

抗日战争(1937—1945年)和解放战争(1946—1949年)给刚刚起步的中国动植物检疫造成了恶劣的影响,在此期间的动植物检疫基本处于停顿状态。1937年,抗日战争爆发,随着天津、上海等城市的沦陷,各商品检验局相继停办。1939年2月于昆明成立商品检验局,3月份又于重庆成立相应机构。但当时除了少量的桐油、茶叶和蚕丝外,农畜产品的进出口数量相当少,因而动植物检疫基本处于停办状态。1945 年，抗战胜利后，各地商品检验局陆续恢复工作，例如 1946 年 1 月，当时的经济部曾训令天津、上海及青岛商检局称"联合国善后经济署供应我国之牲畜奶牛 10 500 头、水牛 100 头、绵羊 200 头、军骡 1 300 头，于明年三四月份陆续由各海口输入"，现"抄发前实业部公布之商品检验局牲畜检验施行细则一份，令仰遵照早为准备施验为要"。但是，内战使国民经济日趋衰落，致使动植物检疫工作的原有基础大大削弱，检疫机构形同虚设。

战争直接影响了中国动植物检疫事业的发展，同时也使许多疫病和有害生物在此期间由境外传入。例如，蚕豆象(*Bruchus rufimanus*)原产埃及，19 世纪中叶传入英国，1870 年由英国传入美国，1917 年又由美国传到了日本；抗日战争期间，该虫被日本侵略军传入到中国沿海和长江一带，给中国的蚕豆生产带来了极大的危害。又如，甘薯黑斑病(*Ceratocystis fimbriata*)，1937 年从日本传入辽宁盖平县，随着侵华日军的铁蹄，至 1945 年该病已蔓延到辽宁、河北、山东、山西、河南、安徽、江苏、陕西等甘薯产区，造成极为严重的损失。

1.4.2 动植物检疫的开拓与进取(1949—1979 年)

1.4.2.1 新中国成立初期的动植物检疫(1949—1963 年)

1)动植物检疫主管机构的变化

中华人民共和国的成立，结束了近半个世纪半封建、半殖民地的动植物检疫的屈辱历史，揭开了新中国动植物检疫的崭新一页。1949 年 10 月，中央贸易部国外贸易司设立了商品检验处，并在天津、上海、广州、青岛、汉口、重庆等地恢复设立了商品检验局。1952 年，中央对外贸易部成立，设立了商品检验总局，下设畜产品检验处和农产品检验处，分别负责动物检疫和植物检疫工作。1954 年，政务院公布了《输出输入商品检验暂行条例》，以国家法规的形式将进出口商品(包括动植物检疫)纳入了国家行政管理的轨道。同时，国内的动植物检疫工作由农业部负责。

2)植物检疫工作

新中国成立伊始，随着土地改革的深入，全国农业得到迅速发展，为恢复国民经济、稳定人民生活和出口创汇等奠定了物质基础。1950 年，出口粮食 122.58 万 t，花生仁 15.78 万 t，土特产品 16 万多 t；1951 年粮食出口上升到 197.11 万 t，花生仁上升为 18.44 万 t，土特产品达 24.5 万 t。1950—1952 年的 3 年中，农副产品年出口金额分别为 3.18 亿美元、4.13 亿美元和 4.88 亿美元，分别占当年出口总额的 57.5%，54.6%和 59.3%。上述农副产品主要是输往前苏联和东欧国家，由于这些国家对植物检疫要求比较严格，所以贸易部及时组织各地商品检验局，根据对外贸易的要求，研究确定了进出口商品检验对象，制定了《输出入植物有害生物检验暂行办法》和《输出入植物熏蒸消毒办法》等规定。1951 年，贸易部委托北京农业大学举办植物检疫专业培训班，学员毕业后被分配到各地商检局，开展对外植物检疫工作。1954 年，对外贸易部公布《输出入植物检疫暂行办法》和《输出入植物应施检疫种类与检疫对象名单》；对外贸易部与邮电部联合发出《关于邮寄输入植物检疫补充规定的联合通知》并附《邮寄输入植物检疫补充规定》，这为输入邮寄植物及植物产品的检疫奠定了基础。1956 年，对外贸易部通知各口岸商检局参考《安东口岸旅客携带输入植物检疫办法（草案）》，在海关协助下，开展入境旅客携带物植物检疫。1958 年，商品检验总局在上海召开全国植物检疫会议，会议指出“植物检疫工作，根据国家各部门之间的分工，应由农业部门统一办理”。

20 世纪 60 年代初期，植物检疫的工作重点从过去侧重出口检疫逐渐转向于进口检疫，且颇见成效。各地在进境植物检疫中多次截获危险性病虫害，例如 1960 年，青岛商检局在从锡兰（斯里兰卡）进口的椰子干中发现椰子缢胸叶甲（*Promecotheca cumingi*）；1962 年，青岛商检局在从马里进口的花生仁中截获了谷斑皮蠹（*Trogoderma granarium*）；1963 年，大连商检局在从法国进口的小麦中 3 次发现小麦矮化腥黑穗病，广州商检局在从阿尔巴尼亚进口的烟叶中发现了烟草霜霉病（*Peronospora hyoscyami* de Bary f. sp. *tabacina*）。1963 年，召开输出入植物检疫技术交流会议，会议明确了植物检疫工作中的一些具体问题，并对以后的工作提出了 3 点建议，即加强植物检疫工作的技术组织领导、加强试验研究和资料积累和加强与有关部门的联系工作。

3）动物检疫工作

与出口植物产品一样，在新中国国民经济恢复期，全国出口动物及其产品的数量逐年递增。例如 1950—1952 年，年出口活猪分别为 58 万头、76.3 万头和 77.9 万头，年出口冻猪肉分别为 0.79 万 t、0.61 万 t 和 2.88 万 t。此外，中国出口的传统商品猪鬃始终保持在每年 8 万箱左右；出口的其他动物及畜产品还包括活牛、活家禽、鲜蛋、冻兔肉、水海产品、马鬃尾、猪肠衣、绵羊肠衣、绵羊毛、羊绒、驼毛、兔毛、山羊板皮、羽毛等。根据当时的生产发展情况和对外贸易的需要，及时制定了《输出入农、畜产品检验暂行标准》，在对外贸易中发挥了很好的作用。

1.4.2.2　“文化大革命”前后的动植物检疫（1964—1979 年）

1964 年，农业部、对外贸易部联合向国务院上报《关于农业部接管对外植物检疫的请示报告》,经国务院同意,进出境植物检疫正式归属农业部管理。1965年,国务院同意农业部在国境口岸设立动植物检疫所,负责进出境动植物检疫工作(贸易性出口动物产品检疫除外)。

“文化大革命”期间(1966—1976 年),刚刚步入正轨的中国动植物检疫受到了极大的冲击和破坏,例如农业部负责植物检疫的主管部门——植保局被撤销;初建的口岸动植物检疫所其机构也发生很大变化,有的划归海关,有的回到商检局,有的划到了卫生检疫部门。但是,由于对外贸易的需要,大多数检疫工作者坚守岗位,进行正常的进出境检疫工作,使中国的对外贸易并未因动植物检疫而受到影响。1966 年,农业部对《进口植物检疫对象名单》进行了及时调整;1971年制定了《口岸动物检疫试行条例》;1974 年制定了《对外植物检疫操作规程》。这些措施对当时的动植物检疫工作起到了一定的指导、统一和规范的作用。

1978 年巴西里约热内卢第 2 次暴发非洲猪瘟,1979 年农林、卫生、外贸等 7 部 1 局联合下发《关于严防非洲猪瘟传入我国的紧急联合通知》,有效采取检疫措施,保护了国内养猪业生产的安全。

1.4.3 动植物检疫的改革与创新(1980 年至今)

自 1978 年 12 月十一届三中全会召开后,全国工作的重点转移到了经济建设上来。这次全会的正确决策使中国从此全面振兴,走向富强,也使中国动植物检疫事业进入了一个飞速发展的新时期。

1)改革开放中的动植物检疫(1980—1997 年)

改革开放使中国的动植物检疫事业得到了迅速发展。1980 年,口岸动植物检疫工作恢复归口农业部统一领导。1981 年,农业部成立“中华人民共和国动植物检疫总所”(后更名为“中华人民共和国动植物检疫局”),负责全国口岸进出境动植物检疫工作。1991 年《中华人民共和国进出境动植物检疫法》的颁布,1997 年《中华人民共和国进出境动植物检疫法实施条例》的施行。中国动植物检疫真正进入法制建设的轨道。

“加强检疫管理,提高检疫质量”是这一时期口岸动植物检疫工作的重点。据有关统计资料,1991 年出境植物及其产品检疫 33 863 批次,重量为 9 019 803 t;木材 285 836 m^3,花卉、种苗 2 758 154 株;1992 年出境植物及其产品检疫 322 036 批次,重量为 37 690 420 t;木材 772 621 m^3,花卉、种苗 9 652 078 株,比上一年分别增长 8.5、3.17、1.7 和 2.5 倍;到 1995 年,出境植物及其产品检疫增至 533 831 批次,比 1992 年增加了 65.76%;进境植物及其产品检疫也在增加,1992 年比

1991 年增长 8.3%，1995 年比 1992 年增加了 187.30%。

各口岸动植物检疫机关认真执法、严格把关，每年在进口的动植物、动植物产品和其他检疫物中发现和截获大量的危险性病虫害。例如，截获的动物传染病达 20 余种，包括口蹄疫(Foot and Mouth Disease)、新城疫(Newcastle Disease)、蓝舌病(Bluetongue)、结核病(Tuberculosis)、鸡白血病(Avian Leukosis)等，植物检疫性有害生物有小麦矮化腥黑穗病、小麦印度腥黑穗病(*Tilletia indica*)、烟草霜霉病、地中海实蝇、谷斑皮蠹、大家白蚁(*Coptotermes curvignathus*)、假高粱(*Sorghum halepense*)等。

2)面向 WTO 的动植物检疫(1998 至今)

针对新的形势，中国政府对进出境动植物检疫工作及机构进行了及时的调整。1998 年，中华人民共和国出入境检验检疫局(副部级单位)成立，由原国家商品检验局、国家动植物检疫局、国家卫生检疫局 3 家机构调整后组成，归属海关总署，内设动植物监管司，全面负责进出境动植物检疫工作。2001 年，国家质量技术监督局和国家出入境检验检疫局合并组成“中华人民共和国质量监督检验检疫总局”(正部级单位)，进出境动植物检疫工作仍由动植物监管司全面负责。

加入 WTO 是我国高瞻远瞩、审时度势做出的战略决策，标志着中国的改革开放事业进入一个全新的时代。WTO 总干事麦克摩尔指出，“中国加入 WTO 对中国和国际经济体来说都是一个历史性的事件”。入世对中国经济的巨大影响在中国加入 WTO 后的第一年即显示出来，2002 年中国国际贸易总量跃居世界第 5 位，进出口总量占世界贸易总量的 3.5%，外来投资首次超过美国，跃居世界第一位。不可忽视的是，入世在给中国动植物检疫事业发展带来前所未有的机遇的同时也带来了巨大的挑战，中国动植物检疫任重而道远。

小　结　中国的动植物检疫已有百余年的历史，在经历了 1949 年以前的无权、无为的痛苦历程后，于新中国成立后才得到新生，并在改革开放时期获得飞速发展。加入 WTO，为我国动植物检疫事业带来了新的机遇和挑战。我国的动植物检疫现已成为一个捍卫国家动植物检疫主权、保卫农林牧渔业生产安全、保护人民身体健康和促进对外经济贸易发展的重要体系，并为动植物检疫全球化、一体化奠定了坚实的基础。

思　考　题

1. 请以典型的历史事件为例简述动植物检疫的起源。
2. 什么是动物疫病、有害生物？什么是检疫性动物疫病和植物有害生物？

3. 什么是动植物检疫？请简述动植物检疫的主要目的。

4. 请结合当今世界动植物检疫的现状简述其基本类型。

5. 请分析、阐述动植物检疫具有哪些基本属性。

6. 请简述我国动植物检疫的发展阶段及其主要特点。

参考文献

1. 于大海，崔砚林．中国进出境动物检疫规范．北京：中国农业出版社，1997

2. 中华人民共和国北京动植物检疫局．中国植物检疫性害虫图册．北京：中国农业出版社，1999

3. 王春林．植物检疫理论与实践．北京：中国农业出版社，1999

4. 许志刚．植物检疫学．北京：中国农业出版社，2003

5. 陈仲梅，黄冠胜．中国植物检疫大事年表(1914—1991)．植物检疫，1992，6(3)：226-236

6. 陈仲梅，黄冠胜．中国植物检疫大事年表(补遗)(1914—1991)．植物检疫，1992，6(5)：400-401

7. 陈仲梅，黄冠胜．中国植物检疫大事年表(续)(1914—1991)．植物检疫，1992，6(4)：318-321

8. 夏红民．中国的进出境动植物检疫．北京：中国农业出版社，1998

9. 夏红民．图说动植物检疫．北京：新世界出版社，2002

10. 商鸿生．植物检疫学．北京：中国农业出版社，1997

11. 曹骥．试论植物检疫综合治理的涵义与措施．植物检疫，1994，8(6)：355-357

第 2 章　动植物检疫法规

本章简介　法制性是动植物检疫的基本属性之一。针对动植物检疫，世界各国以及相关的国际组织相继制订和实施了相关的法规。本章在概述动植物检疫法规基础知识和发展规律的基础上，详细介绍了世界贸易组织的《实施卫生与植物卫生措施协定》、国际动物卫生组织的《国际动物卫生法典》以及联合国粮食与农业组织的《国际植物保护公约》等国际性动植物检疫相关法规，并具体阐述了中国及有关国家的动植物检疫相关法规和主要内容。

章节安排

2.1 动植物检疫法规概述

学习重点

- 掌握动植物检疫法规的基本概念
- 掌握动植物检疫法规的发展特点
- 了解动植物检疫法规的基本内容框架

法制性是动植物检疫的基本属性之一，动植物检疫从其诞生之日起就与法律、法规的强制实施密切相连。法律是由国家制订或认可并以国家强制力保证实施的行为规范的总称。法律有狭义和广义之分，其中狭义的法律是由国家立法机构制订的规范性文件，广义的法律除了上述由国家立法机构制订的规范性文件外，还包括其他国家机关制订或认可的具有法律效力的规范性文件。从世界范围看，广义的动植物检疫法规既包括各国自身制订的法规，也包括由国际组织或双(多)边制订并由该国认可的相关公约、协定和议定书等。了解、掌握有关动植物检疫法规的基础知识、发展特点等是学习本章的必备条件，对全面把握动植物检疫法规具有重要作用。

2.1.1 动植物检疫法规的基础知识

2.1.1.1 立法的一般程序

一般地，一部法的形成要经过 2 个阶段、6 个步骤(图 2-1)。立法的第一个阶段为法律文件的准备阶段，即从提出立法的倡议到形成规范性文件草案的过程。在此阶段中一般包括 3 个步骤：①提出立法的倡议；②草拟法律文件的草案；③报送法律文件的草案。准备阶段的主要目的是形成法律文件的草案并向立法机关提出，使该草案列入议事日程，成为立法机关的讨论、审议的对象。立法的第二个阶段为法律的确定阶段，在此阶段中立法机关根据法定程序对已经形成的法律文件草案进行审议、讨论，并修改或补充，最后确定法律文件，予以通过、颁布、生效，即第二阶段包括的 3 个步骤为：①讨论法律文件草案；②通过法律；③颁布法律。

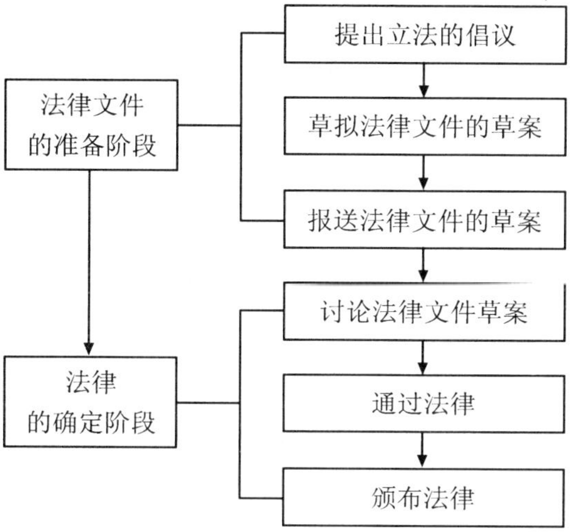

图 2-1　立法的一般程序

2.1.1.2　相关名词的基本含义

在学习动植物检疫相关法规的过程中，掌握诸如“动植物检疫法规”“动植物检疫法规主体”“动植物检疫法规客体”“行政执法”“行政执法监督”以及“行政复议”等相关名词的含义是非常必要的。

1)动植物检疫法规

什么是动植物检疫法规？依据相关国际组织的定义和解释，结合当今动植物检疫的发展，笔者认为动植物检疫法规(animal and plant quarantine regulations)是为了防止检疫性动物疫病和植物有害生物的传入和/或扩散而限制动植物、动植物产品以及其他物品的生产、流通或储存，或人员的正常活动，并建立检疫出证体系的官方规定(Official rules to prevent the introduction and/or spread of quarantine animal epidemic diseases and plant pests，by regulating the production，movement or existence of animals ，plants，and their products or other articles，or the normal activity of persons，and by establishing schemes for quarantine certification)。

2)动植物检疫法规主体与客体

动植物检疫法规主体指从事与动植物检疫相关的生产经营和管理活动，并依据法规享有经济权利和承担经济义务的当事者。动植物检疫法规主体分为管理主体和经营主体两大类别,例如目前主管我国动植物检疫工作的国家质量监督检验检疫总局、农业部、国家林业局等属于管理主体,从事动植物、动植物产品以及相关物品生产、贸易的单位等属于经营主体。动植物检疫法客体是指动植物检疫法规主体享有的经济权利和承担的经济义务所共同指向的对象,包括行为、物和非物质财富。

3)行政执法与行政执法监督

动植物检疫执法属于行政执法的范畴。行政执法是指行政主体依照法律法规的规定,对行政相对人采取的直接影响其权利义务,或者对行政相对人的权利义务的行使和履行情况直接进行监督的行政行为。行政执法包括 5 种类型,即行政检查、行政奖励、行政许可、行政处罚和行政强制执行。例如,动植物检疫人员对动植物、动植物产品以及相关物品等进行查验的行为属于行政检查(图 2-2);经检疫人员检查合格后允许上述物品进出境的行为等属于行政许可(图 2-3)。

图 2-2　动植物检疫中的行政检查

图 2-3　动植物检疫中的行政许可

(图 2-2 和图 2-3 仿夏红民,2002)

行政执法监督是对行政执法的法律依据进行审查、对行政执法行为的合法性进行评价、对违反法规的行政行为予以惩处,并在此基础上对行政执法活动的各方面工作加以正确的合法性指导的活动。在我国,行政执法监督的体系包括

5 个层次，即国家权力机关的监督、行政系统内部的监督、司法机关的监督、群众和社会的监督以及党的监督。其中，行政系统内部监督的一种有效方式是行政复议。行政复议指行政机关根据行政相对人的请求，对引起争议的行政处罚或其他处理决定再次审查并做出裁决的制度和活动。在动植物检疫的行政执法监督中，行政复议起到了重要的作用。

2.1.2　动植物检疫法规的发展规律

在动植物检疫三百余年的历史中，动植物检疫法规呈现出一定的发展规律，即①动植物检疫法规在与动物疫病和植物有害生物长期斗争中应运而生；②动植物检疫法规由单项禁令向综合性法规方向发展；③动植物检疫法规由个别国家法规向国际性法规方向发展；④动植物检疫法规不断地进行必要的补充和完善。

1）在与动物疫病和植物有害生物的长期斗争中应运而生

最早的动植物检疫法规当属 1660 年法国颁布的铲除小檗植株的法令，动植物检疫法规是人类在与动物疫病和植物有害生物的长期斗争中得以制订和发展的。19 世纪中叶至 20 世纪初，在世界范围内发生了一系列由于危险性疫病和有害生物的人为传播而造成的重大经济损失事件，例如葡萄根瘤蚜的传播和为害使法国的酿酒业遭受了沉重的打击，又如牛瘟的传入使英国不得不扑杀遭受传染的全部病牛。动物疫病和植物有害生物的这种国际性传播、蔓延促使一些受害国家开始关注动植物检疫工作，并有针对性地制订相关的法令，禁止从发生疫情的地区进口某种动植物或动植物产品。例如，英国于 1869 年制定了《动物传染病法》；法国在 1872 年颁布了禁止从国外输入葡萄枝条的法令；印度尼西亚于 1877 年颁布了亚洲地区最早的一个动植物检疫禁令，即禁止从锡兰（现在的斯里兰卡）进口咖啡植物和咖啡豆；意大利于 1879 年下令禁止进口美国的肉类制品；奥地利、德国和法国于 1881 年相继宣布禁令，禁止美国肉类产品的进口。

2）由单项禁令向综合性法规方向发展

随着经济贸易的发展以及科学技术的进步，人类逐步认识到上述带有“禁运”特征的法令，即禁止疫区的动植物及其产品的输入以防止危险性疫病和有害生物的入侵、传播，确有一定的局限性。这种局限性突出表现在两个方面：一是严重影响了国际贸易的发展，二是忽略了人类本身对危险性疫病和有害生物的控制能力。于是，动植物检疫从笼统的“禁运”发展到对疫病和有害生物的检验、检测与处理，动植物检疫法规也由最初的单项禁令向针对性、灵活性统一的综合性法规方向发展。例如针对马铃薯甲虫的危害，英国于 1877 年制订和颁布了禁止马铃薯进口的《毁灭性昆虫法令》，并于 1907 年和 1927 年两次对该法令进行修订和补充，1965 年颁布了一部综合性的植物检疫法规，即《植物健康法令》(PLANT HEALTH ACT)。

3)由个别国家法规向国际性法规方向发展

在动植物检疫的发展过程中，最初的动植物检疫法规一般都是某个国家根据本国自身的需要而制订的。随着人类对动植物检疫认识的深入，一些双(多)边协定以及国际公约形式的国际性动植物检疫法规逐步出现。为什么会出现这样的现象呢？究其原因，主要在于两方面的因素。首先，生物地理区域的概念使人类认识到属于同一个生物地理区域的国家其疫情是紧密相关的，必须努力将该区域作为整体设法免受某种疫病和有害生物的危害，才能使区域内各个国家的农业生产、人类健康得到有效的保护。其次，国际间贸易的飞速发展、人员的频繁往来，使疫病和有害生物在世界范围内的传播风险大大提高，这就要求国家之间进行密切合作，采取共同的检疫措施降低疫病与有害生物的传播风险，以大力促进国际贸易的发展。

一些区域性动物卫生组织或植物保护组织应运而生(表 2-1)，这些组织制订了相应的国际性动植物检疫法规，并要求签约国遵守和实施。例如，世界动物卫生组织(World Organization for Animal Health；法文为 Office International Des Epizooties，简称 OIE；中文是国际兽医局之意)制定的《国际动物卫生法典》等，联合国粮食及农业组织(Food and Agriculture Organization of the United Nation，简称 FAO)制定的《国际植物保护公约》等。此外，国际贸易的发展与需求促进了世界贸易组织的产生，为了协调各成员国的动植物检疫措施以使其不对贸易产生不必要的壁垒，该组织制定了《实施卫生和植物卫生措施协定》。

表 2-1　与动植物检疫相关的主要国际组织一览表

中文名称	英文缩写及名称	建立年份	总部所在地
世界贸易组织	WTO (World Trade Organization)	1995	瑞士日内瓦
世界动物卫生组织(国际兽医局)	OIE (Office International Des Epizooties)	1925	法国巴黎
中美洲国际农牧业卫生检疫组织	OIRSA (Organism International Regional de Sanidad Agopecuaria)	1955	萨尔瓦多 圣萨尔瓦多
玻利瓦尔地区农牧业卫生组织	OBSA (Organism Bolivar Regional de Sanidad Agopecuaria)	1965	哥伦比亚 波哥达

续表 2-1

中文名称	英文缩写及名称	建立年份	总部所在地
联合国粮食及农业组织	FAO (Food and Agriculture Organization of the United Nation)	1945	意大利罗马
亚洲和太平洋区域植物保护委员会	APPPC (Asia and Pacific Plant Protection Commission)	1956	泰国曼谷
加勒比海区域植物保护委员会	CPPC (Caribbean Plant Protection Commission)	1967	特拉尼达西班牙港
欧洲和地中海区域植物保护组织	EPPO (European and Mediterranean Plant Protection Organization)	1950	法国巴黎
近东植物保护委员会	NEPPC (Near-East Region Plant Protection Commission)	1963	埃及开罗
非洲植物检疫理事会	IAPSC (Inter-African Phytosanitary Council)	1956	喀麦隆雅温德
北美洲植物保护组织	NAPPO (North American Plant Protection Organization)	1976	美国马里兰州

4)法规的不断补充和完善

动植物检疫法规制订、实施后，由于疫情及贸易等的发展、变化，原有的检疫法规需要进行修订和完善。动植物检疫法规无论是国际性的，还是区域性的以及各国自身的，都存在不断补充和完善的问题。例如，我国的进境植物检疫性有害生物名录，从 1954 年至 2007 年先后共颁布了 6 个。比较这些名录可以发现，新名录都是根据疫情的变化以及贸易的发展在原有名录的基础上进行修订而形成的，名录中所包含的危险性有害生物种类发生了较大的变化，由最初的 30 个种(属)发展为现在的 435 个种(属)(表 2-2)。

进一步分析上述 6 份名录中的危险性害虫，能够发现这样一些特点：①有些害虫在 6 个名录中都存在(中文名称可能略有变化)，如高粱瘿蚊(*Contarinia sorghicola*)、马铃薯甲虫、葡萄根瘤蚜和苹果实蝇(*Rhagoletis pomonella*)等；②有些害虫仅在最初的名录中出现，如马铃薯块茎蛾(*Phthorimaea operculella*)等；③有些害虫在某个名录中曾被删除但在最新的名录中又被恢复，如美国白蛾(*Hyphantria cunea*)、可可褐盲蝽(*Sahlbergella singularis*)等；④有些害虫是在最新的名录中才被列入，如红火蚁(*Solenopsis invicta*)、比萨茶蜗牛

(*Theba pisana*)等。

表 2-2 中国进境植物性有害生物名录比较

法规名称	颁布年份	颁布部门	有害生物总数	病原物数目	害虫数目	杂草数目
《输出输入植物检疫对象名单》	1954	对外贸易部	30	16	14	0
《进口植物检疫对象名单(草案)》	1966	农业部	34	16	17	1
《进口植物检疫对象名单》	1980	农业部	58	30	27	1
《中华人民共和国进口植物检疫对象名单》	1986	农牧渔业部	61	30	28	3
《中华人民共和国进境植物检疫危险性病、虫、杂草名录单》	1992	农业部	84	40	40	4
《中华人民共和国进境植物检疫性有害生物名录》	2007	农业部	435	242	152	41

2.1.3 动植物检疫法规的基本内容

动植物检疫法规一般由国际组织或各个国家(地区)负责制定、颁布和实施，这些法规的具体内容有所不同,但基本框架趋于一致。1983 年,FAO 向各成员国传发了《制订植物检疫法须知》,介绍了制订植物检疫法规时应考虑的 11 项基本内容。作为动植物检疫法规,基本内容及主要要求如下:

(1)法规名称　法规的名称如有变动,必须指明新、旧法规各自的名称。

(2)立法宗旨　法规中的立法宗旨应开门见山,简单明了。

(3)执法的主管部门和各级执法机构　应说明这些部门和机构的主要职责、权利和义务。

(4)名词术语解释　对本法规所涉及的名词、术语应进行特别的说明。

(5)检疫法规分项和检疫范围　分项具体说明进境检疫、出境检疫、过境检疫、携带与邮寄物检疫、运输工具检疫等的检疫范围。

(6)规定禁止进口或限制进口物品　列明禁止进境物或需检疫的动植物及其产品。

(7)检疫程序　说明检疫的步骤,一般包括许可、报检、检验与检测、处理和监管等。

(8)奖惩和法律责任　应明确指出违反法规视情节严重程度给予相应等级的惩处。

(9)法规的公布日期和生效日期。

(10)根据法规制订具体规章的办法。

(11)其他规定　阐明法规中上述各部分尚没有包含的内容。

小　结　动植物检疫法规是为了防止管制性动物疫病和植物有害生物的传入和/或扩散而限制动植物、动植物产品以及其他物品的生产、流通或储存，或人员的正常活动，并建立检疫出证体系的官方规定。动植物检疫法规在与动物疫病和植物有害生物长期斗争中应运而生，由单项禁令向综合性法规方向发展，由个别国家法规向国际性法规方向发展，并且不断地进行必要的补充和完善。

2.2　WTO 与 SPS 协定

学习重点

- 了解 WTO 的基本知识
- 掌握《SPS 协定》的目标
- 掌握《SPS 协定》的主要内容

在当今世界，WTO 几乎无人不晓。WTO 是具有法人地位的国际组织，在国际贸易全球自由化的进程中，发挥着重要作用。在 WTO 的一系列协定中，《SPS 协定》是直接涉及如何实施动植物检疫措施的重要协定。了解 WTO 的基础知识，掌握《SPS 协定》的基本内容，对于动植物检疫法规的学习具有特别的意义。

2.2.1　WTO 概况

2.2.1.1　GATT 与 WTO 的关系

《关税与贸易总协定》(General Agreement on Tariff and Trade，GATT，简称关贸总协定)是 WTO 的前身。GATT 是关于规范关税和贸易准则的多边国际协定，最早签署于 1947 年。GATT 的宗旨是通过实施多边无条件最惠国待遇，削减关税，取消非关税壁垒和歧视待遇，提高各国生活水平，扩大就业，使实际收入和有效需求持续增长，扩大世界资源的充分利用和发展商品生产与交换。

第二次世界大战后，国际经济萧条且国际贸易秩序混乱。在这样的历史背景下，由 44 个国家参加的国际货币与金融会议于 1944 年 7 月在美国召开，会议建议成立国际货币基金组织、国际复兴开发银行(即世界银行)和国际贸易组织，以作为支撑全球经济的三大支柱来调节世界经济贸易关系，推动全球经济的复苏与发展。1946 年，联合国理事会决定召开国际贸易与就业会议，并成立了一个筹备委员会负责起草国际贸易组织章程。1947 年 4—10 月，在瑞士日内瓦召开的第二次筹备委员会会议同意将正在起草中的国际贸易组织宪章草案中涉及关税与贸易的条款抽取出来,构成一个单独的协定,即《关税与贸易总协定》。当时,共有23个国家和地区签署了这份协定,协定自1948年1月1日起生效。自1947年至1994年,GATT共举行了8轮多边贸易谈判,成员达130余个。就动植物检疫而言,GATT为其设置了例外条款,规定不得禁止缔约国为保障人民、动植物的生命或健康而采取的必需措施。这一规定给予了缔约方可以采取动植物检疫措施,以限制或禁止其他国家那些可能传带危险性疫病和有害生物的动植物及其产品的输入。

1994年4月15日,GATT第8轮(乌拉圭回合)多边贸易谈判在摩洛哥签署了《建立世界贸易组织的协定》。依据此协定,WTO于1995年1月1日正式成立,总部设在瑞士日内瓦(图2-4)。WTO的成员国已由最初的104个发展为目前的145个,中华人民共和国于2001年12月11日成为其正式成员。WTO被称为是当今世界的经济联合国,与世界银行、国际货币基金组织共同组成世界经济的"三架马车",其中又以WTO发挥的作用最大,由此可见WTO的重要性非同一般。与其前身GATT相比,WTO在调解成员间争端方面具有更高的权威性和有效性。

图2-4 WTO总部大楼

(张宝峰摄于日内瓦,2002)

2.2.1.2 WTO的宗旨与目标

WTO(图2-5)的宗旨主要包括5个方面的内容:①提高人民生活水平,保证充分就业,增加实际收入和有效需求;②扩大货物和服务的生产和贸易;③按照可持续发展的目标,最优运用世界资源,保护环境;④积极努力以确保发展中国家，尤其是最不发达国家，在国际贸易增长中获得与其经济发展需要相称的份额；⑤通过互惠互利安排，实质性削减关税和其他贸易壁垒，消除国际贸易关系中的歧视待遇。

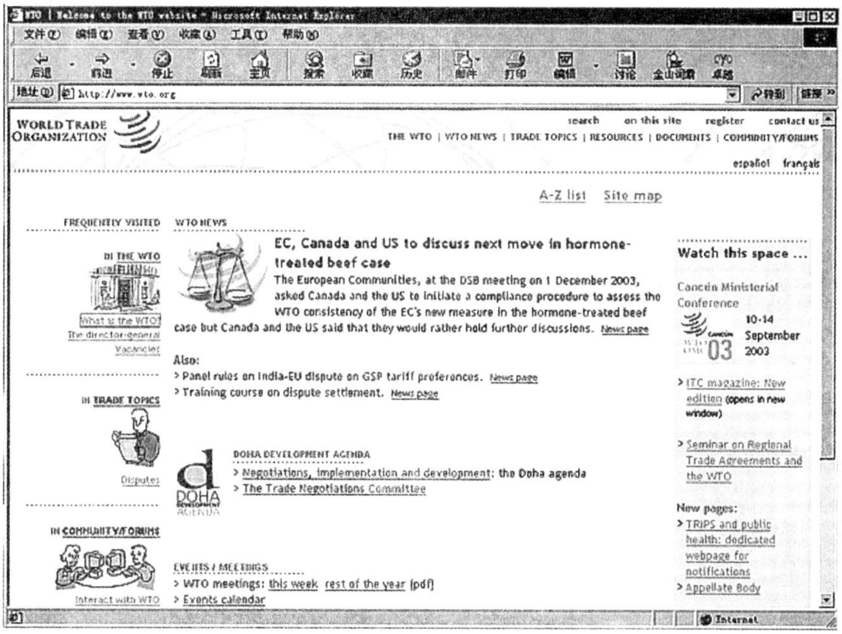

图 2-5　WTO网站主页

(http://www.wto.org)

WTO的具体目标是建立一个完整的(包括货物和服务贸易、与贸易有关的投资及知识产权等在内)、更有活力和持久的多边贸易体制，包括以往贸易自由化努力的所有成果，实现全球贸易自由化。WTO将促进GATT乌拉圭回合所谈成的一切协定和其他法律文件的实施，并与国际货币基金组织和世界银行保持密切合作，实现世界经济三大支柱在全球经济决策上的更大一致性和权威性。

2.2.1.3　WTO的职能与组织结构

WTO的职能主要包括6个方面的内容，即①管理职能：负责WTO多边协定的实施、管理和运作，同时为诸边贸易协定的实施、管理和运作提供框架；②谈判职能：为其成员就多边贸易关系进行的谈判和部长会议提供场所；③争端解决职能：通过贸易争端解决机制来解决成员间产生的贸易争端；④政策评审职能：

审议各成员的贸易政策，促进所有成员遵守多边贸易协定；⑤合作职能：处理与其他国际经济组织的合作关系；⑥援助职能：对发展中国家和最不发达国家提供技术援助和相关培训。

在 WTO 的基本组织结构(图 2-6)中，部长级会议(Ministerial Conference)

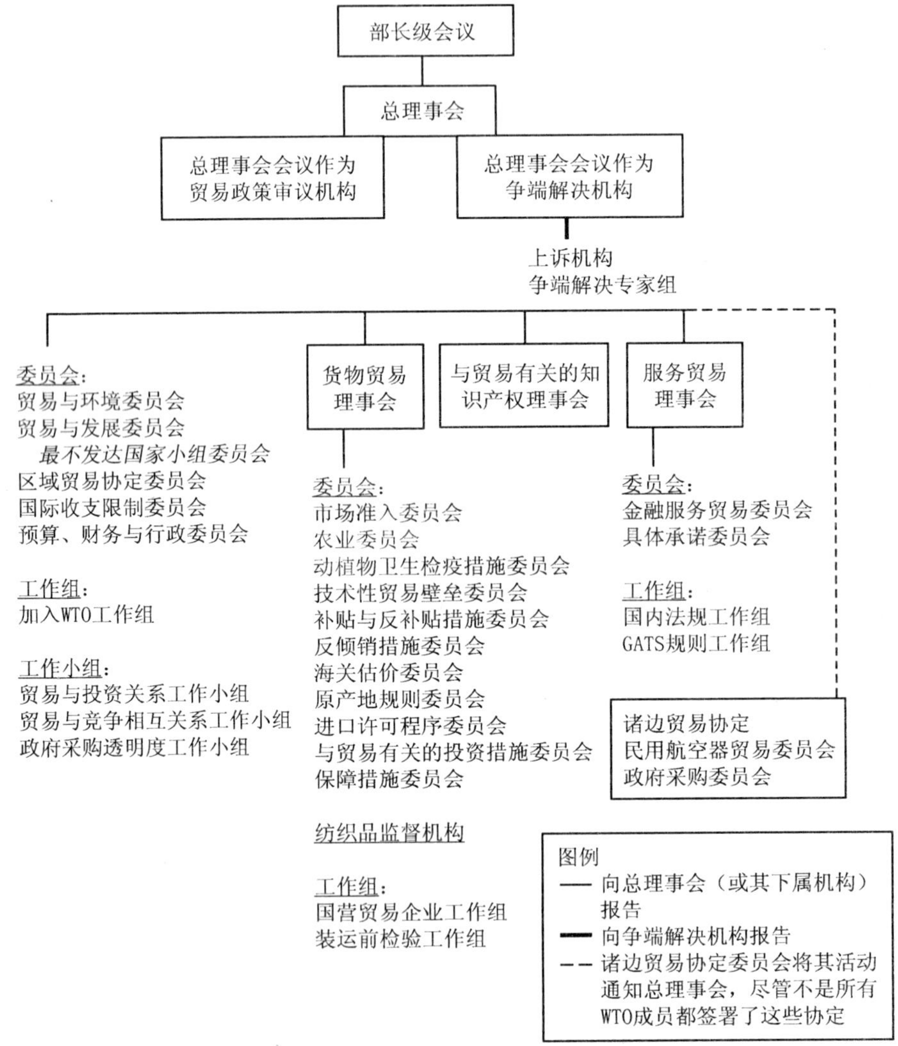

图 2-6　WTO 基本组织结构

(仿达斯，2000)

是最高权力机构，部长级会议由所有成员的代表组成，至少每两年召开一次。在部长级会议之间，其职能由总理事会(General Council)代为行使。根据所辖的具体问题，WTO 设立了 3 个理事会，即货物贸易理事会(Council for Trade in Goods，CTG)、服务贸易理事会(Council for Trade in Services，CTS)和知识产权理事会(Council for Trade in TRIPs)。在 WTO 中，有 3 个比较重要的委员会，即贸易与发展委员会(Committee on Trade and Development，CTD)、国际收支限制委员会(Committee on Balance of Payments Restrictions)以及预算、财务与行政委员会(Committee on Budget，Finance and Administration)。WTO 总干事由部长级会议任命，总干事直接领导 WTO 秘书处。

在 WTO 的决策程序中，首先由各成员“一致同意”，若无一致意见，则进行投票表决，WTO 每个成员各一票。决定通常由参加投票成员的简单多数作出，但是对于新成员加入的决定需经 WTO 成员的 2/3 多数同意；对于解释协定条款和免除成员义务的决定，需经 WTO 成员的 3/4 多数通过；对于最惠国待遇原则的修改必须由所有成员批准。

2.2.2 WTO 的相关协定

经过 GATT 乌拉圭回合，形成了现在的《WTO 协定》，该协定包括马拉喀什《建立世界贸易组织协定》及其 4 个附件(结构如图 2-7)。其中，附件 1A 是货物贸易多边协定，附件 1B 是服务贸易协定，附件 1C 是与贸易有关的知识产权协定；附件 2 是关于争端解决规则与程序的谅解；附件 3 是贸易政策审议机制；附件 4 是诸边贸易协定。相关的附件中又包括若干个具体的协定，例如附件 1A 中包括《1994 年关税与贸易总协定》(GATT1994)以及 12 个领域协定，即《农业协定》《实施卫生和植物卫生措施的协定》(Agreement on the Application of Sanitary and Phytosanitary Measures，简称 SPS Agreement 或 SPS 协定)、《纺织品与服装协定》《技术性贸易壁垒协定》(Agreement on Technical Barriers to Trade，简称 TBT Agreement 或 TBT 协定)、《与贸易有关的投资措施协定》《关于实施 1994 年关税与贸易总协定第 6 条的协定》(即《反倾销协定》)、《关于实施 1994 年关税与贸易总协定第 7 条的协定》(即《海关估价协定》)、《装船前检验协定》《原产地规则协定》《进口许可程序协定》《补贴与反补贴措施协定》和《保障措施协定》。上述诸协定是世界上多数贸易国或地区通过谈判签署的，为国际贸易提供了基本的法律规范。

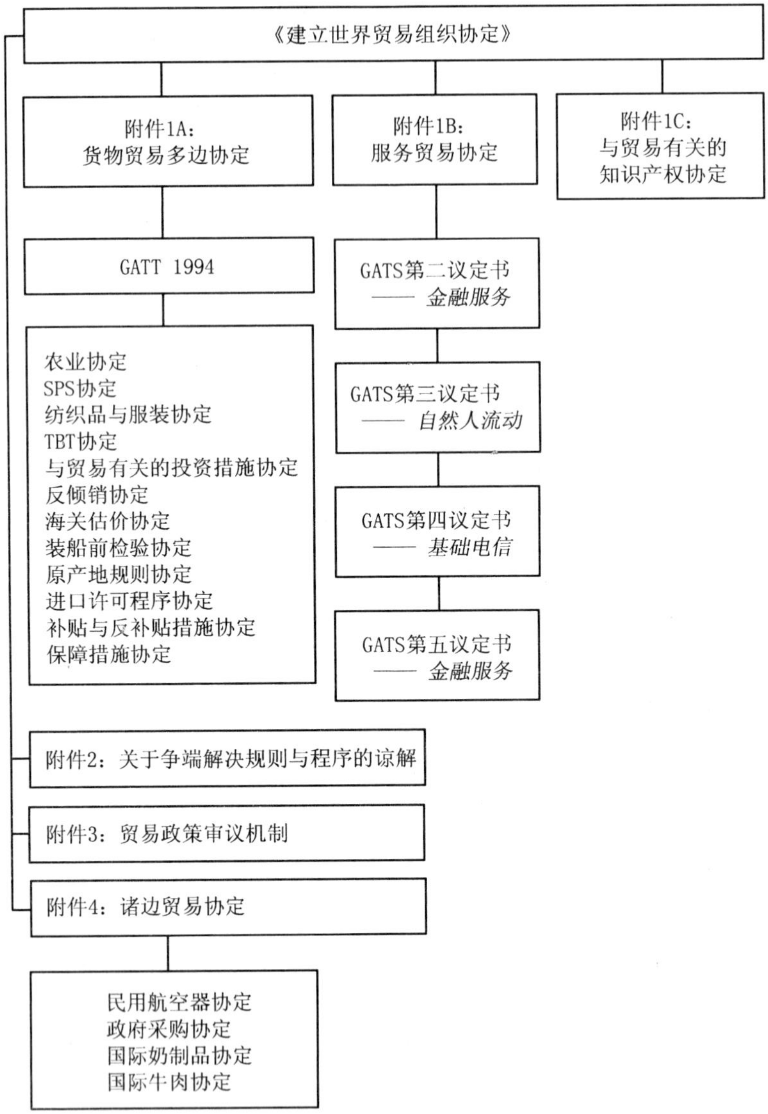

图 2-7 《马拉喀什建立世界贸易组织协定》法律结构

（仿达斯，2000）

2.2.3 《SPS 协定》简介

《SPS 协定》是 WTO 针对动植物安全与检疫问题而专门制订和实施的一个

国际准则,对世界动植物检疫具有深远的影响,掌握并运用《SPS 协定》的相关规则对各国均具有重要的现实意义。

2.2.3.1 协定的产生背景

《SPS 协定》的产生与《关税与贸易壁垒协定》《TBT 协定》以及《农业协定》等有着密切的关系。GATT 自生效之日起,对于影响贸易的食品安全问题和动植物检疫问题就有相关的限定。GATT 第Ⅰ条(最惠国条款)要求从各国进口的商品都实行无差别待遇,确立了无差别原则;考虑到进口商品的销售会受到国内相关法规的不利影响,第Ⅲ条规定进口商品应与国内商品享受同等的待遇,即国民待遇原则。在 GATT 条款中包含例外条款,这一条款规定,只要有证据证明不存在国家差别,意即不蓄意设计对贸易起限制作用,就可以采取保护国民及动植物生命和健康的措施。由上述规则可以看出,动植物检疫作为一种保护安全的措施是可以使用的,但其使用是受限制的。

在 GATT 乌拉圭回合谈判中,关于农业的谈判其焦点始终集中于削减用于保护国内市场的壁垒这一问题。与此同时,一些国家担心处于削减中的贸易壁垒(如关税的降低等)或许会被伪装的保护主义措施以卫生和植物卫生措施(Sanitary and Phytosanitary Measures,简称 SPS 措施)的形式所取代。正是这一担心,促使谈判在讨论农业贸易问题的同时,考虑建立一个针对 SPS 措施的国际性协定。在 SPS 协定的谈判进行以前,许多涉及食品和动植物健康的措施属于 1979 年 TBT 协定的管理范畴。TBT 协定很有限地允许为保护人类、动植物健康,保护环境和国家安全等,而合法地采用一些对贸易有限制作用的技术或卫生和植物卫生措施,但在如何具体实施这些措施方面没有具体的规定。因此,《SPS 协定》的制订成为时代与贸易发展的一个必然要求。

2.2.3.2 协定的总体目标

《SPS 协定》的总体目标是维护各成员政府所规定的其认为合适的健康水平的主权,但保证这种主权不得滥用于保护主义的目的,同时不对国际贸易形成不必要的壁垒。在 SPS 协定中,重申不应阻止各成员采纳或实施为保护人类、动物或植物的生命或健康所必需的措施,但这些措施的实施方式不在情形相同的成员之间构成任意或不合理的歧视(arbitrary or unjustifiable discrimination),或对国际贸易构成变相的限制(disguised restriction)。

《SPS 协定》期望改善各成员的人类健康、动物健康和植物卫生状况(human health, animal health and phytosanitary situation);并期望通过建立多边框架的规则和纪律(multilateral framework of rules and disciplines)以指导 SPS 措施的制订、采用和实施,从而使其对贸易的消极作用降到最小;同时也期望进一步推动各成员使用统一的 SPS 措施,这些措施是以有关的国际组织所制订的国际标准、准则和建议为基础的。另外,《SPS 协定》承认发展中国家成员在遵守进口成员的 SPS 措施方面可能遇到的特殊困难,以及在市场准入(access to markets)、制订和实施国内 SPS 措施方面遇到的困难,因此期望在这些方面给予发展中国家成员以帮助。

2.2.3.3 协定的内容框架

SPS 协定的内容框架主要包括下述 14 条和 3 个附件(见附录):

第一条:总则(Article 1: General Provisions)

第二条:基本权利和义务(Article 2: Basic Rights and Obligations)

第三条:协调(Article 3: Harmonization)

第四条:非歧视待遇(Article 4: Equivalence)

第五条:危险性评估以及适宜的动植物检疫和卫生保护水平的确定(Article 5: Assessment of Risk and Determination of the Appropriate Level of Sanitary or Phytosanitary Protection)

第六条:适用地区,包括非疫区和有害生物或疾病低度流行区(Article 6: Adaptation to Regional Conditions, Including Pest or Disease-Free Areas and Areas of Low Pest or Disease Prevalence)

第七条:透明度(Article 7: Transparency)

第八条:检查、检验和批准程序(Article 8: Control, Inspection and Approval Procedures)

第九条:技术帮助(Article 9: Technical Assistance)

第十条:特殊和差别待遇(Article 10: Special and Differential Treatment)

第十一条:磋商和争议解决(Article 11: Consultations and Dispute Settlement)

第十二条:管理(Article 12: Administration)

第十三条:执行(Article 13: Implementation)

第十四条:最后条款(Article 14: Final Provisions)

附件 1:定义(ANNEX A:DEFINITIONS)

附件 2:动植物卫生检疫规定的透明度(ANNEX B:TRANSPARENCY OF SANITARY AND PHYTOSANITARY REGULATIONS)

附件 3：控制检验和批准程序（ANNEX C：CONTROL，INSPECTION AND APPROVAL PROCEDURES）

2.2.3.4　协定的主要内容

关于对《SPS 协定》主要内容的理解，笔者认为可从下述协调性问题、等效性问题、合理性问题、透明性问题、特殊性问题和分歧性问题等 6 个方面得以进一步的认识。

1）协调性问题（harmonization）

SPS 措施国际协调一致（international harmonization）是《SPS 协定》所强调的。为尽可能广泛地协调 SPS 措施，《SPS 协定》要求各成员的 SPS 措施应以国际标准、准则或建议（International standards，guidelines and recommendations）为依据；要求各成员可以实施或维持比以有关国际标准、准则或建议为依据的措施所提供的保护水平更高的 SPS 措施，但要有科学依据；要求各成员应尽其所能全面参与有关的国际组织及其附属机构，如三姐妹组织（The Three Sister Organizations），即 FAO 和世界卫生组织（WHO）食品法典委员会（Codex Alimentarius Commission，CAC）、世界动物卫生组织（Office International des Epizooties，OIE），以及 FAO《国际植物保护公约》框架下运行的有关国际组织。

2）等效性问题（equivalence）

《SPS 协定》承认在不同的国家可以有多种方法来确保食品安全或保护动植物健康，但同时又规定 WTO 成员应当相互接受在保护人类、动物或植物健康方面具有等效水平的措施（accept each other's regulations as equivalent whenever the same level of human，animal or plant health protection is achieved）。如果出口成员客观地向进口成员表明它所采用的 SPS 措施达到了进口成员的适宜的 SPS 保护水平（appropriate level of sanitary or phytosanitary protection），那么即使这些措施不同于进口成员自己的措施，或不同于从事同一产品贸易的其他成员所采用的措施，进口成员应同等地接受出口成员的 SPS 措施。同时，各成员根据要求进行磋商，以便对所规定的 SPS 措施的等效性的承认达成双边或多边协定（bilateral and multilateral agreements），以有助于避免在没有国际标准可以遵循的情况下出现争端。

3）合理性问题（justification）

《SPS 协定》在合理性问题上强调了两方面内容。首先，《SPS 协定》强调了各成员在采取 SPS 措施时应确保这些措施是建立在风险评估（risk assessment）

的基础上，在设定 SPS 保护水平时应考虑减少对贸易的不利影响这一目标；其次强调了各成员应承认不以行政区来界定病虫害非疫区（Pest or Disease-Free Area）和低度流行区（area of low pest or disease prevalence）的原则。

在进行风险评估时，各成员应参考有关国际组织制订的风险评估技术和标准。风险评估可以是定性的，也可以是定量的。在评估时应考虑现有的科学依据、有关的工序和生产方法、有关的检验、抽样和测试方法、某些病虫害的流行、病虫害非疫区的存在、有关的生态和环境条件以及检疫或其他处理方法；还应考虑相关的经济因素，如由于病虫害的传入（entry）、定植（establish）或传播（spread）而对生产或销售造成损失的潜在损害，在进口成员领土上控制或根除病虫害的成本，以及采取其他方法来控制风险的有关实际开支等。

《SPS 协定》允许各成员在尚没有足够科学证据证明其措施的合理性的紧急情况下采取预防性措施（precautionary measures）。例如，随着 1996 年疯牛病造成的恐慌，在缺少足够的科学证据的情况下，允许成员立即出台紧急禁令，禁止与疯牛病有关的产品进口。但是，这些紧急措施仅是临时性的，成员应寻求获取必要的补充信息，以便在合理的期限内评价这些临时的 SPS 措施。当一成员有理由认为另一成员制订或维持的某种 SPS 措施正在限制或潜在限制其产品出口，而这种措施不是以有关国际标准、准则或建议为依据，则可要求其解释采用这种 SPS 措施的理由。

关于病虫害非疫区或低度流行区，《SPS 协定》规定各成员应当承认不以行政区对有害生物的分布进行界定的原则，例如非疫区可以是一个国家的部分地区，也可以是涵盖若干个国家的部分地区。在确定这样的地区时各成员应依据诸如地理、生态系统、流行病检测以及 SPS 效果等因素；出口成员在声明这样的地区时应提供必要的证据，以便向进口成员客观地表明这些地区分别是并很可能继续分别是病虫害非疫区或低度流行区；此外出口成员根据要求应向进口成员提供合理的途径，以便进口成员检验、测试等。

4）透明性问题（transparency）

《SPS 协定》要求各成员必须指定一个国家通报机构（national notification authority）负责通报程序（notification procedures）的执行。该机构负责按照一定的通报程序及时通知其 SPS 措施的改变，并提供有关的 SPS 措施信息。各成员应确保将所有已获通过的 SPS 法规及时公布；除紧急情况外，应允许在法规的公布和开始生效之间有合理的时间间隔，以便使出口成员的生产商有足够的时间调整其产品和生产方法，以适应进口成员的要求。《SPS 协定》要求每个成员政府应确保设立一个国家咨询点（national enquiry point），在其贸易方对实施的相关法规、现行的等效协定或有关风险评估程序及决策等问题进行咨询时提供服务。咨询点应该能够解答所有与 SPS 措施有关的合理的质询，并且能够提供向 WTO 进行通报的新的或修订过的法规以及其他相关文件。例如，我国的 SPS 国家咨询点现设在国家质量监督检验检疫总局国际检验检疫标准与技术法规研究中心。

5）特殊性问题（specialization）

针对发展中国家成员（developing country members），WTO 各成员同意向其提供技术援助，以使其得以维持和扩大相关产品市场准入的机会；在适宜的 SPS 保护水平允许分阶段采用新的 SPS 措施时，应给予发展中国家成员有利害关系的产品较长的适应期，以维持其出口机会；为确保发展中国家成员遵守 SPS 协定，SPS 委员会（负责管理 SPS 协定的实施）有权根据这些成员的要求并视其财政、贸易和发展的需要，允许这些国家对于 SPS 协定所规定的义务的全部或部分享有特殊的和有限的例外（specified，time－limited exceptions in whole or in part from obligations under this Agreement）；同时各成员应鼓励和促进发展中国家成员积极参加有关的国际组织；在由于缺乏技术知识、技术性基础设施或资源而妨碍现行的 SPS 措施实施时，发展中国家成员可在 WTO 协定生效之日起推迟 2 年执行本协定的规定，但第五条第 8 款和第七条的规定除外。对于最不发达国家成员（the least－developed country members）的 SPS 措施，可在 WTO 协定生效之日起推迟 5 年执行本协定的规定。此外，面向发展中国家成员 WTO 组织进行相关的培训，其中《SPS 协定》是 WTO 培训课的主要内容。

6）分歧性问题（dissension）

在国际贸易中，会有关于 SPS 措施的争端。面对双方的分歧，《SPS 协定》规定应遵循 WTO 统一的争端解决程序（unified WTO dispute settlement procedures）。《SPS 协定》鼓励通过双边磋商（bilateral consultations）解决争端，但是如果没有满意的结果，争端原告方可以要求在 60 d 的正式磋商阶段过后成立专家组（panel）。在对 SPS 措施进行整体考虑时，专家组可以根据其认为适当的方式就科学与技术问题征求意见，这种意见可以来自个人专家、技术专家组或某个相关的国家组织。此外，《SPS 协定》并不限制成员使用 WTO 外的其他争端解决程序，例如 SPS 领域的一些国际标准化机构制订了自己的争端解决程序，各成员可以通过这些程序来解决彼此间的贸易争端。自 WTO 成立以来，在 SPS 领域里的贸易纠纷中，绝大多数在磋商阶段就得到了解决，只有少数案例经历了专家组和上诉程序，例如加拿大和美国诉澳大利亚禁止进口鲑鱼案、美国和加拿大诉欧盟禁止进口使用激素生产的牛肉案以及美国诉日本限制水果进口案等。

小　结　《SPS协定》是WTO针对动植物安全与检疫问题而专门制订和实施的一个国际准则，与《关税与贸易总协定》《TBT协定》和《农业协定》等有着密切的联系。《SPS协定》规定了若干规则，以实现维护各成员政府所规定的其认为合适的健康水平的主权、但保证这种主权不得滥用于保护主义的目的、同时不对国际贸易形成不必要壁垒的总体目标。协调性问题、等效性问题、合理性问题、透明性问题、特殊性问题和分歧性问题等是《SPS协定》阐述的主要内容。

2.3　OIE与国际动物卫生法典

学习重点

- 了解OIE的背景知识
- 掌握《国际动物卫生法典》的主要内容

在动物检疫领域，世界动物卫生组织(OIE)在有关国际法规和标准的制订中发挥着重要的作用，其制订的《国际动物卫生法典》对全球的动物检疫工作具有权威性的指导作用。因此，了解OIE的概况、掌握《国际动物卫生法典》的主要内容是非常必要的。

2.3.1　OIE简介

1)OIE的创建

国际兽医局(Office International Des Epizooties，简称OIE)成立于1924年，总部设在法国巴黎。近年来，一般称国际兽医局为世界动物卫生组织，该组织的建立至少可以追溯到19世纪末期，并与一种严重的动物疫病——牛瘟的暴发有着密切的联系。

1872年，欧洲大面积暴发牛瘟，奥地利召集欧洲多个国家在维也纳召开会议，协商各国采取统一的行动以控制牛瘟的传播。这次会议具有重要的历史意义，是多个国家为控制动物疫病而做的一次尝试。1920年，巴基斯坦的病牛途经比利时安特卫普过境时引起比利时再次暴发牛瘟，该事件引起欧洲更多国家的关注。1921年5月27日，法国发起召开国际动物流行病学大会，与会代表一致认为，应建立一个控制动物传染病的国际机构。这时，世界动物卫生组织的建立初见端倪。1924年1月25日，来自阿根廷、比利时、巴西、保加利亚、丹麦、埃及、西班牙、芬兰、法国、大不列颠、希腊、危地马拉、匈牙利、意大利、卢森堡、摩洛哥、墨西哥、摩纳多、荷兰、秘鲁、波兰、葡萄牙、罗马尼亚、泰国、瑞典、瑞士、捷克斯洛伐克和突尼斯的28个国家的代表，再次聚会巴黎，一致认为根据1921年国际动物流行病学大会通过的决定，有必要建立世界动物卫生组织，并代表各国政府签署了《关于在巴黎建立世界动物卫生组织的国际协定》，并附带签署了《世界动物卫生组织组织法》，正式宣告了世界动物卫生组织的成立。

OIE是动物卫生的国际组织，是处理国际动物卫生协作事物的政府间组织（图2-8）。OIE管理着一个庞大的动物疫情信息系统，负责制订有关的动物和产品贸易的卫生标准。OIE成立后立即引起了国际社会的普遍关注，目前已发展成为影响力最大的国际动物卫生组织。OIE的成员国数量在不断增加，最初是28个成员，1950年为53个，1990年是114个，到2003年成员已发展为164个（图2-9）。目前，OIE已与20多个国际和区域组织签署了合作协定，如WTO、WHO、FAO等。随着WTO《SPS协定》对世界动物卫生组织规则、标准和建议的认可，OIE将在人类和动物健康方面发挥更重要的作用。

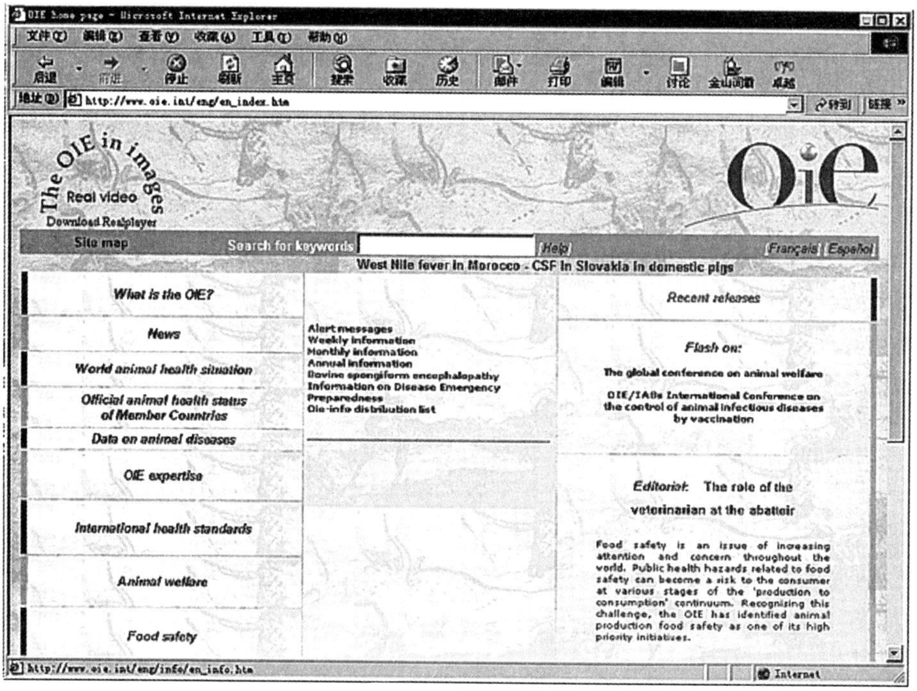

图 2-8 OIE网站主页

(http://www.oie.int)

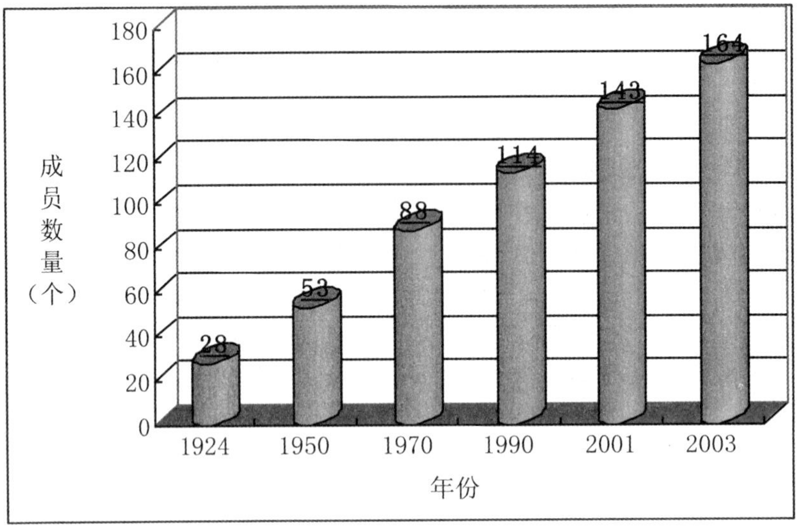

图 2-9　OIE 成员数量增长示意图

2)OIE 的主要任务与目标

作为最具权威的国际动物卫生组织,OIE 的主要任务包括:①收集并向各国通报全世界动物疫病的发生、发展情况,以及相应的控制措施;②促进并协调各成员加强对动物疫病监测和控制的研究;③协调各成员之间动物及动物产品贸易的规定。

OIE 的主要目标可以归纳为下述 3 个方面的内容:

(1)实现动物疫情的透明化　动物疫病常常使畜牧业遭受严重的损失,而且对人类健康和环境也会产生严重的影响。作为一个国家的兽医管理部门,其主要职责是对动物疫病,特别是动物传染病(包括人畜共患病)进行监测和防治。许多国家的兽医管理部门还负责食品安全、兽药监测、动物产品贸易法规、科研和其他领域的工作。为了实现提高畜牧和渔业水平、保护本国消费者和环境的目的,各政府兽医管理部门就必须了解世界各地动物疫情动态。为各国政府兽医机构提供危及人畜安全的动物疫情的发生和发展进程,是 OIE 的首要任务。OIE 专门组建了疫情应急系统,定期向各成员发布《疫情信息》、OIE《通报》《世界动物卫生》和《科学技术评论》等。

(2)实现国际贸易中的动物卫生安全　动物及其产品的国际贸易已成为世界经济发展的一个重要方向。为维持这一方向稳定发展,制订合理的兽医法规以防止人畜共患病传播,制订合理的贸易协调机制以解决非公平贸易争端,均是非常必要的。针对动物卫生的管理措施,《SPS协定》特别推荐使用OIE制订的规则、标准和建议,如《国际动物卫生法典》《动物疾病诊断试验和疫苗标准手册》《国际水生动物卫生法典》和《水生动物疾病诊断试验手册》等。

(3)提供动物卫生专业知识　动物卫生是一个专业性较强的领域,为了促进并协调各成员加强对动物疫病监测和控制的研究工作,OIE组建了相应的部门予以支持。同时,OIE还就某些科技议题,组织有关专家召开专题会议,并发行科技出版物以推广、普及动物卫生的专业知识。

3)OIE的组织机构

OIE的组织机构如图2-10所示,国际委员会(The International Committee)是OIE的最高权力机构,下设行政委员会(The Administrative Commission)、专业委员会(Specialist Commissions)、地区委员会(Regional Commissions)和OIE中央局(Central Bureau)。

国际委员会由所有成员国代表组成,负责选举产生行政委员会和OIE主席,并对有关OIE的大政方针及运作方面的所有问题做出决策。行政委员会是OIE的重要管理机构,主要负责国际委员会工作的筹备工作。专业委员会是OIE为了解决某一特殊问题而设立的,其主要任务是研究动物疾病的流行病学及控制方面的问题及统一的有关国际法规;目前由4个委员会组成,即口蹄疫委员会(成立于1946年)、标准委员会(成立于1949年)、鱼病委员会(成立于1960年)和国际动物卫生法典委员会(成立于1960年)。OIE设立有地区委员会,计5个,即亚洲、远东和大洋洲地区委员会(成立于1952年),欧洲地区委员会(成立于1961年),美洲地区委员会(成立于1962年),非洲地区委员会(成立于1964年)和中东地区委员会(成立于1989年)。其目的在于加强本地区各成员国的动物疾病控制技术,同时促进各成员国的合作。OIE中央局由国际委员会任命的总干事领导,下设科学与技术部等4个部门,主要负责实施和协调信息、技术合作和科学活动。

此外,为了探讨特定的技术或科学论题,在特定时期,OIE设立相关的工作组;为了加强协作,OIE设立了地区代办处和协作中心;为了加强疫病检测、控制标准化技术的研究与应用,OIE成立有参考实验室。

2.3.2 《国际动物卫生法典》简介

1)产生背景

自20世纪60年代以来,国际间动物及动物产品贸易飞速发展,同时也使动物传染性疾病的传播显著增强。因此需要制订必要的法规用以防止传染性疾病

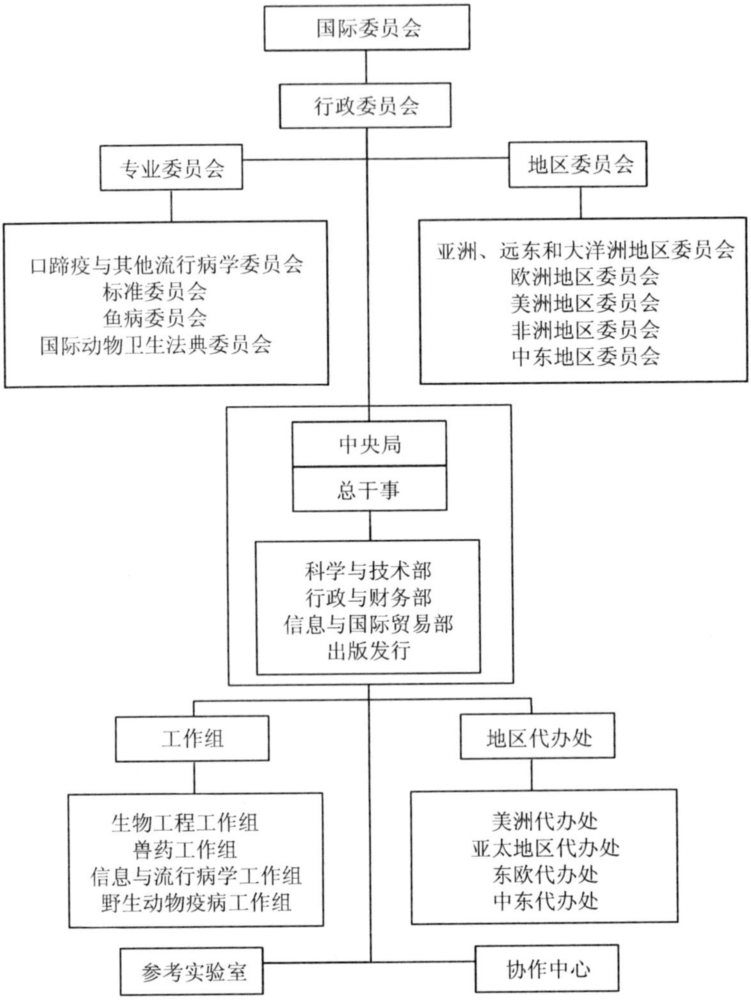

图 2-10　OIE 主要机构设置

（仿陈向前，2002）

危害动物或人类健康，并避免不公正的贸易壁垒。《国际动物卫生法典》(International Animal Health Code)应运而生，由 OIE 编写出版，是国际动物卫生法典委员会的专家们在各成员国的有关法规资料的基础上编写的，首版见于 1968 年。《国际动物卫生法典》规定了与动物和动物产品国际贸易有关的卫生规则和建议。随着各国兽医技术及疫情等的变化，该委员会不断推出《国际动物卫生法典》新版本。1992 年，OIE 以英、法和西班牙文发行了新版《国际动物卫生法典》，1993—1997 年期间进行了两次更新。1998 年以后，由于每年都有大量的修改性意见和建议，《国际动物卫生法典》改为每年一版。同时，增发了俄文版本。

OIE 被 WTO 指定为动物及动物产品贸易卫生法规的国际参考机构，OIE 制订的《国际动物卫生法典》及其他标准已成为全球动物检疫、防疫工作的权威性法规和标准，既是成员国的行为准则，也是非成员国的重要参考法规。

2）术语定义

《国际动物卫生法典》规定了一些术语的定义，其意义在于为 OIE 成员在制订动物卫生法律规范和技术标准的过程中，提供统一、科学的术语。有关 OIE 的术语如中央局（Central Bureau）指世界动物卫生组织的常设秘书处，法典（Code）指《国际动物卫生法典》、手册（Manual）指《诊断试验和疫苗标准手册》等。有关成员国的术语如兽医行政管理部门（Veterinary administration）是指在全国范围内有绝对权威、执行、监督或审查《国际动物卫生法典》推荐动物卫生措施和出证过程的国家兽医机关；兽医当局（Veterinary authority）是指在兽医行政部门管辖下，直接负责实施动物卫生措施及监督国内各地签发国际动物卫生健康和国际卫生证书的兽医机关；检疫站（Quarantine station）指在兽医当局的监督之下使动物完全保持隔离、不与其他动物有任何直接或间接接触的设施，以便进行一段时间的观察，必要时需作试验和治疗。涉及动物疫病的术语中，A 类疫病（List A）是指超越国界、具有非常严重而快速的传播潜力，引起严重社会经济或公共卫生后果，并对动物和动物产品国际贸易具有重大影响的传染病；B 类疫病（List B）是指在国内对社会经济和公共卫生具有影响，并在动物和动物产品国际贸易中具有明显影响的传染病。

3）主要内容

《国际动物卫生法典》共分 6 部分，即总则、A 类疫病、B 类疫病、附则、国际动物检疫证书格式和通报疾病名录。该法典的内容主要体现在下述 4 个方面：

（1）成员国的义务和责任　各成员国在动物及动物产品的国际贸易中必须遵守本规则；各成员国应尽可能在其领域内建立口岸检疫机构和隔离检疫站；各成员国应及时报告其管辖区内流行性动物疾病的发生情况、诊断方法、控制措施及结果，并通报动物检疫等相关法规；OIE 有责任提供和协调进出口双方的检疫和防疫标准。

（2）检疫性疫病的种类（A、B 类疫病）　《国际动物卫生法典》明确了 A、B 类疫病的种类（见附录）。目前，A 类疫病包括 15 种，如口蹄疫（Foot and Mouth

Disease)、水疱性口炎(Vesicular Stomatitis)、非洲猪瘟(African Swine Fever)、非洲马瘟(African Horse Sickness)、新城疫(Newcastle Disease)、高致病性禽流感(Highly Pathogenic Avian Influenza)等;B类疫病包括80种,如炭疽病(Anthrax)、狂犬病(Rabies)、地方性牛白血病(Enzootic Bovine Leukosis)、传染性法氏囊病(Infectious Bursal Disease)、兔出血热(Rabbit Haemorrhagic Disease)、蜂螨病(Acariosis of Bees)等。B类疫病与A类疫病相比,对畜牧业所造成的潜在危害较低,但当这些疫病侵入无此疫病或正在对该病实施国家控制和消灭计划的国家时,也可导致巨大的经济损失。

(3)疫情信息通报　OIE的所有成员必须承认OIE中央局有直接与该国兽医行政管理部门联络的权利。OIE寄送给兽医行政管理部门的所有通报和信息即视为已向有关国家寄送,由兽医行政管理部门寄送给OIE的通报和信息即视为有关国家寄送。各成员应通过OIE向其他国家提供限制A、B类疫病扩散以及更好地控制疫病所必需的信息。各成员除报告新的疫情情况,还应通报为防止疫病传播所采取的措施,包括对动物和动物制品及其他有传播动物疫病特性的物品所采取的流通限制措施等。

兽医行政管理部门应向OIE通报其检疫法规的条文内容,同时应随时通报法规的修订情况。在发生下列情况时,兽医行政管理部门应在24小时内通过一定的方式(如电传、电报、传真或电子邮件等)向OIE寄送通报:①在某国或某地区属于首次发生或重新发生的A类疫病;②有重要新发现,对其他国家有流行病学意义的A类疫病;③临时诊断到某种A类疫病,并对其他国家有流行病学意义的重要信息;④非A类疫病,但对其他国家有特别流行病学意义的新发现。在收到各成员的通报后,OIE中央局也以一定的方式(如电传、电报、传真或电子邮件等)向各兽医行政管理部门发布所接收的所有通报。

(4)国际贸易出证　在动物和动物产品的国际贸易中,既要确保不阻碍贸易正常进行,又要确保对人和动物健康无不可接受的危险。为了达到这一目的,《国际动物卫生法典》规定,出口国应按要求向进口国提供下述信息资料:①有关动物卫生状况和国家动物卫生信息系统的信息,以确定该成员是否为无A类或B类疫病国家或是否存在无A类或B类疫病的区域,信息还应包括保持无疫病状态所实施的条例及方法;②传染病发生的常规信息及快报;③国家控制和预防A类及B类疫病采取措施能力的详细情况;④兽医服务机构和主管当局的信息;⑤技术资料,特别是该国全部或部分地区应用的生物学试验和疫苗。

《国际动物卫生法典》制订了动物检疫证书的格式;并要求出口国(或地区)的兽医行政管理部门须以上述的格式为标准,根据进口国所提出的检疫要求对每批动物和动物产品出具证书,否则进口国(或过境国)有权拒绝其货物入境。

在提出进口要求时，进口国应遵循下述原则：①所提要求限于证明动物和动物产品卫生的要求，即这些要求是为避免一种或几种疫病风险转移或至少把风险降到可接受水平而必需的；②出证要求应简明准确，清楚传达进口国的意愿；③出证应尽可能建立在最高道德标准基础上，其中最重要的是尊重和保护出证兽医的职业诚实性；④兽医行政管理部门向出口国的非兽医行政管理部门人员传送证书或通告进口许可要求时须将文件副本寄送给出口国兽医行政管理部门。

小　结　OIE 是世界动物卫生组织（过去习称国际兽医局）的简称。作为最具权威的国际动物卫生组织，其制订的《国际动物卫生法典》和其他标准已成为全球动物检疫、防疫工作的权威性法规和标准。该法典强调各成员应尽可能在其领域内建立口岸检疫机构和隔离检疫站，应及时报告其管辖区内流行性动物疾病的发生情况、诊断方法、控制措施及结果，并通报动物检疫相关法规。

2.4　FAO 与国际植物保护公约

学习重点

- 了解 FAO 和 APPPC 与植物检疫的关系
- 掌握《国际植物保护公约》的主要内容
- 了解亚洲和太平洋区域植物保护协定的基本内容

联合国粮食及农业组织（Food and Agriculture Organization of the United Nation，FAO）在收集传播有关粮食、农业、林业、渔业和营养信息，向各成员国政府提供咨询和技术援助，促进对世界重大粮农问题的讨论与交流方面发挥了重要作用。有关植物检疫国际法规建设问题，FAO 专门制定了《国际植物保护公约》以规范、促进全球范围内植物检疫的发展。本节在介绍 FAO 及相关区域性植物保护组织的基础上，对《国际植物保护公约》的发展历史和主要内容进行了详细阐述。

2.4.1　FAO 与 APPPC

2.4.1.1　FAO 及其作用

1）FAO 概况

FAO（图 2-11）成立于 1945 年 10 月 16 日。1946 年，FAO 与联合国签订协

议，成为联合国系统内的一个专门组织，总部设在意大利的罗马。FAO既是一个国际粮农信息中心、一个国际粮农论坛，也是一个国际农业咨询与支持机构。其宗旨是提高人类的营养和生活水平，提高生产能力，使农村人口的生活条件得以改善。

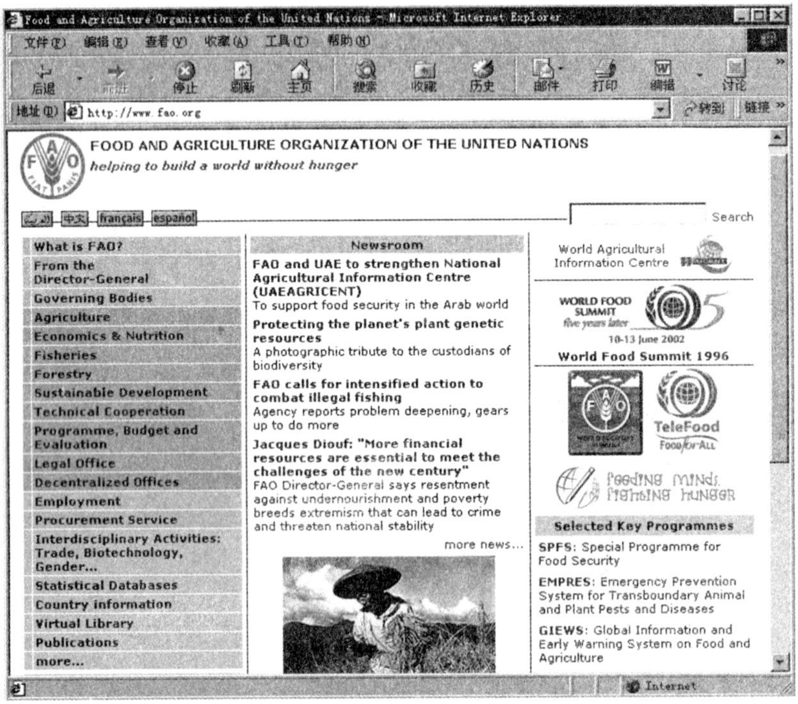

图 2-11　FAO 网站主页

(http://www.fao.org)

FAO的组织机构(图 2-12)主要包括 FAO 大会、理事会和秘书处。FAO 大会是该组织的最高权力机构，每两年召开一次会议，由所有成员国参加。理事会隶属 FAO 大会，由大会选出的独立主席和 49 个理事国组成，每两年举行 4 次会议，负责大会休会期间执行大会所赋予的权力。理事会下设 9 个专业委员会，即计划、财政、章法、农业、渔业、林业、商品、粮食安全及粮食和农业遗传资源委员会。秘书处是大会、理事会的执行机构，其行政首脑为总干事，由大会选出，任期 6 年。总干事在大会和理事会的指导下负责开展具体工作。秘书处总部下设 8 个部、28 个司、98 个处，有 1 450 多名专业人员。秘书处还包括 5 个区域办事处、5 个分区域办事处、5 个联络处和 80 个驻国家代表处。

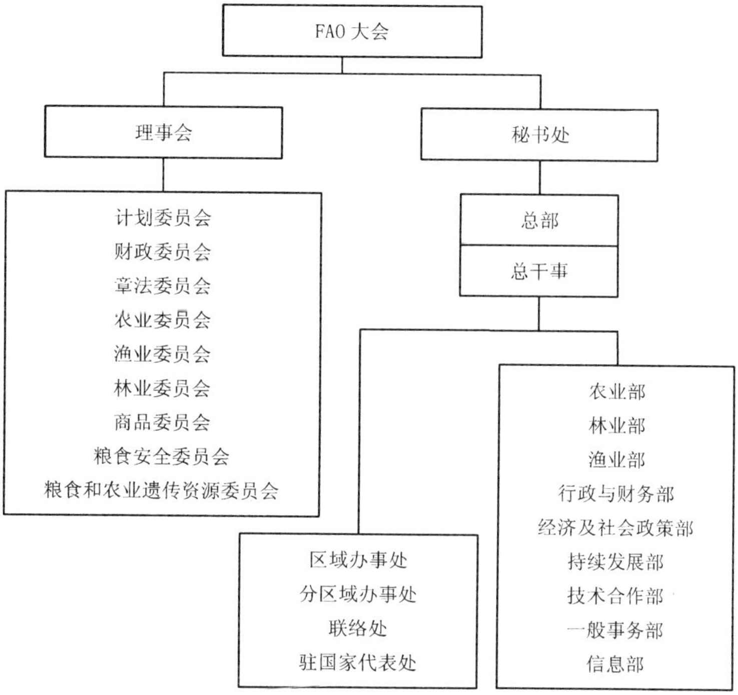

图 2-12　FAO 组织结构示意图

目前，FAO 拥有 184 个成员国和 1 个成员组织(欧洲经济共同体 European Community)，各成员国通过大会、理事会行使权力。中国是 FAO 的创始成员国之一，1973 年中华人民共和国的合法席位得到恢复，并于同年召开的第 17 届大会上当选为理事国且连选连任至今。

2)FAO 的宗旨和职能

FAO 的宗旨在于：提高成员国各自管辖下的人民的营养水平和生活标准，提高一切农产品的生产和分配效率，改善农村人口的状况，促进世界经济的发展并保证人类免于饥饿。

FAO 主要包括 3 方面的职能：①搜集、整理、分析和传播世界粮农生产、贸易和技术信息，跟踪监测世界粮农生产和粮食安全形势，促进成员国之间的粮农信息交流。FAO 建立的全球信息与早期预警体系在监测世界粮食安全和紧急形势方面具有重要的作用。②讨论国际粮农领域中的重大问题，制定有关国际行为准则和法规，加强成员国之间的磋商与合作。③向成员国提供技术援助和政策咨询，执行捐赠国、国际开发和金融机构的农业开发援助项目。FAO 利用其专业优势，执行了大量的联合国开发计划署、世界银行、亚洲开发银行、联合国人口基金会、国际农发基金等国际机构和捐赠者的农业援助项目。

3)FAO 与植物检疫的关系

从其建立伊始，FAO 就致力于通过促进农业发展以减轻贫穷和饥饿，改善营养并追求食物的安全。为了促进世界植物检疫的发展，FAO 于 1950 年通过了《国际植物保护公约》(International Plant Protection Convention，IPPC)（图 2-13）。IPPC 是存放于 FAO 总干事之处的多边条约，同时也被认为是全球协调植物卫生措施的机构。IPPC 是通过与区域植物保护组织(RPPOs)和国家植物保护组织(NPPOs)进行合作来实施的，由设在 FAO 植物保护局的 IPPC 秘书处负责管理。

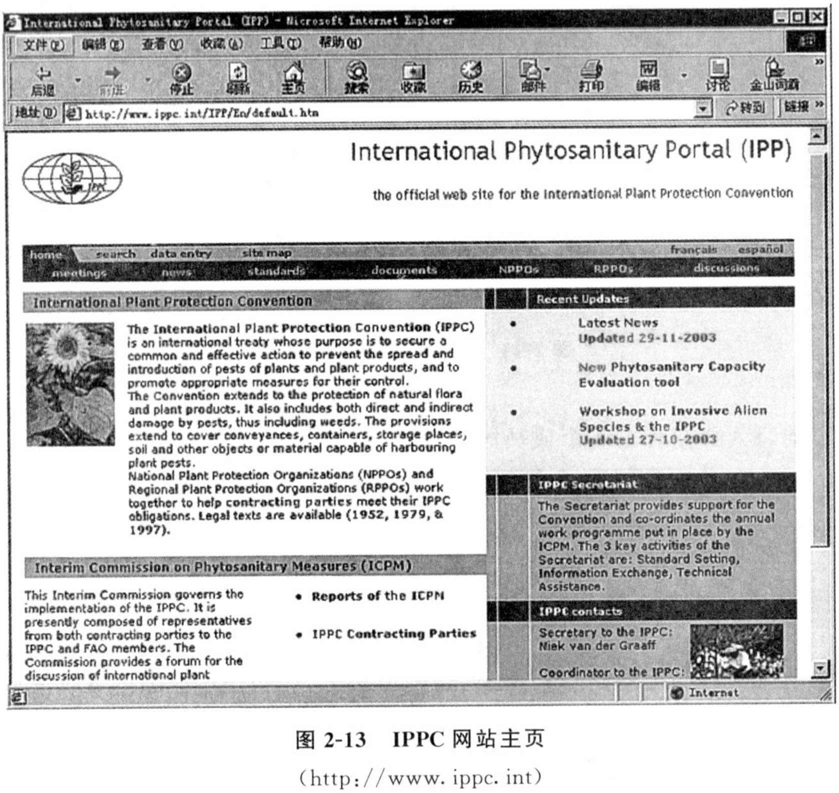

图 2-13　IPPC 网站主页

(http://www.ippc.int)

2.4.1.2　APPPC 及其与植物检疫的关系

为了通过一致的行动以防止危险性植物有害生物传入亚洲和太平洋地区并进行扩散，1956 年签订了《亚洲和太平洋区域植物保护协定》，随之成立了亚洲和太平洋区域植物保护委员会(Asia and Pacific Plant Protection Commission, APPPC),我国是其成员之一。APPPC 是依据 IPPC 的规定而成立的一个区域性植物保护组织,与加勒比海区域植物保护委员会(Caribbean Plant Protection Commission,CPPC)、欧洲和地中海区域植物保护组织(European and Mediterranean Plant Protection Organization,EPPO)同为 FAO 秘书处的直属机构,其最高权力机构是成员国大会,设秘书处并由 FAO 直接派遣植物保护官员主持日常工作。

近年来,APPPC 秘书处和地区各成员已认识到制定地区植物卫生标准的重要性。2000 年,APPPC 秘书处专门召开成员国会议,讨论地区植物卫生标准的制定问题,就制定标准的原则、程序等内容进行磋商,提出了制定标准的基本机制。APPPC 制订地区植物卫生标准的程序主要包括下述 6 个步骤:

(1)国家植物保护组织向 APPPC 秘书处提出制定、修订标准的建议;

(2)APPPC 秘书处将制定、修订标准的建议提交 APPPC,由 APPPC 确定标准制定的优先顺序;

(3)APPPC 秘书处起草标准说明,提交 APPPC 标准委员会,并分发各成员国讨论(为期 60 d),后经 APPPC 标准委员会讨论定稿;

(4)APPPC 标准委员指定工作组根据标准说明起草标准,并提交 APPPC 标准委员审查批准形成讨论稿;

(5)APPPC 秘书处将标准讨论稿分发给各成员国和 IPPC 秘书处评议(为期 120 d),评议意见书面提交 APPPC 秘书处;

(6)APPPC 对标准讨论稿进行修改,定稿后交 APPPC 审议通过并实施。

2.4.2 《国际植物保护公约》简介

1)IPPC 的由来

在动植物检疫的历史上,第一个国际公约当属 1881 年 11 月 3 日在瑞士伯尔尼签署的《国际葡萄根瘤蚜防治公约》,其主要目的是采取必要措施控制葡萄根瘤蚜在签约国之间的传入和传播。1889 年 4 月 15 日,有关国家又签订了《国际葡萄根瘤蚜防治补充公约》。1929 年 4 月 16 日,在意大利罗马,一些国家在《国际葡萄根瘤蚜防治公约》和《国际葡萄根瘤蚜防治补充公约》的基础上签署了《国际植物保护公约》。1951 年,FAO 召开第 6 次大会,IPPC 被正式通过。

IPPC 是植物保护领域中参加国家最多、影响最大的一个国际公约,其主要任务是加强国际间植物保护的合作、更有效地防止有害生物及防止危险性植物有害生物的传播、统一国际植物检疫证书的格式、促进国际植物保护信息的交流。

2)IPPC 内容框架

目前,FAO 成员国遵照执行的是 1992 年的 IPPC。其内容框架主要包括下述 17 个部分:

序言(Preamble)

第一条:宗旨和责任(Article Ⅰ:Purpose and responsibility)

第二条:范围(Article Ⅱ:Scope)

第三条:补充协定(Article Ⅲ:Supplementary agreements)

第四条:国家植物保护组织(Article Ⅳ:National organization for plant protection)

第五条:植物检疫证书(Article Ⅴ:Phytosanitary certificates)

第六条:对进口物品提出的要求(Article Ⅵ:Requirements in relation to imports)

第七条:国际合作(Article Ⅶ:International cooperation)

第八条:区域植物保护组织(Article Ⅷ:Regional plant protection organizations)

第九条:争议的解决(Article Ⅸ:Settlement of disputes)

第十条:代替以前的协定(Article Ⅹ:Substitution of prior agreements)

第十一条:适用的领土范围(Article Ⅺ:Territorial application)

第十二条:批准和参加(Article Ⅻ:Ratification and adherence)

第十三条:修正(Article ⅩⅢ:Amendment)

第十四条:公约的生效(Article ⅩⅣ:Entry into force)

第十五条:退出(Article ⅩⅤ:Denunciation)

附件:植物检疫证书样本(Annexes:Model phytosanitary certificates)

3)IPPC 主要内容

IPPC 的主要内容可从下述 5 方面进行理解:

(1)宗旨和责任问题　本公约主要适用于国际贸易所涉及的植物有害生物检疫。公约的主要目的是确保采取共同而有效的行动,防止植物及植物产品有害生物的传入和扩散,促进有害生物控制措施的发展(secure common and effective action to prevent the spread and introduction of pests of plants and plant products and to promote measures for their control)。每个缔约方(contracting party)应承担责任在其领土之内达到本公约的各项要求。

(2)国家植保组织和植物检疫证书问题　各缔约方应尽最大努力成立一个

正式的国家植物保护组织，该组织的主要职能包括：①检查生长的植物、栽培地区以及储存和运输中的植物和植物产品；②检查国际货运业务承运的植物和植物产品，必要时也可检查其他物品和储存及运输设施；③对国际货运业务承运的植物和植物产品以及它们的容器、存放处或运输设施进行杀虫或灭菌处理；④颁发关于托运植物和植物产品检疫情况和产地的证书，即植物检疫证书（Phytosanitary Certificate）。针对植物检疫证书，IPPC为其制订了规范的格式和措辞。

(3)对进口物品的要求问题　各缔约方有充分权力来管理植物和植物产品的进口。各缔约方可以采取多种措施来实现植物检疫的目的，如对植物或植物产品的进口加以限制并提出检疫要求、禁止某些植物和植物产品的进口、检查或扣留某批托运的植物或植物产品、处理或销毁某批不符合要求的植物或植物产品、列出禁止或限制传入的有害生物清单等。但是，上述措施是出于植物检疫的目的而必须采取的。

(4)国际合作问题　首先各缔约方同意与FAO就建立一个关于植物有害生物的世界报告机构（World reporting service on plant pest）进行合作，这一机构负责向FAO报告植物和植物有害生物的存在（existence）、发生（outbreak）和传播（spread）的情况，提供关于有效防治植物和植物产品有害生物方法的信息。其次，各缔约方在切实可行的情况下应参加为消灭某种毁灭性的有害生物而发起的特别行动。

(5)争议解决问题　如果对于本公约的解释和应用或者某一缔约方认为另一缔约方的任何行动违背了本公约的有关规定，该国政府或有关各国政府可以要求FAO总干事指定一个委员会（包括政府代表在内）来审议这一争议。有关的各国政府应平等地分担委员会专家的费用。

2.4.3　《亚洲和太平洋区域植物保护协定》简介

1)内容框架

《亚洲和太平洋区域植物保护协定》共包括12项条款和2个附件：

第一条：定义

第二条：区域性事务委员会

第三条：关于从区域外进口植物的办法

第四条：防范从南美传入橡胶叶疫病的办法

第五条：关于区域内植物流动的办法

第六条：一般豁免

第七条：解决争执

第八条:不属于国际植物保护公约成员国的签约国政府的权利与义务

第九条:修改

第十条:签署和参加

第十一条:开始生效

第十二条:协定的废止和终结

附件一:亚洲和太平洋区域危险性有害生物名录

附件二:防范橡胶叶疫病的措施

2)主要内容

《亚洲和太平洋区域植物保护协定》的主要内容体现在下述3方面:

(1)建立区域性事务委员会　建立亚洲和太平洋区域植物保护委员会负责协定的实施,其主要任务包括:①决定必需的程序和安排以贯彻本协定,并向签约政府提出建议;②评论签约政府所提供的关于执行本协定进展情况的报告;③考虑需要的区域性合作问题和相互帮助的措施。

(2)植物进口及植物流动的办法　各签约国应最大努力采取相应措施以防止危险性有害生物(特别是附件一中所列举的)传入本区域及在本区域内传播。对从区域外任何地区进口的任何植物,及在区域内流通的任何植物,均包括其包装材料和容器,可以采取禁止进口、开具证明、检查、消毒和毁灭等措施。

(3)协定的管理　位于本区域的各国政府,或对本区域内领土负有国际关系责任的其他任何政府,可通过3种方式中的任一种成为参与本协定的一员,即①签署;②草签后待批准,随后正式批准;③参加。本协定经3个政府签署或者草签后待批准即可生效;当成员少于3个时,本协定自动终结。

小　结　FAO是联合国粮食与农业组织的简称,其通过的《国际植物保护公约》(IPPC)对全球的植物检疫工作具有重要的指导作用。IPPC是通过与区域植物保护组织(RPPO)和国家植物保护组织(NPPO)进行合作来实施的,例如亚洲和太平洋地区建立了"亚洲和太平洋区域植物保护委员会"(APPPC),专门负责《亚洲和太平洋区域植物保护协定》在本区域内的实施等。

2.5　中国及有关国家动植物检疫法规

学习重点

- 掌握《中华人民共和国进出境动植物检疫法》以及实施条例的主要内容

- 了解《中华人民共和国动物防疫法》和《植物检疫条例》的基本内容
- 了解有关国家的动植物检疫法规概况

自开展动植物检疫工作以来，我国先后颁布了若干与动植物检疫相关的法规。根据法规的适用范围，中国的动植物检疫法规可以分为两大类，一是进出境动植物检疫法规，二是国内动植物检疫法规。《中华人民共和国进出境动植物检疫法》是我国第一部由国家最高权力机构颁布的以动植物检疫为主题的法律，对动植物检疫领域具有深远的影响，在动植物和动植物产品的进出境贸易中发挥着重要的作用。

同时，在我国其他一些相关法规中也涉及动植物检疫的内容。例如，《中华人民共和国邮政法》第三十款规定"依法应当施行卫生检疫或者动植物检疫的邮件，由检疫部门负责拣出并进行检疫，未经检疫部门许可，邮政企业不得运递"；《中华人民共和国铁路法》第五十六款规定"货物运输的检疫，按国家规定办理"；《中华人民共和国森林法》第二十八条规定"林业主管部门负责规定林木种苗的检疫对象，划定疫区和保护区，对林木种苗进行检疫"；《中华人民共和国农业法》《中华人民共和国种子法》等也包含动植物检疫的内容。此外，各地方政府也制订了一些有关动植物检疫实施办法等相关规定。

有关国家，如美国、日本、澳大利亚等，其动植物检疫法规立法较早，内容相对健全。

2.5.1　中国进出境动植物检疫法规

目前，主管我国进出境动植物检疫的部级机关是国家质量监督检验检疫总局(图 2-14)。涉及进出境动植物检疫的主要法规包括《中华人民共和国进出境动植物检疫法》《中华人民共和国进出境动植物检疫法实施条例》，此外还有若干具体的办法和名录，如《中华人民共和国禁止携带、邮寄进境的动物、动物产品和其他检疫物名录》《中华人民共和国进境动物一、二类传染病、寄生虫病名录》《中华人民共和国进境植物检疫禁止进境物名录》《中华人民共和国进境植物检疫性有害生物名录》等。

2.5.1.1　进出境动植物检疫法及其实施条例

1)进出境动植物检疫法与相关法规的比较

《中华人民共和国进出境动植物检疫法》于 1991 年 10 月 30 日由主席令公布，并于 1992 年 4 月 1 日起开始施行；《中华人民共和国进出境动植物检疫法实

图 2-14　国家质量监督检验检疫总局网站主页

(http://www.aqsiq.gov.cn)

施条例》于 1996 年 12 月 2 日以国务院令形式发布，并于 1997 年 1 月 1 日起开始施行。

与《中华人民共和国进出境动植物检疫法》密切相关的其他法规主要有《中华人民共和国海关法》《中华人民共和国进出口商品检验法》和《中华人民共和国国境卫生检疫法》等。表 2-3 简要比较了上述法规的立法目的和公布、施行时间。

表 2-3　中国进出境动植物检疫相关法律的比较

法规名称	公布时间	施行时间	立法主要目的
《中华人民共和国海关法》	1987 年 1 月 22 日	1987 年 7 月 1 日	维护国家的主权和利益，促进对外经济贸易，保护国内经济稳定发展
《中华人民共和国进出口商品检验法》	1989 年 2 月 21 日	1989 年 8 月 1 日	保证进出口商品的质量，维护对外贸易有关各方的合法权益
《中华人民共和国国境卫生检疫法》	1986 年 12 月 2 日	1987 年 5 月 1 日	防止传染病由国外传入或由国内传出，保护人体健康

续表 2-3

法规名称	公布时间	施行时间	立法主要目的
《中华人民共和国进出境动植物检疫法》	1991年10月30日	1992年4月1日	防止动物传染病、寄生虫病和植物危险性有害生物传入、传出国境,保护农、林、牧、渔业生产和人体健康

2)主要内容

《中华人民共和国进出境动植物检疫法》共8章50条,包括总则、进境检疫、出境检疫、过境检疫、携带和邮寄物检疫、运输工具检疫、法律责任及附则等。《中华人民共和国进出境动植物检疫法实施条例》共10章68条,包括总则、检疫审批、进境检疫、出境检疫、过境检疫、携带和邮寄物检疫、运输工具检疫、检疫监督、法律责任及附则等(见附录)。在主要内容上,《中华人民共和国进出境动植物检疫法》和《中华人民共和国进出境动植物检疫法实施条例》阐述了下述3方面的重要问题:

(1)检疫职权问题　检疫机关依法享有检疫职权。凡进境、出境、过境的动植物、动植物产品和其他检疫物,装载动植物、动植物产品和其他检疫物的装载容器、包装物、铺垫材料,来自动植物疫区的运输工具,进境拆解的废旧船舶,有关法律、行政法规、国际条约规定或者贸易合同约定应当实施动植物检疫的其他货物、物品,均应接受动植物检疫。检疫人员可登船、登车、登机实施检疫;可进入港口、机场、车站、邮局以及检疫物的存放、加工、养殖、种植场所实施检疫,并依照规定采样;可根据检疫需要,进入有关生产、仓库等场所,进行疫情监测、调查和检疫监督管理;可查阅、复制、摘录与检疫物有关的运行日志、货运单、合同、发票及其他单证等。

(2)检疫措施问题　针对进境、出境和过境的检疫物,检疫机关和人员依据一定的程序和方法进行检疫,这些程序主要包括检疫许可、检疫申报、现场检验和实验室检测、检疫处理、检疫放行等(详见第3章)。动植物检疫是一项系统工程,在实施检疫的前、中、后期,必要时还需采取一些相关的重要措施,如有害生物风险分析、划分相关区域、产地检疫与预检、隔离检疫和检疫监督管理等(详见第四章)。

(3)法律责任问题　违反本法规定将依法予以罚款、吊销检疫单证、注销检疫注册登记或取消其从事检疫消毒、熏蒸资格的处罚;构成犯罪的,依法追究刑事责任。检疫人员滥用职权,徇私舞弊,伪造检疫结果,或者玩忽职守,延误检疫出证,构成犯罪的,依法追究刑事责任;不构成犯罪的,予以行政处分。

下列行为处以罚款处罚,即未报检或未依法办理检疫许可手续的或报检的物品与实际不符的,处5 000元以下罚款;擅自将动植物、动植物产品或其他检疫物卸离运输工具或运递的,或擅自调离或处理正在隔离检疫中的动植物的,或擅自将过境物品包装开拆或卸离运输工具,或擅自抛弃过境动物尸体、排泄物、铺垫材料或其他废弃物的,处3 000～30 000元罚款。下列行为之一追究刑事责任,即引起重大动植物疫情的;伪造、变造检疫单证、印章、标志、封识的;尚不构成犯罪或情节显著轻微的依法不需判处刑罚的处20 000～50 000元的罚款。

针对行政复议,当事人若不服检疫机关的处罚决定,可在接到处罚通知之日起15日内向其上一级机关申请复议,也可直接向人民法院起诉;复议机关应在接到申请之日起60日内做出复议决定;当事人若对复议决定不服,可在接到复议决定之日起15日内向人民法院起诉;复议机关逾期不做出复议决定的,当事人可在复议期满之日起15日内向法院起诉;当事人逾期不申请复议也不向法院起诉、又不履行处罚决定的,检疫机关可申请法院强制执行。

2.5.1.2 进出境动植物检疫相关名录

1)《中华人民共和国禁止携带、邮寄进境的动物、动物产品和其他检疫物名录》

该名录于1992年6月11日由农业部发布。名录中主要包括3种类别的检疫物(见附录),第一为动物类(如鸡、鸭、鹅、鱼虾、穿山甲、蜜蜂、蚕等),第二为动物产品类(如精液、胚胎、生肉类、香肠、皮张、鬃毛类、脏器等),第三为其他检疫物(如菌种、毒种、动物标本等)。通过携带或邮寄方式进境的动物、动物产品以及其他检疫物,若经过国家检疫机关特许审批并具有输出国或地区官方出具的检疫证书,则不受此名录的限制。2004年7月,国家质量监督检验检疫总局网站对“禁止从动物疫情流行国家/地区输入的动物及其产品一览表”进行了更新,详细介绍了禁止入境的动物及其产品(见附录)。

2)《中华人民共和国进境动物一、二类传染病、寄生虫病名录》

该名录于1992年6月11日由农业部发布,主要包括2类97种传染病和寄生虫病。一类传染病计15种,分别为口蹄疫(Foot and Mouth Disease)、非洲猪瘟(African Swine Fever)、猪水泡病(Swine Vesicular Disease)、猪瘟(Swine Fever)、牛瘟(Rinderpest)、小反刍兽疫(Peste Des Petits)、蓝舌病(Bluetongue)、痒病(Scrapie)、牛海绵状脑病(Bovine Spongiform Encephalopathy)、非洲马瘟(African Horse Sickness)、鸡瘟(Fowl Plague)、新城疫(Newcastle Disease)、鸭瘟(Duck Plague)、牛肺病(Contagious Bovine Pleuropneumonia)和牛结节疹

(Lumpy Skin Disease)。二类传染病和寄生虫病包括共患病(13种)、牛病(11种)、绵羊和山羊病(6种)、猪病(6种)、马病(9种)、禽病(14种)、啮齿动物病(3种)、水生动物病(11种)、蜂病(5种)和其他动物病(4种)共计82种(见附录)。

3)《中华人民共和国进境植物检疫禁止进境物名录》

该名录于1992年7月25日由农业部发布,并于1997年7月29日修订。名录中共包括11类禁止进境物,分别为玉米(种子)、大豆(种子)、马铃薯(种用块茎及其他繁殖材料)、榆属(苗、插条)、松属(苗、接穗)、橡胶属(芽、苗、籽)、烟属(繁殖材料、烟叶)、小麦(商品)、水果及茄子、辣椒、番茄果实、植物病原体及害虫等有害生物体和其他转基因生物材料、土壤。在列出禁止进境物的同时,分别注明了禁止进境的原因(即防止传入的危险性有害生物)和禁止的国家或地区,例如禁止大豆种子进境的原因是大豆疫病菌,禁止的国家或地区分别为日本、英国、法国、独联体、德国、加拿大、美国、澳大利亚和新西兰(见附录)。

4)《中华人民共和国进境植物检疫性有害生物名录》

该名录于2007年5月28日由农业部发布,包括435种(属)有害生物。其中昆虫类146种(如菜豆象 *Acanthoscelides obtectus* 等)、线虫类20种(如马铃薯金线虫 *Globodera rostochiensis* 等)、真菌类125种(如小麦矮腥黑穗病菌等)、原核生物类58种(如梨火疫病菌 *Erwinia amylovora* 等)、病毒及类病毒39种(如番茄环斑病毒 Tomato Ring Spot Virus 等)、杂草类41种(如菟丝子属 *Cuscuta* spp. 等)以及软体动物6种。

2.5.2 中国国内动植物检疫主要法规

为了防止危险性有害生物在国内的传播和扩散,我国立法机构及其他政府机关出台了与国内动植物检疫直接相关的众多规范性文件。目前,对我国国内动物检疫具有法律约束力的当属《中华人民共和国动物防疫法》,而对植物检疫影响最大的法规是《植物检疫条例》。

2.5.2.1 《中华人民共和国动物防疫法》简介

《中华人民共和国动物防疫法》于1997年7月3日公布,自1998年1月1日起施行,适用于在我国领域内的动物防疫活动。所称动物防疫,包括动物疫病的预防、控制、扑灭和动物、动物产品的检疫。该法共包括7章58条:第一章 总则(第1～9条),第二章 动物疫病的预防(第10～18条),第三章 动物疫病的控制和扑灭(第19～29条),第四章 动物和动物产品的检疫(第30～40条),第五章 动物防疫监督(第41～45条),第六章 法律责任(第46～57条),第七章 附则

（第 58 条）。《中华人民共和国动物防疫法》的主要内容包括 4 个方面，即动物疫病的预防、动物疫病的控制和扑灭、动物和动物产品的检疫、法律责任（见附录）。

1）动物疫病的预防

动物疫病分 3 级管理；国家对严重危害养殖业生产和人体健康的动物疫病实行计划免疫制度，实施强制免疫；预防和扑灭动物疫病所需的药品、生物制品和有关物资，应当有适量的储备，并纳入国民经济和社会发展计划；禁止经营的动物、动物产品包括：①封锁疫区内与所发生动物疫病有关的；②疫区内易感染的；③依法应当检疫而未经检疫或者检疫不合格的；④染疫的；⑤病死或者死因不明的等。

2）动物疫病的控制和扑灭

任何单位或者个人发现患有疫病或者疑似疫病的动物，都应当及时向当地动物防疫监督机构报告，动物防疫监督机构应当迅速采取措施，并按照国家有关规定上报；发生一、二类动物疫病时，须划定疫点、疫区、受威胁区，并对疫区实行封锁；为控制、扑灭重大动物疫情，动物防疫监督机构可以派人参加当地依法设立的检查站执行监督检查任务，也可以在必要时设立临时性的动物防疫监督检查站，执行监督检查任务；发生人畜共患疫病时，有关单位互相通报疫情，并及时采取控制、扑灭措施。

3）动物和动物产品的检疫

动物检疫员取得相应的资格证书后，方可上岗实施检疫，并对检疫结果负责；国家对生猪等动物实行定点屠宰、集中检疫，动物防疫监督机构对屠宰点屠宰的动物实行检疫；国内异地引进种用动物及其精液、胚胎、种蛋的，应先办理检疫审批手续并须检疫合格；动物凭检疫证明出售、运输、参加展览、演出和比赛，动物产品凭检疫证明、验讫标志出售和运输。

4）法律责任

对各种违法行为均做出了相应的处罚规定，例如对保存、使用、运输动物源性致病微生物或者运输动物病料的，由动物防疫监督机构给予警告，可以并处 2 000 元以下的罚款。又如对转让、涂改、伪造检疫证明的，由动物防疫监督机构没收违法所得，收缴检疫证明；转让、涂改检疫证明的，并处 2 000 元以上 5 000 元以下的罚款，违法所得超过 5 000 元的，并处违法所得 1 倍以上 3 倍以下的罚款；伪造检疫证明的，并处 1 万元以上 3 万元以下的罚款，违法所得超过 3 万元的，并处违法所得 1 倍以上 3 倍以下的罚款；构成犯罪的，依法追究刑事责任。同时针对动物防疫监督工作人员滥用职权、玩忽职守、徇私舞弊、隐瞒和延误疫情报告、伪造检疫结果，构成犯罪的，依法追究刑事责任；尚不构成犯罪的，依法给予行政处分。

2.5.2.2 《植物检疫条例》简介

《植物检疫条例》于 1983 年 1 月 3 日由国务院发布，并于 1992 年 5 月 13 日修订发布施行，适用于在我国领域内的植物检疫活动。该条例共包括 24 条，涉及 10 项制度，即调运检疫制度、产地检疫制度、国外引种检疫制度、划定疫区和保护区制度、植物检疫对象审定制度、国内植检收费制度、疫情发布管理制度、疫情监督制度、植物检疫奖惩制度和紧急防治制度（见附录）。《植物检疫条例》的主要内容包括：

(1)调运检疫　被列入应施检疫的植物和植物产品名单的，运出发生疫情的县级行政区域之前必须经过检疫；种子、苗木和其他繁殖材料在调运前都必须经过检疫。

(2)产地检疫　针对种子、苗木和其他繁殖材料等须进行产地检疫。

(3)国外引种检疫　引进种苗的单位向所在地省级植物检疫机构提出申请办理审批手续；国务院有关部门所属的在京单位向国务院农业主管部门所属的植物检疫机构申请办理审批手续。经隔离试种证明确实不带危险性病虫的方可分散种植。

(4)紧急防治　对新发现的检疫性有害生物采取紧急防治措施，包括封锁、控制和扑灭。

2.5.3　有关国家动植物检疫法规概述

动植物检疫最主要的目的是保护本国农业生产安全和人体健康，为了实现这一目的，各国均以法律、法规为保障切实加强动植物检疫工作。现以澳大利亚、美国和日本为例，对其动植物检疫法规进行概要介绍。这些国家动植物检疫立法较早，在执行过程中法规几经修改、补充，不断完善；同时还有若干配套法规、检疫规程等，保证了执法的严肃性和可操作性。

1)澳大利亚的动植物检疫法规

澳大利亚早在 1908 年就颁布了第一部检疫法，该法共分 7 个部分，87 条，内容包括动物检疫、植物检疫和卫生检疫。澳大利亚检疫法的立法机关是国会，其他检疫法规、规定由部级单位制订，议定书、检疫手册、规程等由澳大利亚动植物检疫局制订。联邦政府立法局派出律师常驻检疫局，负责联邦政府检疫理发的修改和完善。澳大利亚检疫法的修改首先由澳动植物检疫局提出修改草案给律师，经律师审核交部长，部长审批修改后交国会，由议员表决通过。澳大利亚每个州根据具体情况，都有权制订本州的检疫法规。州的检疫法规在重大原则问题上必须符合联邦检疫法。在实施过程中，州检疫法规与联邦检疫法有联系，但有时也会发生矛盾。针对这些矛盾，一般通过州与联邦之间的协调委员会定期研究解决。

2）美国的动植物检疫法规

1912 年，美国国会通过《植物检疫法》；1930 年，通过动物检疫法规。在植物检疫方面，1944 年制定了《生物法典》，主管部门被赋予制定有害生物策略，对已有或新传入的有害生物进行调查，组织大规模防治，还可以州或联邦的名义对外出具检疫证书。1957 年，制定了《联邦植物保护法》，授权农业部为了防止危险性有害生物传入和扩散，可以采取紧急行动。美国农业部根据上述 3 个骨干法案，陆续制定了一系列的单项检疫法规。所有这些法规均收录在《美国法规总汇编》的第七篇（农业）第三章的 319 目中。在动物检疫方面，美国动物检疫法规载入《联邦法典》第 9 卷，其 91～97 是有关进出口动物和动物产品检疫的规定。

3）日本的动植物检疫法规

1950 年，日本颁布《植物检疫法》及其实施细则，1978 年修定为当前的检疫法，包括 7 章 22 条 121 款。1951 年，颁布《家畜传染病预防法》及其实施细则。日本动植物检疫的立法机关是国会，具体的实施条例、检疫操作规程等由农林水产省颁布，农蚕园艺局植物防疫课和畜产局卫生课组织实施。日本动物检疫和植物检疫法规的共同特征是以动植物恶性传染病和有害生物为由，采取以禁止进口为主体的检疫制度。日本动植物检疫的立法除了立法早、配套完善的特点外，还有一个突出的特点就是执法严格。法律中规定的禁止进口品除科研等特殊需要经农林水产大臣特许批准外，其他用途的一律禁止进口，即使是天皇或国家元首也不例外。

小　结　动植物检疫法规的建设受到全社会的普遍关注。中国的动植物检疫法规分为进出境动植物检疫法规和国内动植物检疫法规两大类，涉及进出境动植物检疫的主要法规包括《中华人民共和国进出境动植物检疫法》《中华人民共和国进出境动植物检疫法实施条例》以及若干具体的办法和名录，涉及国内动植物检疫法规主要有《中华人民共和国动物防疫法》和《植物检疫条例》等。澳大利亚、美国和日本等国，动植物检疫立法较早，在执行过程中法规几经修改、补充，不断完善；同时还有若干配套法规、检疫规程等，保证了执法的严肃性和可操作性。

思　考　题

1. 什么是动植物检疫法规？并请结合动植物检疫举例说明行政执法、行政执法监督和行政复议的关系。

2. 请举例简述动植物检疫法规的发展特点。

3. 请简要说明 GATT、WTO、TBT 及 SPS 的中文含义，并在此基础上简述《SPS 协定》的重要性。

4. 请简述 OIE 及其制定的《国际动物卫生法典》。

5. FAO、IPPC、APPPC 之间的关系如何？并简要说明 IPPC 的主要内容。

6. 中国动植物检疫的主要法规包括哪些类别？并请结合我国动植物检疫实际阐述《中华人民共和国进出境动植物检疫法》的重要性。

7. 简述美国、日本、澳大利亚等国家的主要动植物检疫法规。

参 考 文 献

1. 对外贸易经济合作部国际经贸关系司译．世界贸易组织乌拉圭回合多边贸易谈判结果法律文本．北京：法律出版社，2000

2. 许志刚．植物检疫学．北京：中国农业出版社，2003

3. 达斯著，刘钢译．世界贸易组织协议概要．北京：法律出版社，2000

4. 李尉民．有害生物风险分析．北京：中国农业出版社，2003

5. 陈向前，汪明．动物卫生法学．北京：中国农业大学出版社，2002

6. 夏红民．中国的进出境动植物检疫．北京：中国农业出版社，1998

7. 夏红民．图说动植物检疫．北京：新世界出版社，2002

8. 葛志荣．《实施卫生与植物卫生措施协定》的理解．北京：中国农业出版社，2001

第3章 动植物检疫程序

本章简介 依据国际的以及本国的相关法规，动植物和动植物产品等必须经过官方的一系列检疫程序，被证明安全后才能够进出境。本章以进出境动植物检疫国际通行步骤为例，结合我国的具体规定和流程，详细阐述了检疫许可、检疫申报、现场检验和实验室检测、检疫处理以及出证放行等检疫程序的一般含义和主要作用，并在此基础上进一步说明了完成检疫程序的基本方法。

章节安排 3.1 检疫许可

3.1.1 检疫许可的含义与作用

3.1.2 检疫许可的类型与范围

3.1.3 检疫许可的基本手续

3.2 检疫申报

3.2.1 检疫申报的基本含义

3.2.2 检疫物范围与报检机关

3.2.3 检疫申报的基本手续

3.3 现场检验与实验室检测

3.3.1 现场检验的基础知识

3.3.2 实验室检测基础知识

3.3.3 现场检验与实验室检测的比较

3.4 检疫处理

3.4.1 检疫处理的基本含义

3.4.2 检疫处理的主要方式

3.4.3 除害处理技术简介

3.5 出证放行

3.5.1 检疫出证放行的基本含义

3.5.2 检疫放行的条件

3.1 检疫许可

学习重点

- 掌握检疫许可的基本含义和作用
- 掌握检疫许可的基本类型

动植物检疫的工作程序(quarantine procedure)一般包括检疫许可、检疫申报、现场检验和实验室检测、检疫处理以及出证放行等5个环节。其中,检疫许可(也称检疫审批)是控制某些动植物、动植物产品等传带危险性动物疫病和植物有害生物的重要环节,主要目的是对某些检疫物实施输入前的审批控制。

3.1.1 检疫许可的含义与作用

1)检疫许可的一般含义

检疫许可(quarantine permit),是在输入某些检疫物时,输入单位向检疫机关提前提出申请,检疫机关审查并决定是否批准输入的法定程序。这里的"某些检疫物",一般指动物、动物产品、植物繁殖材料以及检疫法规所规定的禁止进境物等。

2)检疫许可的主要作用

检疫许可是动植物检疫的重要程序之一,其主要作用集中表现在3个方面(图3-1):

(1)避免盲目进境,减少经济损失　作为货主,其对输出方动植物疫情的了解较为局限,同时对输入方动植物检疫法规的掌握也不一定很全面。因此,极可能出现直接输入或引进某些物品的情况,而这些物品是需要经过检疫许可程序才可入境的。一旦这样的货物抵达口岸,则会因违反动植物检疫法规而被退回或销毁,造成不必要的经济损失。经过检疫许可,能够明确所需输入或引进的物品是否可以进境,从而避免输入或引进的盲目性。

(2)提出检疫要求,加强预防传入　办理检疫许可的过程中,动植物检疫机关依据有关规定和输出方的疫情来决定是否批准输入。如果允许输入,则会进一步提出相应的检疫要求,例如要求该批货物不准携带某些有害生物等。因此,检疫许可能够有效地预防疫病和有害生物,特别是检疫性动物疫病和植物有害生物传入输入方。

(3)依据贸易合同,进行合理索赔　动植物检疫机关将上述检疫要求通知货主,货主即可告之输出方并将其写入贸易合同或协议中。当检疫物到达并被输

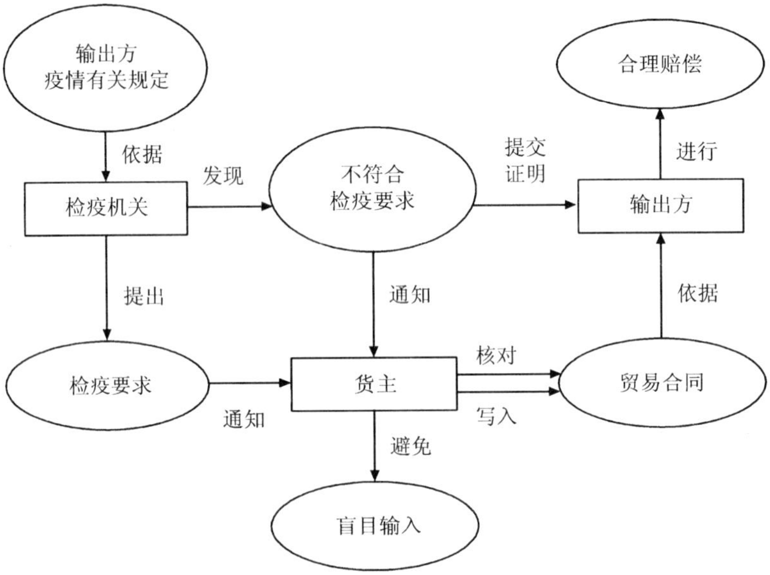

图 3-1 检疫许可主要作用示意图

入方动植物检疫部门确定不符合检疫要求时，例如检出某些不准输入的检疫性疫病和有害生物等，货主可依据贸易合同中的检疫要求条款向输出方提出索赔。

3.1.2 检疫许可的类型与范围

依据许可物的范围，检疫许可分为两种基本类型，即一般许可（一般审批）和特殊许可（特许审批）。针对动物、动物产品、植物种子、种苗及其他繁殖材料等的许可为一般许可，针对禁止输入物的许可为特殊许可。

在一般许可中，许可物的范围主要包括 3 类：①通过贸易、科技合作、赠送、援助等方式输入的动物、动物产品，植物种子、种苗及其他繁殖材料，以及近年引起广泛重视的水果和粮食等；②携带、邮寄输入的植物种子、种苗及其他繁殖材料；③运输过境的动物。

在特殊许可中，许可物主要指那些因科学研究等特殊需要而引进的国家规定的禁止进境物。在我国，禁止进境物主要包括 4 类：①动植物病原体（包括菌种、毒种等）、害虫及其他有害生物；②动植物疫情流行国家和地区的有关动植物、动植物产品和其他检疫物；③动物尸体（如动物标本等）；④土壤。

3.1.3　检疫许可的基本手续

在我国，目前主要由国家质量监督检验检疫总局及其授权的口岸检疫机关以及国务院农业主管部门、林业主管部门所属的植物检疫机构负责办理检疫许可手续。其中，国家质量监督检验检疫总局及其授权的口岸检疫机关负责动物、动物产品、水果、粮食以及禁止进境物等检疫物的审批；国务院农业主管部门、林业主管部门所属的植物检疫机构负责国外引进植物种子、种苗及其他繁殖材料的审批。例如从国外引进蔬菜良种前需要在农业部所属的植物检疫机构办理检疫许可手续（图 3-2）。

在大学、科研单位，常常会有从国外引入某些禁止进境物的特殊的需求，办理特殊许可手续是必须的。引进禁止进境物的单位或个人必须事先向动植物检疫机关提出申请，办理特殊许可手续；引进单位或个人需提供上级主管部门的证明以详细说明禁止进境物确属科学研究等特殊需要；引进单位还应提供具有符合检疫要求的监督管理措施。办理特殊许可主要包括 3 个步骤：

（1）领取单证　引进单位提供有关证明和说明材料后，到当地口岸动植物检疫机关领取许可证申请表（如《中华人民共和国进境动植物检疫许可证申请表》，见附录）。

（2）报请批准　引进单位填写申请表后报国家动植物检疫机关审批。

图 3-2　蔬菜种子的检疫许可

图 3-3　重新办理检疫许可手续

（图 3-2 和图 3-3 仿夏红民，2002）

(3)批准输入　国家动植物检疫机关根据申请和待批物进境后的特殊需要和使用方式,填发许可证,标明批准的数量、检疫要求、进境口岸、许可证有效期等内容,并委托有关口岸动植物检疫机关核查和监督使用。

此外,办理检疫许可手续后,遇有下列情况货主或代理人应当重新申请办理检疫许可手续,即:①变更输入物的品种或者数量(图 3-3);②变更输出国家或者地区;③变更进境口岸的;④超过检疫许可审批有效期。

小　结　检疫许可是预防外来动物疫病和植物有害生物入侵的重要检疫程序,主要包括两种类型,即一般许可和特殊许可。通过检疫许可程序,第一可避免货主盲目进境、减少经济损失;第二可向输出方提出检疫要求、加强预防传入;第三货主可依据贸易合同,进行合理索赔。在这一程序中,许可证申请表及输入许可证是所涉及的主要单证。

3.2　检疫申报

学习重点

- 掌握检疫申报的含义和范围
- 掌握检疫申报的手续

检疫申报(也称报检)是动植物检疫程序中的必经环节,也是货主或代理人应该学习和掌握的一项重要内容。检疫物在到达前或到达时,货主或代理人必须及时向检疫机关进行检疫申报,以利于办理提货手续。

3.2.1　检疫申报的基本含义

检疫申报(quarantine declaration)是检疫物输入或输出时由货主或代理人向检疫机关及时声明并申请检疫的法律程序。检疫申报的主要作用是使检疫人员在接到货主或代理人递交的报检材料后,为进一步核对相关单证和实施检疫做好必要准备。检疫申报是一法定程序,是动植物检疫的必经环节,由货主或代理人和检疫人员共同完成。

3.2.2　检疫物范围与报检机关

在进出境动植物检疫中，哪些检疫物需向动植物检疫机关进行申报呢？下述4类检疫物需进行检疫申报：①输入、输出的动植物、动植物产品及其他检疫物；②装载动植物、动植物产品及其他检疫物的装载容器、包装物；③来自动植物疫区的运输工具；④过境的动植物、动植物产品及其他检疫物。

在进出境动植物检疫中，执行检疫申报任务的检疫机关主要是各口岸出入境检验检疫局。货主在输入动植物、动植物产品和其他检疫物时，应向进境口岸动植物检疫机关报检；输出动植物、动植物产品和其他检疫物时，应向出境口岸动植物检疫机关报检；运输动植物、动植物产品和其他检疫物过境时，向进境口岸动植物检疫机关报检，出境口岸不再报检。

3.2.3　检疫申报的基本手续

检疫申报一般由报检员凭《报检员证》向检疫机关办理手续，报检员由检疫机关负责考核。办理检疫申报手续时，报检员首先填写报检单(可通过自助式电子报检系统完成，图3-4)，然后将报检单、检疫证书(quarantine certification，由输出国家或地区的官方检疫机关出具)、产地证书(certificate of origin)、贸易合同(trade contract)、信用证(letter of credit)、发票(invoice)等单证一并交检疫机关。如果属于应办理检疫许可手续的检疫物，则在报检时还需提交进境许可证。

图3-4　检疫申报中自助式电子报检

(李志红、邵刚摄于广州出入境检验检疫局，2003)

在遇有下述3种情况之一时，货主或代理人应及时向口岸检疫机关申请办理报检变更：①在货物运抵口岸后、实施检疫前，从提货单中发现原报检内容与实际货物不相符；②出境货物已报检，但原申报的输出货物品种、数量或输出国家需作改动；③出境货物已报检，并经检疫或出具了检疫证书，货主又需作改动。

某些检疫物需要提前进行检疫申报，例如种用大动物及其精液、胚胎需提前30 d报检；小动物等需提前15 d报检；植物种子、种苗及其他繁殖材料需提前7 d报检。

小　结　检疫申报是检疫物输入或输出时由货主或代理人向检疫机关及时声明并申请检疫的法律程序，其主要作用是使检疫人员为进一步核对相关单证和实施检疫做好必要准备。这一程序涉及众多单证，主要包括报检单、检疫证书、产地证书、贸易合同、信用证、发票等。

3.3　现场检验和实验室检测

学习重点

- 掌握现场检验和实验室检测的基本含义和主要区别
- 了解现场检验和实验室检测的主要方法

现场检验和实验室检测是查验检疫物、收集样品和鉴定有害生物种类的重要检疫程序。检疫人员在车站、码头、机场等现场对检疫物所做的直观检查，属于现场检验的范畴。经现场检验，某些应检物或查验出的疫病和有害生物需要进一步送实验室进行检测，以确定疫病或有害生物的种类。一般认为，现场检验和实验室检测是同一程序的两个组成部分，二者相辅相成。

3.3.1　现场检验的基础知识

1)现场检验的基本含义

现场检验(On-the-spot Inspection)，是检疫人员在现场环境中对输入或输出的应检物进行检查和抽样，并初步确认是否符合相关检疫要求的法定程序。

2)现场检验的主要方法

现场检查和抽样是现场检验的主要工作任务，主要针对运输及装载工具、货物及存放场所、携带物及邮寄物等应检物进行检验，经现场检验采集的样品需送到实验室继续进行检测。

在检查运输及装载工具时，检疫人员在机场、码头（锚地）、车站，登机、登船、登车执行检疫任务，着重检查装载货物的船舱或车厢内外上下四壁、缝隙边角以及包装物、铺垫材料、残留物等有害生物容易潜伏的地方；如果检查到有害生物则装入样品袋或瓶中带回实验室。

在检查货物时，检疫人员首先查验各类相关单证，如许可证、报检单、输出方官方出具的检疫证书等，检查与货物及报检情况是否相符；然后对货物进行详细的检查和抽样。针对动物和植物，重点检查其是否有病征，有无外伤和死亡。针对动物产品，重点查验外包装是否完整、有无散包和开裂，产品是否裸露、变质、腐败等，需要进行实验室检验的，根据相关规定采取样品，送实验室检测。针对植物产品，重点检查货物及其存放的仓库或场所，特别是货物表层、堆角及包装外部和袋角，通过肉眼或过筛的方法检查有无菌瘿、杂草、害虫及害虫痕迹等；需要进行实验室检验的，也同样根据相关规定采取样品，送实验室检测。

在检查旅客携带物时，采取 X 光机和检疫犬来检查行李中的携带物。检验人员可通过 X 光机查看旅客所携带包裹中的物品，在发现可疑物品时，检验人员可要求旅客打开包裹并根据物品的类型再进一步检查。检疫犬在检疫人员的带领下，依靠其灵敏的嗅觉对旅客携带包裹进行检查，如发现包裹中有可疑物品（如水果、肉制品等），检疫犬会立即以训练出的固定姿态告知检疫人员，检疫人员即可要求旅客开包检查图 3-5 和图 3-6。

图 3-5　检疫犬正在执行现场检验任务

（张宝峰摄于澳大利亚，1995）

3.3.2　实验室检测基础知识

1）实验室检测的基本含义

实验室检测（laboratory testing），是借助实验室仪器设备对检疫物样品进行动物疫病和植物有害生物检查、鉴定的法定程序。经现场检验，某些检疫物或从中查验出的有害生物需要进一步进行实验室检测，以确定动物疫病或植物有害生物的种类。检疫人员依据相关的法规以及输入国或地区所提出的检疫要求，对输出或输入的动植物、动植物产品和其他应检物进行实验室检测。这一环节对专业技能的要求较高，需要专业人员利用现代化的仪器、设备和方法对病原、害虫、杂草等有害生物进行快速而准确的种类鉴定。

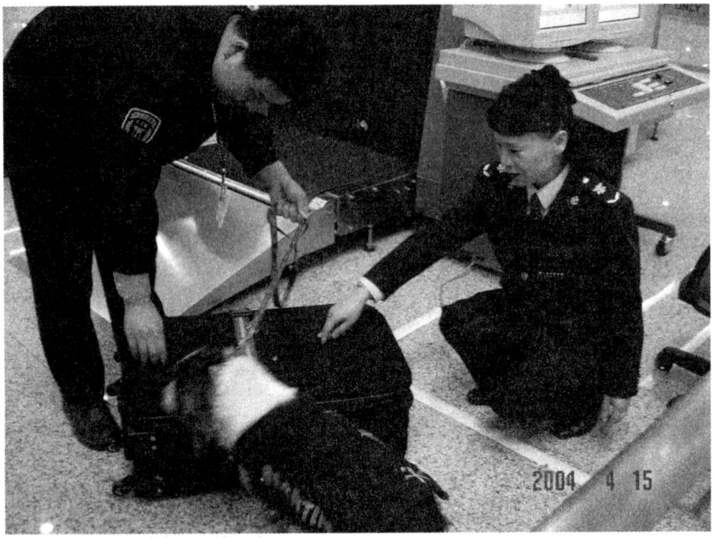

图 3-6 检疫犬在检疫人员的引领下查验旅客携带物

（李志红摄于上海出入境检验检疫局，2004）

2）实验室检测的主要方法

（1）动物性样品的实验室检测　在动物检疫中，实验室检测的主要内容是确定动物性样品是否感染以及感染何种检疫性动物疫病，例如我国在动物进境检疫中，实验室重点检测我国所规定的动物一、二类危险性传染病、寄生虫病。目前，病原检验、血清学检验和病理学检验等是动物检疫实验室检测的主要方法（图 3-7）。

病原形态检测主要对各类病原进行分离、培养以及种类的鉴定，包括病毒、细菌的分离培养和鉴定，寄生虫病检验等。分离培养方法如用于病毒分离培养的单层细胞培养分离病毒、鸡胚或鸭胚接种分离病毒、实验动物接种分离病毒等；目前主要的鉴定方法为利用显微镜（光学显微镜和电子显微镜）进行的形态学鉴定。

血清学检验依据动物的免疫应答反应机制，利用抗原和抗体之间特异性结合现象研制的各种血清学试验试剂和方法，来诊断动物体内是否有病原体或相对应抗体的存在。主要方法包括中和试验、琼脂凝胶免疫扩散试验、血球凝集抑制试验、试管凝集反应试验、平板凝集反应试验、补体结合反应试验、间接血凝反

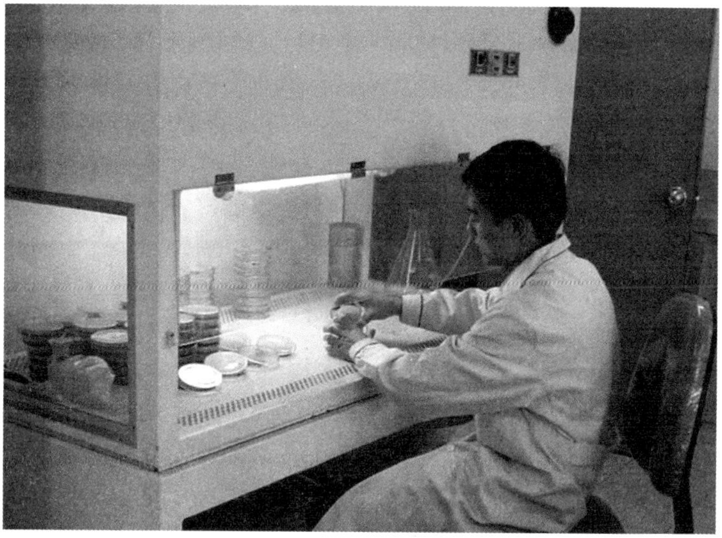

图3-7　检疫人员正在进行动物病原检验
（李志红摄于广州出入境检验检疫局，2003）

应试验、对流免疫电泳试验、免疫荧光染色试验和过氧化物酶染色试验等。

病理学检验主要通过对患病或死亡动物的病理解剖、病理组织学检查，发现动物各器官组织的形态学变化，分析这些变化，进而对疾病做出诊断或为疾病的综合诊断提供科学依据。目前主要的方法是形态学鉴定，对组织进行切片，再利用显微镜（光学显微镜或透射电镜）进行鉴定。

（2）植物性样品的实验室检测　植物检疫实验室检测的主要内容是确定植物性样品是否感染以及感染哪种（属）检疫性植物有害生物。在我国植物进境检疫中，实验室重点检测的是我国所规定的植物一、二类危险性病、虫和草。实验室检测的主要方法包括比重检测、染色检测、洗涤检测、保湿萌芽检测、分离培养与接种检测、鉴别寄主接种检测、噬菌体检测、血清学检测等。有的方法可以同时检验病、虫、杂草，有的方法则只适用或专用于检验某种害虫或病原物。现就几种常见方法介绍如下。

比重检测一般用于检验种子、粮谷、豆类中的钻蛀性害虫，也可检验其中的菌瘿、菌核和病秕籽粒及菟丝子等杂草籽。其原理是有害虫的籽粒及菌瘿、菌核、病秕粒、草籽比健康籽粒轻，浸入一定浓度的食盐水或其他溶液中，前者会浮于液面。捞取浮物，再结合解剖、镜检（图3-8），即可鉴定种类。

染色检测依据的原理是某些植物或植物器官，被害虫为害或病原物感染后，

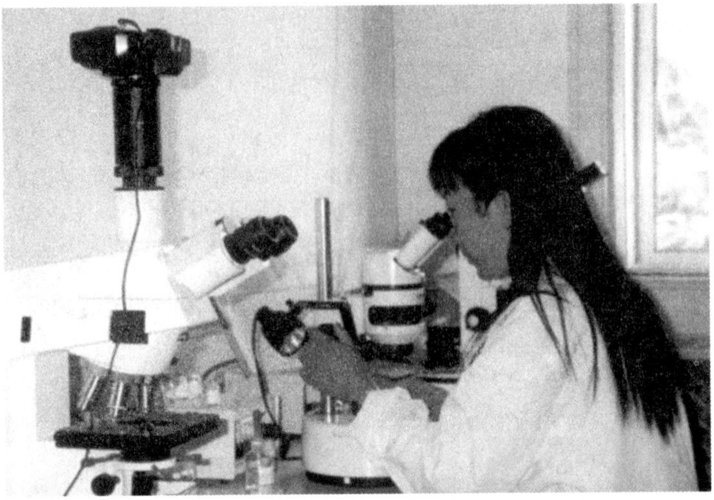

图 3-8　检疫人员镜检植物有害生物

(李志红摄于辽宁出入境检验检疫局,2002)

或某些病原物本身,常可用特殊的化学药品处理,使其染上特有的颜色,以帮助检出病虫和区分病虫的种类。例如,谷象、米象等为害的粮谷或种子可通过高锰酸钾或品红染色法予以检测。又如,落叶果树感染病毒病后,常积累多酚体;多酚体与氢氧化钠起化学反应能显现深蓝色,因此可用染色法检出病株。

洗涤检测主要用于检查附着在种子表面的各种真菌孢子、细菌或颖壳上的病原线虫。其主要步骤是取适量样品两份,分别放入三角瓶内,各注入无菌水并振荡,使附着在种子表面的病菌孢子洗下来;然后将悬浮液分别倒入洁净的离心管内,离心,使病原物完全沉于底管;去除上清液,直接用手摇动离心管,让孢子重新均匀地悬浮起来,再将两管合并;立即用干净的细玻璃棒,将悬浮液滴于载玻片上,盖上盖玻片,用显微镜检查,鉴定病原种类。

鉴别寄主检测依据的基本原理是许多不同种类的病毒和一些细菌,接种到某些特定的敏感植物上可以产生特定的症状。根据这些症状的特点,可以判断是否有某种病原物存在。对特定病原物有特殊反应或表现特定症状的植物称为鉴别寄主。如表 3-1 所示,马铃薯上的多种病毒可根据在鉴别寄主上的不同症状而予以鉴别。

表 3-1　马铃薯病毒在鉴别寄主上的症状表现

检验病毒	接种植物	检查时间(d)	症状表现
PVX	千日红	5～7	叶面有红色环形枯斑
PVM	千日红	12～24	叶面有紫红色小枯斑
PVS	千日红	14～25	叶面有橘红色小枯斑
PVG	心叶烟	20	系统性白斑花叶
PVY	普通烟	7～10	先是明脉,后脉常花叶
PVA	香料烟	7～10	明脉
PSTV	莨菪	5～10	沿脉出现褐色坏死斑

仿许志刚,2003。

3.3.3　现场检验与实验室检测的比较

现场检验和实验室检测是动植物检疫程序中非常重要的环节,二者之间在实施顺序、实施场所、主要任务、方法、所需设备以及对人员的要求等方面均有一定的差异。如表 3-2,笔者对现场检验和实验室检测进行了初步比较。

表 3-2　现场检验和实验室检测的比较

比较内容	现场检验	实验室检测
实施顺序	先	后
实施场所	现场(机场、车站、码头、邮局、货场等)	实验室(检疫部门、检测中心等)
主要任务	核查单证、抽取样品	制备样品、鉴定种类
主要方法	肉眼检查	镜检、生化检测等
所需设备	放大镜、多孔筛、X 光机、检疫犬等	解剖镜、显微镜、无菌操作台、离心机等
人员要求	应具备专业基础知识和现场经验	应具备扎实的专业技能、掌握检测方法

小　结　现场检验是检疫人员在现场环境中对输入或输出的应检物进行检查、抽样并初步确认是否符合相关检疫要求的过程;实验室检测则是借助实验室仪器设备对检疫物样品进行有害生物检查、鉴定的法定程序。现场检验和实验室检测是动植物检疫程序中的重要环节,二者之间既有区别又有联系。

3.4　检疫处理

学习重点

- 掌握检疫处理的基本含义

● 了解除害处理的主要方法和技术

检疫物经过现场检验和实验室检测程序后，若发现含有相关的动物疫病或植物有害生物，则需根据实际情况和法规要求，进行不同方式的检疫处理。除害处理是检疫处理的方式之一，常用方法包括消毒、熏蒸处理、辐照处理、热冷处理等。

3.4.1 检疫处理的基本含义

检疫处理(quarantine treatment)是检疫机关根据检验、检测的结果以及相关规定，采用一定的方式对检疫物实施处理的法定程序。

3.4.2 检疫处理的主要方式

在我国，针对进出境的动植物和动植物产品，如果发现带有我国检疫法规所规定的检疫性有害生物或进境国检疫要求中所不允许的有害生物，则应区分情况对货物分别进行检疫处理，以严防危险性动物疫病和植物有害生物的传入和传出。检疫处理的主要方式包括退回或销毁处理、除害处理等。

1)动物和动物产品的检疫处理

对于进境的动物，如果检出一类疫病的，连同其同群的其他动物全部退回，或全群扑杀并销毁尸体；检出二类疫病的，患病动物退回或扑杀并销毁尸体；检出其他疫病的，根据危害程度做除害处理。对于进境的动物产品，检疫发现动物疫病的则进行除害处理；不能进行除害处理或虽经除害处理仍不合格的，做退回处理；不能退回的，做销毁处理。

对于出境动物及其产品，检疫发现疫病的进行除害处理；不能进行除害处理或虽经除害处理仍不合格的，进行退回或销毁处理。

2)植物和植物产品的检疫处理

对于进境的植物和植物产品，如果是发现一类危险性有害生物或是植物繁殖材料感染了二类危险性有害生物，在无有效的除害处理方法时做退回或销毁处理；发现一般性植物有害生物，其危害严重并已失去使用价值时做退回或销毁处理。否则，进行除害处理。

对于出境的植物和植物产品，发现进境国检疫要求中所规定不能进境的有害生物，并无有效除害处理方法时做退回或销毁处理；发现一般性植物有害生物，危害严重并已失去使用价值时做退回或销毁处理。否则，进行除害处理。

3.4.3　除害处理技术简介

常规消毒(图 3-9 至图 3-10)、熏蒸处理、辐照处理、热冷处理等是动植物检疫领域中除害处理的常用方法。现结合熏蒸处理、辐照处理和热冷处理进行详细介绍。

图 3-9　检疫人员在对集装箱进行消毒

图 3-10　入境车辆在进行消毒

(图 3-9 和图 3-10 仿夏红民,2002)

1)熏蒸处理

熏蒸处理(fumigation treatment)是一种利用熏蒸剂在密闭的场所或容器内杀死病原菌、害虫等有害生物的除害技术(图 3-11)。熏蒸处理目前被广泛应用于动植物检疫的除害处理中,其研究受到关注。例如国家质量监督检验检疫总局动植物检疫实验所、天津出入境检验检疫局、北京出入境检验检疫局等在熏蒸处理方面进行了多项研究,又如绥芬河出入境检验检疫局于 2002 年对木材帐幕熏蒸技术进行了研究报道,原茂名动植物检疫局于 2000 年对集装箱溴甲烷熏蒸处理方法进行了改进。

国际上常用的熏蒸剂有 10 余种,如溴甲烷(CH_3Br,methyl bromide)、磷化铝(AlP,aluminium phosphide)、环氧乙烷[$(CH_2)_2O$,ethylene oxide]、硫酰氟(SO_2F_2,sulphuryl fluoride)等。由于对环境的破坏作用,溴甲烷的使用、生产正在受到限制和禁止。熏蒸处理包括常压熏蒸和真空熏蒸两种类型。常压熏蒸主要在帐幕、仓库、车厢、船舱、筒仓等可密闭的场所内或土壤覆盖的塑料布内进行(图 3-12)。真空熏蒸则是将一定的容器或空间内的空气抽出,达到所需的真空

图 3-11 澳大利亚集装箱熏蒸处理

(张宝峰提供图)

图 3-12 常压熏蒸处理投药现场

(仿自《北京动植物检疫》)

度再进行熏蒸的方法。与常压熏蒸相比较，真空熏蒸最突出的优点是有利于熏蒸剂蒸气分子的迅速扩散和渗透，从而缩短熏蒸所需的时间。2002 年 12 月，由北京出入境检验检疫局主持研制的我国最大的真空循环熏蒸设备，通过专家鉴定。该设备的主要特点是：①容积大，单箱体容积 65 m^3，总容积 130 m^3，是目前国内最大的真空熏蒸设备；②创新地采用了双仓倒药设计，解决了真空条件下药剂浓度的检测，实现了真空条件下对药剂的重复使用，重复使用率可达 70%以上，极大地降低了熏蒸药剂对环境的污染；③使用该设备可以达到快速杀虫的目的。

2)辐照处理

辐照处理(radiation treatment)是一种利用离子化能照射有害生物，使之不能完成正常的生活史或不育的除害技术。常用的离子化能包括 γ-射线等，该射线具有很强的穿透能力，可以有效地杀灭有害生物。辐照处理是一种颇具前景的除害技术，在动植物检疫工作中将会被更广泛地接受和应用。目前，针对实蝇的除害处理，美国、中国、泰国等国家相继开展研究，其成果在实际中已经得到运用。例如，为了促进夏威夷木瓜的出口，美国在其出口前实施辐照处理。

辐照处理的优点主要包括：①γ-射线等穿透力强，可对已包装的农副产品进行深部杀虫灭菌，并可防止再感染；②生产性辐照装置具备传送机构，可实行装卸全部自动化和 24 h 作业，适合口岸应急性处理；③对冷库出来的商品可在常温下立即进行处理，不需过渡到室温；④辐照不会增温，也不影响一些农产品的后熟(如木瓜等)；⑤辐照处理无残留，不污染环境；⑥使用剂量很低，不会伤害产品。

3)高温处理和低温处理

高温处理(high-temperature treatment)和低温处理(low-temperature

treatment)是一种通过控制温度的高低来杀灭有害生物的除害技术。低温处理也称冷处理,可分为速冻处理和冷冻处理,通常在冷藏库或冷藏室中进行。高温处理又称热处理,包括干热处理、湿热处理等,通常在干热室或蒸热设备中进行。在检疫工作中,常采用热处理与冷处理相结合的方法来进行除害处理,这是由于热处理对病虫造成的代谢压力被随后的低温冷藏过程加剧了;冷藏的温度大大低于被处理病虫的发育温度,低温的抑制作用导致在热处理下造成的生理损害不能修复。由于高温处理和低温处理没有污染和毒害,因此具有较好的应用前景。

小　结　检疫处理是检疫机关根据检验、检测的结果以及相关规定,采用一定的方式对检疫物实施处理的法定程序。检疫处理的主要方式包括退回处理、销毁处理和除害处理等。熏蒸处理、辐照处理、高温和低温处理等是检疫除害处理的常用技术和方法,被世界各国广泛应用。

3.5 出证放行

学习重点

- 掌握检疫出证放行的基本含义
- 了解检疫的放行条件

3.5.1 检疫出证放行的基本含义

检疫出证放行(quarantine pass)是检疫机关根据检疫或除害处理的结果,判断合格后签发相关单证并决定准予输出、输入的法定程序。

3.5.2 检疫放行的条件

1)进境检疫放行条件

经检疫合格或经除害处理合格的进境检疫物,由进境口岸检疫机关签发检疫通关单或在运单上加盖检疫放行章,准许进境(图3-13)。通过国际铁路联运或海陆联运的应检物,必须在检疫结果得出之

图3-13 进境检疫放行需持有检疫机关出具的通关单

(仿夏红民,2002)

前向内地疏散或发运的，可以先由进境口岸检疫机关签发进境检疫处理通知单，通知报检人或收货人货到后不得分散、使用并等候检疫结果，同时通知到达地动植物检疫机关进行监督管理。

2）出境和过境检疫放行条件

经检疫合格或经除害处理合格的出境检疫物，由当地口岸检疫机关签发检疫证书，准予出境。输入国规定本批货物必须熏蒸处理后出口并要求签发熏蒸证书的，经熏蒸处理后复查未发现活虫的，由当地口岸检疫机关签发检疫证书，准予出境。超过出境货物检疫有效期限的，应进行复检，合格后签发检疫证书。

对过境动植物、动植物产品及其他应检物，经检疫（动物需查验许可证）及除害处理合格的准予过境。

小　结　检疫出证放行是检疫机关根据检疫或除害处理的结果，判断合格后签发相关单证并决定准予输出、输入的法定程序。对于进境检疫，签发通关单；对于出境检疫，签发检疫证书。

思　考　题

1. 北京（或其他地区）的一外贸公司，拟从美国进口柑橘和牛肉，请从动植物检疫程序的角度设想、分析需要经过的步骤以及涉及的单证。

2. 什么是检疫许可？其主要意义体现在哪些方面？

3. 请比较、分析现场检验、实验室检测的区别和联系。

参 考 文 献

1. 于大海，崔砚林．中国进出境动物检疫规范．北京：中国农业出版社，1997

2. 北京动植物检疫局．进出境动植物检疫．北京：中国农业科技出版社，1995

3. 许志刚．植物检疫学．北京：中国农业出版社，2003

4. 郑文波，李凯伦．动物防疫检疫技术与法规．北京：中国农业大学出版社，2003

5. 夏红民．图说动植物检疫．北京：新世界出版社，2002

6. 徐国淦．有害生物熏蒸及其他处理实用技术．北京：中国农业出版社，1995

第4章　动植物检疫措施

本章简介　为了进一步防范管制性动物疫病和植物有害生物，特别是检疫性动物疫病和植物有害生物的入侵，以保护本国或本地区农业的安全以及人体的健康，采取相关的动植物检疫配套措施是非常必要的。本章介绍了风险分析、产地检疫与预检、隔离检疫、检疫监督管理等动植物检疫主要措施的基本内容，并着重就风险分析进行了详细阐述。

章节安排　4.1　风险分析

4.1.1　风险分析的一般含义

4.1.2　动植物检疫风险分析的作用

4.1.3　动植物检疫风险分析的国际标准

4.1.4　中国动植物检疫风险分析的实践

4.2　产地检疫与预检

4.2.1　产地检疫与预检的含义

4.2.2　产地检疫与预检的作用

4.2.3　有关国家的预检实践

4.3　隔离检疫

4.3.1　隔离检疫的含义

4.3.2　隔离检疫的作用

4.3.3　隔离检疫的基本方法

4.4　检疫监管

4.4.1　检疫监管的含义与作用

4.4.2　检疫监管的范围

4.4.3　检疫监管的基本方法

4.4.4　中国实蝇监测的实践

4.1 风险分析

学习重点

● 掌握动植物检疫风险分析的一般概念和作用

● 掌握动植物检疫风险分析的国际标准

● 了解有关有害生物风险分析的实践

风险分析(risk analysis)是动植物检疫必要的措施之一,可以预估危险性动物疫病和植物有害生物的入侵风险,确定管制性动物疫病和植物有害生物并提出相应的检疫手段以降低上述预估的风险。风险分析能够提高动植物检疫的科学性和透明性,从而较为有效地降低动植物检疫对贸易造成的不利影响。目前,WTO、FAO、OIE等国际组织以及世界各国对风险分析均非常重视,使其成为动植物检疫领域热点研究问题之一。植物检疫领域的风险分析称为有害生物风险分析(Pest Risk Analysis,简称PRA),较之动物检疫领域的风险分析起步较早、研究较深入。

4.1.1 风险分析的一般含义

1)风险与风险管理

风险(risk)指可能发生的危险,即由于某些因素而引致损失事件发生的可能性。风险具有4个主要特征:①未来性:所有的风险都是将来可能发生的导致损失的事件造成的;②损害性:损害是风险发生的后果,所有风险都会对人类的利益造成损害;③不确定性:不确定性是风险的最根本特性,其来源主要是对风险因素认识的不足以及风险因素自身的变化;④可预测性:一定时空中的风险其发生频率和损失可以通过数理统计原理(如概率论等)进行预测。

从上述风险的特征来看,风险不可能完全排除,但在一定条件下,风险的发生是带有规律性的,这种规律性能使人类获得将风险降低到最小限度的可能性。随着科学和技术的进步,人类认识、管理风险的能力在不断增强。研究风险发生和变化规律,评估风险对社会、经济和生活等可能造成损失的程度,并选择有效的手段,有计划有目的地处理风险,以期用最小的成本代价,获得最大的安全保障,这就是风险管理的内容。风险管理的目标是选择最经济最有效的方法使成本降到最低。

为了实现风险管理的目标,需要按照一定的程序展开工作。风险管理的程序主要包括 4 个步骤:①风险识别:对尚未发生的、潜在的风险因素进行鉴别、分类、判定风险因素的主次,这是风险管理的基础。②风险估算:对风险事件发生的可能性及风险事件造成损失的严重性进行分析、估计和衡量,为风险控制方法的选择提供依据。③风险控制方法的选择:根据上述风险识别和估算的结果,选择最佳的风险控制方法。④风险控制方法的实施:制订风险控制计划,协调各项工作和步骤,检查所选方法是否有效,实行所选方法,最终达到风险管理的目标。

2)动植物检疫风险分析的含义

将风险管理的思想应用到动植物检疫实际工作中,形成了该领域中预防危险性动物疫病和植物有害生物传入、传播的一项重要措施——风险分析。《实施卫生和植物卫生措施的协定》(Agreement on the Application of Sanitary and Phytosanitary Measures,简称 SPS 协定)是动植物检疫领域中具有重要影响力的国际惯例之一,其中特别强调了风险评估的必要性和重要性。该协定要求各成员应确保其所采取的 SPS 措施是建立在风险评估的基础上,在设定 SPS 保护水平时应尽最大努力减少对贸易的不利影响,而风险评估是风险分析的重要组成部分,是科学地设定适宜的 SPS 保护水平的基础。

在动植物检疫领域中,针对动物和动物产品、植物和植物产品的输入和输出,通常将风险识别或危害确认(risk identification,hazard identification)、风险评估(risk assessment)、风险管理(risk management)和风险交流(risk communication)的过程称之为风险分析(risk analysis)(图 4-1)。

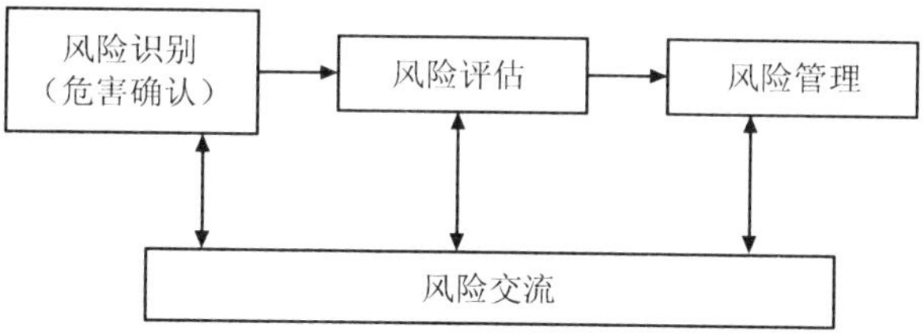

图 4-1　动植物检疫风险分析示意图

PRA,即有害生物风险分析,是植物检疫领域提出的风险分析概念。20 世纪 80 年代,曾将有害生物风险分析定义为了解某一特定来源的有害生物所产生的风险水平以及这种风险水平的可接受性,并且如需要则制订为降低这种潜在风险所采取的措施。在此基础上,关于 PRA 的含义在 90 年代是这样界定的,即有害生物风险分析由有害生物风险评估和有害生物风险管理两方面内容所组成(Pest Risk Analysis:Pest Risk Assessment and Pest Risk Management.):有害生物风险评估是确定有害生物是否为检疫性有害生物并评价其传入的可能性(Pest Risk Assessment:Determination of whether a pest is a quarantine pest and evaluation of its introduction potential);有害生物风险管理是为降低检疫性有害生物传入风险的决策过程(Pest Risk Management:The decision－making process of reducing the risk of introduction of a quarantine pest)。2002年,FAO对PRA的定义做了进一步的完善,指出有害生物风险分析是评价生物学、经济学及其他科学的依据,确定某种有害生物是否应予以管制以及管制所采取的措施力度的过程。比较上述不同时期对PRA含义的解释,最明显的一点差异是关于PRA主要研究对象的界定,从"特定来源的有害生物"到"检疫性有害生物",再到"管制性有害生物",可见其研究对象的范围在逐步扩展。

4.1.2 动植物检疫风险分析的作用

针对动物疫病和植物有害生物,对动物和动物产品、植物和植物产品的输入、输出进行风险分析,其作用主要体现在下述3个方面:

1)预知外来风险,进一步保护农业生产安全

随着人类在世界范围内旅行活动的增加以及国际间贸易的发展,造成动物疫病和植物有害生物异地传播的可能性大幅度上升。据美国农业部动植物检疫局的报告,1986年从口岸截获的有害生物有46 058种,至少有600种是外来有害生物,其中包括许多危害种植业的病原生物、害虫和其他有害生物(如螨类和软体动物等)。一种动物疫病或植物有害生物对农业生产、人类安全是否有害,其风险性有多大,是属于检疫性疫病和有害生物,还是属于管制的非检疫性疫病和有害生物,在国际贸易交往中是否有必要采取检疫程序和措施以及采取哪些检疫程序和措施等,都要经过风险分析给以充分和严格的分析论证。通过风险分析,可以对外来动物疫病和植物有害生物的风险程度进行科学把握和分析,并相应地制订出必要的检疫程序和措施,以保护本国或地区的农业生产安全。

2)遵守国际规则,进一步促进国际贸易发展

各国对贸易中的动植物检疫问题一向十分敏感,由于政治经济的需要,它可以被各国或地区作为技术性壁垒来使用,以保护本国或地区的利益。为了消除那些不必要的壁垒,在GATT最后协定中明确指出,"检疫方面的限制必须有充分的科学依据来支持,原来设定的零允许量与现行的贸易是不兼容的,某一生物的危险性应通过风险分析来决定,这一分析还应该是透明的,应阐明国家间的差异"。因此随着新的世界贸易体制的运行,开展PRA工作既是遵守《SPS协定》及其透明度原则的具体体现,又强化了动植物检疫对贸易的促进作用,增强本国农

产品的市场准入机会。就动植物检疫而言，WTO 指出零危险度与现行贸易是不相容的，对贸易的限制必须建立在充分的科学依据基础上。国际贸易的发展需要有一个科学的、一致的、透明的方法来安全去除检疫上的关贸壁垒，风险分析正是这样一种方法，可以在相当大的程度上减少动植物检疫对贸易的限制。

3）强调科学技术，进一步提高检疫工作水平

动植物检疫中的风险分析是建立在生物的、经济的以及其他科学的依据基础之上，是科学性和技术性非常强的一项工作。有关的国际组织已经或正在制订开展 PRA 工作的指南和标准，并要求各成员国遵守和执行，这些可促进动植物检疫工作的科学化、标准化。风险分析通过严格的定性分析（qualitative analysis）或定量分析（quantitative analysis），明确哪些疫病和有害生物是应被管制的，并计算出其风险程度的度量值，从而制定切实可行的、配套的检疫程序和措施，这使动植物检疫更具科学性，从根本上保障动植物检疫工作的开展并提高其水平。

4.1.3 动植物检疫风险分析的国际标准

20 世纪 90 年代以来，FAO、OIE 等相关国际组织分别着手有关植物检疫领域和动物检疫领域风险分析国际标准的制定工作，以适应当代社会对国际贸易和安全保障的双重需求，因此 FAO 和 OIE 所制定的风险分析国际标准被 WTO 认为是最具权威的。

4.1.3.1 动物、动物产品进口风险分析的步骤

OIE 公布的《国际动物卫生法典》为动物、动物产品国际贸易进行透明、客观和防御性风险分析提出了指导性原则和规定。动物、动物产品进口风险分析准则指出，首先应了解拟进口商品及可能的年贸易量，以进行风险分析。风险分析包括 4 个相关的步骤，即危害确认、风险评估、风险管理和风险交流；其中风险评估和风险管理是特别重要的 2 个步骤，又分别包括若干个阶段，其间的联系如图 4-2 所示。

1）危害确认

危害确认指鉴定因进口动物、动物产品可能产生不良后果的致病因子，这是一项分类工作，用于确定生物因子是否有害。兽医机构、监督和控制计划、区划及区域化体系的评估是评估出口国畜群中是否存在危害物的重要内容。

2）风险评估

风险评估的主要原则包括 7 项：①应灵活机动，符合现实生活中的复杂情况；②定性和定量方法均有效；③应以现有科技信息为基础，文件应完备，并附有

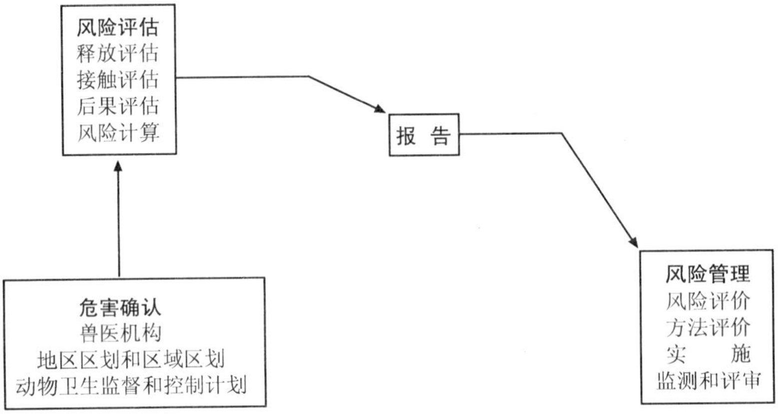

图 4-2 风险评估与风险管理的关系

（仿陈向前，2001）

科技文献和其他资料，包括专家意见；④评估方法应一致、透明，以确保公平、合理，决策应一致并易为有关各方理解；⑤应列出不确定项、假设及其对最后评估结果的影响；⑥风险随进口商品量的增加而增大；⑦应能被修改，以便新的信息出现时可进行更新。

风险评估过程主要包括下述4个步骤：①释放评估(release assessment)：阐明进口活动向某一特殊环境“释放”病原体的生物学途径，定性或定量计算全过程发生的概率。生物学因素（如动物种类、年龄和品种，病原嗜好部位，免疫注射、试验、治疗和隔离检疫）、国家因素（如发病率、流行率，对出口国兽医机构、监控计划及区划体系的评价）、商品因素（如进口商品数量、污染难易程度、加工影响、贮存和运输影响）是释放评估所需的主要信息。②接触评估(exposure assessment)：阐明进口国的动物和人接触到风险源释放的危害（如病原体）的生物学途径，定性或定量计算接触的概率。根据接触的量、时间、频度、期限和途径（如食入、吸入或虫咬）及接触动物和人群种类数量等特定接触条件来计算接触的概率。生物学因素（如病原体特性）、国家因素（如媒介、人和动物统计数、习惯和文化习俗以及地理和环境特征）、商品因素（如进口商品数量、进口动物或动物产品用途、处置措施）是接触评估所需的主要信息。③后果评估(consequence assessment)：阐明接触生物病原体与后果的关系，阐明某种接触的潜在后果并定性或定量计算其可能发生的概率。后果种类包括直接后果（如动物感染、发病及生产受损、公共卫生后果）和间接后果（如监控成本、补偿成本、潜在贸易损失、对环境的不良后果)。④风险计算(risk estimation):对释放评估、接触评估和后果评估的结果进行综合评定,以便制定对付危害引起风险的总体措施。

3)风险管理

风险管理是OIE成员国为达到合适的保护标准而决定并执行措施的过程,同时要确保对贸易的负面影响达到最小。风险管理由风险评价、方法评价、实施、监测及审查共同组成。风险评价是将风险评估过程所计算的风险与国家保护标准进行比较的过程。方法评价是根据OIE成员国的保护标准,为减少进口引起的风险,确定采取的措施,并评估其效能及可行性的过程。实施是指坚持风险管理措施保证取得预期结果的过程。

4)风险交流

风险交流是在风险分析期间,从可能的受影响方或当事方收集信息和意见的过程,同时也是将风险评估结果和风险管理措施向进出口国家或当事方进行通报的过程。风险交流是公开的、互相的、反复的信息交流过程。

4.1.3.2　有害生物风险分析的国际标准

FAO/IPPC负责制订、公布有关有害生物风险分析(PRA)的国际标准。其中,《有害生物风险分析准则》(Guidelines for Pest Risk Analysis,1995年11月经FAO大会第28届会议批准)和《检疫性有害生物风险分析》(Pest Risk Analysis for Quarantine Pests,2001年4月由FAO植物卫生措施临时委员会批准)等是重要的PRA国际植物卫生措施标准(ISPM)。

《有害生物风险分析准则》描述了植物有害生物的风险分析的一般过程,供国家植物保护组织(NAPPO)制订植物检疫法规使用。该准则指出PRA仅对被认为处于危险的“PRA地区”有意义,所谓PRA地区是指与所进行的PRA有关的地区,通常是一个国家,也可能是一个国家内的一个地区,或是包括若干国家全部或部分的一个地区[如区域性植物保护组织(RPPO)所包括的地区]。依据该准则,PRA包括3个主要阶段,即起始阶段、风险评估阶段和风险管理阶段。

1)起始阶段

PRA起始阶段一般有2个起点(图4-3):一是从检疫性有害生物可能传入和扩散的传播途径开始分析,通常指进口某种商品;二是从可能是检疫性有害生物的有害生物本身开始分析。

从传播途径开始的PRA,促成因素主要包括:①开始进行一种新商品(通常是植物或植物产品)或新产地的商品的国际贸易;②进口新的植物品种供选择和科学研究用;③查明有进口商品之外的传播途径(自然扩散、邮件、垃圾、乘客行

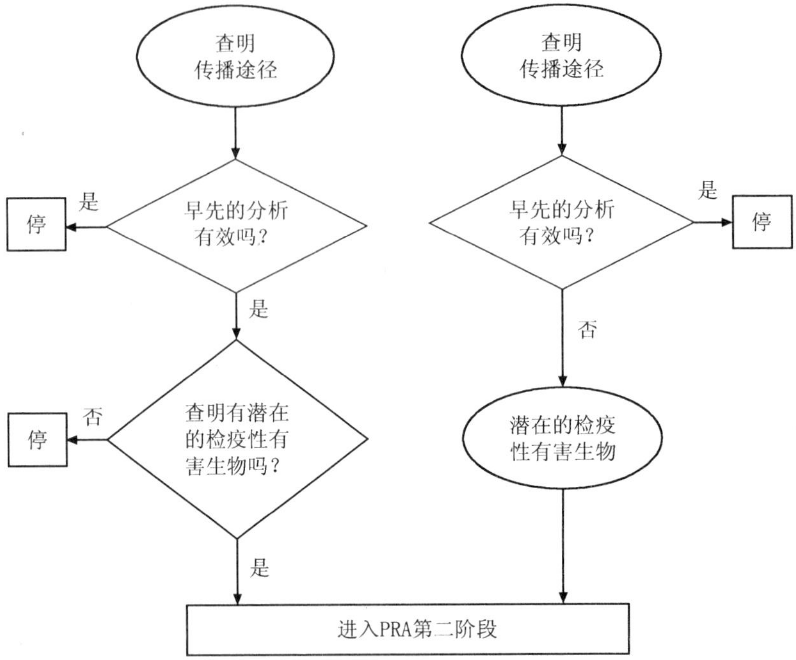

图 4-3　PRA 第一阶段工作流程

李等)；④做出政策决定，要建立或修订有关特定商品的植物卫生法规或要求；⑤新的处理，系统或程序，或新信息影响早先 PRA 的结论。

从有害生物开始的 PRA，促成因素主要包括：①在 PRA 地区发现新的有害生物建立侵染或暴发所产生的紧急情况；②在进口商品上截获新的有害生物所产生的紧急情况；③科学研究查明新的有害生物风险；④有害生物传入 PRA 地区以外的新地区；⑤报告说有害生物在 PRA 地区之外的新地区比其原发地区具有更大的破坏性；⑥检查发现某类有害生物不断被截获；⑦相关人员提出进口某种有害生物的要求；⑧做出政策决定，要修改有关特定有害生物的植物卫生法规或要求；⑨另一个国家或国际组织提出建议；⑩新的处理，系统或程序，或新信息影响早先 PRA 的结论。

无论哪个起点的 PRA，其涉及的有害生物必须是与检疫性有害生物定义符合的有害生物，将其作为潜在的检疫性有害生物，进入 PRA 的第二阶段。即在第一阶段结束时，应已查明有害生物本身是潜在的检疫性有害生物，或者是与某个传播途径有关的潜在的检疫性有害生物；否则 PRA 应该停止。

2)风险评估阶段

对在第一阶段确定的需进行进一步评估的有害生物或有害生物清单逐个考虑并审查是否符合检疫性有害生物的定义。评估过程中(图 4-4),要考虑每个有害生物的各个方面,特别是有害生物地理分布、生物学和经济重要性的资料。然

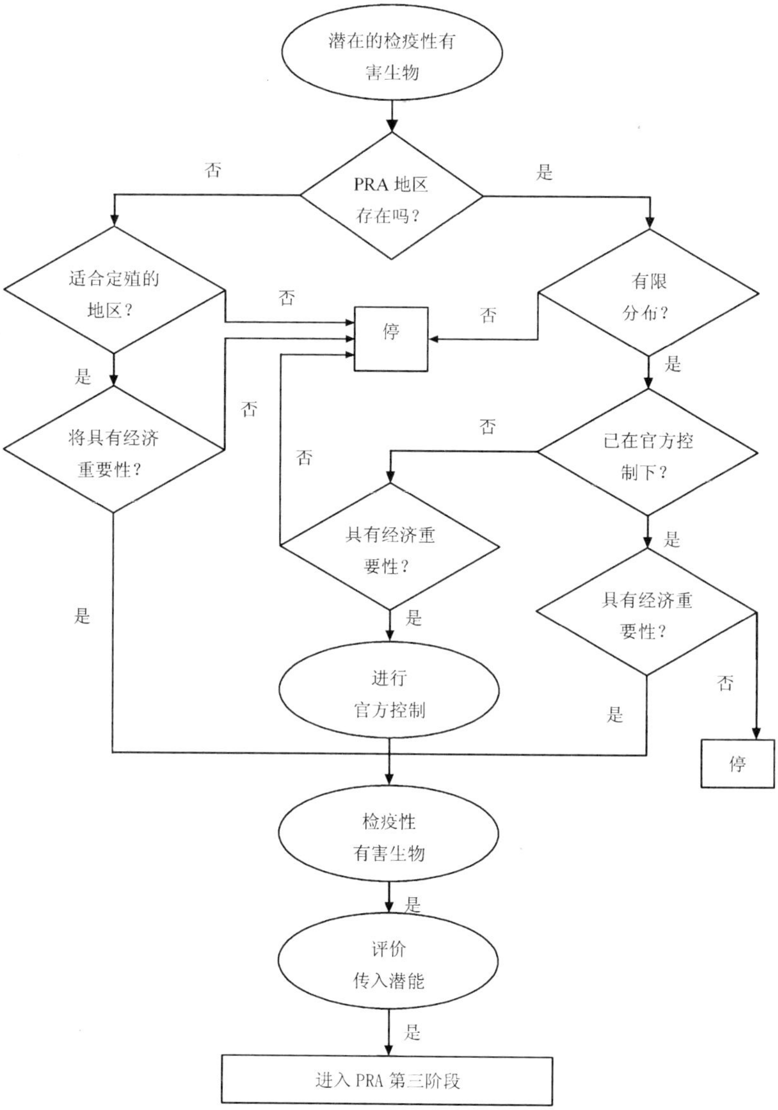

图 4-4　PRA 第二阶段工作流程

后由专家评估其在PRA地区定殖、扩散的可能性和潜在的经济重要性，最后，确定其传入PRA地区的可能性。在此阶段可利用多种PRA的研究工具如数据库、GIS和预测模型等，但随国家、地区及有害生物的不同，以及PRA工具获得的困难程度不同而异。

在考虑有害生物是否符合检疫性有害生物定义中的地理和管理标准时，下述5个方面应予以注意：①如果有害生物存在于PRA地区，并已达到其生态学范围的极限(即广泛分布)，则这种有害生物不符合检疫性有害生物的定义，对这种有害生物的PRA即可停止。②如果有害生物存在于PRA地区，但未达到其生态学范围的极限(即未广泛分布)，而且该种有害生物在PRA地区得到了官方的控制，则此种有害生物符合检疫性有害生物定义的地理和管理标准。③如果有害生物尚未广泛分布，但正在考虑今后在PRA地区对其进行官方控制，则PRA将确定对这种有害生物是否应当进行官方控制。如果得出应当进行官方控制的结论，则此种有害生物符合检疫性有害生物定义的地理和管理标准。④如果有害生物尚未广泛分布，但无须进行官方控制或考虑今后进行官方控制，则此种有害生物不符合检疫性有害生物的定义，对这种有害生物的PRA即可停止。⑤如果有害生物不存在于PRA地区，则此种有害生物符合检疫性有害生物定义的地理和管理标准。

为了估计有害生物定殖和扩散的潜能，应从已经发生该有害生物的地区获得可靠的生物学资料，然后可以对PRA地区的情况与目前正在发生该有害生物地区的情况进行认真比较，利用专家的判断评估定殖和扩散的潜能。

在估计定殖潜能时需考虑的因素包括：①PRA地区是否存在寄主、其数量和分布情况；②PRA地区的环境适宜性；③有害生物的适应潜力；④有害生物的繁殖策略；⑤有害生物的存活方法。

在估计扩散潜能时需考虑的因素包括：①有害生物自然扩散的自然和(或)管理环境的适宜性；②随商品或运输工具的移动情况；③商品的预定用途；④有害生物在PRA地区的潜在传媒；⑤有害生物在PRA地区的潜在天敌。如果某种有害生物没有在PRA地区定殖和扩散的潜能，则其不符合检疫性有害生物的定义，对其的PRA可以停止。

在估计有害生物的潜在经济重要性时，首先要确定该有害生物具有在PRA地区定殖和扩散的潜能。为了估计潜在经济重要性，应当从现在发生该有害生物的地区获得资料。对每个这类地区都要注意有害生物是造成重大危害，还是造成微小危害或不造成危害。应注意有害生物是经常还是不经常造成危害；如有可能，将此情况与生物和非生物影响，特别是天气联系起来。然后可以对

PRA 地区的情况与目前正在发生该有害生物地区的情况进行认真比较，利用专家的判断评估经济重要性的潜能；需考虑的因素包括：①损害类别。②作物损失。③出口市场的损失。④控制费用的增加。⑤对正在执行的有害生物综合控制计划的影响；环境损害；作为其他有害生物传媒的能力；已认识到的诸如失业等社会代价。如果有害生物在 PRA 地区没有潜在的经济重要性，则其不符合检疫性有害生物的定义，对其的 PRA 可以停止。

风险评估的最后阶段所关心的是有害生物传入的潜能，这要取决于从出口国到目的地的传播途径以及相关联有害生物的频率和数量。应当注意有害生物侵入新地区的已有记载的传播途径。估计传入潜能时需考虑的因素主要包括：①有害生物污染商品和运输工具的机会；②有害生物在运输环境条件下的存活；③在入境检查时检出有害生物的难易程度；④有害生物通过自然方法进入 PRA 地区的频率和数量；⑤在任何特定的入境口岸人员从另一国家进入的次数和数量；⑥托运商品的数量和次数；⑦运输工具带有的某种有害生物的个数；⑧商品的预定用途；⑨在目的地和在 PRA 地区运输中寄主是否存在及环境条件。

在第二阶段结束时，应评估出有害生物是否具有足够的经济重要性和传入潜能，即是否具有需采取植物卫生措施的足够风险。如果是，则进入第三阶段；否则，该有害生物的 PRA 即可停止。

3）风险管理阶段

为保护受威胁地区，有害生物风险管理所确定的植物卫生措施应当与风险评估中所查明的风险相称，即通过这些措施能够将风险降低到最低水平，同时不对贸易形成不必要的壁垒，风险管理阶段的工作流程如图 4-5 所示。

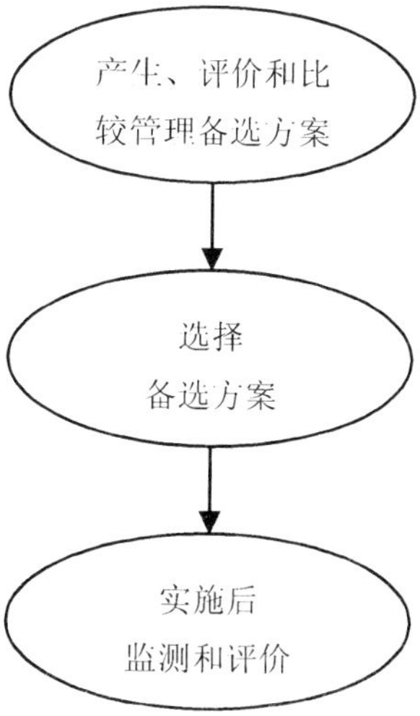

图 4-5　PRA 第三阶段工作流程

首先要形成一份能将有害生物风险降低到可接受水平的备选方案清单，这些备选方案主要关注传播途径，特别是允许商品入境的条件，需考虑的备选方案主要包括：①列入禁止有害生物名单；②出口前的植物卫生检验和证书；③规定出口前须达到的要求（如处理、来自无有害生物地区的原产地、生长季节检查、证书计划）；④进入时的检查；⑤进入地点、检查站或适当时在目的地的处理；⑥进入后检疫扣留；⑦进入后的措施（使用商品的限制，控制措施）；⑧禁止特定产地一定商品的进入。

然后要评价各种备选方案将风险降低到可接受水平的效率和影响，一些因素是必须考虑的，如：①生物学有效性；②实施的成本效益比；③对现有法规的影响；④商业影响；⑤社会影响；⑥植物卫生政策考虑；⑦实施新法规的时间；⑧备选方案对付其他检疫性有害生物的效率；⑨环境影响。在评价和比较过程中，应当说明各种备选方案的积极方面和消极方面。虽然各国可根据主权原则利用植物卫生措施施行主权，但是各国也应特别注意“最小影响”原则，即“植物卫生措施应当是与涉及的有害生物风险相适应，并应是对人员、商品或运输工具的国际移动造成最少妨碍的最低限度限制的措施”。

最后要确定哪些备选方案是适合的，并在这些措施实施后监测其有效性。在第三阶段结束时，已经决定了有关有害生物或其传播途径的适当植物卫生措施。标准最后强调，如果在进行第一、二阶段的评估后立即采取一定的检疫措施而未对这些措施进行适当的评估是不合理的。

4.1.4 中国动植物检疫风险分析的实践

中国的动植物检疫风险分析研究开始于 20 世纪 80 年代，原农业部植物检疫实验所开展了危险性病虫草的检疫重要性研究。通过综合评估其分值大小，确定有害生物在检疫中的重要程度，对世界上 6 800 余种有害生物的寄主范围、传播途径、危害程度和国内外分布及检疫等情况作了详细的分析。

随着国际上对风险分析工作的重视，我国加强了与先进国家的风险分析技术交流，参加了部分 PRA 指南的起草，并于 1995 年成立了中国植物有害生物风险分析工作组。PRA 工作组开展了许多具体的工作，如梨火疫病菌、马铃薯甲虫、假高粱及美国地中海实蝇（苹果）、美国李子、葡萄、柑橘和澳大利亚苹果的 PRA 分析，同时开展了许多 PRA 的研究，如确立了 PRA 指标体系（表 4-1）、指标评判方法（表 4-2）以及计算公式（表 4-3）等。中国 PRA 工作的结果已在市场准入谈判中发挥了极其重要的作用。

入世以来，中国动植物检疫面临着巨大的压力，风险分析工作时间紧、任务重。2002 年，国家质量监督检验检疫总局成立了中国进出境动植物检疫风险分析委员会。委员会由农业部、对外经济贸易部、国家林业局、国务院法制办、国务院发展研究中心、中国科学院、中国农业科学院、中国农业大学、中国预防医学科学院、中国兽医药品监察所、中国进出口商品检验研究所、北京林业大学、国家质检总局动植物检疫实验所、广州出入境检验检疫局、深圳出入境检验检疫局和山东出入境检验检疫局的有关主管官员和专家组成，秘书处设在动植物检疫实验

表 4-1　PRA 指标体系

总指标	一级指标	二级指标
有害生物危险性 R	1. 国内分布状况(P_1)	
	2. 潜在的危害性(P_2)	(1)潜在的经济危害性(P_{21})
		(2)是否为其他检疫性有害生物的传播媒介(P_{22})
		(3)国外重视程度(P_{23})
	3. 受害栽培寄主的经济重要性(P_3)	(1)受害栽培寄主的种类(P_{31})
		(2)受害栽培寄主的种植面积(P_{32})
		(3)受害栽培寄主的特殊经济价值(P_{33})
	4. 移植的可能性(P_4)	(1)截获难易(P_{41})
		(2)运输过程中有害生物的存活率(P_{42})
		(3)国外分布广否(P_{43})
		(4)国内的适应范围(P_{44})
		(5)传播力(P_{45})
	5. 危险性管理的难度(P_5)	(1)检疫鉴定的难度(P_{51})
		(2)除害处理的难度(P_{52})
		(3)根除难度(P_{53})

表 4-2　PRA 指标评判标准

评判指标	指标内容	数量指标
P_1	国内分布状况	国内无分布，$P_1=3$；国内分布面积占 0%～20%，$P_1=2$；占 20%～50%，$P_1=1$；大于 50%，$P_1=0$
P_{21}	潜在的经济危害性	据预测，造成的产量损失达 20%以上，和/或严重降低作物产品质量，$P_{21}=3$；产量损失在 20%～5%之间，和/或有较大的质量损失，$P_{21}=2$；产量损失在 5%～1%之间，和/或较小的质量损失，$P_{21}=1$；产量损失小于 1%，且对质量无影响，$P_{21}=0$。(如难以对产量/质量损失进行评估，可考虑用有害生物的危害程度进行间接的评判)
P_{22}	是否为其他检疫性有害生物的传播媒介	可传带 3 种以上的检疫性有害生物，$P_{22}=3$；传带 2 种，$P_{22}=2$；传带 1 种，$P_{22}=1$；不传带任何检疫性有害生物，$P_{22}=0$
P_{23}	国外重视程度	如有 20 个以上的国家把某一有害生物列为检疫性有害生物，$P_{23}=3$；19～10 个，$P_{23}=2$；9～1 个，$P_{23}=0$
P_{31}	受害栽培寄主的种类	受害的栽培寄主达 10 种以上，$P_{31}=3$；9～5 种，$P_{31}=2$；4～1 种，$P_{31}=0$
P_{32}	受害栽培寄主的面积	受害栽培寄主的总面积达 350 万 hm^2 以上，$P_{32}=3$；350 万～150 万 hm^2，$P_{32}=2$；小于 150 万 hm^2，$P_{32}=1$；无，$P_{32}=0$

续表 4-2

评判指标	指标内容	数量指标
P_{33}	受害栽培寄主的特殊经济价值	根据其应用机制，出口创汇等方面，由专家进行判断定级，$P_{33}=3,2,1,0$
P_{41}	截获难易	有害生物经常被截获，$P_{41}=3$；偶尔被截获，$P_{41}=2$；从未截获或历史上只截获过少数几次，$P_{41}=1$；因现有检验技术的原因，本项不设“0”级
P_{42}	运输中有害生物的存活率	运输中有害生物的存活率在40%以上，$P_{42}=3$；在40%～10%之间，$P_{42}=2$；在10%～0之间，$P_{42}=1$；存活率为0，$P_{42}=0$
P_{43}	国外分布广否	在世界50%以上的国家有分布，$P_{43}=3$；在50%～25%之间，$P_{43}=2$；在25%～0之间，$P_{43}=1$；0，$P_{43}=0$
P_{44}	国内的适生范围	在国内50%以上的地区能够适生，$P_{44}=3$；在50%～25%之间，$P_{44}=2$；在25%～0之间，$P_{44}=1$；适生范围为0，$P_{44}=0$
P_{45}	传播力	对气传的有害生物，$P_{45}=3$；由活动力很强的介体传播的有害生物，$P_{45}=2$；土传传播力很弱的有害生物，$P_{45}=1$。该项不设0级
P_{51}	检疫鉴定的难度	现有检疫鉴定方法的可靠性很低，花费的时间很长，$P_{51}=3$；检疫鉴定方法非常可靠且简便快速，$P_{51}=0$；介于之间，$P_{51}=2,1$
P_{52}	除害处理的难度	现有的除害处理方法几乎不能杀死有害生物，$P_{52}=3$；除害率在50%以下，$P_{52}=2$；除害率在50%～100%之间，$P_{52}=1$；除害率为100%，$P_{52}=0$
P_{53}	根除难度	田间的防治效果差，成本高，难度大，$P_{53}=3$；田间防治效果显著，成本很低，简便，$P_{53}=0$；介于之间的，$P_{53}=2,1$

表 4-3　PRA 计算公式

评判指标	指标计算公式
R	$R=\sqrt[5]{P_1*P_2*P_3*P_4*P_5}$
P_1	P_1 根据评判标准确定
P_2	$P_2=0.6P_{21}+0.2P_{22}+0.2P_{23}$
P_3	$P_3=Max(P_{31},P_{32},P_{33})$
P_4	$P_4=\sqrt[5]{P_{41}*P_{42}*P_{43}*P_{44}*P_{45}}$
P_5	$P_5=\frac{P_{51}+P_{52}+P_{53}}{3}$

所。委员会通过不定期举行会议的方式,研究和讨论我国进出境动植物检疫风险分析方面的重大事宜,审议重要的进出境动植物检疫风险分析报告,及时就有关进出境动植物检疫决策问题征求专家们的意见和建议。通过委员会的工作,将把我国的进出境动植物检疫风险分析工作再上新台阶,使我国进出境动植物检疫在保护我国人民身体健康、农业生产和生态环境安全,跨越和打破国外的技术性贸易壁垒,促进我国农产品出口等方面发挥更好的作用。

小　结　风险分析是预防外来动物疫病和植物有害生物入侵的重要措施,其主要作用在于预知风险,保护安全;遵守规则,促进贸易;强化技术,提高水平。风险分析过程包括风险识别或危害确认、风险评估、风险管理和风险交流等主要阶段。FAO、OIE等国际组织分别针对PRA、动物及其产品风险分析制订、公布了相关的国际准则。为了迎接入世带来的挑战,我国动植物检疫领域风险分析工作正在得到进一步的加强。

4.2　产地检疫与预检

学习重点

- 掌握产地检疫和预检的基本含义
- 了解产地检疫和预检的实践

产地检疫和预检是动植物检疫人员在农产品原产地进行检疫的一项针对性措施,在相关农产品进出口和调运过程中发挥着重要作用。同样作为一种预防性的手段,产地检疫一般用于国内动植物及其产品的省(地)调运中,预检一般用于动植物及其产品的进出口贸易中。

4.2.1　产地检疫与预检的含义

1)产地检疫基本含义

产地检疫(producing area quarantine)是动植物或动植物产品在国内省(地)间或省(地)内进行调运前,由检疫人员在其生长或生产期间于原产地进行检验、检测,以防止管制性动物疫病或植物有害生物在国内传播或扩散的一项措施。例如,北京市拟从云南省调运一批种苗,一般地,在该批种苗生长期间,北京市植物检疫主管部门(如北京市植物保护站)需派植物检疫人员到云南省该批种苗的原产地,在当地植物检疫人员和生产人员的配合下,对这批种苗实施检疫;在检查和处理的基础上,确认没有检疫性有害生物和应检病虫时签发《产地检疫合格证》。

2)预检基本含义

预检(pre-clearance)是动植物或动植物产品出入境前,由检疫人员在其生长或生产期间于原产地进行检验、检测,以防止管制性动物疫病或植物有害生物在国际间传播或扩散的一项措施。例如,我国拟从加拿大进口一批牛,则需由我国出入境动植物检疫部门(如国家质量监督检验检疫总局或其下属口岸出入境检验检疫局)外派检疫人员赴加,在该批牛的原产地对其进行检疫,以查明该批牛不会传带危险性动物疫病;在这一过程中需要加方检疫部门和检疫人员的密切合作和支持。

3)产地检疫与预检的比较

比较上述关于产地检疫和预检的描述,可见二者既有联系又有区别。产地检疫和预检都是针对动植物或动植物产品的重要检疫措施,用来防止管制性动物疫病或植物有害生物从原产地向外传播和扩散。二者的区别主要包括 3 个方面:①主管部门不同:产地检疫的主管部门属于国内动植物检疫机关,而预检的主管部门属于出入境动植物检疫机关;②针对的原产地不同:产地检疫针对的是本国的原产地,而预检针对的是对方国家的原产地;③针对的疫情不同:产地检疫针对的是本国或本省(地)检疫性动物疫病或植物有害生物;预检针对的是对方国家的动物疫病或植物有害生物。

4.2.2 产地检疫与预检的作用

产地检疫与预检在动植物检疫中发挥着重要的作用,主要表现在下述 4 个方面:

1)便于发现疫情,结果更为准确

产地检疫是在动植物或动植物产品生长或生产期间实施检疫的措施。与到达输入地后进行现场检疫相比较,产地检疫和预检更有助于及时发现疫情,提高检疫结果的准确性。产地检疫和预检是一个相对长期的过程,可以在生长或生产期间定期检疫若干次,这有助于发现疫情。另外,在生长或生产期间,动物疫病的症状、植物有害生物的为害状以及有害生物本身更易于表现出来,容易被发现和识别,因此便于诊断和鉴定,所得结果的准确度提高。

2)简化检疫手续,加快商品流通

经产地检疫和预检合格的动植物及其产品,在出境或国内调运时一般不需再检疫,凭《产地检疫合格证》换取《动物检疫证书》或《植物检疫证书》即可。因此有助于简化现场检疫的手续,同时能够加快商品流通的速度。产地检疫和预检对于鲜活产品(如活的水产品、水果、蔬菜等)尤为有利。

3)保护货主利益,避免更大损失

一般情况下,货主需事先向检疫部门申请产地检疫或预检。在动植物或动植物产品生长或生产过程中,货主可以在动植物检疫部门的指导和监督下,采取预防性措施,及时防止和消除相关的疫病或有害生物的为害,从而获得合格的动植物和动植物产品。这些商品在进出境或国内调运时,可避免因检疫不合格而进行除害处理或退回与销毁。因此,产地检疫和预检可帮助货主避免更大的经济损失。

4)加强部门合作,增进检疫交流

产地检疫和预检需要动植物检疫部门、生产部门等有关单位相互协作才能完成,在原产地进行检疫过程中能够加强这些部门之间的合作。例如,在我国国内植物检疫中,一些省市的植物检疫机构创建了"三员共检"的产地检疫方法,即由植物检疫部门、种子管理部门和生产部门联合组成产地检疫小组,到原产地开展田间调查检验,最后根据结果签发《产地检疫合格证》,种子部门凭此证收购健康种苗,检疫部门凭此证签发《植物检疫证书》。同时,预检工作一般需由输入方和输出方两国的动植物检疫部门派检疫人员共同合作完成,在这一合作过程中有助于增进彼此的了解和检疫方法、技术的交流。

4.2.3 有关国家的预检实践

与产地检疫相比较,预检是在其基础上发展起来的。国内动植物检疫中所实施的产地检疫措施,给出入境动植物检疫工作带来启发。近年来,由于国际商贸飞速发展,预检措施已在一些国家间得到实践,并且越来越受到重视和欢迎。

1)美国的预检实践

近年来,美国对多种进口农产品实施预检措施。例如,从智利进口的苹果和葡萄一般都需进行预检和熏蒸处理,从南美进口的落叶水果、从新西兰进口的苹果、从日本进口的橙子以及从比利时和荷兰进口的蕨类植物等都实施了预检措施。为了从中国安全进口100余头种猪,美国动植物检疫局采取了预检措施,派出9名检疫人员,来华11次,以加强检疫工作。

2)日本的预检实践

在中国与日本的双边贸易中,日本动植物检疫部门针对中国输出的新疆哈密瓜进行了预检实践。过去,日本禁止进口新疆哈密瓜,主要原因是认为新疆哈密瓜产区有瓜实蝇[*Bactrocera* (*Zeugodacus*) *cucurbitae*]的分布，而该种昆虫能够对日本的水果、蔬菜生产产生极大的威胁。中、日双方检疫工作者互相协作，开展预检工作。通过调查研究，日方检疫人员最终确认新疆哈密瓜产区没有瓜实蝇的分布，并且该产区的自然条件亦不适合瓜实蝇的定殖。在预检工作的基础上，日本解除了对中国新疆哈密瓜的进口禁令。

3)中国的预检实践

随着市场的进一步开放，大批国外农产品进口到中国。我国动植物检疫部门加强预检工作，在保障农产品安全的同时促进了国际贸易的发展。例如，我国检疫部门派检疫人员飞赴加拿大，对拟进口的种牛实施了预检。又如，对从美国华盛顿州进口的苹果、佛罗里达州进口的柑橘，均采取了预检措施。我国检疫人员在确认上述产地及相关产品确无苹果蠹蛾、地中海实蝇等检疫性有害生物的基础上，上述农产品得以进入中国市场。再如，为了预防烟霜霉病菌(*Peronospora hyoscyami* de Bary f. sp. *tabacina*)的传入，我国对从巴西、土耳其、加拿大等地进口的烟草实施了预检措施。

小　结　产地检疫和预检是用来防止管制性动物疫病或植物有害生物从原产地向外传播和扩散的一种检疫措施，产地检疫一般用于国内动植物检疫，预检一般用于出入境动植物检疫。产地检疫和预检在动植物检疫工作中发挥着重要的作用，通过产地检疫和预检能够提高检疫结果的准确性，能够减少相关手续，能够使货主避免更大的经济损失，还能够加强多部门的合作和交流。

4.3　隔离检疫

学习重点

- 掌握隔离检疫的基本含义和作用
- 了解隔离检疫的基本方法

隔离检疫是动植物检疫最根本的措施之一。相关检疫物，如动物和植物繁殖材料等必须经过隔离检疫合格后才被允许输入或输出。

4.3.1　隔离检疫的含义

隔离检疫(isolation quarantine)是将进出境或国内调运的有关动植物在检

疫机关指定的场所内，于隔离条件下进行饲养或种植，并在其生长期间进行检验、检测和处理的一项措施。例如，从国外引进的活动物（如牛等）到达口岸后必须在指定的隔离场内进行隔离检疫，经过一定时间的饲养、检验、检测，证明该批动物健康、安全后才允许其进境。又如，从国外引进的植物种苗等也需经过一定时间的隔离检疫后才允许进境并分散种植和使用。

4.3.2　隔离检疫的作用

1）隔离检疫的必要性

为什么要对动物及植物繁殖材料实施隔离检疫措施？即隔离检疫有哪些必要性呢？隔离检疫的必要性主要体现在 3 个方面：①动物疫病或某些植物有害生物（如病毒，尤其易被植物繁殖材料所携带）具有潜伏期和免疫应答反应期，短时间内可能不发病或无症状；②动物在运输途中存在再感染的可能性；③某些植物有害生物到达一新地后存在新猖獗现象，以及生理小种和毒系的分化现象。因此，隔离检疫是必要的检疫措施。

2）隔离检疫措施的重要作用

主要包括：①有助于解决现场检疫的后续检疫问题；②有助于避免或减少检疫中的漏检问题；③有助于进一步提高检疫结果的准确度；④有助于更为有效地控制管制性有害生物的输入或输出。

4.3.3　隔离检疫的基本方法

隔离检疫是在由动植物检疫机关指定的隔离场所内（如隔离检疫中心），按照一定的程序和规定，对有关检疫物实施检疫的过程。

1）我国的隔离检疫场所

在我国，隔离检疫场所一般分为 2 类，一类是国家级隔离检疫场所，二类是地方级隔离检疫场所。国家级隔离检疫场所一般由国家动植物检疫机关设立，针对的是高风险及中风险的检疫材料实施隔离检疫。目前在北京、天津、上海、广州等地设立了动物隔离检疫场；在北京、大连、上海等地设立了植物隔离检疫圃或植物检疫隔离中心，地方级隔离检疫场所一般由货主或地方有关部门设立，但必须经过动植物检疫机关的认可，针对低风险的检疫材料实施隔离检疫。

位于大连的辽宁出入境检验检疫局植物检疫隔离中心，始建于 1979 年，其前身为大连动植物检疫局植物检疫隔离圃。中心占地 28 000 m^2，有 1 座办公化验楼、3 座检疫温室、2 座检疫隔离网室和 1 座熏蒸室（图 4-6），其中实验室面积达 1 500 m^2。该中心配有植物生长箱、微量榨汁机、酶联仪、离心机、低温冰箱、超净工作台及多种显微镜、解剖镜等检测设备(图 4-7)。辽宁出入境检验检疫局植物检疫隔离中心主要负责大连地区口岸进出境种子、苗木等植物繁殖材料及菌种的隔离检疫等工作。

图 4-6　隔离检疫温室和网室

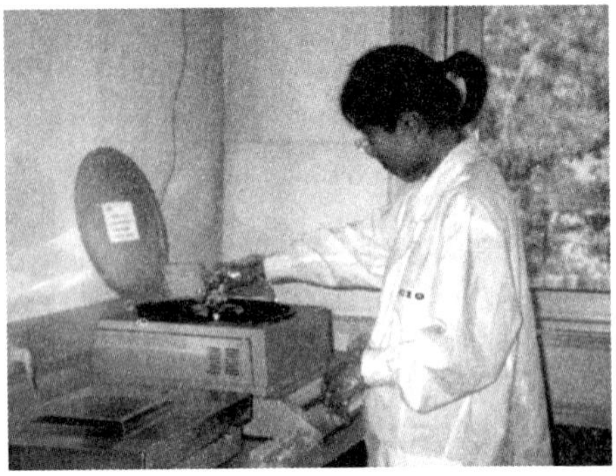

图 4-7　隔离检疫室内检测

(李志红摄于辽宁出入境检验检疫局植物检疫隔离中心,2002)

2)隔离检疫的基本程序和相关规定

隔离检疫的基本程序主要包括 5 个步骤:①供试材料登记;②初步检验与处理;③饲养或栽培合格的材料;④生长期检验与处理;⑤出证放行。

隔离检疫遵循一套严格的管理制度,其中对隔离材料、人员出入以及隔离时间等都有明确的规定。在隔离检疫材料方面,规定进境大、中家畜必须在国家级隔离检疫场实施隔离检疫,进境植物繁殖材料必须实施隔离检疫。在隔离场所人员出入方面,规定动物进入隔离场后,饲养人员和兽医必须封闭在场内生活;未经检疫机关允许,任何人不得离开检疫场;隔离检疫期内,除检疫人员可进入场内采取样品外,其他人员不许进入。在隔离检疫时间方面,规定植物繁殖材料至少为 1 个生长周期;动物依据不同种类确定不同的隔离检疫时间,例如进境大、中家畜和野生偶蹄类动物需 45 d,进境小动物和其他动物需 30 d,出境动物按检疫要求中的规定执行。

小　结　隔离检疫是将进出境或国内调运的有关动植物在检疫机关指定的场所内(隔离检疫中心等),于隔离条件下进行饲养或种植,并在其生长期间进行检验、检测和处理的措施。隔离检疫措施不仅有助于解决现场检疫的后续检疫问题、避免或减少检疫中的漏检,而且还有助于进一步提高检疫结果的准确度,从而更为有效地控制管制性有害生物的输入或输出。

4.4　检疫监管

学习重点

- 掌握检疫监管的含义
- 了解检疫监管的范围、方法及实蝇监测的实践

检疫监管又称检疫监督管理，是动植物检疫系统把关、严加防范的重要措施之一。该措施在进出境动植物检疫中已得到广泛应用。

4.4.1　检疫监管的含义与作用

检疫监管(quarantine supervision)是检疫机关对进出境或过境的动植物、动植物产品的生产、加工、存放等过程以及动物疫病、植物有害生物疫情实行监督管理的一种检疫措施。许多国家的动植物检疫部门积极采取该项措施，如智利动植物检疫机关对本国出口水果(葡萄、樱桃等)的生产和加工过程进行全程监管(图 4-8)。

图 4-8　智利对出口水果的加工过程实施检疫监管措施
(张宝峰摄于智利)

检疫监管的作用主要表现在两个方面:①促进经济贸易的发展:国际贸易的飞速发展使动植物检疫口岸待验货物的数量不断增加,这就要求检疫机关必须提高验放的速度。采取检疫监督管理的措施,对部分应检物的部分检疫内容实行前置或后续检疫,能够避免货物因检疫程序要求而发生的滞留现象,在保障安全的同时促进经济贸易的发展。②进一步控制动物疫病和植物有害生物的传播:检疫监督管理措施能够进一步避免现场检验中的漏检问题,解决尚在潜伏期的动物疫病和植物有害生物的检验问题,从而保证检疫的质量,严防管制性疫病和有害生物的传播。

4.4.2 检疫监管的范围

对于进境动植物和动植物产品,检疫监管的范围主要包括 6 个方面的内容:①进境动植物及产品的除虫、灭菌过程;②批准引进的禁止进境物的使用、存放过程;③进出境水果、蔬菜和肉类制品、奶制品的加工、存放过程;④进出境生皮张、生毛类、肠衣的生产、加工过程;⑤进境动物和植物由进境口岸到隔离检疫场所的运输过程;⑥国际展览会或博览会期间动植物、动植物产品的参展过程。

对于出境动植物和动植物产品,则根据输入国的检疫要求,决定是否对其加工、存放过程实行检疫监管。对于过境动物,主要针对活动物的运输过程进行检疫监督管理。对于危险性动植物疫情,则根据主管机关的部署实施监管措施,例如美国加利福尼亚等州为了促进本地柑橘等水果的出口,对地中海实蝇等实行检疫监管措施。

4.4.3 检疫监管的基本方法

通过实践,我国动植物检疫部门正在逐步摸索检疫监管的具体方法。目前,检疫监管的基本方法主要包括下述 4 方面的内容:

(1)实行注册登记制度　为了快速和全面地掌握生产厂商、营销商等的信息,更便捷地为其提供检疫服务和对其进行相关管理,动植物检疫部门对涉及动植物及其产品进出口业务的生产厂商、营销商实行注册、登记制度,并建立相应的数据库进行管理。

(2)进行防疫工作指导　动植物检疫部门派检疫专家定期为熏蒸队从业人员等进行技术培训和指导,以提高除害处理的效果。

(3)建立监管库区　动植物检疫监管库区是经口岸动植物检疫机关同意并批准设立的存放进出境动植物、动植物产品的监督管理场所。近年来,监管库区在各口岸所属地区纷纷建立,推动了检疫监督管理措施的进一步发展。凡经国家有关部门批准的经营外贸、外事运输、仓储和代理报检业务的企业，均可申请建立监管库区，对其主要要求包括：具有经营文件及执照；具备开展业务必备的设施和条件；配有兼职疫情监测员；具备符合动植物检疫要求的管理制度。目前，在动植物检疫工作中，对监管库区实行特殊政策，例如优先将未检货物运输到库区；检疫机关在库区内实施检疫；兼职疫情监测员可进行一般性检疫处理；检疫费实行定期结算等。

(4)进行疫情监测　对重要动植物疫情进行调查和监测是动植物检疫监管的一种基本方法。疫情调查和监测的主要目的是及时发现、了解危险性动物疫病和植物有害生物的定殖和传播情况，为严格管制这些疫病和有害生物提供基础信息。例如，我国自 20 世纪 80 年代起对地中海实蝇等展开了疫情监测工作，积累了较为丰富的经验。

4.4.4　中国实蝇监测的实践

实蝇监测旨在了解和掌握本国、本地区实蝇发生的基本情况，发现入侵的国外危险性实蝇并采取根除措施，保护本国、本地区水果生产，促进对外贸易的发展。实蝇监测主要应用实蝇引诱剂和诱饵，将相应的实蝇种类引诱到诱捕器中，然后由实蝇专家对捕获的标本进行鉴定，以确定疫情。

1980 年，由原国家动植物检疫局引进国外实蝇监测诱捕技术，采用地中海实蝇引诱剂(trimedlure)、橘小实蝇引诱剂(methyleugenol)和瓜实蝇引诱剂(cuelure)等 3 种引诱剂以及 Steiner 诱捕器，在南方部分地区开展了对实蝇的监测诱捕工作。自 1994 年起，为适应国际植物检疫的新形势，在全国口岸大面积开展对地中海实蝇的监测。从 2000 年起，国家质量监督检验检疫总局决定进一步建立和完善我国防止外来检疫性实蝇传入的预防体系。目前，基于计算机技术的实蝇快速反应网络系统正在建设之中。实蝇监测结果表明，至今在我国尚未发现地中海实蝇等危险性实蝇。

小　结　检疫监管是检疫机关对进出境或过境的动植物、动植物产品的生产、加工、存放等过程以及动物疫病、植物有害生物疫情实行监督管理的一种检疫措施。检疫监管的基本方法包括实行注册登记制度、进行防疫工作指导、建立监管库区和进行疫情监测等。

思　考　题

1. 请简要说明动植物检疫风险分析的含义和作用。
2. 依据国际标准，动植物检疫风险分析包括哪些主要步骤？
3. 在进出境动植物检疫中，为什么要实施预检措施？
4. 试举例说明为什么要实施隔离检疫措施？
5. 什么是检疫监管？并请举例分析检疫监管的基本方法。

参考文献

1. 北京动植物检疫局．进出境动植物检疫．北京：中国农业科技出版社，1995

2. 白欧，朱一农．狙击生物入侵．科技新时代，1999，5：54-57

3. 李尉民．有害生物风险分析．北京：中国农业出版社，2003

4. 陈洪俊，范晓红，李尉民．我国有害生物风险分析的历史与现状．植物检疫，2002，16(1)：28-32

5. 范晓红，李尉民．保护我国生物安全的检疫对策研究．生物多样性，2001，9(4)：439-445

6. 夏红民．图说动植物检疫．北京：新世界出版社，2002

7. 梁广勤，姚文国．地中海实蝇．北京：中国农业出版社，1998

8. 梁广勤，梁帆，吴佳教等．国外危险性实蝇传入应急对策模式研究．植物检疫．2002，16(3)：143-147

9. Zhang R J，Zhou C Q，Pang H，et al. Exotic Pests and Their Control. Guangzhou：Zhongshan University Press，2003

第 5 章　检疫性动物疫病

本章简介　检疫性动物疫病对畜牧业生产造成严重危害，一些疫病还与人类健康密切相关。本章在概述检疫性动物疫病分类方法和相关种类的基础上，对我国进境动物检疫性一类疫病和重要二类疫病进行了详细的介绍，内容包括疫病的病原特性、分布与危害、传播与流行特点、临床症状与病理变化特征、诊断与检疫技术等。

章节安排　5.1　检疫性动物疫病概述

5.1.1　动物疫病的基本概念

5.1.2　检疫性动物疫病的种类

5.2　动物一类疫病

5.2.1　口蹄疫

5.2.2　非洲猪瘟

5.2.3　猪水疱病

5.2.4　猪瘟

5.2.5　牛瘟

5.2.6　小反刍兽疫

5.2.7　蓝舌病

5.2.8　痒病

5.2.9　牛海绵状脑病

5.2.10　非洲马瘟

5.2.11　禽流感

5.2.12　新城疫

5.2.13　鸭瘟

5.2.14　牛肺疫

5.2.15　牛结节疹

5.3　动物二类疫病

5.3.1　多种动物共患病

5.3.2　牛病

5.3.3　羊病

5.3.4　猪病

5.3.5　马病

5.3.6　禽病

5.3.7　啮齿动物病

5.3.8　水生动物病

5.3.9　蜂病

5.3.10　其他动物疫病

5.1 检疫性动物疫病概述

学习重点

- 掌握动物疫病相关的基本概念
- 了解动物疫病的基本危害
- 了解OIE及我国对检疫性动物疫病的分类方法和疫病种类

5.1.1 动物疫病的基本概念

1)动物疫病

动物的传染病和寄生虫病统称为动物疫病。传染病是由特定病原微生物引起的,具有一定的潜伏期和临床表现,并具有传染性的疾病。寄生虫病是由病原性寄生虫引起的疾病。

2)人畜共患病

人畜共患病是指在人类和脊椎动物之间自然传播的疾病,即由共同病原体引起的,在流行病学上有相互关联的人和脊椎动物的疾病,又称为人兽共患病,包括人畜共患传染病和人畜共患寄生虫病。目前已发现人畜共患病约200种,其中常见的有89种。

3)动物疫病的种类

根据不同的分类方法,可以将动物疫病分成不同的种类。按病原可分为传染病和寄生虫病,其中传染病包括病毒病、细菌病、支原体病、衣原体病、螺旋体病、放线菌病、立克次氏体病和霉菌病;寄生虫病包括原虫病、线虫病、吸虫病、绦虫病、丝虫病以及由一些昆虫引起的疾病等。按宿主可分为人畜共患病、猪疫病、反刍动物(牛、羊等)疫病、马属动物(马、骡、驴等)疫病、小动物(犬、猫、兔等)疫病、家禽(鸡、鸭、鹅等)疫病、野生动物疫病、水生动物疫病、实验动物疫病、蜜蜂疫病以及家蚕疫病等。按疫病的危害程度,我国将进境动物疫病分为一类和二类,《中华人民共和国动物防疫法》将动物疫病分为一类、二类、三类,OIE将陆生动物疫病分为A类和B类。按政府的管理要求分为法定(报告)疫病和非法定(报告)疫病。

4)病原

指引起动物特定疾病的生物因子,包括病原性微生物和寄生虫。微生物是指一类分布广、繁殖快、形体微小的单细胞或个体结构较为简单的多细胞甚至没有细胞结构的低等生物。微生物主要包括病毒、衣原体、支原体、立克次氏体、细菌、真菌、螺旋体及少数藻类等。寄生虫是指暂时或永久地寄生在宿主的体内或体表，以其作为居住条件，并从宿主取得其营养物质，给宿主造成一定程度的危害的动物。

5）动物疫病的危害

虽然不同的动物疫病危害程度不一样，但是每种动物疫病几乎同时从以下几个方面给社会带来危害。首先是动物本身的健康问题。动物疫病可以在动物（有的甚至在非同种动物）之间传播，引起动物本身的发病，导致不同程度的病理损伤，影响动物健康甚至直接导致动物死亡。其次影响畜牧业生产。动物疫病会影响动物的生产性能，使产量降低、产品品质下降，造成直接或间接的经济损失，一些烈性传染病甚至会给畜牧业带来毁灭性的打击。再次是公共卫生安全。动物疫病可以影响动物源性食品的卫生安全，比如毒素残留、兽药残留和传染因子等，而且人畜共患病可在人和动物之间相互传播，严重威胁人类健康。最后是阻碍国际贸易。WTO/SPS允许各成员采用或实施必需的措施来保护人类、动物或植物的生命或健康，因此，动物疫病特别是OIE规定的动物疫病严重影响动物及动物产品的出口，制约国家的畜牧业和经济发展。

6）传播与流行

传播是指动物疫病在动物个体之间的扩散，其实质是病原通过直接接触或通过媒介间接接触从一个动物个体侵入或传染到另一动物个体。流行是指在一定地域和一定时间内，动物疫病在易感动物群体中从个体感染发病到群体感染发病，即动物疫病在易感动物群体中的发生和蔓延。传播不一定造成动物疫病的流行，但动物疫病的流行一定以传播为前提。作为流行病学专有名词的“流行”是指在一定时间内，一定的畜群中某病的发生频率超过预期水平。其发病范围较广，发病率高，但与病例绝对数无关，仅表示疾病的发生呈现异常的高频率，表示为相对量。

5.1.2　检疫性动物疫病的种类

由于各国动物疫病防控水平不同，各国对检疫性动物疫病的要求也不一样，不过近年来大多数国家都遵循OIE的标准。目前我国尚未完全与国际接轨，进出境检疫性动物疫病与国内检疫性动物疫病的种类和名录有所不同，与OIE和其他国家的分类也有差异。

1）进出境检疫性动物疫病

世界上大多数国家一般遵循OIE的规定，但是我国目前进境检疫性动物疫病为《中华人民共和国进境动物一、二类传染病、寄生虫名录》中的对象，而出境检疫性动物疫病必须依照我国与进口国签订的动物检疫及动物卫生协定、议定书、协议及有关检疫要求而定，一般参考《动物防疫法》规定的一、二、三类动物疫病名录和OIE的《国际动物卫生法典》。

OIE法定（报告）疫病先前分为A、B两类，由OIE随《国际动物卫生法典》公布。A类动物疫病是指超越国界，具有非常快速的传播潜力，能引起严重社会经济或公共卫生后果，并对动物和动物产品的国际贸易具有重大影响的传染病；B类动物疫病是指在国内对社会经济或公共卫生具有影响，并对动物和动物产品国际贸易具有明显影响的传染病或寄生虫病。以前一般4年对《法典》修订一次，自1999年起，每年修订一次。2003年第12版分为《陆生动物卫生法典》和《水生动物卫生法典》。《陆生动物卫生法典》有A类病15种，B类病80种。B类中包括多种动物共患病11种，牛病15种，绵羊和山羊病11种，马病15种，禽病13种，猪病6种，兔病3种，蜂病5种，其他动物病1种，共计95种。《水生动物卫生法典》规定了35种病，其中鱼病16种，软体动物病11种，甲壳动物疾病8种。2007年的第16版《法典》所列的动物疫病种类有所变化，不再分为A、B两类，而是统称为OIE法定（报告）的动物疫病（OIE Listed diseases），共计117种。其中，多种动物共患病23种，牛病15种，绵羊和山羊病11种，马病13种，猪病7种，禽病14种，兔病2种，蜂病6种，鱼病10种，软体动物病7种，甲壳动物疾病7种，其他动物病2种（见附录第六部分）。

我国在《中华人民共和国进出境动植物检疫法》实施后，于1992年6月8日由农业部公布了《中华人民共和国进境动物一、二类传染病、寄生虫病名录》。如第二章所述，该名录共包括97种进境检疫性动物疫病，其中一类病15种，二类病82种（见附录）。

2）国内检疫性动物疫病

1999年2月12日农业部公布了《中华人民共和国一、二、三类动物疫病病种名录》，即我国法定一、二、三类动物疫病，共115种，其中一类13种，二类61种，三类41种。二类中多种动物共患病9种，牛病8种，绵羊和山羊病2种，猪病10种，马病5种，禽病14种，兔病4种，水生动物病3种，蜂病6种。三类中多种动物共患病6种，牛病5种，绵羊和山羊病8种，马病5种，猪病3种，禽病5种，水生动物病2种，其他动物疫病7种（见附录）。

一类动物疫病：是指对人和动物危害严重，需要采取紧急、严厉的强制性预防、控制和扑灭措施的疾病。一类动物疫病与OIE的A类疫病基本相同。

二类动物疫病：是指可造成重大经济损失，需要采取严格控制扑灭措施，防止扩散的疾病。

三类动物疫病：是指常见多发、可能造成重大经济损失，需要控制和净化的疾病。

小 结 动物疫病包括动物传染病和寄生虫病，由特定病原引起，具有一定的流行和传播方式，对动物和人类健康造成一定程度的危害。按疫病的危害程度，OIE将陆生动物疫病分为A类（15种）和B类（80种）；我国将进境动物检疫性疫病分为一类（15种）和二类（82种），《中华人民共和国动物防疫法》将国内检疫性动物疫病（即我国法定动物疫病）分为一类（13种）、二类（61种）、三类（41种），按政府的管理要求分为法定（报告）疫病和非法定（报告）疫病。

5.2 动物一类疫病

学习重点

- 了解我国进境动物一类疫病的种类和危害
- 掌握动物一类疫病的检疫重要性

5.2.1 口蹄疫

口蹄疫（Foot and Mouth Disease，FMD）是由口蹄疫病毒引起的主要侵害偶蹄动物的急性、热性、高度接触性传染病，以口腔黏膜、蹄部以及乳房皮肤发生水疱和溃烂为特征。

1）病原

口蹄疫病毒（FMDV）属于微核糖核酸病毒科口蹄疫病毒属。FMDV对外界环境的抵抗力较强，不耐高温和阳光直射，对酸碱敏感，对石炭酸、酒精、乙醚、氯仿等有机溶剂类消毒剂不敏感，低温有利于病毒保存。FMDV可感染多种动物，但以牛、猪、羊、骆驼、鹿、麝等偶蹄动物为主。豚鼠、小鼠、仓鼠、犬、猫、家禽等都可以人工感染，也可感染人。

2）分布与危害

口蹄疫在欧洲、非洲、南美洲和亚洲广泛分布，特别是亚洲、非洲和南美洲发展中国家和地区是重灾区，我国周边几乎形成了口蹄疫包围圈。目前北美洲和澳洲还没有口蹄疫的报道。我国曾遭受口蹄疫的危害，最近的一次发生是在1999年5月，海南、福建和西藏的个别地区受害，病毒型为O型。

口蹄疫的直接危害是造成动物的死亡和康复动物的生产能力和动物产品质量的降低。由于流行地区的易感动物及其产品被禁止销售，发病动物及其接触动物被强制扑杀，动物及动物产品出口受阻，以及疫情处理等间接损失也十分巨大,严重影响畜牧业的发展,甚至造成毁灭性打击。口蹄疫是一种人畜共患病,具有重要的公共卫生意义。

3)传播与流行

患病动物是主要的传染源。发病初期的动物是很重要的传染源,此时虽然排毒量少,但不易被发觉;发病后期动物的排毒量最大,传染性最强;恢复期排毒量逐渐减少;康复动物还可带毒,但带毒时间长短不一,一般2～3个月,牛最长可达2年。另外,一些牛、羊和野生偶蹄动物可以隐性带毒或持续性感染,也是非常重要的传染源。

该病的传播途径有直接接触传播和间接接触传播两种。在大放牧群和密集饲养群中,直接接触传播最为常见。在群与群之间、不同地域之间,间接接触传播是最主要的传播方式。患病动物的分泌物、排泄物、动物产品以及被污染的饲草饲料、水源、用具、车船、人流、飞鸟等都是重要的传播媒介;空气也是很重要的传播媒介。传播快和跳跃式传播是口蹄疫最大的特点。

本病流行异常迅速。没有严格的季节性,但由于气温、日光等对FMDV的生存有影响,所以冬、春、秋多发,夏季少发;在密集饲养条件下,以上季节性不明显。由于康复动物和免疫状态的影响,口蹄疫的流行呈现周期性的特点,在有口蹄疫的地区一般每隔1～2年或3～5年暴发流行一次。

4)临床症状与病理变化

各种动物症状不完全一致,共同点是患病动物的口腔、蹄部等处出现水疱或溃疡。

(1)牛　潜伏期2～5 d,体温40～41℃,反刍减少甚至停止,流涎,呈白色泡沫状,口腔黏膜发炎,唇内面、齿龈、舌、蹄部等出现蚕豆至核桃大水疱,偶尔也可见于鼻镜、乳房和阴部等。水疱破溃后,形成红色糜烂,若继发细菌感染形成溃疡,甚至蹄匣脱落。有的并发纤维素性坏死性口膜炎、咽炎和胃肠炎。有的鼻咽部出现水疱,引起呼吸困难和咳嗽。奶牛产奶量显著减少,甚至停止泌乳。成年牛一般呈良性经过,一周可愈,严重的2～3周。犊牛则水疱不明显,以出血性肠炎和心肌麻痹为主,死亡率很高。骆驼和鹿等野生动物的临床症状与牛相似。

(2)羊　潜伏期7 d左右,感染率较低,症状比牛稍轻,水疱多在齿龈、硬腭和舌面出现,重者跛行,羔羊多因出血性肠炎和心肌炎而死亡。

(3)猪　潜伏期1～2 d,病初体温40～41℃,以蹄部水疱为主要特征,集中在蹄冠、蹄叉和蹄踵处,多因细菌感染而脱蹄匣。吻突部出现大水疱,偶尔在乳房可见小水疱。哺乳仔猪多因急性胃肠炎和心肌炎而突然死亡,病死率高达60%～80%。

病理变化见于水疱部位形成烂斑和溃疡，有的覆盖黑棕色的痂块。真胃和小肠黏膜出血性炎症。心包膜出血，心肌松软，切面有灰白色或淡黄色斑点或条纹形成“虎斑心”，是最具诊断意义的病变。

5）诊断与检疫技术

根据特征性的临床症状，结合流行病学和病理变化不难作出初步的诊断。要进行毒型鉴定或与类似疫病特别是水疱性口炎、猪水疱性疹、猪水疱病等鉴别，必须依靠实验室诊断。

（1）病毒分离鉴定　取水疱皮和水疱液常规处理接种 BHK21、IBRS2 等细胞培养，以电子显微镜、血清学试验、分子生物学试验、动物回归试验等鉴定病毒。

（2）血清学试验　有病毒中和试验（VN）、酶联免疫吸附试验（ELISA）、补体结合试验（CF）、VIA 琼脂扩散试验、荧光抗体技术、正向间接血凝试验和反向间接血凝试验等。目前 OIE 推荐的在国际贸易中的诊断方法是 ELISA 和 VN，CF 作为替代方法。

分子生物学方法主要是 RT-PCR 技术，可直接检测病毒。

也可进行生物学试验，即采取水疱皮等病料常规处理后接种乳鼠或豚鼠，观察其症状和病变。但需要有可靠的防止病原扩散的试验条件。

5.2.2　非洲猪瘟

非洲猪瘟（ASF）是由非洲猪瘟病毒引起的急性、高传染性和高致死性疾病，曾被称为东非猪瘟和疣猪病。以高热、高死亡率、短病程、皮肤发绀和内脏器官广泛性出血为主要特征。

1）病原

非洲猪瘟病毒（ASFV）的分类几经变迁，国际病毒分类委员会（ICTV）在第七次报告中将其作为非洲猪瘟病毒科非洲猪瘟病毒属的唯一成员。ASFV 具有很强的生存能力，在冷冻肉中可存活数月，在分泌物、血液中的病毒可于 4℃保存 1.5 年左右，土壤中能存活 3 个月。对酸碱和干燥不敏感，对脂溶剂敏感。ASFV 唯一自然感染的家畜是猪，各种年龄和品种的家猪都有高度的易感性。野猪、豪猪、非洲疣猪和丛林猪也可感染；非洲和西班牙半岛的几种软蜱也是其储藏宿主。

2）分布与危害

非洲猪瘟几乎遍布非洲，尤以撒哈拉以南非洲中南部和部分东非国家最为严重，如塞内加尔、喀麦隆、安哥拉、布隆迪、刚果、卢旺达、扎伊尔、坦桑尼亚、乌干达、莫桑比克、肯尼亚、赞比亚等。西欧的法国、西班牙、马耳他、比利时、葡萄牙以及意大利的南部，拉美的巴西、古巴、海地和多米尼加等国家也有本病流行。目前我国尚无本病。

由于非洲猪瘟高度的传染性和病死率，一旦传入猪群致死率可达 100%，而且 ASFV 具有很强的抵抗力和多种储藏宿主及生物媒介，加之没有有效疫苗预防，对养猪业的危害和威胁异常严重。非洲猪瘟目前分布比较局限，但十分令人关注，是各国进出口重点检疫的动物疫病之一。即使发生一次局限性的疫情，也会对一个国家或地区的畜牧业和经济发展带来巨大的冲击。非洲猪瘟病毒不感染人，除了会影响人们对动物产品的消费外，无其他明显的公共卫生意义。

3)传播与流行

病猪和带毒猪是本病的主要传染源，其分泌物、排泄物、体液、胎儿以及各种组织器官都含有病毒。大多数康复猪是带毒者，它们和野生动物储藏宿主是长期的隐性传染源。ASFV 能在蜱和一些野猪中形成循环感染。

非洲猪瘟的主要传播途径有两条：一是接触或采食污染物而经口传染，二是通过蜱等昆虫吸血而传染。在 ASF 非疫区发生非洲猪瘟往往是由于猪接触了病猪或带毒猪的污染物、胎儿、粪便、组织、饲料以及飞机、船舶上的泔水、肉屑、昆虫，甚至是由于进口携带病毒的动物产品而引起的。在疫区内，主要是通过昆虫和直接接触感染。在非洲放牧猪群经常通过与野生动物接触而感染发病。

非洲猪瘟流行无季节性，也无猪的品种和年龄差异。在老疫区一般呈地方流行性；在新疫区多呈暴发性，病程很急，发病率和病死率都很高。

4)临床症状与病理变化

自然感染潜伏期一般为 4～9 d，长的可达 19 d；人工感染 2～5 d。临床上可分为急性、亚急性、慢性或隐性，其症状很难与经典猪瘟相区别。在流行初期和新疫区多为急性，病猪表现沉郁、食欲废绝，体温高达 40～42℃，一般持续 4 d 后逐渐降低，白细胞减少，耳、鼻、四肢和腹部点状出血或发绀，有的出现咳嗽、呼吸困难、后躯麻痹、呕吐、腹泻等症状，死亡率 80%～100%。亚急性病例主要表现为呼吸道症状、怀孕母猪流产和低死亡率为特征，康复猪增多，但多带毒而成为传染源。慢性和隐性病例多为急性感染的幸存者，主要表现为肺炎、心包炎和关节炎，发育迟缓，逐渐消瘦，大多成为僵猪。

剖检病变与猪瘟相似。急性病例以皮肤和内脏器官广泛性出血为特征，在心、肺、淋巴结、肾皮质、膀胱黏膜等都可见出血点，脾脏肿大，呈黑色，但是少见梗死。显微病变是淋巴组织变性显著，星形细胞坏死较常见；亚急性病例比较轻微，主要是脾和淋巴结肿大，肺充血肿大，心包积水，胸腹腔有浆液性出血性渗出物。特征性的组织学变化是网状内皮细胞增生;慢性病例更加轻微,常见纤维素性心包炎和胸膜炎,有的见肺干酪样坏疽和钙化。组织学变化有淋巴细胞和单核细胞浸润,肺小叶间质增宽。

5)诊断与检疫技术

根据临床症状、流行病学和病理变化可以缩小诊断、检疫的范围,但很难与其他出血性疾病相区别,特别是在非洲猪瘟与古典猪瘟并存的国家和地区。

(1)病毒分离鉴定　用 Vero、BHK21、PK15 等细胞系培养,常规病毒学方法鉴定。这项工作应在指定的具有一定生物安全级别的实验室进行,特别是对没有该病的国家显得更为重要。

(2)血清学试验　有免疫荧光抗体试验(IFA)、酶联免疫吸附试验(ELISA)、琼脂免疫扩散试验(AGP)、免疫印迹(IB)等。目前 OIE 指定的方法是 ELISA,替代方法是 IFA。

(3)PCR 技术检测　PCR 技术检测 ASFV 的基因组,方便快速、灵敏、特异,特别适合不能进行病毒分离和血清学检测的实验室应用。

此外,还可以用红细胞吸附试验和猪体接种试验,对于后一种方法务必要防止散毒。

5.2.3　猪水疱病

猪水疱病(SVD)是由猪水疱病病毒引起猪的一种传播迅速、流行性强、发病率高的急性接触性传染病。以蹄、口、鼻镜和乳头周围皮肤出现水疱为特征。

1)病原

猪水疱病病毒(SVDV)属于小核糖核酸病毒科肠道病毒属,单股正链 RNA 病毒。SVDV 对环境和消毒药物有较强的抵抗力。在猪圈内可存活 8 周以上,50℃ 30 min 以及感染肉腌制后 3 个月仍不失感染力,在猪肉等组织 −20℃冷冻保存近 1 年,感染性不受影响。对强碱、氧化剂、紫外线等敏感,对酸和乙醚等脂溶剂不敏感。在自然流行中,SVDV 一般只感染猪,也可以短期感染牛、羊,而且可从绵羊咽、奶、粪中分离出病毒,但这些动物不发病。

2)分布与危害

本病主要分布于欧洲,如英国、奥地利、法国、波兰、比利时、德国、瑞士、匈牙利、罗马尼亚、马耳他、保加利亚和前苏联等,日本和我国香港也曾发生过该病。我国已多年没有本病的报道。

本病感染初生仔猪引起死亡,成年猪感染一般不致死,除非有其他并发或继发感染。本病对猪的危害主要是健康损害和生产性能的影响。但是由于该病传播能力强、发病率很高，而且与其他几种类症疾病难以区别，对养猪业的危害很大。一旦发生，对进出口贸易影响也非常严重。

SVDV 与苛萨奇 B5 病毒关系密切，SVDV 感染猪后可以产生高效价的抗体；实验人员和饲养员可因感染 SVDV 而得病，其症状与苛萨奇 B5 病毒感染相似，而且可从人体内检测到高水平的抗 SVDV 抗体，这种抗体与抗苛萨奇 B5 病毒的抗体有交叉反应性。SVDV 具有在人与猪之间传播的可能性，而且有报道 SVDV 感染的人、猪、小鼠都可产生不同程度的神经系统损害，因此，该病具有比较重要的公共卫生意义。

3）传播与流行

处于感染潜伏期的猪、病猪和康复带毒猪是本病的主要传染源，它们可通过粪、尿、乳水疱液等排出病毒。病猪虽然康复较快，但能带毒一段时间。

本病主要经消化道传播，也可以经呼吸道和体表伤口感染。易感猪可通过吞饮含有病毒的泔水、饲料、水源、屠宰废水与下脚料等感染，也可通过生猪交易、运输工具、垫草、运动场、猪舍用具以及人员感染。

猪是唯一自然宿主，不分年龄、性别和品种都可感染发病，除新生仔猪外，若无其他感染，死亡率很低；本病无严格的季节性，一年四季均可发生。流行与环境条件和饲养方式有密切关系，潮湿、气温骤变、高密度饲养、频繁调运等会引起高发病率；分散饲养条件下很少有流行。本病传播不如口蹄疫快，流行较缓慢。

4）临床症状与病理变化

潜伏期一般 2～5 d，长的可达 7～8 d。根据临床表现可以分为典型型、温和型和隐性型。典型型症状表现明显，体温升高到 40～42℃，食欲、精神不振，早期在蹄冠和蹄踵的皮肤与角质结合处皮肤肿胀苍白，继而出现充满液体的水疱，数天后破裂形成溃疡，重者蹄冠脱落，跛行或爬行，有的猪可能出现冲撞、转圈、擦鼻、啃咬用具、强直痉挛等神经症状。水疱也可出现于鼻端、舌面、口唇和母猪的乳头上。温和型出现水疱的比例低，传播缓慢，症状轻微，不易察觉。隐性型不表现临床症状，产生高滴度抗体，常常向外排毒。

特征性病理变化主要是在蹄部、鼻端、舌面、口唇和乳房出现水疱，破裂后形成溃疡。个别猪的心内膜出现条状出血斑，其他脏器无明显病变。组织学变化主要表现为非化脓性脑膜炎和脑脊髓炎变化，脑膜淋巴细胞、网状内皮细胞浸润形成血管套，脑灰质和白质出现软化病灶。

5）诊断与检疫技术

根据特征性的临床症状，结合流行病学和病理变化可以将诊断范围缩小至几种水疱性疾病。口蹄疫除猪外，还能引起牛、羊、骆驼等偶蹄动物发病；水疱性口炎除牛、羊、猪外，尚能传染马；猪水疱病只感染猪。在早期临床诊断和检疫时要仔细检查猪群是否出现跛行。要进行最后确诊，必须依靠实验室工作。

(1)病毒分离鉴定　采集发病初期的水疱皮和水疱液或病死猪的心肌、扁桃体、脑干等常规处理后，接种 IBRS2、PK15 等细胞培养，以电子显微镜、血清学试验、分子生物学试验、动物回归试验等鉴定。

(2)血清学试验　有病毒中和试验、ELISA、补体结合试验、免疫扩散试验、荧光抗体技术、反向间接血凝试验等。目前 OIE 指定的标准方法是病毒中和试验，ELISA 作为替代方法。

生物学试验对于区别猪水疱病和口蹄疫很有意义。将病料常规处理后同时接种 1～2 d乳小鼠和 7～9 d乳小鼠，若两组小鼠都死亡则是口蹄疫，若只是前者死亡而后者不死则是猪水疱病。病料经 pH3～5 的缓冲液处理后，使接种的 1～2 d乳小鼠死亡者是猪水疱病，不死者则是口蹄疫。注意严格防止病原扩散。

此外，也可采用 RT-PCR 等分子生物学方法检测病毒。

5.2.4 猪瘟

猪瘟(Classical Swine Fever，CSF)是由猪瘟病毒引起的一种急性、热性、高度接触性和高度致死性传染病。以高热稽留和广泛性出血、梗死、坏死等为特征。又被称为古典猪瘟或烂肠瘟。

1)病原

猪瘟病毒(CSFV)是黄病毒科瘟病毒属的一个成员。CSFV 对环境的抵抗力不强，但与介质有关，60℃ 10 min 可使病毒细胞培养液灭活，而 68℃ 30 min 尚不能灭活脱纤血中的病毒，含毒的猪肉和猪肉制品几个月后仍有传染性。CSFV 对酸、碱、脂溶剂、去污剂和常用消毒剂敏感可很快使病毒失活。CSFV 主要感染猪(包括野猪)，并且只对猪有致病性，能一过性感染牛、羊、兔、豚鼠和小鼠等，并产生抗体，但不致病，也不能同居感染易感猪。

2)分布与危害

猪瘟呈世界性分布，在各个养猪国家和地区都有不同程度的流行。由于采取了严格的扑灭措施，澳大利亚、比利时、加拿大、法国、英国、冰岛、新西兰、葡萄牙、西班牙、瑞典、美国等宣布消灭了猪瘟，另有一些国家得到有效控制，但 20 世纪 80 年代以后在世界范围内有所抬头。近年来主要分布于南美洲、亚洲、欧洲以及少数非洲国家。

我国在 20 世纪 50 年代中期以前，CSF 流行非常普遍和严重，采取弱毒疫苗大面积免疫后，得到了有效控制。但随着我国规模化养猪业的发展，猪瘟有所抬头，近年来仍是危害严重的猪病之一，在各地时有发生，呈散发和非典型性。

猪瘟是猪最主要的烈性传染病，发病率和死亡率都很高，对畜牧业和经济发展的危害十分巨大。对于没有免疫或免疫不确实的猪群和农村散养猪往往都是致死性的结果，给养殖户以毁灭性打击。猪瘟是国际上重要的检疫对象，发生疫情将严重影响一个国家或地区猪肉制品的出口，经济损失惨重。本病没有明显的公共卫生学意义。

3)传播与流行

患病猪和感染猪是该病最重要的传染源，感染猪在发病前就可经口、鼻、粪、尿、泪腺分泌物大量排毒直至死亡或康复，并产生特异性抗体；慢性感染猪可以持续排毒或间歇排毒。

直接接触传播是本病的主要传播方式，也可通过污染的肉制品、饲料、垫草、运输工具、兽医器械、药品、用具以及饲养员、阉割员、受精员、防疫员等媒介传播，可通过口腔、鼻腔、眼结膜、生殖道黏膜和皮肤外伤等多种门户感染。猪瘟还有一个显著特点是可以通过子宫进行垂直传播。

本病在自然条件下仅使猪发病，无明显的品种、年龄和性别差异，一年四季都可发生。该病可通过贸易进行远距离传播，规模化猪场引进感染带毒猪往往是暴发猪瘟的原因。

4)临床症状与病理变化

自然感染潜伏期一般 5～7 d，短的 2 d，长的 21 d。根据临床表现分为典型和非典型(温和型)两大类。

(1)典型猪瘟　体温升高至 41℃左右，长时间稽留，畏寒弓背，食欲减退，饮欲增加，眼结膜潮红，眼、鼻常有黏液性或脓性分泌物，呼吸、吞咽困难。一般初期便秘，粪球带有黏液、脓血或假膜碎片，后期腹泻，粪便恶臭。腹下、四肢、颈部、鼻端、耳根等处皮肤出血或充血，形成出血斑或紫绀。公猪包皮内积尿，挤压流出浑浊恶臭液体。常见磨牙、麻痹、惊厥、肌肉僵直、四肢划动等神经症状。最急性的可突然死亡，见不到明显症状，或者症状尚未完全表现，即在 1～2 d 内因心力衰竭、气喘和抽搐而死。典型猪瘟的病程短，死亡率很高。近来这种病例越来越少，往往只能在未免疫猪群或一些农村散养猪群内发生。

病理变化主要是以出血性素质为特征的败血症变化。皮肤、浆膜、黏膜和内脏器官不同程度出血，以淋巴结、肾脏、膀胱、喉头、会厌软骨、胆囊、胃和肠系膜最为常见。淋巴结肿大，呈紫褐色，切面大理石样；脾脏一般不肿大，边缘有出血性梗死灶；盲肠，特别是回盲瓣处出现纽扣状溃疡。最急性型因死亡太早，多无特征性病变，一般仅见浆膜、黏膜和内脏有少量出血点。

（2）非典型或温和型猪瘟　症状缓和，不表现特征性症状。体温不规则交替上升（有的仅表现无名高热），消瘦，贫血，结膜发炎、全身衰弱，运动失调，便秘和腹泻交替出现，皮肤出现紫斑、疹块或坏死痂皮，有的关节肿大，病程长，病死率低，不死者常成为僵猪。另外，持续感染的母猪出现流产、早产，产死胎、木乃伊胎、弱仔等繁殖障碍特征。

病理变化主要是淋巴结和部分内脏有少量出血点，出现坏死性肠炎和肺炎，纤维素渗出，胸肺粘连；死产胎儿发育不全，畸形，皮下水肿，胸腹腔积水。

5）诊断与检疫技术

根据特征性的症状、病理变化，结合流行病学和抗生素治疗结果，不难对典型猪瘟作出诊断，但对非典型猪瘟则必须依靠实验室方法确诊。

（1）病毒分离鉴定　采集淋巴结、扁桃体、脾等病料常规处理后接种 PK15 等细胞培养进行病毒分离鉴定。常用的病原学诊断方法有免疫荧光试验、免疫组化染色和新城疫病毒强化试验。

（2）血清学技术　有荧光抗体病毒中和试验（FAVN）、ELISA、过氧化物酶中和试验（NPLA）、病毒中和试验（VN）、琼脂免疫扩散试验、间接血凝试验等。其中前 3 种为 OIE 指定的标准方法，VN 为替代方法。

生物学试验包括本动物（SPF 猪）接种试验和兔体交互试验，该法特异性强，结果可靠，但很费时。

5.2.5　牛瘟

牛瘟（Rinderpest，RP）是由牛瘟病毒引起牛的一种急性、烈性、败血性、高度接触性传染病，又被称为东方牛疫（Oriental cattle plague）或“烂肠瘟”“胆胀瘟”“百叶干”等俗名。本病以黏膜特别是消化道黏膜变性坏死、出血性素质、病程短、死亡率高为主要特征。

1）病原

牛瘟病毒（RPV）是副黏病毒科麻疹病毒属的成员，单股负链 RNA 病毒。RPV 比较脆弱，高温、干燥、日光（紫外线）、超声波、冻融、冻干等很容易使其失去活力，但是病毒在肉内可存活 3～5 d，最长可达 12 d，在风干的骨骼中可存活 30 d 以上。阴暗潮湿环境有利于病毒生存。对酸碱、脂溶剂、去污剂、氧化剂和普通消毒药都很敏感。RPV 主要感染牛，不同品种的牛易感性有差异，牦牛、奶牛易感性最高，其次是犏牛、水牛、黄牛；山羊、绵羊、猪较易感，但病死率不高；骆驼、鹿和其他野生反刍动物也能感染，但不表现症状，多呈隐性经过。

2)分布与危害

牛瘟曾经广泛流行于欧洲、非洲、亚洲,但澳洲和美洲从未有过大面积流行。由于采取严厉的防治措施,欧洲、美洲已经消灭了该病,但是在赤道非洲、东北非洲的许多国家以及亚洲的阿富汗、巴基斯坦、印度、斯里兰卡、阿拉伯半岛及其附近等地至今仍有流行。

新中国诞生前,牛瘟几乎遍及全国,流行十分猖獗。新中国成立后,由于政府加强了防治力度,研制出弱毒疫苗,加强免疫接种,于1956年在全国范围内消灭了牛瘟,迄今再未发生。

牛瘟是一种古老的传染病,曾经给世界养牛业造成过毁灭性的打击。新中国成立前,每3～5年大流行一次,给我国造成的经济损失非常巨大。目前该病在少数国家仍有发生,对世界各国威胁很大,特别是南亚次大陆和西边的阿富汗对我国威胁异常严重,值得高度警惕。由于所有分泌物都携带病毒,OIE禁止无牛瘟国家从疫区国家直接、间接进口或过境运输猪、家养和野生反刍动物及其产品,包括精液、胚胎、病理材料、生物制品等。

本病没有明确的公共卫生学意义。

3)传播与流行

病牛和带毒牛是主要的传染源,病牛能通过其分泌物和排泄物排出大量的病毒。亚临床感染的羊、猪及野生动物也能将病毒传染给牛。

主要的传播途径是直接接触,通过消化道、呼吸道、眼结膜、子宫而感染,也可经过污染物等非生物媒介传播,还可通过吸血昆虫进行机械传播。

本病发病率和死亡率都很高;不同品种间有所差异,性别、年龄差异不明显;流行有明显的周期性和季节性,多发于冬季至次年4月份左右;流行期间疫情可随交通运输线路蔓延;耐过病牛可获得坚强免疫力。

4)临床症状与病理变化

潜伏期3～9 d,最长可达2周左右。新发疫区的病例多表现出典型症状,老疫区的病例多表现为非典型性。

典型病例在发病初期体温升高到40℃以上,稽留3～5 d,体表温度不均。病畜呻吟,呼吸40～60次/min,肺泡音、湿啰音或干啰音明显。食欲不振,饮欲增加,反刍停止。结膜潮红,眼睑肿胀,有浆液性、黏液性或脓性分泌物。鼻黏膜充血,鼻镜干燥、龟裂、结痂、糜烂,鼻液由无色黏液渐变为不洁的灰色或棕色脓样物,且恶臭。唾液增加并夹杂气泡,偶尔有血丝。口腔黏膜充血,齿龈表面出现灰色或灰白色小点,起初坚硬后渐软,呈小水泡状,破溃后糜烂,形成地图样烂斑或深层溃疡。早期便秘,后期水样腹泻,混有黏液、血液,异常恶臭,尿少色黄。

母牛阴道黏膜充血，可流黏液性或脓性分泌物；乳房松软，奶稀如水、奶量减少或泌乳停止；孕畜常流产。

非典型病例临床症状不典型，有的体温始终不高，口腔无糜烂，不腹泻，但有牛瘟的其他特征；个别呈隐性经过。

山羊、绵羊、骆驼发病后，症状较轻，与牛相似，但死亡率低。猪大多呈隐性经过。

剖检病变主要见大部分器官和组织呈严重的点状出血、出血性浸润、体腔内出血和黏膜浅层发生坏死。特征性病理损害在消化道，整个消化道的黏膜发炎和坏死，特别是口腔、皱胃和大肠黏膜损害最显著，常形成纤维素性坏死性假膜和出血性烂斑。咽、食道、呼吸道、阴道黏膜也可出现类似口腔黏膜上的红斑、溃疡；皱胃黏膜布满暗红色斑点、条纹、溃疡，黏膜下层广泛水肿，黏膜增厚，切面呈胶冻样外观；瘤胃和瓣胃黏膜上也有出血和烂斑；肠黏膜潮红，时有点状或条状出血，回盲瓣肿胀、弥漫性出血，盲肠腔内含暗红色的血液和血块，黏膜呈斑马状条纹。胆囊肿胀、充盈。

5）诊断与检疫技术

根据流行特点、临诊症状、病理变化可以作出有价值的诊断，但确诊尚需进行实验室检查。要注意与FMD、BVD-BD、蓝舌病、牛出败和恶性卡他热等进行鉴别诊断。

（1）病毒分离鉴定　取病死动物的脾、淋巴结或发病初期的抗凝血、分泌物等常规处理后接种牛肾细胞，对分离物进行系统的病毒学鉴定。

（2）血清学试验　病毒中和试验（VN）、ELISA、琼脂扩散试验、反向对流免疫电泳试验、补体结合试验、荧光抗体试验等。OIE的指定方法是ELISA，替代方法是VN。

（3）生物学方法　本动物接种试验、牛瘟兔化弱毒交互免疫试验、兔体中和试验。

可采用RT-PCR技术检测病毒，能有效区别牛瘟与小反刍兽疫。

5.2.6　小反刍兽疫

小反刍兽疫（Peste des Petits Ruminants，PPR）是由小反刍兽疫病毒引起小反刍动物的一种急性接触性传染病。由于临床表现与牛瘟相似，也被称为“伪牛瘟”，也曾被称为“羊瘟”。以高热稽留、口腔糜烂、眼鼻分泌物增多、腹泻为特征。

1）病原

小反刍兽疫病毒（PPRV）属于副黏病毒科麻疹病毒属，单股负链RNA病毒。PPRV 对外界环境抵抗力很弱，病毒悬液在 37℃的半衰期为 2 h，4℃12 h、50℃ 30 min 即可被灭活。对酸、碱、日光、乙醚、氯仿等敏感。PPRV 的自然感染对象主要是山羊、绵羊、羚羊、白尾鹿等小反刍动物，牛、猪也可以感染，但通常为亚临床经过。

2)分布与危害

本病以前主要分布在非洲、中东和阿拉伯半岛等地区，如塞内加尔、加纳、多哥、贝宁、约旦、以色列、黎巴嫩、印度等国家，近来我国周边的老挝、孟加拉国、印度、尼泊尔、俄罗斯、巴基斯坦、缅甸等国家都曾大规模暴发小反刍兽疫疫情。迄今为止，我国尚未发现该病的存在。

该病在易感动物群中发病率可达 100%，严重暴发时致死率高达 100%，中度暴发可达 50%，而且一些动物隐性带毒，危害和威胁相当严重。PPR 也是 OIE 规定的重大传染病之一，发生疫情后，相关国际贸易将严重受阻。尚未发现该病有明显的公共卫生意义。

3)传播与流行

主要的传染源是患病动物和隐性感染动物，亚临床感染状态的羊是最危险的传染源。其各种组织、分泌物、排泄物及飞沫都含有足够感染量的病毒。

主要的传播途径是通过直接接触，经口、鼻而进入动物体内，也可以通过污染物等媒介而间接传播。

本病一年四季都可发生，但通常以雨季和寒冷季节为主。有一定的品种和年龄差异，一般小型品种及 5～8 月龄山羊最易感，山羊发病表现严重，幼年动物发病率和死亡率都高。该病呈现地方流行性，在暴发流行之后，往往有 5～6 年缓和期。在老疫区常常零星散发，只有在易感动物增加时才可能流行开来。

4)临床症状与病理变化

潜伏期一般为 2～6 d，长者达 21 d。临床上表现起病急促，高热 41℃以上，稽留 3～5 d，精神沉郁，厌食，鼻镜干燥，流浆液性或脓性鼻汁，呼出恶臭气体。口腔黏膜、齿龈充血、溃疡、坏死，重者坏死灶扩散至腭、颊、舌及乳头等处，大量流涎。有的咳嗽，呼吸困难呈腹式呼吸，后期血样水泻，严重脱水。母畜常发生外阴和阴道炎，流黏液性、脓性分泌物，有的流产。有些动物急性感染之后，转为亚急性或慢性，其口鼻周围和下颌部出现特有的结节和脓疱。

剖检病变与牛瘟相似。在口腔黏膜多处出现烂斑，咽喉、食道条状糜烂；真胃常有糜烂病灶，其他三胃很少出现病变；肠道糜烂或出血，特别是直肠和结肠有特征性的线状出血或斑马样条纹；淋巴结肿大，脾轻度肿大、坏死，有的可见肺炎灶或支气管肺炎灶。

5)诊断与检疫技术

根据流行病学、临床症状和病理变化可以作出初步诊断,但确诊须依靠实验室工作。

(1)病毒分离鉴定　取急性期血液、眼鼻分泌物、颊部和直肠黏膜,以及淋巴结、脾脏等,常规处理后接种 Vero 等细胞分离病毒,并进行鉴定。

(2)血清学试验　有病毒中和试验(VN)、ELISA、琼脂扩散试验、荧光抗体试验、对流免疫电泳试验、补体结合试验等。OIE 的指定方法是 VN,替代方法是 ELISA。

可采用 RT-PCR 直接检测病毒。

5.2.7　蓝舌病

蓝舌病(Bluetongue,BT)是由蓝舌病病毒引起反刍动物的一种急性、非接触性传染病。以高热,口腔、鼻腔、胃肠道黏膜水肿、溃疡性炎症以及舌、齿龈充血、瘀血呈青紫色等为主要特征。

1)病原

蓝舌病病毒(BTV)是呼肠孤病毒科环状病毒属的成员,双股 RNA 病毒,核酸分 10 个节段。BTV 的抵抗力很强。耐干燥和腐败,耐热,血液中的病毒经 60℃30min 不能完全灭活;在 50%甘油中于室温下可存活多年;对乙醚、氯仿、脱氧胆酸钠稳定,对酸、福尔马林、氢氧化钠、胰蛋白酶等敏感。BTV 的感染对象几乎涉及所有的反刍动物,包括家养和野生反刍动物,但是以绵羊最易感,牛和山羊的易感性较低,野生反刍动物中以鹿最易感,其次是羚羊。易感性低的动物可以长期带毒,成为主要的储藏宿主。

2)分布与危害

该病在五大洲的一些国家都有发生,如埃及、肯尼亚、南非、西非、塞浦路斯、巴勒斯坦、伊拉克、土耳其、叙利亚、以色列、美国、摩洛哥、葡萄牙、西班牙、巴基斯坦、印度、澳大利亚等,以撒哈拉以南非洲、中东和南亚最为严重。

本病可导致羊群,特别是羔羊群全部死亡;严重影响肉品和羊毛的品质和产量;胎盘感染后引起流产、死胎和胎儿先天异常;羔羊发病后长期发育不良。蓝舌病严重影响畜牧业发展,造成巨大经济损失,会大大制约相关国际贸易,是 OIE 规定的重点检疫对象之一。BTV 不感染人,无明显的公共卫生学意义。

3)传播与流行

患病动物、病毒携带者(包括储藏宿主)都是重要的传染源,其各器官、血液、分泌物、精液、排泄物等都含有病毒,康复动物还可带毒长达 4～5 个月。

该病的传播途径主要是通过生物媒介的间接接触传播，媒介主要是库蠓，羊虱、蝇、蚊、虻、蜱等，其他昆虫也可传播；还可通过胎盘垂直传播。

本病的流行与地理、气候等因素有直接关系，具有明显的地区性和季节性。池塘、河流多、地势低洼地区多发。晚春、夏季和早秋多发。总体来说，热带比亚热带多发，亚热带又比温带多发。发病与品种、年龄也有一定关系。青年羊敏感性最高，哺乳羔羊敏感性低；土种羊和杂交羊比纯种羊抵抗力强。

4)临床症状与病理变化

临床上绵羊发病急，症状重。潜伏期 3～10 d。病初体温高达 41℃左右，稽留 2～5 d。随后厌食、委顿、流涎、上唇水肿，并蔓延至面部、耳根、颈部。口腔黏膜、舌、齿龈、颊充血呈蓝紫色，随之黏膜上皮坏死、溃疡，口腔恶臭，出现吞咽困难。鼻有黏液脓性分泌物，干后结痂，引发呼吸困难和鼾声。病羊因蹄冠、蹄叶发炎跛行或卧地不起。消瘦、衰弱，有的便秘或腹泻，时有血便。有的孕羊流产、死产等。被毛易折和脱落，脱毛处皮肤有针尖大出血点。

山羊的症状与绵羊相似，但要轻微一些。牛一般不出现症状，约有 5%的感染牛出现很轻微的症状。

剖检病变主要在口腔、瘤胃、心、肌肉、皮肤和蹄部。黏膜糜烂，表皮脱落形成溃疡，坏死；心外膜出血；蹄冠处皮肤形成线状充血带；肌肉纤维变性；皮下组织充血和胶冻样浸润，毛囊周围出血。此外，脾脏、肾脏、淋巴结充血肿大，呼吸道黏膜有出血点。

5)诊断与检疫技术

根据流行病学、临床症状和病理变化特点可以作出初步诊断，但确诊须依靠实验室诊断。

(1)病毒分离鉴定　最好取高热期的血液常规处理后接种 Vero、BHK21 等细胞或鸡胚、哺乳小鼠分离病毒，也可取病死动物肝、脾、淋巴结、骨髓等作为分毒病料。分离的病毒应作血清型鉴定。

(2)血清学试验　琼脂扩散试验(AGP)、ELISA、病毒中和试验(VN)、荧光抗体试验(IFA)、补体结合试验(CF)等，其中 AGP、CF、IFA 具有群特异性，VN 具有型特异性。AGP、ELISA 是 OIE 指定的标准方法，VN 是替代方法。

基于 DNA 探针的分子杂交技术和 RT-PCR 技术可用于检测病毒。可用病料同时接种免疫绵羊和易感绵羊进行生物学试验。

5.2.8　痒病

痒病(Scrapie)是由一种朊病毒(即羊痒病因子)引起绵羊和山羊的慢性进

行性、致死性的传染性神经系统疾病，其俗称为“驴跑病”“瘙痒病”“震颤病”或“摇摆病”。以潜伏期长、剧痒、中枢神经系统变性、共济失调及高死亡率为特征。

1)病原

朊病毒(Prion)属于亚病毒因子，没有核酸，而是一种特殊的蛋白颗粒。朊病毒蛋白有 PrP^{c}、PrP^{sc} 等形式存在。PrP^{sc} 对外界抵抗力很强，对热、辐射、酸碱、福尔马林和常规消毒剂等有耐受性。脑组织中的病原能耐 100℃ 高温，在 pH2.4～10.5 的溶液中稳定，0.25%～20%福尔马林中能存活 3 个月，胃蛋白酶、胰蛋白酶消化和紫外线照射不能完全灭活。但是对丙酮、氯仿、石炭酸、乙醚、次氯酸钠和高碘酸钠敏感。羊痒病病原主要的感染对象是绵羊和山羊，也可能感染人，病羊肉骨粉饲喂牛、水貂可引起传染性海绵状脑病，实验接种小鼠、大鼠、猴子都能引起本病。就 PrP^{sc} 而言，它可引起人、羊、牛、水貂、鹿等多种的传染性海绵状脑病。

2)分布与危害

本病最早发生于 18 世纪的英国，之后比利时、西班牙、南非、冰岛、澳大利亚、新西兰、加拿大、美国、印度、法国、德国等有发生。

本病潜伏期长，病程缓慢，但最终死亡。由于缺乏有效的免疫预防和血清学诊断手段，不仅限制了国际贸易，对该病的控制和扑灭带来了异常的难度，对养羊业造成的经济损失巨大，对整个畜牧业的威胁也异常严重。

痒病与人的库鲁病、克雅氏病等呈现几乎一致的症状和病变，而且曾经有研究绵羊神经系统疾病的发生相类似痒病的疾病，将病人的脑组织接种绵羊，导致绵羊出现与痒病无法区别的病例。因此，该病在公共卫生学上具有十分重要的意义。

3)传播与流行

传染源主要是病羊和带毒羊，其脑组织、脊髓、骨髓、脾、淋巴结等多种组织都含有病原。

传播途径目前还不完全清楚，认为主要是直接或间接接触传播；现已确定可以通过胎盘垂直传播，患病母羊和公羊的后代，其发病率较高。

不同品种、性别的羊均可感染，但以绵羊最易感，纯种羊比杂种羊易感；2～4 岁最易感。本病传播缓慢，一般呈散发，但易感羊群感染后，极难清除。发病率 4%～30%，致死率 100%，无季节性。

4)临床症状与病理变化

自然感染的潜伏期一般为 1～5 年，人工感染 0.5～1 年，1 岁以下羊很少有临床表现。主要症状是瘙痒和共济失调。病初病羊不安，兴奋，感觉过敏，有癫痫症状；以后表现后肢软弱，伸颈抬头，不能跳跃，关节屈曲，跑步时呈“驴跑”或

"雄鸡步"姿势,容易跌倒;后期逐渐消瘦虚弱,后躯麻痹,卧地不起。在出现神经症状的同时,病羊表现奇痒。如啃咬尾根、臀部、前肢,靠着圈舍、树干等用力摩擦发痒部位,从而引起皮肤脱毛、发炎、溃烂和结痂。病羊体温不高,食欲正常,最后衰竭而死。母羊可能流产。

除尸体消瘦、脱毛和皮肤外伤以外,各内脏器官不见明显的病理变化。

组织学变化的特点是脑干和脊髓的神经元出现大量的空泡变性与皱缩,星状胶质细胞异常增生、肿胀,可见灰质神经纤维网海绵样变性。

5)诊断与检疫技术

根据流行病学、临床症状和组织病理学变化,不难作出初步诊断。在新发疫区和动物群,必须进行实验室确诊。

(1)生物学试验　常用小鼠、仓鼠等实验动物脑内接种病料,并取脑进行组织病理学检查。

(2)痒病相关纤维(SAF)检查　脑和脊髓匀浆抽提物蛋白酶 K 消化后作电镜检查。

OIE 尚无推荐的方法。

5.2.9 牛海绵状脑病

牛海绵状脑病(Bovine Spongiform Encephalopathy,BSE)亦即疯牛病(Mad cow disease),是由痒病相关因子引起牛的一种致死性传染病。以潜伏期长,发病突然,病程缓慢且呈进行性,精神状态失常,共济失调,后肢瘫痪,感觉过敏,脑灰质海绵状水肿和神经元细胞空泡化为特征。病牛最终死亡。

1)病原

本病的病原是与绵羊痒病病毒相类似的一种朊病毒(Prion),是因"痒病相似病原"跨越了种属屏障引起牛感染所致。朊病毒抵抗力很强,对热、紫外线、福尔马林等各种理化因素有极强的抵抗力。病畜脑组织匀浆经 134～138℃ 高温 1 h,对实验动物仍有感染力。患病动物的尸体经过 100℃ 以上的干热处理,不能完全灭活该病的致病因子。对乙醚、丙酮、环氧乙烷中度敏感,对高压蒸汽(121℃ 60 min)、高锰酸钾溶液、氢氧化钠溶液敏感。本病自然感染、实验感染的宿主范围都较广。主要发生于牛,以 3 岁以上的成年牛多发,奶牛比肉牛易感。绵羊、山羊、水貂、鹿等都能感染发病。实验可感染大鼠、小鼠、猪。BSE 可传至猫和多种野生动物,也可传染给人。

2)分布与危害

本病于 1985 年首次发现于苏格兰,以后爱尔兰、瑞士、葡萄牙、法国、德国、瑞典、丹麦、意大利、阿曼、加拿大等国家也有发生，日本、美国于 2004 年报道出现病例。英国 BSE 的流行最为严重，是因牛吃了污染绵羊痒病或牛海绵状脑病的骨肉粉而发病的。我国尚未发现疯牛病，但不能排除有从境外传入的可能，为此，要加强口岸检疫和邮检工作，严禁携带和邮寄牛肉及其产品入境。还应建立疯牛病监测体系，对疯牛病采取强制性检疫和报告制度。

由于本病感染宿主范围广，发病缓慢，最终归于死亡，给许多国家奶牛业和畜牧业造成了严重的经济损失，同时本病还可能危害到人类健康，具有十分重要的公共卫生意义，因此受到世界各国的高度关注，世界动物卫生组织(OIE)将其规定为 A 类疫病。

3)传播与流行

病牛、带毒牛以及患痒病的绵羊是本病的传染源。朊病毒在病牛体内局限于脑、脊髓和视网膜。动物主要是由于摄入痒病病羊或疯牛病病牛尸体加工成的骨肉粉经消化道感染的。本病既可水平传播，又可垂直传播。

本病多呈地方性散发，无明显季节性。其发生与牛的品种、性别、繁殖周期及饲养管理等因素无关。

4)临床症状和病理变化

潜伏期平均约为 5 年，发病牛龄为 3～10 岁，但多集中于 4～6 岁青壮年牛，2 岁以下和 10 岁以上的牛很少发生。病程一般为 14～180 d。

病牛精神异常，表现烦躁不安、狂暴、神志恍惚、磨牙，常由于恐惧、狂躁而表现出攻击性(故名“疯牛病”)。共济失调，后躯摇晃、步幅变短、转弯困难，常乱踢乱蹬以至摔倒，起立困难或不能站立而终日卧地。感觉障碍，表现对触摸和声音过分敏感。耳对称性活动困难，常一只伸向前，另一只向后或保持正常。少数病牛的头部和肩部肌肉震颤。病牛虽不明显瘙痒，但也不断摩擦臀部，致使皮肤破损、脱毛。病牛食欲正常，粪便坚硬，体温偏高，但体重及产乳量下降，呼吸频率增加，最后常极度消瘦而死亡。

剖检肉眼病变不明显。但组织学变化具有明显的特征性，表现为：①在神经元的突起部和神经元胞体中形成空泡，前者在灰质神经纤维网中形成小囊形空泡(即海绵状变化)，后者则形成大的空泡并充满整个神经元的细胞核周围。②常规 HE 染色可见神经胶质增生，胶质细胞肥大。③神经元变性、消失。④脑淀粉样变性，用偏振光观察可见稀疏的嗜刚果染料的空斑。空泡主要发现于延脑、中脑的中央灰质部分、下丘脑的室旁核区以及丘脑及其中隔区。

5)诊断与检疫技术

根据特征的临诊症状和流行病学特征可以作出初步诊断。由于本病既无炎症反应，又不产生免疫应答，迄今尚难以进行血清学诊断。所以，定性诊断目前以大脑组织病理学检查为主。

(1)组织学诊断方法　通常在第四脑室尾侧，常规采取脑部横切面，包括延脑、脑桥和中脑进行切片检查，若发现比较一致的病理组织学变化，即神经纤维网的海绵状变化和胞浆内空泡变性可作出诊断。空泡变性在延髓三叉神经单束神经核和脊束神经核的发生频率非常高，诊断 BSE 的准确率高达 99.6%。

根据临床症状和病理组织学变化无法确诊时，可进一步进行动物感染试验、PrP^{sc} 的免疫学检测和痒病相关纤维(SAF)检查。

(2)朊病毒的生物学测定法　小鼠和仓鼠是最常用的实验动物。将被检标本(脑、脊髓、脾等)匀浆，脑内接种小鼠或仓鼠。最后根据动物发病和死亡数计算终点滴度(ID_{50} 和 LD_{50})。

(3)PrP^{sc} 的免疫学检测　PrP^{sc} 只见于人和动物的传染性海绵状脑病。PrP^{sc} 不能使感染宿主产生特异抗体，但作为非易感动物的兔却可产生他种动物 PrP^{sc} 的抗体，以此抗体对被检材料(脑组织)作 Southern blotting，可检测其中的 PrP^{sc}。

(4)痒病相关纤维(SAF)检查　通常以冰冻保存的脑和脊髓作被检材料，制备匀浆，然后将抽提物超速离心，最终沉淀物以蛋白酶 K 处理，重悬于蒸馏水，进行负染电镜检查。

(5)单克隆抗体　在朊病毒病诊断上已广泛应用，应用各种特异的单克隆抗体可以区分小鼠、仓鼠和人的 PrP^{sc}。已经制备了仅与各种动物 PrP^{sc} 共有位点而不与 PrP^{c} 反应的特异性单克隆抗体。

5.2.10　非洲马瘟

非洲马瘟(AHS)是由非洲马瘟病毒引起马属动物的一种急性或亚急性传染病。在临床上以发热、肺和皮下组织水肿及脏器出血为特征。

1)病原

非洲马瘟的病原是非洲马瘟病毒(AHSV)，属于呼肠孤病毒科环状病毒属的成员。本病毒对乙醚、氯仿等具有一定的抵抗力。对酸的抵抗力弱，pH5.9 以下则被灭活。对热的抵抗力强，45℃下可以存活 6 d，50℃ 10 min 或 70℃ 5 min 病毒仍具有感染活性。在 4℃或－40℃以下可以保存组织中的病毒，在冷冻干燥状态下的病毒也可以长期保存。在自然条件下，马特别是幼龄马最易感，骡次之，驴具有耐受力。除此之外，斑马、犬、山羊、黄鼠狼、大象和骆驼等动物也可以感染本病。

2)分布与危害

本病在非洲撒哈拉沙漠以南的地区长期存在，埃及和阿拉伯半岛各国也常有发生。1959 年传播到伊朗和巴基斯坦，1963 年传播到土耳其、塞浦路斯、印度和缅甸，1966 年流行于西班牙和突尼斯，1970 年传到古巴。目前，我国没有该病的流行，应加强检疫，严防该病传入。

本病感染马、骡，死亡率可高达 95%，感染驴死亡率可达 10%，危害极为严重。世界动物卫生组织(OIE)将其规定为 A 类疫病，是马属动物唯一的 A 类疫病。人可感染，表现为脑炎、脉络丛视网膜炎等，有一定的公共卫生意义。

3)传播与流行

患马和带毒马是本病的主要传染源，斑马可能是病毒的原始宿主。病毒存在于患马的血液及脏器中，可经支气管分泌物、乳汁及尿排到外界环境。感染马在康复后的 90 d 内仍然存在病毒，斑马感染后症状轻微或无症状，但持续存在病毒血症。患马不能通过直接接触传染健马，只有通过吸血昆虫(库蠓、按蚊、尖音库蚊、螯蝇、白蛉等)的叮咬才能使健马感染，并证明是生物学传播。

本病常呈流行性或地方流行性。温暖地带的马群可呈持续性感染状态，在寒冷地带本病存在明显的季节性。

4)临床症状与病理变化

本病的潜伏期 3～9 d。根据临床症状可以将该病分为肺型、心型、肺心型及发热型 4 种类型。

(1)急性肺炎型　多见于流行初期和新发病地区，潜伏期 3～5 d，以明显的进行性呼吸困难为特征。病马体温迅速升高达 40～42℃，沉郁，两耳下垂。咳嗽，头颈伸直，前肢外展，呼吸困难，张口吐舌。鼻孔扩张，流出大量泡沫样的鼻汁。大面积出汗。该类病马多于出现症状后不久因呼吸困难而死亡。

(2)亚急性心脏型　又称水肿型，多见于部分免疫马匹或弱毒株感染的马匹。潜伏期 7～14 d，病程较急性长。表现为发热，头部、颈部皮下水肿，上眼睑、口唇和腭等部位肿胀，并向胸、肩及腹部扩展。有时呼吸数增加，呈腹式呼吸。濒死期病马出现呼吸次数迅速增加、倒地横卧、肌肉震颤、出汗等表现。

(3)肺心型　潜伏期 5～7 d，表现为肺、心两型的综合临床症状，多呈急性经过。

(4)发热型　潜伏期 5～14 d。症状轻微，多发生于免疫过的马属动物。体温升高呈弛张热。表现为发热初期的食欲不振、结膜轻度发炎、脉搏和呼吸数增加等症状。最后康复，病程 1～2 周。

肺炎型病理变化的特征是肺水肿、小叶间充满透明的液体，全肺呈粉红色或红色，压迫肺组织时从切面流出泡沫样液体。气管和鼻腔内有来自肺脏的白色泡沫。胸腔内充满大量黄色透明液体。

心型常见皮下组织和肌间组织出现大量的黄色明胶样水肿，心包内充满黄色或红褐色液体，心脏表面存在点状或斑状出血。肝肿大呈暗褐色，脾肿大有大量出血点。胃底可见烂斑，肠黏膜水肿，浆膜存在点状出血。

5）诊断与检疫技术

根据特征性的临床症状和剖检变化，结合流行病学可作出初步诊断。确诊必须进行病毒分离鉴定和血清学检查。

（1）病毒分离鉴定　取血液或肺、脾、淋巴结等组织材料的灭菌上清，脑内接种1～3日龄乳鼠，观察4～10 d，若出现神经症状则需要在小鼠脑内继代接种。也可用感染组织处理后的上清液，接种仓鼠肾细胞、马肾细胞及鸡胚细胞进行病毒培养，观察CPE。也可用病料对10～12日龄鸡胚作静脉接种，感染鸡胚于接种后3～7 d死亡。对病毒培养物，可用酶联免疫吸附试验、补体结合试验或荧光抗体试验进行鉴定。

（2）血清学试验　取血清作补体结合试验或中和试验检测抗体。检测抗原的最佳材料是脾，含毒量最高，可用琼脂扩散试验或荧光抗体试验检测。

由于非洲马瘟病毒的9种补体结合抗原具有群特异性反应，因此可用感染小鼠脑组织乳剂的蔗糖和丙酮抽提物或灭活的血清（马56℃、驴62℃、斑马60℃30 min）进行补体结合试验进行该病的诊断。该方法也是OIE推荐的方法之一。

ELISA有群特异性和高敏感性，是OIE推荐在国际贸易中采用的诊断方法。

应注意与马传染性贫血、马病毒性动脉炎等进行鉴别诊断。

5.2.11　禽流感

禽流感（Avian Influenza）又名真性鸡瘟或欧洲鸡瘟，是由A型流感病毒引起的一种禽类急性、高度致死性传染病。以急性败血症、呼吸道感染以及隐性经过等多种病征为特点。

1）病原

本病的病原是禽流感病毒（AIV），属正黏病毒科A型流感病毒属的成员。现已发现的流感病毒亚型至少有80多种，其中绝大多数属非致病性或低致病性，高致病性亚型主要是H5和H7亚型的毒株。病毒对外界环境的抵抗力不强，对温热、紫外线、酸碱、有机溶剂等均敏感，但耐低温和干燥。0.1%新洁尔灭、1%氢氧化钠、2%甲醛、0.5%过氧乙酸等浸泡以及阳光照射等均可将其杀灭。

鸡、火鸡以及某些野禽类如珍珠鸡、野鸡和孔雀等易感性最高。鸭、鹅及其他水禽类易感性较差，多为隐性感染或带毒，有时也能大批死亡。鸽可以带毒，但很少自然发病。鹧鸪、燕鸥等也能感染。

2)分布与危害

1878年意大利首次报道禽流感。1955年证明其病原是A型流感病毒。世界上大部分国家和地区均相继有发生的记录和报道，尤其是1997年以来，禽流感在世界范围内又有泛滥、肆虐之势，引起了各国高度重视。在过去的数十年间，高致病力禽流感发生和流行的国家和地区有澳大利亚(1975、1985、1995)、英国(1979)、意大利(1980)、爱尔兰(1983)、巴基斯坦(1994)、墨西哥(1995)、美国(1983、1985)、中国香港(1997、2001、2002)、荷兰(2003)。我国于1992年在华南地区证实鸡群中有禽流感发生，并分离到低致病力毒株H9N2，在随后的几年里给我国的养鸡业造成了巨大的经济损失。

对于鸡和火鸡，高致病性禽流感是毁灭性疾病，可引起100%死亡，可造成极大的危害及重大的经济损失，因此各国政府和有关国际组织对其极为重视，世界动物卫生组织(OIE)将其规定为A类疫病。

禽流感具有十分重要的公共卫生意义。自从1997年中国香港报道禽流感病毒H5N1毒株可以感染人并造成人死亡以来，禽流感与人类健康的关系越来越密切。2003年2月中国香港又再次报道禽流感病毒H5N1感染和致死人，2003年4月荷兰发生的禽流感H7N7也导致人的感染。2004年1—2月，我国广西、湖南、湖北等16个省、自治区、直辖市先后发生高致病性禽流感，我国禽类及其产品的出口贸易遭受了沉重的打击。

3)传播与流行

患病禽类是主要的传染源，其次是康复和带毒的禽类。带毒鸟类和水禽常常是鸡和火鸡感染的重要传染源，由于这些禽类感染后可长期带毒并通过粪便排毒，而其自身不表现任何症状，因此在流行病学上具有十分重要的意义。

本病一般只能水平传播，可经呼吸道和消化道传播。感染禽从呼吸道、结膜和粪便中排出病毒。病毒可经感染禽和易感禽的直接接触传播，也可以通过空气飞沫等间接接触传播。被病毒污染的任何物品，如饲料、水、设备、笼具、衣物、运输车辆等都易传播本病。

本病一年四季均能发生，但冬春季节多发，夏秋季节零星发生。本病常突然发生、传播迅速，呈地方性流行或大流行形式。

4)临床症状与病理变化

临床症状极为复杂，根据表现可分为高致病力禽流感和低致病力禽流感。高致病力毒株潜伏期短，一般为4～5 d。病禽表现为突然发病，体温升高，可达

41.5℃以上。精神沉郁、闭目昏睡，头颈部水肿，流泪、眼睑肿胀，鸡冠和肉髯肿胀、出血甚至坏死，鸡冠发紫。病禽呼吸困难、咳嗽、打喷嚏，张口呼吸，口流黏液。腿部皮下水肿、出血、变色。拉黄白、黄绿或绿色稀粪。有的出现抽搐，头颈后扭，运动失调，瘫痪等神经症状。急性者发病后数小时死亡，多数病例病程为2～3 d，致死率达100%。

低致病力毒株感染的临床症状差异较大，可表现为不同程度的呼吸道症状、消化道症状、产蛋量下降或隐性经过，病程长短不定，死亡率高低不等。

高致病力禽流感死亡鸡剖检表现仅为实质器官的严重出血和坏死。最急性死亡的病鸡常无眼观病理变化。急性者头部、颜面浮肿，鸡冠、肉髯肿大；皮下有黄色胶冻样浸润、出血，胸、腹部脂肪有出血斑；心包积水，心外膜有点状或条纹状坏死，心肌软化；病鸡腿部肌肉有出血点或出血斑。消化道变化表现为腺胃乳头水肿、出血，肌胃角质层下出血，肌胃与腺胃交界处呈带状或环状出血；十二指肠、盲肠、扁桃体、泄殖腔充血、出血；肝、脾、肾脏瘀血肿大，有白色小块坏死；呼吸道有大量炎性分泌物或黄白色干酪样坏死。

5)诊断与检疫技术

由于临床症状和病理变化比较复杂、差异较大，确诊必须依靠实验室检查。

(1)病原分离和鉴定　取发热期或发病初期禽类的呼吸道分泌物、泄殖腔拭子，以及发病动物的肝、脾、肾、胰腺、脑、肺等脏器，经常规方法处理后，接种9～11日龄鸡胚尿囊腔。如材料中含有病毒，则接种48 h后鸡胚死亡。如鸡胚不死亡，可检测其尿囊液有无凝集作用。连续盲传3代，如鸡胚仍不死亡，即可判定分离病毒为阴性。如接种的鸡胚死亡，其尿囊液对红细胞有凝集作用，证明有病毒繁殖，即可用血凝抑制试验分别做病毒型和亚型鉴定。也可用MDCK细胞分离和鉴定病毒。

(2)血清学试验　是诊断禽流感重要而特异的方法。常用的有血凝抑制试验、琼脂扩散试验。其他方法还包括ELISA，补体结合反应等。

取发病初期和康复期禽类的双份血清，用血凝抑制试验测定抗体滴度的变化做出诊断，如果后者抗体滴度比前者高出4倍以上，即可确诊。

琼脂扩散试验用于禽流感病毒型的检查，是以病毒的核蛋白抗原检查血清中的抗体，故不受亚型的限制，各个亚型毒株抗体均可对抗原发生阳性反应。

(3)分子生物学诊断方法　目前最常用的是反转录-聚合酶链式反应(RT-PCR)，其他还有核酸探针技术。

5.2.12 新城疫

新城疫(Newcastle Disease,ND)又称亚洲鸡瘟、伪鸡瘟,是由新城疫病毒引起禽类的一种急性、热性、高度接触性传染病。其主要特征是呼吸困难,严重下痢,伴有神经症状,黏膜和浆膜出血。

1)病原

本病的病原是新城疫病毒(NDV),属于副黏病毒科腮腺炎病毒属的成员。NDV对消毒剂、日光和高温抵抗力不强。在密闭的鸡舍内可存活8个月,在粪便中72 h死亡。一般消毒剂如2%氢氧化钠、5%漂白粉、70%酒精20 min即可将NDV杀灭。NDV可感染50个鸟目中27个目236种以上的禽类,自然条件下主要发生在鸡、火鸡和鸽。珍珠鸡、雉鸡及野鸡也有易感性。鹅、鹌鹑、鹦鹉、麻雀、乌鸦、喜鹊、孔雀、天鹅以及人也可感染。鸭有抵抗力,但可从鸭体内分离到病毒。

2)分布与危害

本病1926年首次发现于印度尼西亚的爪哇,同年发现于英国的新城(Newcastle)。现在世界上绝大多数国家都有本病流行的报道。目前该病已广泛流行于我国所有养鸡地区。由于新城疫发病率和死亡率很高,是危害鸡和火鸡饲养业最严重的疫病之一,造成很大经济损失,OIE将其规定为A类疫病。NDV也可感染人,引起结膜炎、发热、头痛等症状。

3)传播与流行

病鸡和带毒鸡是主要传染源。病毒存在于病鸡的所有组织器官、体液、分泌物和排泄物中,其中以脑、脾、肺含毒量最高,以骨髓保毒时间最长。感染鸡可经口鼻分泌物和粪便排出病毒,污染饲料、饮水、垫草、用具和地面等环境。野禽、鹦鹉等鸟类常为远距离的传播媒介。

自然感染途径主要是消化道、呼吸道和眼结膜。创伤和交配也可以传染。空气、饮水、人、器械、车辆、饲料、垫料、种蛋等机械性带毒对本病具有重要的流行病学意义。

本病一年四季均可发生,以冬春寒冷季节较易流行。不同年龄、品种和性别的鸡均能感染。本病在易感鸡群中常呈毁灭性流行,发病率和病死率可达95%以上。但近年在免疫鸡群中常发生非典型新城疫,其发病率和病死率略低。

4)临床症状和病理变化

本病的潜伏期为2~15 d,平均5 d。根据临床发病特点将新城疫分为典型新城疫和非典型新城疫。

(1)典型新城疫　鸡群突然发病,常不表现特征症状而迅速死亡,发病率和死亡率可达90%以上。精神萎靡,嗜睡,体温升高,鸡冠和肉髯发紫。呼吸困难,张口呼吸,发出"咯咯"的喘鸣声。嗉囊内充满液体和气体,倒提鸡时从口中流出大量酸臭液体。病鸡拉稀,粪便呈黄绿色。产蛋鸡迅速减产,软壳蛋增多。后期可见震颤、转圈、腿和翅膀麻痹,头颈扭转,仰头呈观星状等神经症状。

(2)非典型新城疫　多发生于有一定抗体水平的免疫鸡群。病情比较缓和,发病率和死亡率都不高。临床表现以呼吸道症状为主,病鸡张口呼吸,有"呼噜"声,病程稍长则出现站立不稳、头颈歪斜、仰头呈观星状等神经症状。产蛋量下降10%~30%,畸形蛋、软壳蛋、糙皮蛋增多。

剖检可见全身黏膜和浆膜出血,特别是腺胃乳头和贲门部出血。心包及冠脂肪、气管、喉头有大量出血点。消化道淋巴滤泡的肿大、出血和溃疡是ND的一个突出特征。腺胃黏膜水肿、乳头或乳头间出血、或有溃疡和坏死,在腺胃与肌胃的交界处常有条状或不规则的出血斑,这是比较特征性的病变。肌胃角质层下也常见有出血点。从小肠黏膜到直肠和泄殖腔黏膜出血,有的形成假膜、溃疡。肠系膜充血或出血,盲肠扁桃体肿大、出血和坏死。产蛋鸡卵巢坏死、出血和卵泡破裂性腹膜炎。

非典型新城疫眼观病变不明显。剖检可见气管轻度充血,有少量黏液。鼻腔有卡他性渗出物。少见腺胃乳头出血、肠道出血和坏死等典型病变。

5)诊断与检疫技术

根据本病的流行病学、症状和病理变化,可作出初步诊断。确诊要依靠实验室手段。

(1)病毒分离与鉴定　病料主要采集有明显病变的肺、脾、脑等组织器官,也可用棉拭子从气管和泄殖腔取样。病料经无菌处理后通过尿囊腔接种9~11日龄的非免疫鸡胚或SPF鸡胚。收获尿囊液做血凝(HA)和血凝抑制(HI)试验进行鉴定。必要时须做分离毒株的毒力测定以确定是否强毒,才能做出确诊。

病料也可接种鸡胚成纤维细胞或鸡胚肾细胞,观察细胞病变,测定血凝价。

(2)血清学试验　迄今为止,血凝抑制试验仍不失为一种快速准确的传统实验室手段。其他还有病毒中和试验、ELISA、免疫荧光抗体技术、琼脂双扩散试验等。

(3)分子生物学方法　使用最广泛的是反转录-聚合酶链式反应(RT-PCR)技术,可用于直接检测病毒。

5.2.13 鸭瘟

鸭瘟(Duck Plague)又名鸭病毒性肠炎，是鸭、鹅、雁形目禽类的一种急性、热性、败血性、接触性传染病。临床上以体温升高，脚软，下痢，流泪和部分病鸭头颈部肿大，食道黏膜有小点出血，并有黄褐色假膜覆盖或溃疡，泄殖腔黏膜充血、出血、水肿和假膜覆盖，肝脏出血或坏死为主要特征。

1)病原

病原是鸭瘟病毒(DPV)，又名鸭疱疹病毒1型，属于疱疹病毒科甲型疱疹病毒亚科的成员。病毒对外界抵抗力不强，温热和一般消毒剂能很快将其杀死。夏季在阳光直接照射下，9 h毒力消失；病毒在56℃下10 min即被杀死；在污染的禽舍内(4～20℃)可存活5 d。0.1%升汞、0.5%漂白粉、5%生石灰作用30 min亦可灭活。

在自然条件下，鸭瘟主要发生于鸭，对不同年龄、性别和品种的鸭都有易感性。以番鸭、麻鸭、绵鸭、绍兴鸭易感性较高，北京鸭次之。自然感染多见于大鸭，少见于1个月以内的小鸭。鹅也能感染发病，但很少形成流行。野鸭、天鹅和雁也会感染发病。鸡对鸭瘟有抵抗力，但2周龄内雏鸡可人工感染致病。

2)分布与危害

本病于1923年在荷兰首次报道，以后相继在法国、美国、印度、比利时、英国、泰国、德国和加拿大等国发生，现几乎呈全球性分布。我国于1957年在广州首先发现本病。由于鸭瘟传播迅速，发病率和死亡率都很高，鸭群感染后可引起大批死亡，从而成为鸭的一种重要传染病。世界动物卫生组织(OIE)将其规定为A类疫病。

3)传播与流行

传染源主要是病鸭、病愈不久的带毒鸭和潜伏期的感染鸭。病毒在病鸭体内分散于各内脏器官、血液、分泌物和排泄物中，其中以肝、肺、脑含毒量最高。被污染的水源、鸭舍、用具、饲料、饮水是本病的主要传播媒介。某些野生水禽感染后可成为传播媒介。调运病鸭可造成疫情扩散。

传播途径主要是消化道、呼吸道、交配，眼结膜也可感染。吸血昆虫也是传染媒介之一。可通过病禽与易感禽的接触而直接传染，也可通过与污染环境的接触而间接传染。

本病一年四季均可发生，但以春夏之际、秋季流行较为严重，这与鸭的繁殖季节、饲养量和收购运转等因素有密切关系。当鸭瘟传入易感鸭群后，一般3～7 d开始出现零星病鸭，再经3～5 d陆续出现大批病鸭，疾病进入流行发展期和流行盛期。整个流行过程一般为 2～6 周。如果鸭群中有免疫鸭或耐过鸭，流行过程较为缓慢，可延至 2～3 个月或更长。

4)临床症状和病理变化

自然感染的潜伏期 3～5 d，人工感染的潜伏期为 2～4 d。病初体温升高达 43℃以上，高热稽留，食欲下降甚至停食，渴欲增加。病鸭精神委顿，头颈缩起，翅膀下垂。两脚麻痹无力，伏坐地上不愿移动，强行驱赶时常以双翅扑地行走，走几步即行倒地。病鸭不愿下水，驱赶入水后也很快挣扎回岸。

病鸭的特征性症状有流泪和眼睑水肿，流出浆液性、后变成黏稠或脓样分泌物，常造成眼睑粘连、水肿，甚至外翻，眼结膜充血或有小点出血，甚至形成小溃疡。病鸭鼻中流出稀薄或黏稠的分泌物，呼吸困难，有鼻塞音，叫声嘶哑，部分有咳嗽。病鸭发生泻痢，排出绿色或灰白色稀粪。肛门肿胀，严重者外翻，泄殖腔黏膜充血、水肿、有出血点，黏膜表面覆盖一层假膜，不易剥离。部分病鸭头和颈部发生不同程度的肿胀，俗称“大头瘟”。

鹅感染鸭瘟的临床特征为头颈羽毛松乱，脚软，卧地不愿行走，食欲下降，甚至废绝，渴欲增加。体温升高达 42.5～43℃，下痢，粪便灰白色或青黄绿色。个别病鹅表现有神经症状，头颈扭曲和不随意旋转。

病变特点是出现急性败血症，全身小血管受损，导致组织出血和体腔溢血。尤以消化道黏膜出血和形成假膜或溃疡，食道与泄殖腔的疹性病变具有特征性。食道黏膜有纵行排列呈条纹状的黄色假膜覆盖，假膜易剥离并留下溃疡斑痕。泄殖腔黏膜病变与食道相似，黏膜表面覆盖一层灰褐色或绿色的坏死结痂，黏着很牢固，不易剥离，黏膜上有出血斑点和水肿。食道膨大部与腺胃交界处有一条灰黄色坏死带或出血带，肌胃角质膜下层充血和出血。肠黏膜充血、出血，以直肠和十二指肠最为严重。肝不肿大，肝表面和切面有大小不等的灰黄色或灰白色坏死点，少数坏死点中间有小出血点或其外围有出血带，这种病变具有诊断意义。心外膜、心内膜、心冠脂肪上有密集的出血斑点。临床表现头颈部肿胀的病鸭，切开皮肤时流出淡黄色的透明液体。

鹅感染鸭瘟的病变与鸭相似，主要表现在消化器官和肝脏。消化道表现为充血、出血和伪膜性坏死，肝脏以出血和坏死为特征。

5)诊断与检疫技术

根据流行病学，临床症状和病理变化进行综合分析，可做出初步诊断。必要时进行病毒分离鉴定和血清学试验加以确诊。

(1)病毒分离鉴定　可将病料处理后接种于 9～12 日龄鸭胚绒毛尿囊膜或鸭胚成纤维细胞，观察死胚病变或细胞病变。然后用中和试验或免疫荧光抗体技术检测细胞培养物或组织中的病毒抗原。也可用PCR技术直接检测病料或细胞培养物中的病毒。

(2)血清学试验　主要用中和试验、琼脂扩散试验、ELISA和荧光抗体技术等检测血清中鸭瘟病毒抗体。

5.2.14　牛肺疫

牛肺疫(Contagious Bovine Pleuropneumonia，CBP)即牛传染性胸膜肺炎，是由丝状支原体丝状亚种引起牛的接触性、地方性传染病。以肺小叶间质淋巴管浆液-渗出性纤维素性炎和浆液纤维素性胸膜肺炎为主要特征。

1)病原

病原体为丝状支原体丝状亚种(*Mycoplasma mycoides* subsp. *mycoides*)，属于支原体科支原体属的成员。支原体对外界环境因素抵抗力不强。在直射日光下，几小时失去毒力。干燥、高温都可使其迅速死亡，37℃ 1周死亡，60℃水中30 min死亡。对寒冷有抵抗力，在冻结病肺和淋巴结中毒力能保持1年以上，培养物冻干可保存毒力数年。对化学消毒药抵抗力不强，1%石炭酸、0.5%甲醛、5%漂白粉、10%石灰乳几分钟可杀死本菌。对青霉素和磺胺类药物、醋酸铊有较高的耐药性。

2)分布与危害

本病是一种古老的传染病，曾在许多国家的牛群中引起巨大损失。1703年德国和瑞士最早报道，18世纪传遍欧洲各国，19世纪传入美国、澳洲及非洲，20世纪传入亚洲，目前在非洲、拉丁美洲、大洋洲和亚洲一些国家还存在本病。我国最早于1910年在内蒙古发现本病，但由于成功地研制出了有效的牛肺疫弱毒疫苗，结合严格的综合性防治措施，已于1997年宣布在全国范围内消灭了此病。目前已经根除该病的国家有美国(1892)、英国(1898)、南非(1916)、前苏联(1935)、日本(1932)、澳大利亚(1967)和中国(1996)。

任何年龄和品种的牛对本病均具有易感性，发病率和病死率较高，给世界各国养牛业造成了巨大损失。世界动物卫生组织(OIE)将其规定为A类传染病。

3)传播与流行

传染源主要是病牛及带菌牛。病原体主要由呼吸道随飞沫排出，也可由尿及乳汁排出，产犊时还可由子宫分泌物中排出。病牛在康复后15个月甚至2～3年后还能感染健康牛。

本病的主要传播途径是呼吸道，自然感染主要由飞沫及尘埃经呼吸道感染，也可经消化道及生殖道感染。

年龄、性别、季节和气候等因素对易感性无影响。带菌牛进入易感牛群，常引起本病的急性暴发，以后转为地方流行性。

4)临床症状与病理变化

潜伏期 8 d 至 4 个月，平均为 2～4 周。

急性型病牛症状明显而具特征性，体温升高到 40～42℃，呈稽留热，干咳，呼吸加快而有呻吟声，呼吸困难，呈腹式呼吸，由于胸部疼痛不愿行动或下卧，前肢外展。咳嗽逐渐频繁，流浆液性或脓性鼻液，呼吸困难加重，可视黏膜发绀，肋部和肘后部震颤。反刍和泌乳停止，食欲废绝。叩诊胸部，患侧肩胛骨后有浊音或实音区。听诊患部，为湿性啰音，肺泡音减弱乃至消失，代之以支气管呼吸音，有时有摩擦音。无病变部肺音代偿性增强。后期，心脏衰弱，脉搏细弱而快，每分钟可达 80～120 次。胸腔积水，胸前部及肉垂水肿，尿少，便秘与腹泻交替出现。症状明显后 5～8 d，约半数死亡，整个急性病程为 15～60 d。

慢性型多数由急性转来，或开始即呈慢性经过者。体温时高时低，有的呈一过性发热。除体况消瘦外，多数无明显症状。偶发干性短咳，叩诊胸部可能有实音区。此种病牛在良好护理和妥善治疗下，可以逐渐恢复，成为带菌者。若病变区域广泛，则患畜日益衰弱，预后不良。

特征性病变主要在胸腔和肺脏。典型病例呈大理石样肺和浆液纤维素性胸膜肺炎。病理变化按其发生发展过程，分为初期、中期和后期 3 个时期。初期病变以小叶支气管肺炎为特征。肺炎灶充血、水肿，呈鲜红色或紫红色，病灶大小不一，最大的不超过肺小叶。中期病变呈浆液纤维素性胸膜肺炎。病肺肿大、增重，灰白色，多为一侧性，右侧多见，多发生在膈叶，也有在心叶和后叶的。切面呈奇特的图案色彩，呈大理石花纹。胸腔内有大量淡黄色透明或混浊的积液，并含有絮状纤维素物。胸膜发生纤维素性炎症，表面有纤维素性附着物，胸膜增厚，常见有出血，并与肺病变部粘连。肺膜表面有纤维素性附着物。心包膜也有同样变化，心包内有积液。肝、脾、肾无特殊变化。病变后期肺小叶发生肉变、坏死，坏死处被结缔组织包围，形成坏死性包囊，后因发生干酪化或脓性液化形成空洞和瘢痕。本病病变还可见腹膜炎、浆液性纤维性关节炎等。

5)诊断与检疫技术

依据流行病学资料、临床症状及病理解剖变化综合性分析可初步诊断。确诊有赖于细菌学检查和血清学检查。

(1)细菌学检查　无菌取肺组织、胸腔渗出液及淋巴结等，接种于 10%马血清马丁肉汤及马丁琼脂，37℃培养 2～7 d，如有生长，即可进行支原体的分离、鉴定。

(2)血清学检查　补体结合试验是目前最可靠的方法,为OIE所推荐。此法对本病已消灭或无病地区进行检疫时,可能有1%~2%的非特异性反应。接种本病疫苗的牛群,部分可出现阳性或疑似反应(一般维持3个月左右)。在本病疫区,也有应用间接血凝试验、玻片凝集试验作为辅助诊断。此外,还有琼脂免疫扩散试验、免疫荧光抗体技术和ELISA等。

5.2.15　牛结节疹

牛结节疹(Lumpy Skin Disease,LSD)又称牛疙瘩皮肤病,是由疙瘩皮肤病病毒引起牛的一种急性、亚急性或慢性传染病。以突然发病,发生局限性坚硬皮肤结节为特征。

1)病原

病原是疙瘩皮肤病病毒(LSDV),属痘病毒科山羊痘病毒属的成员。病毒对外界物理及化学因素具有较强抵抗力,在pH6.6~6.8环境中可长期存活,在4℃甘油盐水或细胞培养液中可存活4~6个月,在干燥痂皮中可存活1个月以上,−80℃保存时病变皮肤结节中的病毒可存活10年。对氯仿和乙醚敏感。牛是病毒的自然宿主。家兔、绵羊、山羊、长颈鹿和黑羚羊也可能感染。

2)分布与危害

本病1929年发现于赞比亚和马达加斯加,随后迅速传至非洲的南部和东部,1988年传入埃及,1989年以色列也发现本病。目前该病在非洲一些国家持续发生并有向其他国家和地区蔓延的趋势。

流行地区本病的发病率通常为2%~20%,个别地区达80%以上,死亡率通常为10%~20%,有时达40%~75%。感染牛消瘦,产奶量下降,皮张鞣制后具有凹陷或孔洞而导致其利用价值大大降低。本病对养牛业造成很大损失,OIE将其规定为A类疫病。

3)传播与流行

患病牛是该病的主要传染源。病毒存在于病牛的皮肤结节、肌肉、血液、内脏、唾液、鼻腔分泌物及精液中。主要通过节肢动物进行机械性传播,也可能通过饮水、饲料或直接接触而传播。

本病的发生与牛群的移动有关。夏季和潮湿低洼地区,发病较多。不同品种、年龄、性别的牛均易感。

4)临床症状和病理变化

自然感染的潜伏期为2~5周。临床上以发热和皮肤形成大量结节性疹、浅表淋巴管炎和淋巴结炎为特征。通常病牛体温升高达41℃以上,稽留热4~14 d。

初期表现为鼻炎、结膜炎，进一步发展，眼和鼻可流出黏性分泌物。泌乳牛产奶量降低。体表皮肤出现硬实、圆形隆起、直径 2～3 mm 或更大的结节，尤其是头部、颈部、胸部、背部、会阴、乳房和四肢，有的遍及全身。皮肤结节位于表皮和真皮，也可以扩展到皮下组织或浅表肌肉，大小不等，可聚集成不规则的疙瘩，最后可能完全坏死、破溃，但硬固的皮肤病变可能持续存在几个月甚至几年。有时皮肤坏死可招引蝇虫叮咬最后形成硬痂，脱落后留下深洞，也可能继发化脓性细菌感染和蝇蛆病。

病牛体表淋巴结肿大，以肩前、腹股沟、股前、后肢和耳下淋巴结最为突出，胸下部、乳房、四肢和阴部常出现水肿。眼、鼻、口腔、直肠和外生殖器等处黏膜也可形成结节并很快形成溃疡。泌乳牛可发生乳腺炎，妊娠母牛可能流产，公牛病后 4～6 周内不育。在鼻中的病损会引起呼吸困难或肺炎。

主要病理变化可见皮下水肿和炎症。切开结节，腔内有干酪样灰白色的坏死组织或脓、血，结节可深达皮下组织或至肋骨组织。消化道、呼吸道和泌尿生殖道等处黏膜都能形成病变，尤以口、鼻、咽、气管、支气管、肺部、皱胃、包皮、阴道、子宫壁等的病变明显。通常在结节周围有明显的炎症反应，皮下组织、黏膜下组织和结缔组织有浆液性、出血性渗出液，呈红色或黄色。

5)诊断与检疫技术

根据流行病学、临床症状和剖检变化可作出初步诊断。确诊需要进行实验室检查，包括病原学检查、动物试验和血清学试验。

(1)病原学检查　取新鲜结节制成切片，染色，镜检细胞浆内包涵体，用荧光抗体技术检查包涵体内的病毒抗原。也可采取病料进行细胞培养，观察出现的 CPE 和胞浆内包涵体，然后用血清中和试验或间接免疫荧光试验进行鉴定。由于新生皮肤结节中有大量的病毒粒子，因此也可取病料负染，电镜观察病毒粒子。

(2)动物试验　取病牛新鲜结节制成乳剂，皮内或皮下接种易感牛，4～7 d 内接种部位坚硬、疼痛性肿胀，局部淋巴结肿大，此时可在肿胀物及其下层肌肉以及唾液、血液和脾脏中分离病毒。人工感染牛较少发生全身性病变，只有特别敏感的幼牛或者病毒毒力很强时，才能在接种后 2～3 周内于全身皮肤上出现结节。

(3)血清学试验　常用血清中和试验或间接免疫荧光试验。用双份血清(间隔 15 d 以上)做中和试验，如第 2 份血清的抗体效价增加 4 倍或 4 倍以上，即可作出判断。

小　结　进境动物检疫性一类疫病是指对人和动物危害严重，需要采取紧急和严厉的强制性预防、控制和扑灭措施的疾病。进境检疫性动物一类疫病有15种，大多是由不同种类的病毒引起的传染病。其中猪水疱病、痒病、牛海绵状脑病、非洲马瘟、禽流感等具有重要的公共卫生意义。其他疾病属于严重危害动物健康和给动物生产带来巨大损失的疾病。非洲猪瘟、小反刍兽疫、牛海绵状脑病、非洲马瘟属于我国目前尚未发生过的疫病，猪水疱病、牛瘟、牛肺疫是我国多年没有发生或宣布消灭了的疾病，因此，此类疫病是我国进境动物检疫工作的重中之重。

5.3　动物二类疫病

学习重点

- 了解我国进境动物主要二类疫病的种类和危害
- 掌握主要动物二类疫病的检疫重要性

5.3.1　多种动物共患病

5.3.1.1　炭疽

炭疽(Anthrax)是由炭疽杆菌引起的各种家畜、野生动物和人共患的一种急性、热性、败血性传染病。以败血症变化、脾脏显著肿大、血液凝固不良、皮下和浆膜下有出血性胶样浸润为特征。

1)病原

本病病原为炭疽杆菌(*Bacillus anthracis*)。炭疽杆菌对外界理化因素的抵抗力不强，但芽孢的抵抗力很强，在干燥条件下可存活50年以上。本菌主要感染草食动物如牛、绵羊、马、驴、鹿、象等最敏感，死亡率很高，包括人在内的哺乳动物及某些鸟类也可感染。

2)分布与危害

本病遍及全世界，自然发病区域主要分布在热带和亚热带。决定这种分布情况的因素，主要由炭疽病畜尸体排出的炭疽杆菌能否形成芽孢，并能否在适合的土壤及温度中继续繁殖，具有这些条件的地区，往往成为炭疽的自然疫源地。国内该病主要发生于草食动物饲养密集的牧区，对畜牧业生产影响较大。

炭疽杆菌可感染人，引起皮肤炭疽、肺炭疽和肠炭疽，同时炭疽杆菌芽孢可作为生物武器,因而具有重要的公共卫生意义。美国2001年的"9.11"之后,炭疽事件给美国人民的生活造成了重大影响。

3)传播与流行

炭疽芽孢在炭疽的传播上起主要作用,人和动物直接与炭疽芽孢污染的环境如空气、水、食物、土壤等接触后,通过皮肤、呼吸道、消化道感染。炭疽杆菌作为生物武器的剂型就是将其芽孢附着在一定的载体(例如羽毛、树叶、昆虫、滑石粉等)上,进行大面积的扩散传播。

4)临床症状与病理变化

该病由外毒素所致,表现为最急性型、急性型、亚急性型和较少发生的慢性型。

最急性型常无任何临床症状突然死亡。急性型的主要症状表现为体温升高,呼吸困难,黏膜发绀并有小的出血点,濒死期天然孔出血。病理变化包括尸僵不全、血液凝固不良、内脏黏膜出血、淋巴结与脾脏肿大等。亚急性型的主要症状表现为进行性发热、精神不振、厌食、虚弱、最后衰竭而死,可在皮肤或口腔黏膜上出现炭疽痈。慢性型表现为局灶性肿胀、发热、淋巴结肿大等。

5)诊断与检疫技术

采集皮肤炭疽病灶的脓液、渗出物,肺炭疽的痰液,肠炭疽的粪便等进行微生物诊断。常规的诊断方法包括抹片染色镜检、细菌分离培养、动物攻毒试验等。辅助诊断包括Ascoli氏反应,青霉素抑制试验和青霉素串珠试验、噬菌体裂解试验、琼脂扩散试验、间接血凝试验和ELISA等。

需要指出的是,若动物被怀疑感染炭疽,最好不要进行尸体解剖,以防止芽孢污染环境,应依法将感染动物的尸体、污染的土壤和垫料等进行焚烧处理。

5.3.1.2 狂犬病

狂犬病(Rabies)又称恐水病,是由弹状病毒科的狂犬病病毒引起的一种人畜共患传染病,俗称"疯狗病"。

1)病原

狂犬病病毒(RV)为具有囊膜的单股RNA病毒。该病是人类最古老的疾病之一,可感染所有的温血类脊椎动物。

2)分布与危害

本病属于自然疫源性疾病,广泛分布于全世界。目前该病主要在亚洲、非洲和拉丁美洲等发展中国家流行,多数发达国家已消灭或控制了该病。中国是世界上狂犬病流行比较严重的国家,属于世界范围内的高发区,每年有数千人感染,严重威胁人和动物的健康和生命安全。该病具有重要的公共卫生意义。

3)传播与流行

本病传播主要与野生动物有关，因为野生动物可长期隐匿带毒，是自然界中传播狂犬病病毒的贮存宿主。因不同地区该病毒贮存宿主不同而呈现不同的流行病学特点。在多数国家狗是主要的贮存宿主，森林地区狐为主要贮存宿主，北极地区则以北极狐为主要贮存宿主。因而狗和野生动物狂犬病是当前的主要流行形式。

4)临床症状与病理变化

动物感染发病后主要表现神经症状，如狗感染该病后狂躁不安、到处奔走、行为凶猛、常咬伤人、但很少恐水，最后麻痹而死。其他动物如牛、羊、猪等感染后同样狂躁不安，撕咬周围物体、磨牙、流涎，最后因麻痹而死。人被感染后潜伏期通常 1～2 个月或更长，出现焦躁不安、头痛、感觉过敏、流涎、畏光和声、恐水，最后麻痹而死。

病理变化主要表现在脑部，发生非化脓性脑脊髓炎，血管周围有淋巴细胞浸润，炎症病变主要发生在脑桥、延脑、脑干前部和丘脑，在中枢神经系统特别是海马回、大脑皮层和延脑，呈现不同程度的神经元变性和坏死，特征性病变为神经元内出现胞浆内嗜酸性包涵体，即 Negri 小体，在海马回的锥体细胞内最易发现。

5)诊断与检疫技术

由于该病无特征性临床症状，或缺乏特征性剖检病变，因而诊断该病必须依靠实验室试验。诊断该病的方法主要有病原鉴定和血清学试验。

(1)病原鉴定　通常取脑组织，特别是小脑底部、海马角、延髓等。实验室诊断包括：①组织学诊断特征性细胞病变：将脑组织直接涂片染色后检测 Negri 氏小体，方法简单但特异性较差，免疫组化试验是诊断该病的唯一组织学特异性方法。②荧光抗体试验：是 WHO 和 OIE 共同推荐的诊断该病最常用方法，可直接检测涂片，也可检测细胞培养物或被接种小鼠脑组织中狂犬病抗原是否存在。此外 ELISA 也用于检测狂犬病抗原。③实验动物接种和细胞培养。

(2)血清学试验　因患病动物产生抗体的比率较低，因而血清学方法很少用于流行病学调查，可用于动物口服免疫后的抗体检测。①细胞培养病毒中和试验和荧光抗体病毒中和试验是国际贸易指定试验；②快速荧光斑点抑制试验(RFFIT)用于测定狂犬病病毒中和抗体，也是国际贸易指定试验；③小鼠病毒中和试验。

5.3.1.3 Q热

Q热(Q Fever)是由贝氏柯克斯体(*Coxiella burnetii*)引起的一种人畜共患传染病。

1)病原

贝氏柯克斯体是革兰氏阴性、耐热、嗜酸、发育周期中能形成芽孢的专性寄生菌,其基本特性与其他立克次氏体相同,但它可不经媒介节肢动物而通过气溶胶传播。该病原可感染人、家畜、野生动物和鸟类。

2)分布与危害

该病于1935年在澳大利亚首次被发现,目前广泛存在于世界上大多数国家,对畜牧业特别是反刍动物影响较大。本病是一种人畜共患传染病,因而具有重要的公共卫生意义。

3)传播与流行

Q热可通过与感染动物接触、输血、呼吸道、消化道、皮肤伤口和生殖道感染。排出体外的病原体污染环境,污染尘埃经空气传播,或经接触污染物及吸食污染乳汁而感染,多种蜱可将病原体传播给动物。人可从动物宿主尤其是反刍动物中获得感染。

4)临床症状与病理变化

人感染Q热后表现为急性型和严重的慢性型。急性型表现为肺炎、肝炎、流感样症状、头痛,一般预后良好,死亡率低;慢性型通常由早期的隐性感染造成,表现为心内膜炎,病程较长。牛感染Q热后表现为亚急性型,出现流产、胎衣不下、子宫内膜炎、不育等症状,小动物感染后表现为急性经过,但很快恢复,无预后不良。

5)诊断与检疫技术

诊断该病的方法主要有病原鉴定和血清学试验。

(1)病原鉴定　采样通常取流产胎儿的胎盘、阴道分泌物、胃内容物。取胎盘涂片,经染色后镜检立克次氏体。也可结合间接免疫荧光试验来确诊。对病原培养时可选用鸡胚或实验动物(豚鼠、小鼠)进行增殖。

(2)血清学试验　最常用的血清学方法包括间接荧光抗体试验(IFA)、ELISA和补体结合试验(CF)。在医学中IFA是Q热血清学诊断的标准方法,但目前ELISA试剂盒已逐步取代其他方法。

5.3.1.4 裂谷热

裂谷热(Rift Valley Fever,RVF)是由裂谷热病毒所致的一种烈性人畜共患传染病。

1)病原

裂谷热病毒(RVFV)为布尼病毒科白蛉热病毒属。该病毒经蚊传播,主要感染反刍动物如绵羊、山羊和牛等,人对裂谷热病毒也易感,其他动物易感性较低。

2)分布与危害

本病于1912年最先报道于肯尼亚,1931年在裂谷地区的一次严重暴发中从一只发病绵羊体内分离出病毒,故称为裂谷热。该病主要在非洲撒哈拉以南地区流行,目前已向北蔓延至地中海沿岸及中东地区。1周龄内的羔羊死亡率可达95%~100%,感染性随年龄增加而降低。该病能引起怀孕动物流产和幼小动物死亡,因而对畜牧业造成严重的损失。人可感染本病,引起类似严重流感或登革热的症状,以流产、肝炎为特征,具有重要的公共卫生意义。

3)传播与流行

该病毒在脊椎动物寄主和蚊子之间循环,裂谷热主要通过蚊子叮咬在动物(牛、羊、骆驼、山羊等)间流行,但也可由蚊虫叮咬或接触受到感染的动物血液、体液或器官而传播给人。该病毒具有很广的脊椎动物寄生谱。绵羊、山羊、牛、水牛、骆驼和人是主要感染者。在这些动物中绵羊发病最严重,其次是山羊,其他的敏感动物包括羚羊、长颈鹿、驴、啮齿动物、狗和猫。流行区的外来品种比当地品种更易感,不同年龄的动物易感程度及病情不同。

4)临床症状与病理变化

裂谷热的潜伏期很短,一般为1~3 d。本病在绵羊、山羊、牛较为严重,可引起怀孕母畜流产、新生仔畜高度死亡以及肝炎症状。最急性型表现为突然死亡;急性型表现为发热、步态不稳、呕吐、流黏液性鼻液,在24~72 h内死亡;亚急性病例主要发生在成年绵羊。出现发热、黄疸并伴有厌食和虚弱。怀孕母羊常在羔羊死亡前发生流产。牛的症状和羊类似,但症状较轻。犊牛常在发生严重症状后死亡。人的主要临床症状是视网膜损伤,其他并发症有肝炎或脑炎,严重的有出血性体征。

5)诊断与检疫技术

诊断该病的方法主要有病原鉴定和血清学试验。

(1)病原鉴定　采样通常取发热期动物的抗凝血,死亡动物的肝脏、脾脏、大脑、流产胎儿等分离病毒。初次分离通常采用仓鼠、幼鼠、成年鼠或各种培养细胞。

(2)血清学试验　主要包括病毒中和试验、ELISA和血凝抑制试验。其中病毒中和试验特异性高,但只适合疫区使用;ELISA方法灵敏准确,为OIE推荐方法;血凝抑制试验可用于RVF非流行区,特异性稍差但适于监测。

5.3.1.5 布鲁氏菌病

布鲁氏菌病(Brucellosis)是由布鲁氏菌引起的一种人畜共患传染病。以生殖器官和胎膜发炎、流产、不育和各种组织的局部病灶为特征。

1)病原

布鲁氏菌(*Brucella*)为球形、球杆形或短杆形,不形成荚膜和芽孢,革兰氏染色阴性。本菌分为6个种,即马耳他布鲁氏菌(绵羊、山羊)、流产布鲁氏菌(牛)、猪布鲁氏菌(猪、野兔、驯鹿)、绵羊布鲁氏菌(绵羊)、沙林鼠布鲁氏菌(沙林鼠)、犬布鲁氏菌(犬)。

2)分布与危害

本病呈世界范围内分布,我国许多地方特别是牛羊饲养量较大的牧区均有该病的存在。本病不但给畜牧业造成极大的损失,而且流产布氏杆菌、马耳他布氏杆菌和猪布氏杆菌对人均有很强的致病性,因而具有重要的公共卫生意义。

3)传播与流行

本病可感染多种动物,包括家畜、野生动物、鸟类、两栖类等。不同种的布鲁氏菌虽有其自然宿主,但也可感染其他动物,如马耳他布鲁氏菌的自然宿主为绵羊和山羊,但也可感染牛、人等。细菌可从胎盘、胎液、乳汁、阴道分泌物、精液中排出,感染公畜和哺乳幼畜,使该病在畜群中长期流行。

4)临床症状与病理变化

成年怀孕母牛感染后可引起胎盘炎、流产、乳腺炎及流产后不孕。未怀孕母牛感染常无临床症状,成年公牛引起睾丸炎;绵羊和山羊感染后常出现附睾炎、非习惯性流产、羔羊死亡率增加以及关节炎症状;人感染后出现急性发热(波浪热),最后发展为慢性型,引起肌肉、骨骼、心血管及中枢神经系统的严重并发症。

5)诊断与检疫技术

鉴于布鲁氏菌病常呈慢性或隐性感染,其诊断和检疫主要依靠血清学和变态反应检查。细菌分离鉴定常用于发生流产的动物。

(1)病原鉴定　取流产的胎盘、胎液、流产胎儿的内脏器官、阴道分泌物、乳汁等病料直接涂片染色镜检,也可接种培养基后鉴定,或注射实验动物进行鉴定。

(2)血清学试验　动物感染后7～15 d产生抗体,检测血清中的抗体是检测该病的主要手段。ELISA、虎红平板凝集试验、补体结合试验是国际贸易中的指定试验。国内常用的还有试管凝集试验、玻板凝集试验、乳汁环状试验等。其中凝集试验主要用于早期诊断，而补体结合试验可用于检测较长时间的感染。

(3)变态反应试验　利用布鲁氏菌素对动物进行皮肤变态反应试验，本法不适合早期诊断，但对慢性病例很有价值，特异性高，布鲁氏菌素阳性而血清学阴性的动物可视为感染动物。

5.3.1.6 结核病

结核病(Tuberculosis)是由结核分枝杆菌所引起的人畜和禽类的一种慢性传染病。病理特征是多种组织器官形成肉芽肿和干酪样、钙化结节病变。

1)病原

分枝杆菌(*Mycobacterium*)根据自然宿主不同可分为人结核分枝杆菌、牛分枝杆菌和禽分枝杆菌，主要引起人、牛和家禽的结核病，但其他家畜、野生动物等也可感染。

2)分布与危害

本病在世界范围内分布，人和畜禽结核病的发病率均较高，本病不但给畜牧业造成较大的损失，而且牛分枝杆菌可感染人，因而具有重要的公共卫生意义。

3)传播与流行

本菌主要通过呼吸道进入肺泡，被巨噬细胞吞噬后形成病灶，病灶被免疫细胞包围，形成结核结节。免疫功能低下时结节破溃，细菌随痰液排出成为新的传染源，随飞沫、尘埃等进入其他动物呼吸道。该病可在不同动物间传播，仅靠淘汰动物难以控制，使该病在畜群中长期流行。

4)临床症状与病理变化

牛感染后的特征病变为形成结节性肉芽肿，表现为慢性消瘦，波及其他内脏组织，最后结核干酪样坏死及钙化，淋巴结易发生感染出现脓肿灶。人感染后通常在肺泡内形成增生性结节，然后发生干酪样坏死，最后钙化而痊愈。禽结核病的主要症状在肠道，肠壁溃疡并逐渐扩大，肝脏和脾脏有干酪样坏死。

5)诊断与检疫技术

该病的诊断主要包括病原鉴定、血清学试验和结核菌素试验。

(1)病原鉴定　取结核结节直接涂片，经抗酸性染色后镜检；也可接种罗杰二氏培养基培养鉴定，但培养周期较长；或接种实验动物如豚鼠进行鉴定。

(2)血清学试验　ELISA可用于检测特异性抗体，是目前较好的方法。

(3)结核菌素试验　结核菌素试验是国际贸易指定试验，通过皮内注射结核菌素纯化蛋白衍生物(PPD)，观察注射部位的肿胀程度来判定是否感染。

5.3.2 牛病

5.3.2.1 锥虫病

锥虫病(Trypanosomasis)是由锥虫引起的一类畜禽寄生虫病的总称。

1)病原

锥虫(*Trypanosoma*)属于原虫,有伊氏锥虫、马媾疫锥虫、路氏锥虫、泰氏锥虫和鸡锥虫等。锥虫感染的宿主范围比较广泛,其中伊氏锥虫分布最广、流行最严重,主要寄生于马、骡、驴、黄牛、水牛及骆驼等大家畜,但也可感染犬、猫、兔、鼠等。

2)分布与危害

本病广泛分布于世界各地,我国许多地方有该病的报道,对水牛、黄牛、马等大家畜危害比较严重。

3)传播与流行

伊氏锥虫病的传播与节肢动物如虻、蚊、螯蝇等密切相关,它们通过吸食贮藏宿主或病畜血液,将病原传播给健康动物。该病具有明显的季节性,我国北方主要见于夏末秋初(7—10 月份)。

4)临床症状与病理变化

不同动物的临床症状基本相同,主要表现为发热、渐进性贫血、消瘦和精神沉郁,常见身体下部水肿、荨麻疹块和浆膜点状出血。在整个病程中表现为与虫血症相关的"回归热"。

5)诊断与检疫技术

诊断该病主要通过病原鉴定和血清学试验。

(1)病原鉴定　检查感染动物血液和淋巴结中虫体,采取病畜的外周血液和体内深部血液,涂片后用姬姆萨染色检查,诊断结果准确、可靠、快速,但检出率低。

(2)血清学试验　检测锥虫抗原特异性抗体,目前常用的方法有间接免疫荧光试验、ELISA、补体结合试验、间接血凝试验、炭素凝集试验、胶乳凝集试验、琼脂扩散试验、对流免疫电泳试验等。

5.3.2.2 赤羽病

赤羽病(Akabane Disease)又称阿卡斑病,是由赤羽病毒引起牛、羊的一种病毒性传染病。以流产、早产、死胎、胎儿畸形、木乃伊、新生胎儿发生关节弯曲—积水性无脑综合征为特征。

1)病原

赤羽病病毒(AV)属布尼安病毒科布尼安病毒属的成员。不耐乙醚和氯仿,对56℃、低pH和0.1%脱氧胆酸敏感。怀孕的牛、绵羊和山羊对本病最易感。马、骆驼、猪也可感染。

2)分布与危害

本病1949年在日本首次报道,1960年分离到病毒。目前,世界上许多国家都有此病存在。我国1990年证实本病在许多省市存在,对养牛业构成威胁,已引起普遍重视。

3)传播与流行

病牛和带毒牛是本病的传染源,吸血昆虫(蚊和库蠓)为主要传播媒介。可发生垂直传染。本病呈地方性流行,具有明显的季节性和周期性,多发生于8—9月份直至次年3月份,每5～10年暴发1次。

4)临床症状和病理变化

感染孕牛一般无临床症状。特征性表现是妊娠牛异常分娩,多发于怀孕7个月以上或接近妊娠期满的牛。感染初期主要发生流产、早产和死产,中期因胎儿体型异常如关节弯曲、脊柱弯曲等而发生难产,后期多产出无生活能力的犊牛或瞎眼的犊牛。绵羊感染后,可产生畸形羔羊,包括关节弯曲、脑积水和无脑症。病变主要是胎儿体形异常(关节、脊柱和颈骨弯曲等)、大脑缺损、脑形成囊泡状空腔、躯干肌肉萎缩并变白。

5)诊断和检疫技术

根据流行特点、临床表现和病理变化可做出初步诊断,确诊需进行病原学鉴定和血清学试验。可将病料接种于小鼠脑内,收获鼠脑,分离病毒;或取病料接种Hmlu细胞观察CPE和蚀斑;也可取死亡鼠脑或感染细胞培养物用免疫荧光技术检查病毒抗原。采取未吃初乳的新生犊牛或流产胎儿血清可用中和试验、琼脂扩散试验、补体结合试验、血凝和血凝抑制试验、ELISA进行抗体检测。

5.3.2.3　中山病

中山病(Chuzan Disease)曾称牛异常分娩病,是由中山病病毒引起牛异常分娩的一种病毒性传染病。临床上以妊娠母牛产出积水性无脑或脑发育不良的犊牛为特征。

1)病原

中山病病毒(CDV)属呼肠孤病毒科环状病毒属的成员。对乙醚和氯仿有抵抗力,对酸的耐受性较差,在pH3.0时其感染性完全丧失。易感动物主要是牛,以肉用牛多发,奶牛及其他品种牛的易感性较低。

2)分布与危害

本病1985年首次发现于日本,并由位于中山镇的日本家畜卫生试验场分离到病毒,故名中山病。澳大利亚、韩国等牛群中也有该病毒的抗体。我国尚未发现该病的存在,应加强国境检疫,防止带毒动物或传播媒介的传入。

3)传播与流行

病牛和带毒牛是主要传染源。其传播媒介为以库蠓为主的吸血昆虫,也可通过胎盘传染胎儿。本病的流行具有明显季节性。多流行于8月上旬至9月上旬,异常分娩发生的高峰在1月下旬至2月上旬。

4)临床症状和病理变化

成年牛呈隐性感染,不表现明显的临床症状。妊娠母牛感染后则可出现异常分娩,主要表现为流产、早产、死产或产出畸形胎儿。新生犊牛多数缺乏吮乳能力、视力减弱、角膜混浊、听力丧失、痉挛、旋转运动或不能站立等症状。少数异常胎儿出现头顶部稍微突起。犊牛的成活率较低。

病理剖检变化可见犊牛的脑室扩张积水,大脑和小脑缺损或发育不全,脊髓内形成空洞等中枢神经系统病变。组织学变化主要表现为大脑、中脑和小脑中均见神经纤维分裂、崩解。多数病例小脑的固有结构消失,并伴有小脑发育不全。

5)诊断与检疫技术

根据流行病学、临床症状和病理变化做出初步诊断,确诊需要进行实验室的病毒分离鉴定或血清学试验。病毒分离鉴定可取成年牛和异常胎牛的红细胞以及吸血库朦,接种适宜的细胞培养物,通过中和试验或标记抗体检测分离物。血清学试验常用的方法是中和试验和红细胞凝集抑制试验。

5.3.2.4 茨城病

茨城病(Ibaraki Disease)是由茨城病病毒引起牛的一种急性、热性传染病。特征是突发高热、口腔坏死及溃疡、咽喉部麻痹以及关节肿胀、蹄部溃疡。

1)病原

茨城病病毒(IV)属呼肠孤病毒科环状病毒属的成员。对乙醚、氯仿稳定,耐冻融,对酸(pH5.15以下)敏感,对热不敏感,56℃ 30 min或60℃ 5 min感染力明显下降但未完全灭活。感染动物仅限于牛,但1岁以下的牛一般不发病。绵羊、鹿也可感染。

2)分布与危害

本病1959年首先报道于日本,以后在菲律宾、印度尼西亚、澳大利亚、加拿大、美国也有发生，我国尚未有发生该病的报道，但我国台湾地区曾在牛群中检测到该病毒的中和抗体。本病广泛分布于热带地区。

3)传播与流行

病牛和带毒牛是主要的传染源。主要通过吸血昆虫传播，其中库蠓是主要的传染媒介，并且病毒在库蠓体内能够繁殖。本病流行具有明显的季节性和地区性，多发于热带地区的6—8月份，这与节肢动物的分布与活动密切相关。

4)临床症状与病理变化

人工接种牛的潜伏期为3～5 d。病牛体温40℃以上，沉郁，厌食。结膜充血、水肿，严重病例结膜外翻，眼睛流浆性或脓性分泌物。口腔流出泡沫状口涎，口腔黏膜、齿龈、鼻镜、鼻黏膜和唇部皮肤充血、出血、糜烂或溃疡。部分病例腿部关节疼痛性肿胀。部分病牛因咽喉麻痹，吞咽困难，胃内容物或饮水常从口鼻倒流。腹部、乳房和外阴等处皮肤出现坏死或溃疡，蹄冠部皮肤肿胀、溃烂，跛行。最后多由于吸入性肺炎和吞咽困难而导致死亡。病理变化可见黏膜充血、糜烂等病变，第四胃和食道黏膜有充血、出血、水肿，胃壁增厚，所有脏器表面明显出血和水肿。

5)诊断与检疫技术

根据流行季节、临床表现和病理变化可做出初步诊断。确诊需进行病毒学检查，即采血液、脾、淋巴结，常规处理后鸡胚卵黄囊接种或牛、绵羊肾原代细胞或BHK-21传代细胞分离病毒，用已知阳性血清作中和试验鉴定病毒。血清学试验用已知病毒与急性期及恢复期血清作双份血清中和试验进行确诊。

5.3.3 羊病

5.3.3.1 绵羊痘

绵羊痘(Sheep Pox)是由绵羊痘病毒引起绵羊的一种急性、热性、接触性传染病。其特征是皮肤和黏膜上发生特异的痘疹，可见到典型的斑疹、丘疹、水疱、脓疱和结痂等病理过程。绵羊痘是各种家畜痘病中危害最为严重的。

1)病原

绵羊痘病毒(SPV)属于痘病毒科山羊痘病毒属的成员。对热敏感，55℃ 20 min、37℃ 24 h可灭活病毒。在干燥的痂块中可以存活数年。自然条件下，只发生于绵羊，不传染山羊和其他家畜。

2)分布与危害

绵羊痘是一种古老的疾病，目前世界上许多国家都有发生，我国也存在该病，危害严重。

3)传播与流行

病羊和带毒羊为主要传染源。主要经呼吸道感染传播,也可通过损伤的皮肤或黏膜感染。饲养管理人员、用具、皮毛、饲料、垫草等都可成为传播媒介。绵羊痘广泛流行于养羊地区,传播快,发病率高。不同品种、性别、年龄的绵羊都有易感性,羔羊比成年羊易感,病死率亦高。多发生于冬末春初。

4)临床症状和病理变化

潜伏期平均为6～8 d,典型症状为病羊体温41～42℃,精神不振,结膜潮红,有鼻漏。眼周围、唇、鼻、乳房、外生殖器、四肢和尾内侧无毛或少毛部位发生痘疹,开始为红斑,后形成丘疹,逐渐扩大变成灰白色或淡红色隆起结节,之后变成水疱、脓疱,如无继发感染则干燥成棕色痂块,脱落。有的病例痘疱发生化脓和坏疽,形成深的溃疡,恶臭,为恶性经过,病死率达20%～50%。

5)诊断与检疫技术

典型病例根据临床症状、病理变化和流行情况不难诊断。对非典型病例,可取丘疹作组织涂片,按莫洛佐夫镀银染色法染色,镜检原生小体即可确诊。也可用姬姆萨或苏木紫－伊红染色,镜检胞浆内的包涵体。血清学试验可用补体结合试验、中和试验、琼脂扩散试验、血凝和血凝抑制试验等。

5.3.3.2 衣原体病

衣原体病(Chlamydiosis)是由衣原体所引起的人畜共患传染病。以流产、肺炎、肠炎、结膜炎、多发性关节炎、脑炎等多种临床症状为特征。

1)病原

衣原体是严格细胞内寄生的原核细胞型微生物。衣原体科(Chlamydiaceae)衣原体属(*Chlamydia*),有沙眼衣原体(*C. trachomatis*)、鹦鹉热衣原体(*C. psittaci*)、肺炎衣原体(*C. pneumoniae*)和反刍动物衣原体(*C. pecorum*)4个种。在自然界分布极广,对外界环境抵抗力不强,37℃ 7 d、室温下10 d失活。常用消毒药如2%来苏儿、2%烧碱、70%酒精均能将其灭活。

衣原体具有广泛的宿主,家畜中以羊、牛、猪较为易感,禽类中以鹦鹉、鸽子较为易感。肺炎衣原体仅感染人,沙眼衣原体可感染人、猪、鼠,鹦鹉热衣原体、反刍动物衣原体是动物衣原体病的主要致病菌,也可感染人。

2)分布与危害

本病分布于世界各地,我国也有发生,对养殖业造成了严重危害。人感染鹦鹉热衣原体引起鹦鹉热和Reiter综合征(即关节炎、尿道炎、结膜炎综合征),是兽医和公共卫生的一个重要问题。

3)传播与流行

发病动物和带菌者是主要传染源。可由粪便、尿、乳汁以及流产的胎儿、胎衣和羊水排出病原菌。经消化道、呼吸道、眼结膜、交配、子宫内感染。本病的季节性不明显,呈散发、地方流行性、流行性多种流行形式。

4)临床症状与病理变化

本病有多种病型。

(1)流产型 主要发生于羊、牛和猪。怀孕后期流产、死产和产弱畜,发热,羊胎衣滞留。公畜睾丸炎。

(2)肺肠炎型 主要见于犊牛。发热,抑郁,腹泻,鼻流浆性分泌物,流泪,咳嗽和支气管肺炎。

(3)关节炎型 主要发生于羔羊。发热,离群,运动僵硬,疼痛,跛行。

(4)结膜炎型 主要发生于绵羊。眼结膜充血、水肿,流泪,角膜混浊、血管翳、糜烂、溃疡和穿孔。

(5)脑脊髓炎型 多发于牛。稽留热,消瘦,流涎和咳嗽,行走摇摆,高跷样步伐,转圈运动或以头抵硬物,关节肿胀、疼痛,末期角弓反张和痉挛。

流产型病变可见胎膜水肿,流产胎儿水肿,腹腔积液,皮肤和黏膜有小点出血。肺肠炎型可见胃肠炎,肺有灰红色病灶,偶有胸膜、腹膜炎,心内外膜、肾包膜出血。关节炎型可见关节囊扩张,内有大量琥珀色液体,有纤维素性絮片。结膜炎型表现为角膜充血、水肿、糜烂和溃疡。脑脊髓炎型可见胸腹腔和心包有浆液渗出,浆膜面被纤维素性薄膜覆盖,并与附近脏器粘连,脾和淋巴结增大,脑膜充血。

5)诊断与检疫技术

本病诊断需进行病原体的分离培养、血清学试验。取病料涂片、染色、镜检病原体。或将病料接种孵化5～7 d的鸡胚卵黄囊或接种于SPF小鼠或豚鼠分离病原。对分离到的衣原体进行DNA分析作种的鉴定。最常用的血清学方法是补体结合反应,此外还有凝集试验、免疫荧光试验等。DNA探针和PCR技术近年来日益受到重视。

5.3.3.3 梅迪病-维斯纳病

梅迪-维斯纳病(Maedi-Visna)是由梅迪-维斯纳病毒引起绵羊的一种慢性进行性、接触性传染病。以潜伏期长,病程缓慢,进行性消瘦并伴有致死性、间质性肺炎或脑膜炎为特征。

1)病原

病原是梅迪-维斯纳病毒(MVV),属于反录病毒科慢病毒属成员。对氯仿、乙醚敏感;50℃存活 15 min,37℃存活 24 h;0.1%福尔马林、4%酚和酒精可灭活。绵羊对梅迪-维斯纳病毒最易感,多发生于 2 岁以上绵羊。山羊也可感染。

2)分布与危害

本病最早在 1915 年发现于南非绵羊中。此病主要发生于欧洲大多数国家,包括冰岛、法国、英国、荷兰、德国、挪威、丹麦等,美洲的加拿大,亚洲的以色列等。我国 1966 年从国外引进种羊而传入本病。本病病死率高,损失大。

3)传播与流行

患病和带毒动物是主要传染源,脑、脊髓、肺、唾液腺和鼻液中含有病毒。主要经消化道和呼吸道水平传播,吸血昆虫可能成为传播媒介。可经胎盘和乳汁垂直传播。本病无季节性,在羊群中呈缓慢式散发。可发生持续性感染。

4)临床症状与病理变化

梅迪(呼吸型)特征是咳嗽逐渐加重,呼吸困难,腹式呼吸,鼻孔扩张,头高仰,张口呼吸。委顿,体质减退,消瘦。天气变坏和劳累时症状加重,干咳。肺部听诊有罗音,叩诊有实音。体温和脉搏正常。维斯纳(神经型)病程缓慢,病初肢体跛行,运动失调,头向侧偏,进而发生轻瘫和麻痹。

梅迪的病变主要出现于肺及肺淋巴结。肺的体积和重量比正常大 2～4 倍,呈灰黄、灰蓝或暗红色,触之有橡皮样感,肺和胸壁粘连,可透过浆膜见到数目不等的大量粒状灰色小点。组织学变化见间质性肺炎,血管、细支气管和肺泡周围发现弥漫性淋巴细胞、单核细胞和巨细胞浸润。纵隔淋巴结和支气管淋巴结肿大和水肿。维斯纳的剖检不见特异变化,组织学变化主要为弥漫性脑膜脑炎,淋巴细胞和神经胶质细胞增生和血管套现象。大脑、小脑、脑桥、延脑和脊髓的白质内出现弥漫性脑髓脱鞘现象。

5)诊断与检疫技术

依据流行特点、临床症状和病理变化可以初步诊断,但确诊必须依靠病毒的分离鉴定和血清学试验。病毒分离采取病羊的白细胞或脑、肺组织,作细胞培养,以免疫荧光技术检测病毒抗原。血清学试验有琼脂扩散试验和 ELISA 等。

5.3.3.4 边界病

边界病(Border Disease)是由边界病病毒引起绵羊的一种传染病。以母羊不孕、流产、死胎或产出弱羔;新生羔毛生长异常、持续节律性震颤和体型变形为特征。

1)病原

边界病病毒(BDV)属于黄病毒科瘟病毒属的成员。病毒对氯仿和乙醚敏感，56℃ 30 min 失活，普通消毒剂可杀灭。在自然条件下，绵羊对边界病病毒最易感，山羊次之，牛和猪也有易感性。

2)分布与危害

1959 年在英格兰和威尔士边界地区发现，因此而得名。以后相继在欧美、大洋洲等许多国家出现。目前有扩大蔓延的趋势。我国尚未发现本病。

3)传播与流行

病羊和带毒羊是主要的传染源。病毒存在于流产的胎儿、胎膜、羊水以及持续感染动物的分泌物和排泄物中，主要通过呼吸道、消化道、交配水平传播，也可通过胎盘垂直传播给胎儿。本病发病率低，一般 5%～50%不等，但损失严重。

4)临床症状与病理变化

妊娠早期感染可引起流产、胚胎死亡后被吸收。临产时感染可见较大的胎儿流产、死产或产出弱小羊羔。病羔羊体表出现异常生长的茸毛状胎毛，在颈背部形成晕圈状图案。出现持续性震颤及全身骨骼肌的强直阵挛性收缩。病羔运动失调，醉酒样步态。有的站立困难，后肢两腿叉开呈特征性的“八”字姿势。骨骼发育异常，四肢骨短细，关节弯曲外翻，脑袋小。多数在断乳前死亡，幸存者生长缓慢。

检查胎盘见坏死性胎盘炎。死胎出现脑畸形、脑积水和小脑发育不全。组织学检查可见大脑和脊髓神经髓鞘形成不全，胶质细胞形态异常，白质细胞增多。

5)诊断与检疫技术

根据典型临床症状、病理变化可初步诊断。分离鉴定病毒可取流产胎盘、病死羔脑、脊髓、淋巴结等，接种胎羊肾细胞，通过免疫组化法检测病毒抗原。也可用特异性荧光抗体直接检测病变组织中的病毒。检测病毒抗体，常用中和试验和 ELISA，也可用补体结合试验、琼脂扩散试验等血清学方法。

5.3.4　猪病

5.3.4.1　猪传染性脑脊髓炎

猪传染性脑脊髓炎(Swine Infectious Encephalomyelitis，SIE)是由猪肠道病毒属病毒侵害猪中枢神经系统引起猪的一种高致病性、高死亡率，非化脓性脑脊髓炎症的一种接触性传染病。又称猪捷申病(Teschen Disease)、猪泰法病(Talfan Disease)、猪脑脊髓灰质炎(Poliomyelitis Suum)。

1)病原

本病病原为微 RNA 病毒科的猪肠道病毒属血清Ⅰ型。耐酸，pH3 以下的环境中能迅速灭活。56℃ 30 min 不能使其全部灭活。病毒对乙醚和氯仿等脂溶剂有抵抗力。3%福尔马林或 20%的漂白粉能灭活病毒。猪肠道病毒血清Ⅰ型只感染猪。

2)分布与危害

该病于 1929 年在原捷克斯洛伐克的捷申地区首次发现,随后中欧、西欧、北美以及澳大利亚和非洲也相继报道。20 世纪四五十年代此病流行特别严重,60 年代以来,本病广泛分布于丹麦、英国、加拿大、美国和澳大利亚等地。目前,我国尚未发现该病病例。本病的发病率和死亡率高,而且可感染各品种和各年龄的猪,给养猪业造成严重的经济损失。

3)传播与流行

病猪和带毒猪是本病的传染源。病毒主要存在于猪脑和脊髓,也出现于排泄物中。病猪在潜伏期和临床症状期都具有传染性。健康猪带毒现象或隐性感染普遍存在。本病通过直接或间接接触感染,消化道是主要的感染途径。随分泌物、粪便等排出的病毒,可以通过饲料、饮水、用具、铺垫物传染给健康猪。也有报道可经呼吸道传播。鸟类、啮齿类动物及飞蝇也可传播。本病在新疫区呈暴发流行,老疫区常散发。幼龄仔猪特别是 2～6 月龄的断奶子猪和架子猪最易感染,成年猪多为隐性感染,很少发病。该病病死率很高,可达 50%～90%。

4)临床症状与病理变化

潜伏期为 2～28 d。临床上分为急性型、亚急性型、慢性型和隐性型。病猪体温高达 40～41℃,厌食、倦怠、腹泻,相继出现中枢神经系统症状,四肢运动不协调,或角弓反张,病情严重者,可出现肌肉抽搐和昏迷,有的病猪惊厥鸣叫,咂嘴、磨牙,而后发生麻痹呈犬坐状或侧卧,膝或皮肤反射减低或消失。

剖检病变见脑膜水肿,脑膜和脑血管高度充血,心肌脂肪变性。中枢神经系统组织学变化主要为非化脓性脑脊髓灰质炎,表现为血管周围大量淋巴细胞、浆细胞、胶质细胞浸润形成“管套”,神经细胞变性和坏死,神经细胞浆内可见嗜酸性包涵体。

5)诊断与检疫技术

根据本病流行病学特点、临床症状与剖检变化特别是病理组织学检查,可以作出初步诊断。确诊需作病原分离与鉴定、血清学试验。一般采用微量病毒中和试验或 ELISA 检测抗体。

5.3.4.2 猪痢疾

猪痢疾(Swine Dysentery,SD)是由猪痢疾密螺旋体引起猪的一种肠道传染病，以黏液性或黏液出血性腹泻为特征，曾称为血痢(Bloody scours)。

1)病原

猪痢疾密螺旋体(*Treponema hyodysenteriae*)对外界环境有较强的抵抗力，但对消毒药的抵抗力不强。自然情况下，猪痢疾密螺旋体只感染猪，尚未有其他动物感染或发病的报道。

2)分布与危害

该病遍布五大洲的 50 多个国家和地区。我国许多省市都存在本病。由于病猪死亡、生长率降低和较高的治疗费用给各国养猪业造成了巨大的经济损失，在美国估计每年因此病而损失近 7 000 万美元。

3)传播与流行

病猪和带菌猪是主要传染源。本病常发生于 7～12 周龄的幼猪。康复猪常成为带菌猪，其粪便可污染周围环境、饲料、饮水和用具。消化道是主要的传播途径。本病无明显季节性，流行期长。各种应激因素，如饲料变换、气候多变、运输、寒冷等都可促进该病的发生和流行。本病一旦传入猪群便很难根除，停药后常复发。

4)临床症状与病理变化

本病潜伏期 2～60 d 以上，一般为 10～14 d。大多数病猪症状基本相同，先排黄色至灰色稀粪，粪便中常有血斑和大量黏液，部分猪体温升稍高，后期病猪粪便呈红色或墨红色，猪弓背吊腹，脱水消瘦，虚弱，共济失调。临床上可分为急性、亚急性和慢性。病变主要在大肠，急性型病猪的大肠壁和肠系膜充血，水肿、淋巴滤泡增大。肠黏膜肿胀覆有渗出物，黏膜炎症可发展为出血性纤维素性炎症，形成黏液纤维蛋白性假膜。

5)诊断与检疫技术

根据本病流行特点和临床表现可作初步诊断。经实验室细菌学检查和血清学试验可进一步确诊。

病原学诊断：细菌学检查方法包括抹片镜检、细菌的分离鉴定和动物接种试验等。刮取一段病变结肠的黏膜或粪便抹片，染色镜检，或暗视野显微镜检查。取新鲜粪便或大肠黏液划线接种于选择性培养基上进行厌氧分离。将分离纯化的菌株经口接种小猪。或选用 2 周龄猪 2 头，禁食 48 h 后剖腹，将空肠排空，分段作双重结扎，试验段注入待检菌液，对照肠段注入生理盐水，另一头猪作反方向注射，闭合腹壁 2～3 d 后扑杀，检查肠段并作抹片镜检。

血清学诊断：常用微量凝集方法(MAT)和 ELISA。

5.3.4.3 猪繁殖与呼吸综合征

猪繁殖与呼吸综合征(Porcine Reproductive and Respiratory Syndrome, PRRS)是由猪繁殖与呼吸综合征病毒引起以母猪繁殖障碍和仔猪呼吸道症状为主要特征的猪的一种接触性传染病,又称猪蓝耳病。

1)病原

猪繁殖与呼吸综合征病毒(PRRSV)为动脉炎病毒科成员,对乙醚、氯仿等敏感,只感染猪。

2)分布与危害

该病于1987年首次暴发于美国,流行传播很快,1990年起先后在美洲、欧洲、大洋洲与太平洋岛屿、亚洲等地区蔓延。我国于1995年底暴发本病。由于流产死胎、仔猪死亡、母猪免疫功能低下、饲料利用率低下、药物费用增加等原因,该病给世界养猪业造成了严重的经济损失。本病已成为规模化养猪生产中的主要疫病之一。

3)传播与流行

病猪和带毒猪是本病的主要传染源。主要通过呼吸道或公猪的精液经生殖道在同群猪间水平传播,也可以垂直传播。空气传播是本病的主要传播方式。本病呈地方性流行,不同分离株的毒力和致病性不同。不同年龄、性别和品种的猪均易感,但不同年龄的猪易感性有差异。急性暴发猪场母猪的流产率可达50%以上,仔猪的死亡率达80%~100%。

4)临床症状与病理变化

急性型表现为母猪发烧,精神沉郁,食欲减退乃至废绝,有时出现呼吸系统症状。妊娠母猪多在后期发生流产,产死胎、木乃伊胎,少数猪耳部发紫。仔猪出现呼吸系统症状,高死亡率,断奶前仔猪死亡率可达80%以上,断奶后仔猪的增重降低,死亡率升高(10%~25%)。慢性型表现为母猪的繁殖与猪群的生长性能下降,免疫功能降低,易继发感染。剖检死产胎儿、弱仔和发病仔猪常见肺炎病变,淋巴结肿胀,脾肿大,胸腺萎缩,心包与腹腔积液,眼睑及阴囊水肿。

5)诊断与检疫技术

根据流行病学、临床症状、病毒分离鉴定及血清抗体检测进行综合诊断。

(1)病原分离鉴定　取急性期病猪的肺脏、脾、扁桃体、外周血液或血清、流产胎儿肺脏等作病毒分离。可用免疫荧光抗体技术或免疫过氧化物酶染色技术、RT-PCR进行病毒鉴定。

(2)血清学试验　用免疫过氧化物酶单层试验(IPMA)、间接免疫荧光抗体试验、ELISA等检测血清中的特异性抗体。

5.3.5 马病

5.3.5.1 委内瑞拉马脑脊髓炎

委内瑞拉马脑脊髓炎(Venezuelan Equine Encephalomyelitis,VEE)是由委内瑞拉马脑脊髓炎病毒引起的一种主要侵害中枢神经系统的流行性疾病。

1)病原

委内瑞拉马脑脊髓炎病毒(VEEV)属于披膜病毒科、甲病毒属的成员。对热、酸、乙醚敏感。马属动物是自然条件下的最易感动物,人、其他家畜、野生动物、野禽类、啮齿动物等均有易感性。

2)分布与危害

1935年哥伦比亚首先报道该病,而后蔓延至委内瑞拉,发生于南美、中美等国家,造成严重的经济损失。本病在马匹中暴发流行时,常见有人类感染并死亡的病例,特别是儿童死亡率较高,具有重要的公共卫生意义。

3)传播与流行

病马、带毒马及其他带毒动物均可成为传染源。病毒存在于发病初期的血液和部分脏器及中枢神经系统中。传播方式为马→蚊→马,人是通过上呼吸道感染的,并不需要媒介昆虫的传播。在媒介昆虫数量和种类多的季节以及敏感动物数量和密度大的地区,都会加速该病的流行,病马在病毒血症期间迁移是本病流行蔓延的一个十分重要因素。

4)临术症状与病理变化

该病主要表现为双相热型。在潜伏期1～3 d后,体温增高,并有病毒血症,而后出现中枢神经症状,共济失调,眼球震颤,下唇下垂,脱水及虚脱,沉郁,腹泻,食欲丧失。人感染此病潜伏期为2～5 d,发热,流感样头痛和衰弱。儿童多见神经症状。严重病例仅见脑膜水肿,脑实质充血、出血和水肿,间脑和脊髓可见出血点和局灶性坏死。

5)诊断与检疫技术

(1)病原分离鉴定　采集与临诊脑炎病例有密切接触的发热动物的血液,脑内接种乳鼠或仓鼠、鸡胚或细胞培养物分离病毒。采用补体结合试验、血凝抑制试验、免疫荧光和蚀斑中和试验鉴定病毒。

(2)血清学试验　用补体结合试验、血清中和试验、血凝抑制试验检测抗体。

5.3.5.2 马鼻疽

马鼻疽(Glanders)是由鼻疽杆菌引起的在鼻腔、喉头和气管黏膜上形成鼻疽结节、溃疡和瘢痕,在肺淋巴结或其他实质脏器中形成鼻疽性结节的一种高度接触性传染病。

1)病原

鼻疽杆菌(*Pseudomonas mallei*)对外界抵抗力较强,但55℃ 10 min、80℃ 5 min可被杀死,在含有0.5%有效氯的消毒液中5 min被杀死,人和多种温血动物都对鼻疽杆菌易感。

2)分布与危害

马鼻疽是一种古老的疫病。自第一次世界大战后,美国、加拿大及大多数欧洲国家已将鼻疽消灭或基本消灭。20世纪80年代初,墨西哥、土耳其、阿富汗、莫桑比克、叙利亚,印度和缅甸尚有本病发生。该病曾在我国主要牧业区和农业区发生流行,危害严重,但在1984年许多省市已达到基本消灭的标准。

3)传播与流行

鼻疽病畜是本病的传染源。慢性无症状的病马可长期带菌、排菌。病畜的分泌物带有大量的病原菌,可经污染的饲料、饮水、垫草以及所有用具进行传播。主要传播途径为消化道,也可经呼吸道和胎盘等途径感染。人主要经创伤的皮肤和黏膜感染。该病流行没有明显的季节性。

4)临床症状与病理变化

急性鼻疽病马表现体温升高,呼吸加快,可视黏膜潮红,食欲减退,精神沉郁,颌下淋巴结肿大,一侧性流出黄绿色鼻液。急性型主要表现为鼻腔鼻疽,肺鼻疽和皮肤鼻疽3种形式。慢性鼻疽病马鼻孔流出灰黄色脓性鼻汁,鼻黏膜溃疡,颌下、颈上、咽部淋巴结肿胀,病畜消瘦。除皮肤鼻疽和鼻腔鼻疽的病理变化外,病马的肺脏病变表现为鼻疽性结节和鼻疽性肺炎变化。体表及脏器淋巴结肿胀、化脓和有干酪化结节。皮肤淋巴管化脓溃疡。

5)诊断及检疫技术

(1)病原学诊断　取新鲜病料接种甘油琼脂平板分离培养,用平板凝集试验进行鉴定。或将纯培养物或病料接种动物分离鉴定。

(2)血清学试验　用补体结合试验、凝集反应、沉淀反应、间接血凝试验、ELISA、荧光抗体间接法、乳胶凝集试验、对流免疫电泳、双扩散试验及固相补体结合试验等方法检测抗体。

5.3.5.3 类鼻疽

类鼻疽(Melioidosis)是由类鼻疽假单胞菌感染动物和人引起的一种人畜共患的急性传染病。

1)病原

类鼻疽假单胞菌(*Pseudomonas pseudomallei*)为假单胞菌属成员,在自然界的水和土壤中可以存活一年以上。本病原可感染人和多种动物。

2)分布与危害

本病疫源地主要存在于南北纬20°之间的热带地区,东南亚多见,伊朗也有疫情。从美洲的巴西、秘鲁、加勒比地区、非洲中部和马达加斯加岛到亚洲的南亚、东南亚以及澳洲北部都是类鼻疽疫区。

3)传播与流行

主要传染源为患病动物。人和动物通过污染的水和土经外伤、呼吸道或消化道感染,鼠蚤和蚊子等节肢昆虫也有可能传播本病。雨季和洪水泛滥往往造成猪类鼻疽流行。

4)临床症状与病理变化

感染马多呈急性肺炎症状。猪表现为厌食、发热、咳嗽、鼻腔有脓性分泌物,关节肿胀;绵羊可见咳嗽、发热,呼吸困难,有的出现神经症状,后躯麻痹,小羊多为慢性经过。病理变化主要表现在皮下及肺、肝、脾、肾等脏器发生脓肿,各黏膜、浆膜有散在小出血点。

5)诊断与检疫技术

可作病原分离鉴定,用间接血凝试验、补体结合试验检测抗体。间接荧光抗体试验(IFA-IgM)检测类鼻疽的IgM抗体。变态反应适用于马属动物鼻疽与类鼻疽感染的鉴别诊断。

5.3.6 禽病

5.3.6.1 传染性法氏囊病

传染性法氏囊病(Infectious Bursal Disease,IBD)是由传染性法氏囊病病毒引起幼鸡的一种急性、高度接触性传染病。以腹泻、颤抖、极度衰弱、法氏囊出血水肿、肾脏肿胀、腿肌和胸肌出血、腺胃和肌胃交界处呈条状出血为特征。

1)病原

传染性法氏囊病病毒(IBDV)为双RNA病毒科、禽双RNA病毒属成员。

IBDV 外界环境抵抗力强，只感染鸡。

2)分布与危害

IBD 首次发现于美国，目前本病在世界养鸡国家和地区广泛流行。中国于 1979 年首次在广州发现该病，陆续遍及全国，成为严重威胁我国养鸡业的重要传染病之一。该病造成鸡的死亡率、淘汰率增加，引起鸡的免疫抑制，使鸡对病原易感性增加，免疫应答下降，造成免疫失败，给养鸡业带来巨大的经济损失。

3)传播与流行

病鸡是主要传染源。大量的病毒存在于病鸡的粪便中，污染饲料、饮水、垫料、用具、人员等，通过直接或间接接触而在鸡群中传播。本病的潜伏期很短，明显特征是突然发病，发病率高，死亡率高，康复迅速。本病的发生无季节性，只要有易感鸡存在，全年都可发病。

4)临床症状与病理变化

病鸡表现羽毛蓬松，翅膀下垂，采食减少，精神委顿。腹泻，排出白色黏稠和水样稀粪，泄殖腔周围的羽毛被粪便污染，急性病鸡体温低于正常，1～2 d 内死亡。病死鸡表现为脱水，腿部和胸部肌肉出血，法氏囊内黏液增多，法氏囊水肿和出血，体积增大。

5)诊断与检疫技术

(1)病毒分离鉴定　采集病鸡法氏囊、肾、肝和脾，经绒毛尿囊膜接种鸡胚分离病毒。用琼脂凝胶沉淀试验、病毒中和试验进行病毒鉴定。将法氏囊作电镜观察，或免疫荧光抗体染色查测病毒抗原。也可采用 RT-PCR 和核酸探针检测病毒。

(2)血清学试验　用琼脂扩散试验、免疫荧光抗体试验、病毒中和试验和 ELISA 检测抗体。可用胶体金试纸条检测病毒抗原。

5.3.6.2 鸡伤寒

鸡伤寒(Fowl Typhoid)是由鸡沙门氏菌引起家禽的一种呈急性或慢性经过，主要侵害鸡和火鸡的败血性传染病。

1)病原

病原是鸡沙门氏菌。加热 60℃ 10 min、日光直射下几分钟可被杀死，2%甲醛溶液可在 1 min 内杀死。该菌主要侵害禽类，如鸡、火鸡、珠鸡、雏鸭、孔雀、野鸡等。

2)分布与危害

本病在世界范围内广泛分布与流行。鸡沙门氏菌可感染任何日龄的鸡，死亡率达 10%～15%或更高。种鸡感染后可经蛋垂直传播，带菌种蛋孵出的雏鸡约 1/3 在 6 个月内死于本病。由该病造成的损失非常严重，不少国家由于多年实施消灭禽白痢－禽伤寒计划，在商业禽群中已消灭了本病。在一些发展中国家，该病呈上升趋势，我国多年来一直存在本病。家禽是人类沙门氏菌感染和食物中毒最重要的来源，是人类食物源性疾病之一，具有一定的公共卫生意义。

3)传播与流行

病鸡和带菌鸡是主要的传染源。禽伤寒可通过各种途径传播，感染鸡从粪便排出细菌引起同群感染。消化道是主要的感染途径，另外鼠害、饲养人员的衣服、鞋帽以及运输车辆和用具均可机械传播病原。本病还可经蛋垂直传播。

4)临床症状与病理变化

病雏体弱、生长不良、不食、困倦、肛门周围沾有白色粪便，常因肺部感染而见呼吸困难和喘气。青年鸡和成年鸡表现为突然停食，体温上升 1～3℃，沉郁，羽毛蓬松，头部苍白，鸡冠萎缩。急性禽伤寒出现严重的溶血性贫血，组织病变不明显，常见肝、脾、肾红肿。亚急性或慢性病例可见肝肿大，呈棕绿色或古铜色。肝脏和心肌有粟粒状灰白色小灶，心包炎，腹膜炎，卵子出血、变形和变色，肠炎等。

5)诊断与检疫技术

(1)病原分离鉴定　急性病例可从肝和脾等内脏器官分离细菌，也可取雏鸡未吸收的卵黄培养细菌。此外，还可用核酸探针、酶免疫测定、PCR、免疫荧光抗体试验等方法检测抗原。

(2)血清学试验　采用全血平板凝集试验和 ELISA 检测抗体。

5.3.6.3　禽痘

禽痘(Fowl Pox)是由禽痘病毒引起禽类体表无毛处皮肤产生痘疹或引起口腔、咽喉黏膜形成纤维素性坏死性假膜的一种急性、接触性传染病。

1)病原

禽痘病毒(FPV)属痘病毒科、禽痘病毒属成员，对外界环境有很强的抵抗力。禽痘病毒只感染禽类。

2)分布与危害

禽痘是一种古老的疾病，广泛分布于世界各地。中国各地也常有发生。该病在大型养禽场易造成流行。目前已有 20 个科 60 多种野鸟自然感染的报道。该病导致病禽增重缓慢，产蛋减少。当并发其他传染病和饲养管理不当时，可引起大批死亡。禽痘病毒不感染人、家畜和其他的哺乳动物。

3)传播与流行

病禽是该病的传染源,主要发生于鸡和火鸡,幼鸽也可发生,鸭、鹅等水禽易感性很低。金丝雀、鹌鹑、各种野鸟均易感。各种禽都能感染,雏禽和中年禽最常发病。健禽与病禽接触造成禽痘的传播,脱落和碎散的痘痂在空气中散布,经皮肤或黏膜的伤口感染,带毒蚊虫叮咬也能传播本病。该病一年四季都能发生,秋、冬两季易流行,冬季多见黏膜型痘病,秋季、冬初常见皮肤型。外界不利应激因素可促使本病发生,若有并发症,可造成大批死亡。

4)临床症状与病理变化

临床上分为皮肤型、黏膜型、混合型,少见败血型。皮肤型表现为头部、腿、翅、泄殖腔周围形成特殊痘疹。黏膜型可见口腔和咽喉部黏膜上有灰白色结节,而后融合形成假膜,假膜扩大增厚堵塞口腔和咽喉,引起病禽呼吸、吞咽困难。混合型为皮肤型和黏膜型同时发生,死亡率高。败血型多见全身症状,继而发生肠炎。病理变化可见病变皮肤或黏膜细胞增生、肿胀形成结节,少数病例可见内脏病变。

5)诊断与检疫技术

(1)病毒分离鉴定　取病变组织接种易感鸡,可涂擦在无毛的皮肤上,接种3～4 d后接种部位出现痘肿,即确定痘病毒存在。可将处理的病料接种9～12日龄鸡胚绒毛尿囊膜,37℃孵育4～5 d后,可见绒毛尿囊膜病变。

(2)血清学试验　用琼脂扩散试验,免疫荧光法,酶标抗体法,ELISA和微量中和试验等方法检测抗体。

5.3.6.4　马立克氏病

马立克氏病(Marek's Disease,MD)是由马立克氏病病毒引起鸡的以外周神经、性腺、虹膜、各种脏器、肌肉和皮肤的单核性细胞浸润为特征的淋巴组织增生性传染病。

1)病原

马立克氏病病毒(MDV)是一种细胞结合性疱疹病毒。MDV以细胞结合和游离于细胞外两种状态存在,细胞结合病毒的传染性随细胞死亡而丧失,而游离病毒对外界环境有很强的抵抗力,但常用的化学消毒剂可灭活病毒。MDV的自然宿主为鸡。

2)分布与危害

马立克氏病最早于1907年在匈牙利报道。该病呈世界性广泛分布,感染鸡群的死亡率高达60%以上,对世界养禽业造成的经济损失巨大。我国鸡群普遍存在 MD。

3)传播与流行

传染源为病鸡和带毒鸡。MD 的自然宿主是鸡,鹌鹑、火鸡、山鸡等可感染,但不发病。病毒通过直接或间接接触经气源传播,病毒在羽囊上皮细胞中复制,随羽毛、皮屑排出,使污染鸡舍的灰尘成年累月保持传染性,MDV 传染性极强,在鸡群中广泛传播。

4)临床症状与病理变化

MD 的症状可分 3 个型:神经型、内脏型和眼型,各型混合发生也时有出现。MD 急性暴发时病情严重,开始时鸡精神委顿,几天后出现共济失调,随后发生单侧或双侧性肢体麻痹、脱水、消瘦和昏迷特征。MD 的特征症状是累及一个或多个肢翅的非对称性进行性不全麻痹,随后发展为完全麻痹,步态不稳是最早看到的症状,有些病鸡虹膜受害,导致失明。该病的最恒定的病变部位是外周神经。最常被侵害的内脏器官是卵巢。MD 的非肿瘤性变化是法氏囊和胸腺萎缩,以及骨髓和各内脏器官的变性,可导致肿瘤产生前的鸡早期死亡。

5)诊断与检疫技术

(1)病毒分离鉴定　取病鸡的肿瘤组织、血淋巴细胞作为病料,处理后接种 CK 或 DEF 分离病毒。细胞病变后采用荧光抗体染色或特异性的单克隆抗体进行病原鉴定,也可用电镜观察病毒粒子,还可采用核酸探针检测病原。另外可用 PCR 技术检测病毒核酸。

(2)血清学检查　常用方法为琼脂扩散试验、荧光抗体法、酶标抗体法。

5.3.6.5　鹦鹉热

鹦鹉热(Psittacosis)又名鸟疫(Ornithosis)、衣原体病(Chlamydiosis),是由鹦鹉衣原体引起的一种主要以呼吸道和消化道病变为特征的接触性传染病。

1)病原

鹦鹉衣原体属于衣原体科、衣原体属成员。衣原体容易被季胺类化合物和脂溶剂等灭活,对蛋白变性剂、酸和碱的敏感性较低,70%酒精、3% H_2O_2,碘酊溶液等几分钟可将其杀死。该衣原体可感染家禽、鸟类、人类以及其他哺乳动物。

2)分布与危害

该病是一种世界性疾病,分布地区相当广泛,已发生于亚洲、欧洲、美洲、大洋洲等 60 多个国家和地区。鸡群的衣原体感染在我国也普遍存在。本病是广泛分布的自然疫源性疾病。在禽类中的感染非常普遍,引起产蛋量下降和较高的死亡率,导致严重的经济损失。该病原不仅会感染家禽和鸟类,也会危害人类的健康，具有公共卫生意义。

3)传播与流行

传染源是病禽、鸟和带菌禽、鸟。家禽和鸟多呈隐性感染并携带病原。主要通过空气传播，其次是经口感染，经皮肤伤口和昆虫叮咬也可感染。本病无明显季节性，饲养管理不当等应激因素可增加该病的发生率和死亡率。

4)临床症状与病理变化

成年鸡对鹦鹉衣原体抵抗力较强，只有幼年鸡急性感染出现死亡，可见心包炎和肝肿大。成年鸭一般不显症状。幼鸭厌食，排水样绿色粪便，眼鼻周围有浆液性或脓性分泌物，消瘦，死于痉挛。火鸡症状为厌食、发热、沉郁、腹泻，粪便黄绿色或带血。鹅的临床症状与鸭相似。各种鸟、禽类感染衣原体发病时的病理变化相似。可见肝脾肿大、有灰色或黄色坏死灶，纤维素性心包炎，肠道炎症，全身性浆膜炎，腹膜炎。

5)诊断与检疫技术

(1)病原分离鉴定　无菌切开病变组织，触片，姬姆萨染色，镜检。衣原体原生小体呈红色或紫红色，网状体呈青色。包涵体中的原生小体具有诊断意义。也可将病料经卵黄囊接种鸡胚，观察鸡胚病变，制触片染色镜检。还可用荧光抗体对固定的病料组织进行染色，镜检鉴定病原。

(2)血清学试验　采发病初期和康复后的双份血清，用间接补体结合反应、间接血凝反应或酶标抗体法检测抗体。

5.3.7　啮齿动物病

5.3.7.1　兔病毒性出血症

兔病毒性出血症(Rabbit Viral Haemorrhagic Disease，RVHD)是由兔出血症病毒引起的以全身实质器官出血为特征的兔的一种急性、败血性、高度接触性传染病，俗称“兔瘟”。

1)病原

兔出血症病毒(RHDV)属杯状病毒科、兔病毒属。对乙醚、氯仿等有机溶剂抵抗力强，对紫外线和干燥等不良环境抵抗力强，0.5%的次氯酸钠是常用的消毒药物。RHDV 只感染兔。

2)分布与危害

该病最早于 1984 年在我国江苏发生。之后亚洲、非洲、美洲、欧洲等国家和地区均有本病流行的报道。本病常呈暴发流行，发病率和死亡率极高，给世界的养兔业造成了巨大的经济损失。

3)传播与流行

病兔和带毒兔是本病的主要传染源。病兔通过排泄物和分泌物向外排毒，通过直接接触或间接接触传播本病。RHDV可在冷冻的兔肉或脏器组织中长期存活，所以通过国际贸易该病原可被长距离传播，从疫区购进的病兔毛皮也可传播本病。本病一年四季均可发生，新疫区多呈暴发流行，传播迅速，流行期短，发病率及死亡率高。

4)临床症状与病理变化

最急性型多发于新疫区或流行初期，表现为突然发病，体温升高，而后突然抽搐死亡；急性型病兔体温升高，沉郁，食欲不振或拒食，末期病兔运动失调、呼吸困难、悲鸣、抽搐，鼻孔流出泡沫样的液体；慢性型多见于老疫区或流行后期，病兔体温升高达41℃左右，沉郁、食欲不振、消瘦，衰弱而死亡。病理变化以实质器官出血和坏死为主要特征，肝、脾肿大。

5)诊断与检疫技术

(1)病原学检查　取感染兔的肝脏等病料进行处理，负染后电镜检查病毒形态结构。用病料接种易感兔可引起死亡。可用血凝试验和血凝抑制试验检测病毒。另外可用酶标抗体或荧光素标记染色方法直接检测病料组织触片或冰冻切片中的病毒。RT-PCR用于检测病料中的病毒核酸。

(2)血清学试验　血凝抑制试验、双抗体夹心ELISA、酶标抗体及免疫荧光抗体技术检测病毒或抗体。

5.3.7.2 兔黏液瘤病

兔黏液瘤病(Myxomatosis)是由兔黏液瘤病毒引起的一种高度接触性和高度致死性的自然疫源性传染病。

1)病原

兔黏液瘤病毒(MV)属痘病毒科、兔痘病毒属。病毒对乙醚敏感，但能抵抗去氧胆酸钠。兔黏液瘤病毒具有高度宿主特异性，主要感染家兔、欧洲野兔、北美野兔，而南美野兔表现为温和型疾病过程。人及其他哺乳动物和非哺乳动物均不易感。

2)分布与危害

本病于1896年在乌拉圭首先发现，而后在欧洲、美洲、澳洲、非洲等许多国家和地区发生流行。近年来有向亚洲蔓延的趋势，虽我国尚未公开报道，但国外种兔的引进，使得此病传入我国的可能性增加，因此加强对引进种兔的检疫势在必行。弱毒株引起的死亡一般低于30%,而强毒株的致死率高达90%以上。

3)传播与流行

病兔和带毒兔是主要的传染源,通过直接接触和间接接触感染,在自然界通过节肢动物口器机械传递是主要的传播方式。本病一年四季均有发生,但在蚊虫大量繁殖的夏秋季多发。

4)临床症状与病理变化

最急性型病例可在不出现任何症状或仅眼睑水肿的情况下于感染后2~7 d死亡;急性病例在感染后6~7 d出现全身性肿瘤,黏液脓性结膜炎及眼睑水肿,8~15 d后死亡;慢性病例症状较轻,可见轻度水肿,少量鼻漏和眼垢,耳、鼻、四肢等部位出现界限明显的结节。病理变化主要是出现皮肤肿瘤和皮下水肿,尤其是颜面和天然孔周围水肿严重。皮肤出血,胃肠道黏膜或心内外膜有出血点,脾肿大,淋巴结出血。

5)诊断与检疫技术

进行病毒分离,试验观察病料在鸡胚尿囊膜上是否产生痘斑或者在兔肾细胞上是否呈现葡萄串状病变/蚀斑效应。进一步用血清学方法如琼脂扩散、免疫荧光、血清中和试验或ELISA确证病原。

5.3.7.3 野兔热

野兔热(Tularemia)又称土拉杆菌病,是由土拉热弗朗西斯菌(*Francisella tularensis*)引起的多种动物和人类共患的一种急性、热性、败血性传染病,属自然疫源性疾病。

1)病原

土拉热弗朗西斯菌在分类上属盐杆菌科弗氏菌属。主要感染野兔和啮齿动物,也可感染家兔、家畜和人。

2)分布与危害

本病分布很广,包括北半球的大多数国家和地区,我国的黑龙江、青海、新疆、内蒙古、云南等地均有发生,对人类的健康和畜牧业造成了一定的损失和影响。我国曾有两次由兔感染人而致病的报道,因此该病具有公共卫生意义。

3)传播与流行

患病及带菌的野生啮齿动物(如田鼠、家鼠、野兔等)是家兔、家畜和人类的传染源,而带菌畜禽及其污染的水、食物、粪便也可作为传染源。通过生物媒介传播是本病的主要传播方式。健康动物还可以通过消化道或呼吸道感染。本病一年四季均有发生,一般在春末和夏秋季节,体外寄生虫繁殖旺盛时易暴发此病。家兔多呈散发,偶呈地方流行性。

4)临床症状与病理变化

急性型不易见到临床症状,个别病例于临死前表现精神萎靡,厌食,运动失调,反应迟钝,2～3 d内呈急性败血症而死亡;慢性病例呈现鼻炎,颈部、胸前、腹股沟淋巴结肿大、发硬,皮肤出现溃疡并流出红色稀薄的脓汁,体温升高1～1.5℃,极度消瘦,最后衰竭而死,多数经12～24 d痊愈。剖检可见体表淋巴结明显肿大,呈深红色,有坏死小结节。肺、肝、脾、肾肿大,并有粟粒大坏死结节或多量灰白色坏死灶。

5)诊断与检疫技术

取组织器官做涂片检查病原菌形态,做组织切片用荧光抗体鉴定病原菌。血清学试验如试管凝集试验、ELISA及土拉菌素皮内试验仅用于人土拉杆菌病的诊断。

5.3.8 水生动物病

5.3.8.1 鱼传染性胰脏坏死病

鱼传染性胰脏坏死病(Infectious Pancreatic Necrosis,IPN)是由传染性胰脏坏死病毒引起鱼类的一种高度接触性传染病。

1)病原

传染性胰脏坏死病毒(IPNV),属双RNA病毒科。病毒对环境的抵抗力很强,在水中存活时间可超过230 d,在4℃水中毒力可维持5～6个月。鱼传染性胰脏坏死病是在规模化、高密度饲养条件下出现的一种高度接触性传染病。鲑、鳟鱼种的幼鱼最为易感,偶尔也发生于银大马哈鱼、梭鱼等鱼种。6个月以上的鱼可以无症状带毒,鱼卵也可携带病毒。

2)分布与危害

本病主要发生于美洲、欧洲及亚洲的一些鲑、鳟鱼养殖场。我国山东、山西、东北、台湾等养虹鳟鱼的地区也已经发现本病。主要危害14～17日龄的鱼苗和幼鱼,发病率较高,死亡率可达到10%～90%。较大的鱼也可感染,病后存活鱼可能终生带毒。

3)传播与流行

病毒可经水平和垂直途径传播,带毒亲鱼的卵和精液、病鱼的排泄物、分泌物均可成为传染源。本病潜伏期短,鱼苗潜伏期为3～5 d,幼鱼为8～10 d。死亡高峰期通常在12～18 d。发病水温10～15℃,高于或低于这个温度范围发病率和死亡率都较低。

4)临床症状与病理变化

初期症状表现为游动迟钝,摄食不良,鱼体变黑,鳍条充血,肛门处带有白色黏液便。后期病鱼旋转狂游直至死亡。病死鱼眼球突出,腹部膨胀,解剖病鱼可见胰腺坏死,肝、脾、肾贫血,肠内无食物,充满透明或乳白色黏液。

5)诊断与检疫技术

采用组织病理切片观察典型病理变化。用免疫学方法如荧光抗体试验、ELISA 等检测感染组织中的病毒抗原。

5.3.8.2 鲑鳟鱼病毒性出血性败血症

鱼病毒性出血性败血症(Viral Haemorrhagic Septicaemia,VHS)是一种能感染白鲑、虹鳟、白斑狗鱼等鱼种的病毒性传染病。

1)病原

鱼病毒性出血性败血症病毒(VHSD)属弹状病毒科、水疱病毒属的成员。

2)分布与危害

本病主要分布于欧洲大陆,北美的太平洋和北大西洋,给虹鳟的养殖造成很大的经济损失,因而受到虹鳟养殖业的极大关注,另外大鲮鲆、太平洋鲱鱼、沙丁鱼的大量死亡与鱼病毒性出血性败血症病毒的感染也有关。

3)传播与流行

在病鱼的肾、脾、心、肝和消化道中含有大量病毒,通过粪便、尿液和精卵液排出。任何年龄的鱼均可发病,年龄小的鱼病情更严重。本病的潜伏期通常为 1～2 周。当水温在 3～12℃时,疾病容易流行。8～10℃时,死亡率最高,当水温高于 15℃时很少发病。康复鱼成为带毒者。本病可全年发生,但主要在春季水温上升或波动时多发。新的地区流行时,死亡率可达 80%。

4)临床症状与病理变化

本病对鱼通常是致死性的。可分为急性、慢性和神经型 3 种,一般由急性转为慢性,最后转为神经型。主要表现为突发性大量死亡,皮肤出血。急性期可见皮肤、肌肉、肠系膜有出血点,体色变黑,大量死亡。慢性时体色更黑,眼外突,鳃和肝脏严重贫血,腹腔充满积液,死亡率下降。转为神经型时,内脏严重出血,病鱼旋转运动直至死亡。

5)诊断与检疫技术

通过细胞培养分离病毒。用 ELISA、免疫荧光技术、免疫酶染色、中和试验、PCR 技术检测和鉴定病毒。

5.3.8.3　斑节对虾杆状病毒病

斑节对虾杆状病毒病(Monodon Baculovirus Disease)是由斑节对虾杆状病毒引起的一种对虾病毒性传染病。

1)病原

斑节对虾杆状病毒(MBV)属于 A 型杆状病毒。MBV 在养殖对虾和野生对虾中广泛存在,主要侵害斑节对虾,墨吉对虾和短沟对虾也常被感染。

2)分布与危害

本病在世界上分布广泛,东非、中东、澳大利亚、印度洋、太平洋的许多国家和我国的台湾地区、福建省都有报道。幼体和子虾感染 MBV 后死亡率很高,成虾死亡率较低,亲虾常呈隐性感染。

3)传播与流行

带毒无症状虾、病虾、死虾及其排泄物均可成为传染源,通过与带毒虾抢食和粪-口途径而感染,亲虾的粪便污染虾卵后能把病毒传给子代。在斑节对虾生活史的各个阶段均可发生感染,中国台湾因此病曾导致斑节对虾晚期仔虾的大量死亡。自 1976 年后几乎每年都有发生,仔虾的感染率可高达 100%,引起大批死亡。

4)临床症状与病理变化

病虾嗜睡不活泼,食欲不振,抗病力下降,体色变深,体表及鳃附有硅藻、纤毛虫、丝状细菌等污物。感染细胞核肿大,染色质减少,细胞坏死,最终整个器官功能丧失。病虾常因继发细菌感染而死亡。

5)诊断与检疫技术

取肝胰腺、病变组织和粪便做湿片印片,直接在相差或亮视野显微镜下观察病毒包涵体,也可用 H-E 染色做组织切片观察嗜酸性核内包涵体,或肝胰腺压片法观察包涵体和肥大细胞核。PCR、核酸探针杂交可用于对虾病毒病的诊断和监测。

5.3.8.4　鱼眩转病

鱼眩转病(Whirling Disease)是由脑黏体虫(*Myxosoma cerebralis*)的孢子引起鲑科鱼类的一种严重传染病。

1)病原

脑黏体虫感染对象主要是虹鳟鱼群。

2)分布与危害

本病主要流行于欧美,在美国、英国、新西兰、南非和前苏联均有发生,我国至今尚无本病。对幼鱼的危害最大,死亡率很高,养殖场一旦引入该病,将极难根除,因此加强对该病的检疫非常必要。

3)传播与流行

病鱼和病愈后带虫者是传染源,病鱼被鸟类捕食后,其粪便可将脑黏体虫的孢子传播到其他地方。病鱼死后,孢子仍有极强的存活力,通过中间宿主如蚯蚓的作用再感染鱼。开食后数天至 4 个月内的稚鱼易感,本病潜伏期长,呈慢性死亡。

4)临床症状与病理变化

病鱼体色发黑,尤其尾部发黑,消瘦,脊柱弯曲,颅骨变形,感染后 2～3 个月因游动失去平衡而呈眩转状。一些鱼如银大马哈鱼和褐鳟不会出现明显症状。

5)诊断与检疫技术

可作脑黏体虫孢子的分离鉴定。

5.3.9 蜂病

5.3.9.1 美洲蜂幼虫腐臭病

美洲蜂幼虫腐臭病(American Foulbrood Disease)是由幼虫芽孢杆菌引起蜜蜂幼虫的恶性传染病,简称美腐病。

1)病原

幼虫芽孢杆菌属芽孢杆菌科、芽孢杆菌属成员。在幼虫尸体里可保持生命力 35 年。沸水中 15 min、煮沸的蜂蜜中 40 min 以上才能杀死芽孢。该菌在每只幼虫的体内可产生 10 亿多个芽孢。幼虫芽孢杆菌主要感染西方蜂和其他蜂种的工蜂、雄蜂、蜂王的幼虫。

2)分布与危害

世界各地均有发生,养蜂发达国家制定的蜜蜂检疫法规都将美腐病列为最重要的检疫对象。我国在 1986 年农牧渔业部颁发的《养蜂管理暂行规定》也对蜜蜂检疫作了明确规定。本病可使蜂群迅速削弱,死亡,具有极强的传染性。

3)传播与流行

美腐病可通过保育蜂或留在巢房底部的芽孢传给幼虫。盗蜂、迷巢蜂、雄蜂可使本病菌传给临近蜂群和蜂场。感染病菌孢子的蜂箱、蜂蜜、花粉及管理工具等都可成为传染源。养蜂者也可成为病原携带和传播者。1～2 日龄蜜蜂小幼虫最易受到幼虫芽孢杆菌的感染,芽孢随饲料被蜜蜂幼虫摄入,在中肠(胃)内萌发,然后穿过胃壁进入体腔,在幼虫血淋巴及组织内大量繁殖,感染的幼虫通常在化蛹前或蛹期死亡。美腐病多发于夏秋季节，气候和蜜源对蜂群繁殖及病原的积累与清除有很大影响。

4)临床症状

受感染的幼虫，4～5日龄时体色苍白，失去光泽，逐渐变成淡褐色至棕黑色。感染蜂群的巢房呈花斑样外观，带有有病幼虫的封盖巢房湿润，发黑，表面下陷，随病程的发展可能穿孔。在发病后期有很难闻的腐臭味，发病幼虫干后紧贴于巢房下侧呈特征性脆质鳞片状。在鳞片出现之前，形成蛹舌是疾病主要特征性症状之一。

5)诊断与检疫技术

对病料做细菌分离鉴定，采用孔雀石染色，石炭酸复红染色显微镜检查和荧光抗体检测。

5.3.9.2 蜂螨病

蜂螨病(Acariosis of Bees)是由伍德氏附腺螨引起西方蜜蜂和其他蜂种成年蜜蜂的一种疾病。

1)病原

本病的病原体为伍德氏附腺螨(*Acarapis woodi rennie*)，是呼吸系统的一种体内寄生虫。这些气管螨主要侵入蜜蜂前胸大气管并在其中生长、繁殖，以寄主血淋巴为食，有时也在头、胸和腹部气管内发现。附腺螨营专性寄生，脱离蜂体数小时就死亡，在蜜蜂尸体上最多存活5～6 d。

2)分布与危害

本病原发于欧洲，目前除大洋洲外，各大洲都有发生，而我国还没有此病的报道。受到气管螨寄生的蜂群时常感染病毒或细菌而使蜂群毁灭，特别在越冬期和早春会使整个蜂群死亡。

3)传播与流行

螨病通过蜂之间的直接接触传播，通常10日龄以内的蜂对本病易感。病程发展缓慢，全群可有30%以上的蜂受到气管螨的寄生。早期症状不明显，只有当感染严重时，才出现明显症状，蜂群慢慢减小。该病引起的死亡率为中度到高度。常发生于集群期过后的早春，此时螨较易在生命较长的工蜂中大量繁殖而不受阻碍。

4)临床症状

气管内寄生虫可造成机械性损伤和呼吸道阻塞。寄生虫数量的增加可使原本正常灰白色半透明的气管壁变成不透明或带有黑色斑点。蜜蜂丧失飞行能力，前后翅错位,形成"K"形翅,在地面缓慢爬行。出现腹部膨大,下痢,身体颤抖等症状。

5)诊断与检疫技术

对可疑蜂进行解剖,器官研磨,染色等方法检查。

5.3.10 其他动物疫病

5.3.10.1 犬瘟热

犬瘟热(Canine Distemper,CD)是由犬瘟热病毒引起犬的一种高度接触性传染病。

1)病原

犬瘟热病毒(CDV)属副黏病毒科、麻疹病毒属的成员。抵抗力不强,2~4℃可存活数周,室温数天,50~60℃ 1 h即可被灭活。对碱性消毒药、乙醚、氯仿敏感,日光直射14 h可杀灭病毒。实验感染可使鸡胚、雪貂、乳鼠、犬等发病,其中以雪貂最为敏感。CDV也可感染小熊猫、金猫、猞猁、熊、狼等动物。

2)分布与危害

本病分布于全世界,我国也时有发生,是当前对宠物饲养业、经济动物养殖业和动物园观赏业危害最大的疫病。该病的传染性强,发病率高,临床症状多样,易继发其他细菌、病毒的混合感染和二次感染,死亡率可高达80%~100%。

3)传播与流行

传染源主要是病犬、带毒犬及其他带毒动物。病毒存在于肝、脾、肺、脑、肾和淋巴结等多种器官与组织中,通过眼泪、鼻汁、唾液、尿液以及呼出空气等排出病毒。病犬临床恢复后,可长时间地向外界排毒。呼吸道是主要的传播途径,其次是消化道。经眼结膜、阴道、直肠黏膜也可感染。本病流行广泛,一年四季均可发生,流行季节主要在8—10月份,呈散发、地方流行性或暴发。不分年龄和性别,但以2~5月龄幼犬发病率最高。

4)临床症状与病理变化

病初犬鼻镜干燥,眼、鼻流水样分泌物。食欲差,无力,体温升高至39.5~41℃,持续3~4 d后体温开始下降并有食欲。几天后体温再次升高,眼结膜、鼻腔有黏性或脓性分泌物,咳嗽,呼吸音粗历,干呕,食欲下降,可能出现角膜炎或角膜溃疡。随着病程发展,少数病犬鼻端、足垫出现高度角质化。神经性犬瘟热的病犬表现步态不稳或阵发性抽搐。感染病犬早期仅见胸腺萎缩与胶样浸润,脾脏、扁桃体等脏器中的淋巴细胞减少。发生细菌继发感染的病犬，则可见化脓性鼻炎、结膜炎、支气管肺炎或化脓性肺炎。消化道则可见卡他性乃至出血性肠炎。

5)诊断与检疫技术

可作病毒的分离与鉴定；用免疫荧光技术、免疫过氧化物酶法、ELISA、PCR进行病原检测。

5.3.10.2　利什曼病

利什曼病(Leishmaniasis)是由虫媒利什曼原虫引起的人畜共患病。

1)病原

利什曼原虫是细胞内寄生原虫，属于锥虫科、动基体目。白蛉是利什曼原虫传染的媒介。

2)分布与危害

利什曼病分布很广，世界上很多国家均有本病流行。在我国，人的利什曼病目前仍是严重危害人民健康的寄生虫病之一。

3)传播与流行

在大多数情况下，某特定种类的利什曼原虫不止感染一种动物宿主。在地中海盆地，多是由婴儿利什曼原虫引起的，狗为主要宿主。狗的感染流行高于人的流行。在北美，为数众多的野生和家养动物，包括狗、猫、马、驴等均可作为宿主。本病在节肢动物及哺乳动物之间传播。

4)临床症状与病理变化

临床症状与患者的免疫状况、遗传因素、营养状况以及寄生虫的数量和致病力有关。皮肤利什曼病表现为局限性和弥漫性的丘疹、结节，一般不形成溃疡。黏膜利什曼病少见，多在皮肤局限性病变后出现，在鼻咽黏膜部位形成结节。内脏利什曼病有发热症状，涉及多个系统，可表现为肝、脾肿大、腹泻、呕吐、恶病质、胃溃疡等。

犬感染利什曼原虫可见淋巴结肿大，眼、鼻周围糠状皮炎，皮毛无光泽和脱落，鼻出血，角膜结膜炎，趾甲弯曲，体重明显下降，肝、脾肿大，在皮肤和许多组织内均可发现原虫。

5)诊断与检疫技术

取组织吸取物涂片，姬姆萨染色作病原学诊断。免疫过氧化物酶染色、PCR技术可用于样本中利什曼原虫的检测。

小　结　进境动物检疫性二类疫病是指那些可造成重大经济损失，需要采取严格扑灭措施，防止扩散的疾病。二类动物疫病共有82种，本节针对重要的二类疫病进行了介绍，主要包括共患疫病、牛病、绵羊和山羊病、猪病、马病、禽病、啮齿动物病、水生动物病、蜂病和其他动物疾病。

思　考　题

1. 什么是动物疫病？什么是人畜共患病？
2. 什么是A类和B类检疫性动物疫病？A类包括哪些疫病？
3. 我国对于检疫性动物疫病是怎样划分的？各类疫病是怎样定义的？
4. 分别叙述口蹄疫、禽流感、牛海绵状脑病、狂犬病、炭疽等疫病的检疫重要性和诊断要点。
5. 禽类检疫性一、二类疫病中哪些是蛋传性疾病？试述其检疫的重要性。
6. 检疫性动物疫病中哪些属于人畜共患病？从病原特性、传播流行方式及其危害方面论述其检疫的重要性。
7. 动物检疫性一、二类疫病中哪些是自然疫源性疾病？哪些是虫媒传播性疾病？试述其检疫的重要性。

参 考 文 献

1. 于大海，崔砚林等．中国进出境动物检疫规范．北京：中国农业出版社，1997
2. 于恩庶，徐秉锟．中国人兽共患病学．福州：福建科学技术出版社，1988
3. 中国农业科学院哈尔滨兽医研究所．动物传染病学．北京：中国农业出版社，1999
4. 孔繁瑶．兽医大辞典．北京：中国农业出版社，1999
5. 王桂枝．兽医防疫与检疫．北京：中国农业出版社，1998
6. 甘孟侯．中国禽病学．北京：中国农业出版社，1999
7. 吴清民．家畜传染病学．北京：中国农业出版社，2002
8. 国家质量监督检验检疫总局网站 http://www.aqsiq.gov.cn
9. 殷震，刘景华．动物病毒学．2版．北京：科学出版社，1997
10. 蔡宝祥．家畜传染病学．4版．北京：中国农业出版社，2001

11. OIE. Aquatic Animal Health Code. http://www.oie.int/ 2003

12. OIE. Manual of Diagnostic Tests and Vaccines for Terrestrial Animals. http://www.oie.int/ 2003

13. OIE. Terrestrial Animal Health Code. http://www.oie.int/ 2003

第6章　检疫性植物有害生物

本章简介　检疫性植物有害生物直接危害农林植物及其产品，对农林业具有重大威胁。本章在概述检疫性植物有害生物基本概念和主要类别的基础上，分别针对我国进境检疫性植物病原物、害虫和杂草中的重要种类，如小麦矮腥黑穗病菌、梨火疫病菌、番茄环斑病毒、香蕉穿孔线虫、松材线虫、地中海实蝇、菜豆象、马铃薯甲虫、苹果蠹蛾、非洲大蜗牛、菟丝子、列当等进行了详细介绍，内容涉及分类地位、地理分布、寄主植物、危害情况、症状或形态特点、传播途径、检验检疫方法以及检疫规定等。

章节安排　6.1　检疫性植物有害生物概述

6.1.1　检疫性有害生物与管制的非检疫性有害生物

6.1.2　检疫性植物有害生物基本类别

6.2　检疫性植物病原物

6.2.1　检疫性病原真菌

6.2.2　检疫性病原原核生物

6.2.3　检疫性病原病毒

6.2.4　检疫性病原线虫

6.3　检疫性害虫

6.3.1　检疫性实蝇

6.3.2　检疫性甲虫

6.3.3　检疫性蛾类

6.3.4　其他检疫性害虫

6.4　检疫性杂草

6.4.1　检疫性杂草概述

6.4.2　寄生型检疫性杂草

6.4.3　有毒型检疫性杂草

6.4.4　其他检疫性杂草

6.1　检疫性植物有害生物概述

学习重点

- 了解检疫性有害生物与管制的非检疫性有害生物的区别
- 了解检疫性植物有害生物的基本类别

随着国际贸易以及国内农林业的发展，人类对检疫性有害生物的认识在逐步提高。了解检疫性有害生物相关概念的新进展，认识检疫性有害生物的基本类别可为深入学习重要检疫性病原物、害虫以及杂草的基础知识打下一定的基础。

6.1.1　检疫性有害生物与管制的非检疫性有害生物

如第 1 章所述，有害生物是指任何对植物或植物产品有害的植物、动物或病原体的种、株(品)系或生物型。检疫性有害生物是指那些对受其威胁的地区具有潜在经济重要性，但尚未在该地区发生，或虽已发生但分布不广并正在进行官方控制的植物有害生物。一段时期以来，植物检疫的防控对象就是上述检疫性有害生物。近年来，随着植物疫情以及国际贸易的发展，一些相关的新概念逐渐被人们所认识、理解和接受，植物检疫防控对象的范围也在拓展。

按照联合国粮农组织 FAO 和《国际植物保护公约》(IPPC)颁布的“国际植物卫生措施标准(ISPM)”(2001 年修订)，根据有害生物的发生分布情况、危害性、经济重要性、植物检疫重要性以及其他特殊需要等，将其分为“管制性有害生物”和“非管制性有害生物”两类。非管制性有害生物(non-regulated pest)是指那些没有被官方采取检疫手段进行控制的植物有害生物。管制性有害生物(regulated pest)是指那些正在被官方采取检疫手段进行控制的有害生物。在管制性有害生物中包括两类，即检疫性有害生物和管制的非检疫性有害生物。管制的非检疫性有害生物(regulated non-quarantine pest)指的是危及种植用植物的预定用途并产生无法接受的经济影响，因而在输入国家或地区正在受到控制的非检疫性植物有害生物。检疫性有害生物与管制的非检疫性有害生物的区别(表 6-1)，可从存在与分布状况、途径、经济影响、官方控制等方面进行比较。

表 6-1 检疫性有害生物与管制的非检疫性有害生物的比较

确定标准	检疫性有害生物	管制的非检疫有害生物
存在和分布状况	不存在或分布有限	存在并可能分布广泛
途径	对任何途径的检疫措施	仅对种植用植物的植物检疫措施
经济影响	可以预期	已经知道
官方控制	如果存在即进行官方控制以期根除或封锁	在特定种植用植物范围内进行官方控制以期抑制

6.1.2 检疫性植物有害生物基本类别

一般地,检疫性植物有害生物主要包括 3 大类别,即检疫性植物病原物、检疫性害虫和检疫性杂草。在检疫性植物病原物中,划分为检疫性真菌、细菌、病毒、线虫等类群;检疫性害虫中主要包括检疫性昆虫、螨类和软体动物等;检疫性杂草主要分为寄生型害草、竞争型害草和有毒型害草等。

在我国,农业部于 1992 年 7 月 25 日发布了《中华人民共和国进境植物检疫危险性病、虫、杂草名录》,名录中包括了真菌、细菌、病毒、线虫、昆虫、螨类、软体动物和杂草。根据植物危险性病虫杂草的危险程度和检疫处理的区别,将其划分为一类和二类危险性病、虫、杂草。1997 年,我国开始试行《中华人民共和国进境植物检疫潜在危险性病、虫、杂草名录(试行)》,该名录简称 3 类有害生物名录,这使我国禁止进境和限制进境的检疫性有害生物种类包括了 10 个大类,即真菌、细菌、病毒、植原体、线虫、昆虫、螨类、软体动物、杂草和其他有害生物。2007 年 5 月 28 日,农业部发布了《中华人民共和国进境植物检疫性有害生物名录》共包括 435 种(属)有害生物,涉及昆虫、软体动物、真菌、原核生物、病毒及类病毒、线早、线虫、杂草等(见附录第九部分)。

检疫性有害生物除了国家颁布的进境检疫性有害生物之外,还包括双边植物检疫协议、协定及合同等规定的其他有害生物以及全国农林业检疫性有害生物(见附录)。

小　结　在植物检疫领域,管制性有害生物是指那些正在被官方采取检疫手段进行控制的有害生物,包括检疫性有害生物和管制的非检疫性有害生物。检疫性植物有害生物主要划分为检疫性植物病原物、害虫和杂草等 3 大类别;除了国家颁布的进境检疫性有害生物之外,检疫性有害生物还包括双边植物检疫协议、协定及合同等规定的其他有害生物以及全国农林业检疫性有害生物。

6.2　检疫性植物病原物

学习重点

- 了解植物病原真菌、细菌、病毒、线虫等的基础知识
- 掌握重要检疫性植物病原物的特点

植物发生病害的原因是多方面的，有生物因素和非生物因素。其中引起植物病害的生物因素为病原物，它包括了真菌、原核生物、病毒、线虫和寄生性植物5类。在原核生物中，植物病原物又包括细菌和植原体，病毒中还包括类病毒。植物被病原物侵染后所表现的病态特征称之为症状。植物病害的症状类型主要有变色、坏死、腐烂、萎蔫、畸形等。

在植物病原物中，那些可以通过人为因素进行远距离传播、适应性强、扩散速度快、防治和根除困难的病原物才具有检疫的重要性，即属于管制性植物病原物的范畴。针对管制性植物病原物的检疫，一般称为植物病害检疫。在我国的进境管制性植物有害生物中，检疫性病原物所占比例在50%左右，这说明植物病害检疫在整个植物检疫中的重要性。下面就一些具有代表性的检疫性植物病原物及其引发的病害进行介绍。

6.2.1　检疫性病原真菌

6.2.1.1　检疫性病原真菌概况

1)真菌基础知识

真菌在自然界的分布极广，种类很多，已描述的真菌有10万余种。真菌属于真核生物，它具有如下主要特征：①细胞具有真正的细胞核，为真核生物。②有细胞壁，大多数真菌的细胞壁主要成分是几丁质，少数为纤维素。③营养体大多为丝状多细胞的菌丝体，少数为单细胞。④真菌是异养的，通过细胞壁以渗透方式吸收营养物质，腐生或寄生，有些种类与高等植物共生形成菌根，与藻类共生形成地衣。⑤通过有性和无性繁殖的方式产生各种类型的孢子；高等真菌形成子实体，产生子囊孢子或担孢子。

长期以来，生物分为动物界和植物界，真菌被归为植物界。由于真菌不像植物那样能够进行光合作用，也不像动物那样以吞食营养的方式获得营养物质，真菌应该独立成为一界。随着分子生物学技术的发展，人们对生物的认识更加深

入、科学，对生物的分类也更趋于反映它们之间的亲缘关系和系统发育。目前按现代生物的分界系统，自然界的生物分为 8 个界，真菌不只属于一个界，真菌涉及生物中的 3 个界，即原生动物界（Protozoa）、假菌界（Chromista）和真菌界（Fungi）。

在真菌中有很多种类是对人类有益的，如酵母菌广泛用于食品加工业；沤制堆肥和土壤中有机质的分解也离不了真菌；还有的真菌寄生在其他有害生物上，可用来防治真菌病害等等；有的真菌可以食用和药用，如蘑菇类的食用菌、灵芝、茯苓、猴头等药用真菌。也有一些真菌对人是有害的，如误食毒蘑菇能使人中毒或死亡。有的真菌能导致食物和其他农产品的腐败变质、树木腐朽以及布匹、皮革等腐烂。有的寄生在人体和动物体内引起真菌病。还有一些就是寄生植物并引起植物病害的真菌即植物病原真菌。

由真菌引起的植物病害占植物病害总数的 90％以上，种传真菌病害所占真菌病害的比例较小，大约为 3.5％，但其基数大，种传真菌病害种类仍是个可观的数目。病原真菌寄主范围广，每种真菌都有几种、几十种甚至上百种乃至几千种寄主，如我国进境植物检疫二类检疫性真菌—棉花根腐病菌能侵染 2 300 种寄主植物。病原真菌可潜伏在植物种苗的内部，或黏附于种苗和植物产品的外表，或混杂在种子及植物产品中，随人类的生产实践活动以及调运、邮寄或携带发生远距离传播。在种苗传的几种病原中，真菌最容易检出，其检验方法也较普通，如镜检、保湿培养、洗涤离心、分离培养等。但对于真菌的相近种或生理小种的检测和鉴定往往需要电镜观察以及分子生物学技术等。

2）检疫性病原真菌的种类

我国 2007 年公布的《中华人民共和国进境植物检疫性有害生物名录》中，检疫性真菌有 125 种。重要的管制性植物真菌病害如小麦矮腥黑穗病、大豆疫病、烟草霜霉病等。

6.2.1.2 小麦矮腥黑穗病菌

1）学名

tilletia controversa Kühn（简称 TCK）

2）英文名

dwarf bunt of wheat

3）分类地位

担子菌门（Basidiomycota），黑粉菌纲（Ustomycetes），黑粉菌目（Ustilaginales），腥黑粉菌科（Tillletiaceae），腥黑粉菌属（*Tilletia*）。

4)分布

美洲、欧洲、大洋洲、亚洲的日本、土耳其、巴基斯坦、中东和前苏联等40多个国家已有分布，尤其是美国中西部和东北部10余个州发生较多。

5)寄主植物

限于禾本科，主要为害小麦，也侵染大麦、黑麦等18个属的多种植物，但小麦以外的其他寄主上很难自然发病。冰草属为天然发病的主要禾本科寄主。

6)危害情况

小麦矮腥黑穗病是麦类黑穗病中危害最大、防治最难的一种病害。发病重的田块病株率达80%，几乎颗粒无收，损失在70%以上。病菌系统侵染使植株严重矮化，分蘖增多，病穗的籽粒变成充满黑粉的菌瘿，粗短而较坚硬，通常发病率约等于产量损失率。该病20世纪70年代初期在美国西部7个州发生严重，病田面积约为26万 hm^2。

7)传播途径

小麦矮腥黑穗病菌主要随土壤传播，但带菌的种子、粮食也能进行远距离传播。混杂于小麦籽粒间的菌瘿及其碎块以及黏附于种子表面的冬孢子是病菌远距离传播的重要途径。伴随小麦传播的病原冬孢子，一旦落入田地，即重新具备了其固有的土传特性。进口带菌小麦，是小麦矮腥病菌传入中国的一个重要渠道。试验证明，口岸进口小麦检验时截获的菌瘿或其碎块，具有很强的萌发活性及侵染活性，因而在病麦卸运、仓储和加工期间，撒落的病麦、菌瘿碎块、加工下脚料和带菌粉尘将持续累积，一旦进入农田，就会在土壤中存活多年。

8)症状特点

感病的小麦植株明显矮化，高度为健株的1/4～2/3，最矮的仅10～25 cm。分蘖增多，病株比健株分蘖多1倍以上。病穗的小花增多，使病穗宽大、紧密，芒外张。病粒近球形较坚硬，不易捻碎，破碎后呈块状。

9)主要鉴定特征及生物学特性

冬孢子堆生于子房内，形成黑粉状的冬孢子团，即菌瘿。每个菌瘿含有冬孢子10万～100万个。冬孢子球形至近球形，黄褐色至暗褐色，平均直径(20.90±0.72) μm，大多为19～23 μm。外壁为多角形网状饰纹，网眼直径3～5 μm，网脊高度为1.5～3 μm，平均(1.425±0.144) μm，孢壁外围有透明胶质鞘包被，不孕细胞球形或近球形，无色透明或微绿色，有时有胶鞘，其直径通常小于冬孢子，为9～16 μm，表面光滑，孢壁无饰纹。小麦矮腥黑穗病菌的冬孢子与网腥黑穗病菌(*T. caries* Tul.，简称TCT)和小麦印度腥黑穗病菌(*T. indica* Mitra，简称TIM)的冬孢子形态很相似，其主要区别见表6-2。

表 6-2　三种腥黑穗病菌冬孢子的主要区别

观测项目	矮腥(TCK)	印腥(TIM)	网腥(TCT)
冬孢子平均大小(μm)	20.90±0.72	34	19
网目(μm)	3～4.5	模糊不清	3
平均网脊高度(μm)	1.425±0.144	1.4～4.9	0.53±0.19
不孕细胞外胶鞘厚度(μm)	0.5～3	7	0.5～1.5
冬孢子萌发温度(℃)	3～8	15～22	15～20
一个冬孢子产生的担孢子数	约 50	60～180	4～8
初生担孢子 H 型结合	常见	无或很少	常见

小麦矮腥黑穗病菌冬孢子萌发需持续低温和散射光照。最适温度为 4～6℃,最低为 0℃,最高为 10℃。当温度为 5℃,有光照的条件下,冬孢子通常经 3～5 周后萌发。冬孢子萌发长出先菌丝,顶端轮生大量线形初生担孢子,初生担孢子 H 形结合后产生镰刀形的次生担孢子或直接萌发形成侵染菌丝。

土壤中的冬孢子在冬麦播种后遇到合适的条件就能陆续萌发并侵染分蘖期的小麦。病菌产生的侵染菌丝侵入后在小麦拔节前侵染至生长点,并迅速在小麦顶端组织中生长,导致系统侵染。

适合小麦矮腥黑穗病菌冬孢子萌发侵染的条件是连续积雪 60 d 或降水 0.2 mm,持续 45 d,2 cm 土层温度为－0.2～10℃,具弱光照。陈克等(2002)根据小麦矮腥黑穗病菌萌发侵染的条件,结合气象数据,利用地理信息系统分析了小麦矮腥黑穗病在我国冬麦区定植的可能性,根据 18 年内出现适合小麦矮腥黑穗病发生的年数,将中国冬麦区划分为高风险区、中风险区、低风险区和基本不发生区。其中高风险区约占全国冬麦区总面积的 19.3%。我国西北高原冬麦区和新疆、青藏高原晚播冬麦区为高度危险区,江淮流域及华北、东北的冬麦区属危险区。春麦区不利于冬孢子的萌发和侵入,一般不能发病。

冬孢子有极强的抗逆性,在室温条件下,其寿命至少为 4 年,菌瘿中的冬孢子,在土壤中的寿命为 9～10 年,分散的冬孢子至少 1 年以上,病菌随同饲料喂食家畜后,仍有相当的存活力。病原冬孢子耐热力极强,在干热条件下(130℃),30 min 才能灭活,湿热条件下(80℃),20 min 致死。

10)检验方法

目前按下列方法试行。

(1)检查菌瘿　将平均样品倒入灭菌白瓷盘内,仔细检查有无菌瘿或碎块,挑取可疑病组织在显微镜下检查鉴定。同时对现场检查时携回室内的筛上挑出物及筛下物进行检查,将发现的可疑病组织及其他可疑的感染黑穗病的禾本科作物及杂草种子进行镜检鉴定。

(2)洗涤检查　称取50 g平均样品加无菌水100 mL,吐温20或其他表面活性剂1～2滴,震荡5 min,将洗涤液倒入灭菌的离心管中,以1 000 r/min离心5 min,弃去上清液,在沉淀物中加入席尔氏溶液,视沉淀物多少,定溶至1～2 mL,制片镜检。

(3)冬孢子形态鉴定　随机测量30个冬孢子的网脊高度(油镜下),每个冬孢子按上下左右随机测4个网脊求出平均值。按照GB/T 18085—2000标准,平均网脊值≥1.25 μm为小麦矮腥黑穗病菌,≤0.7 μm时为网腥黑穗病菌。平均网脊值<1.25 μm、>0.7 μm时,参照冬孢子自发荧光率作判别。

(4)冬孢子自发荧光鉴定　发现病粒和碎片时,以无菌水制成孢子悬浮液,每视野(400～600倍)不超过40个孢子为宜,滴至载玻片。自然干燥后以无荧光浸渍油为附载剂制片,在落射荧光显微镜(激发滤光片485 nm,屏障滤光片520 nm)下检测200个冬孢子的自发荧光。一般小麦矮腥黑穗病菌冬孢子的网纹立即发出橙黄色至黄绿色的荧光,自发荧光率在80%以上,而网腥黑穗病菌冬孢子的网纹无荧光或荧光率很低,在30%以下。自发荧光率小于80%、大于30%时,用萌发结果作最终判别。

(5)冬孢子萌发鉴定　小麦矮腥黑穗病菌冬孢子在15～17℃无光照时不萌发,在5℃光照下需3～5周萌发。而小麦网腥黑穗病菌冬孢子在17℃无光照和5℃光照条件下1～2周便可萌发。

11)有关检疫规定

小麦矮腥黑穗病菌是《中华人民共和国进境植物检疫性有害生物名录》中规定的检疫性真菌,并且是中南、中匈、中俄(中方)、中罗、中蒙植检植保双边协定规定的检疫性真菌,应严格检疫,加强入境口岸检查,禁止由任何途径引进带菌种子。来自疫区的贸易性原粮,不得在我国大陆各港口卸运。来自非疫区或产地不明的进口原粮,需经进境口岸严格检疫,合格后方准进境。

6.2.1.3　大豆疫病菌

1)学名

Phytophthora sojae Kaufmann & Gerdemann

2)英文名

soybean blight;phytophthora root rot of soybean;phytophthora rot of soybean

3)分类地位

卵菌门(Oomycota),腐霉目(Pythiales),腐霉科(Pythiaceae),疫霉属(*Phytophthora*)。

4)分布

美国(28个州)、加拿大、匈牙利、意大利、巴西、阿根廷、日本、印度、前苏联、德国、法国、英国、澳大利亚、新西兰。

5)寄主植物

大豆疫霉的寄主专化性强,寄主范围不广。大豆是大豆疫霉的唯一自然寄主,尚无大豆疫霉自然侵染其他寄主的记录。人工接种可侵染白香草木樨和几种菜豆。

6)危害情况

大豆的整个生育期均可发病,病菌可侵染大豆的根、茎、叶和部分豆荚。大豆疫病在适宜的条件下传播扩展很迅速,造成极严重的经济损失。1998年美国因大豆疫霉根腐病造成大豆产量损失1.149亿kg。在感病品种上造成的损失为25%~50%,个别高感品种损失达100%,被害种子的蛋白质含量明显降低。

7)传播途径

大豆疫病是典型的土传真菌病害。Klein(1959)报道,在收获过程中混杂在种子样品中的带有活的疫霉菌病的土壤(粒)是病原菌在田间传播的重要途径,孢子囊和游动孢子是田间传播的重要形式。

大豆疫霉的卵孢子在土壤和土壤中的病残体内越冬并长期生存,菌丝、孢子囊和游动孢子等无性繁殖器官不能在土壤中长期生存。据有关报道,连续4年种植非寄主作物不能消除大豆疫病。关于大豆疫病种子带菌的研究报道很少。认为病菌卵孢子黏附在种子表面或存在于种皮内、或收获过程中混杂在种子中的土壤颗粒可以进行传病。在成熟的种子里,病原菌呈休眠状态并具有活力。

8)症状特点

大豆疫病可以发生在大豆生育期的各个阶段,引起根腐、茎腐、植株矮化、枯萎和死亡。出苗期引起种子腐烂、幼苗猝倒、死亡。成株期茎基部表现黑褐色病斑,向上部扩展至下部侧枝,病茎髓部变黑,皮层和维管束组织坏死,靠近病斑的叶基部变黑凹陷,随即叶片下垂凋萎但不脱落。受害植株最初下部叶片发黄,上部叶片很快失绿,随即整株枯死。较老的植株感病后病茎节位的部分豆荚和病荚里的种子也可受到侵染,病粒明显变小,表皮皱缩。根部受害呈黑褐色,形成边缘不清的病斑。

9)主要鉴定特征及生物学特性

大豆疫霉菌在PDA培养基上生长缓慢,菌落形态均匀,气生菌丝致密,幼龄菌丝无隔膜,一般呈直角分枝,分枝基部稍有溢缩,菌体老化时产生隔膜,并形成结节状或不规则的菌丝膨大体,呈球形,椭圆形,大小不等。菌丝宽3～9 μm,最适生长温度20～25℃,最高32～35℃,最低5℃,可以产生厚垣孢子。

在利马豆培养基和自来水中可以形成大量孢子囊,孢囊梗单生,无限生长,多数不分枝,孢子囊顶生,倒梨形,顶部稍厚,乳突不明显,新孢子囊在旧孢子囊内以层出方式产生,孢子囊不脱落,(23～89) μm×(17～52) μm,平均58 μm×38 μm,游动孢子卵形,具2根鞭毛,茸鞭朝前,尾鞭长度为茸鞭的4～5倍。

大豆疫霉为同宗配合的卵菌。在胡萝卜或利马豆固体培养基上,生长1周后可大量产生卵孢子。雄器侧生,偶有穿雄生。藏卵器壁薄,球形至扁球形,直径29～58 μm,平均32～41 μm。卵孢子球形,壁厚,光滑,直径26～40 μm。卵孢子大小和孢子囊大小及乳突受培养基和培养时间的影响而有所变化。

10)检验方法

首先需进行常规的洗涤检验。由于大豆霜霉病的卵孢子也可以产生在豆粒的种皮上,肉眼可见白色霉层。大豆霜霉病在我国东北地区常有发生,检验时必须严格区分大豆疫霉和霜霉菌的卵孢子。

从土壤中分离大豆疫霉可采用大豆叶片、幼苗、子叶诱集等间接分离检测技术。

(1)幼苗生物检测　土壤经风干后碾碎、过筛(孔径2 mm),加水至饱和状态并任其自然干燥。土壤出现裂缝时用塑料袋密封保湿培养约2周。将不含抗病基因的大豆品种(Sloan,Williams或Harol-7)种子播种在培养后的土壤中,出苗后用水浸泡土壤24 h,然后排水干燥,以后正常管理,约2周后表现症状。采用常规分离方法或半选择性培养基分离可得到大豆疫霉。

(2)大豆叶碟诱钓法　30 g土样分装在直径9 cm的培养皿内,每皿加15 mL蒸馏水,24℃黑暗培养7 d。之后加蒸馏水高出土面6 mm,迅速放入直径6 mm的感病大豆叶碟,24℃下诱钓游动孢子6 h,每皿20片。将诱钓的叶碟转入蒸馏水中24℃黑暗培养36 h诱发孢子囊产生。将叶碟接种不含抗大豆疫病根腐病基因的大豆下胚轴伤口处,发病后用选择性或非选择性培养基分离大豆疫霉获得纯化菌株。

分离病组织内的疫霉菌采用PARP选择性培养基,即在马铃薯葡萄糖琼脂培养基中加入以下抗生素和药剂,培养基中有效成分最终浓度(mg/L)为:匹马霉素10,安比西林250,利福霉素10,五氯硝基苯100,噁霜灵50。

(3)大豆种子带菌检测　大豆疫霉菌以卵孢子和菌丝体存在于种皮内部。取样后，种子置于 2.7 cm 的试管内，每管 25 粒，加自来水没过种子 3 cm，再加 2 滴吐温 20，震荡 10 min 后将种子倒入筛网用流水冲洗 2 h 以上，洗去表面黏附的大豆霜霉菌的卵孢子。将种皮分成 2～3 层，若干小片，显微镜下观察是否有卵孢子、藏卵器和菌丝。检查大豆疫霉卵孢子的活性，可采用染色法，用 0.05% MTT(噻唑兰)染色，被染上蓝色的为休眠后可以萌发的卵孢子，玫瑰红色的表示处于休眠中的卵孢子，黑色的和未染上颜色的表示已死亡的卵孢子。

(4)实时荧光 PCR 检测　由深圳检验检疫局主持，国家动植物检疫实验所、辽宁检验检疫局、上海检验检疫局等单位协作参与的国家质检总局课题《大豆疫病菌实时荧光 PCR 快速检测方法》，2003 年 6 月通过了国家质检总局组织的专家鉴定。该方法直接检测卵孢子、游动孢子囊和游动孢子，使我国大豆疫病菌检测技术提高到仅用一个孢子就能直接进行检测的水平，解决了对该病菌需进行长时间的分离培养、甚至进行致病性测定才能得出结果的难题，从而将大豆疫病菌的检测时间由原来的 20 d 缩短到一周，检测效率提高了近 3 倍，检测灵敏度比原来的土壤诱集、分离培养、自定性测定方法有了较大提高。

(5)血清学检测(ELISA)　以感染大豆疫霉的根茎、诱集后的叶片或带菌的土壤悬浮液制备抗原，用美国 Agri-diagnostics association 公司生产的诊断试剂盒进行检测。

11)有关检疫规定

大豆疫病菌是我国公布的《中华人民共和国进境植物检疫性有害生物名录》中规定的检疫性真菌，并且是中俄(中方提出)、中南植检植保双边协定规定的检疫性真菌。在我国公布的《中华人民共和国进境植物检疫禁止进境物名录》中规定引进来自疫区的大豆种子，须经特许许可，经入境口岸严格检查。必要时隔离试种。

6.2.1.4　烟草霜霉病

1)学名

Peronospora tabacina Adam

2)英文名

Tobacco blue mold

3)分类地位

卵菌纲(Oomycetes)，霜霉目(Peronosporales)，霜霉科(Peronosporaceae)，霜霉属。

4)分布

烟草霜霉病于1891年首次在澳大利亚报道,迅速向各烟区传播。目前,已广泛分布于世界各大洲近65个国家。中国尚未发现。

5)寄主植物

为专性寄生菌,寄主范围窄。自然条件下,主要危害烟草属的植物,同时也可侵染番茄、辣椒、茄子、马铃薯等茄科作物。

6)危害情况

烟草霜霉病是危害烟草的毁灭性病害,病菌具有极强的气传性,也可随种苗、烟叶进行远距离传播。病菌一旦在某地区定殖,会以不可阻挡之势,迅速向各烟草种植区蔓延扩散,引起植株大量枯死、严重降低烟叶的产量和品质。1960年烟草霜霉病在欧洲流行,使法国和比利时的烟草损失达80%～90%,相当于2.5亿美元。1961年全欧洲(不包括前苏联和罗马尼亚)损失干烟叶10万t,仅法国损失干烟叶1万t,合900万美元。1979年美国和加拿大因该病损失25 000万美元,1984年损失8 400万美元。20世纪90年代以来,美国烟区不断受到霜霉病的侵袭,造成严重的经济损失。

7)传播途径

(1)气流传播　气流传播是烟霜霉病得以造成重大危害的主要途径,而孢囊孢子是进行气流传播的主要病原体,根据气流及温度、湿度条件,孢子在2 h之内,可传播200 km,最高可达1 600 km,由于孢子所具有的高度传播能力,在南欧和北非早春的气体孢子可直接成为初侵染的来源。

(2)卵孢子传播　在美国东南部烟区,存在于病土中的卵孢子和存在于病残烟组织中的越冬菌丝的旧苗床是翌年春季侵染来源,在加拿大甚至中欧和北欧,卵孢子也是翌年侵染的主要来源。在南欧,卵孢子在初侵染上的传播一直未能肯定。虽然如此,由于卵孢子所具有的特殊的抗逆性,存在于烟株下部叶片的卵孢子,可能是病害远地传播的另一途径。

(3)种子传播　在澳大利亚,在花和蒴果上可以找到典型的霜霉病菌的菌丝体,因此认为种子可以传病。

8)症状特点

烟草的各生育期均可受害。气候干燥时病苗叶尖微黄,类似缺氮症,叶背有1～2 mm不规则小斑,皱缩、扭曲。湿度大时,叶上产生淡黄色小病斑,逐渐变深呈水渍状,叶背面产生白色霉层,后呈微蓝色或淡灰色霉层,故又称“蓝霉病”。严重时烟苗迅速变黄,凋萎,甚至整株死亡。成株期局部受侵时,叶片有黄色病斑,相互愈合成褐色坏死斑,湿度大时,叶背产生茂密的灰白色或蓝灰色霉层,干燥时病斑干裂穿孔。病斑还可出现在芽、花及蒴果上;系统侵染时,叶片狭小呈黄化斑驳至变褐坏死,随后脱落成光杆,茎、根部维管束有褐色条斑,植株矮化、萎蔫,甚至整株枯死。病株烟叶品质变劣。

9)主要鉴定特征及生物学特性

菌丝无隔膜,孢囊梗二叉状分枝,基部分枝呈锐角,上部呈直角,分枝末端尖,其上着生孢子囊,孢子囊柠檬形,无色透明,大小为(16～28) μm×(13～17) μm,直接萌发产生芽管。卵孢子产生于近地面的病叶组织内,叶脉附近最多,黄褐色至红褐色,直径在 24～75 μm 之间,周围有光滑或稍粗糙的外膜,干燥时收缩成棱角状皱纹。

孢子囊形成的最适温度为 15～21℃,最低为 2℃,最高 30℃。孢子囊萌发最适温度为 14～21℃,最低 1～2℃,最高 35℃。孢子囊侵染的适宜温度为 14～21℃,最低 5℃,当温度为 35℃时,6 h 内仍有侵染活性。孢子囊萌发对湿度条件要求很高,相对湿度低于 97%时萌发率很低,相对湿度在 98.5%以上,或叶面饱和湿度时间越长,萌发和侵染率越高。孢子囊对紫外线敏感,在太阳光直射下 1 h 即死亡。卵孢子抗逆性很强,据德国报道,病叶在 80℃烘烤 4 d 后,再于相对湿度 50%～60%、35℃条件下发酵,其卵孢子仍然有侵染能力。另外,20 世纪 90 年代初,中国和希腊专家检查了在希腊保存不同年限的香料烟叶,证实保存 2 年以下的烟叶中的卵孢子仍可存活。

10)检验方法

(1)症状检查　对进境干烟叶,用肉眼逐片检查受害烟叶,对光透视,可见明显病斑,叶背病斑上密生灰白色或灰褐色霉层,拣出做进一步检查。或将可疑烟叶保湿,取叶背的霉状物制片,镜检病原菌的孢囊梗和孢子囊形态。

(2)洗涤检验　对未发现有霉状物而仍又持可疑的病叶,将其剪碎进行洗涤,置于 250 mL 三角瓶内,加入适量蒸馏水浸软、震荡 5 min,再将洗涤液以 1 000 r/min 离心 5 min,弃上清液,镜检沉淀物中有无病菌的孢囊梗或孢子囊。

(3)检验卵孢子　从老病斑周围组织剪取若干小块置于小烧杯中,加适量 10%氢氧化钾(或其他叶组织透明剂),煮沸 5～10 min 至叶片透明,加 0.05% 苯胺兰(棉兰)乳酚油做浮载剂,镜检有无卵孢子。

(4)种苗检验　观察种苗叶片上有无霜霉病的症状,症状明显的可镜检病原菌形态。症状不明显的可疑烟苗,取叶片置入铺有 3 层湿滤纸的培养皿中,保湿(18℃、黑暗条件)24 h 后,检查有无产生霉层。

11)有关检疫规定

烟霜霉病菌为我国公布的《中华人民共和国进境植物检疫性有害生物名录》

中规定的检疫性真菌，并且是中俄（中方提出）、中匈、中朝、中南、中罗植检植保双边协定规定的检疫性病害。我国公布的《中华人民共和国进境植物检疫禁止进境物名录》规定禁止从疫区引进繁殖材料烟叶，对来自疫区以科研为目的的烟株种苗，包括观赏烟植物幼苗的引进和交换，应在隔离圃内进行试种检查。贮存期达3年以上的烟叶，经口岸检查如未发现卵孢子，可限量进境。

6.2.1.5　栗疫病菌

1）学名

Cryphonectria parasitica (Murrill) Barr

2）英文名

Chestnut bligh，Chestnut canker

3）分类地位

子囊菌门（Ascomycota），核菌纲（Pyrenomycetes），球壳菌目（Sphaeriales），间座壳科（Diaporthaceae）。

4）分布

中国、韩国、日本、印度、高加索（前苏联）、土耳其、乌克兰、匈牙利、瑞士、比利时、法国、西班牙、葡萄牙、意大利、前南斯拉夫、希腊、加拿大、美国。

5）寄主植物

主要为害栗树，此外也侵染槭属、栎属植物及粗皮山核桃、鹿角漆树。

6）危害情况

是一种世界性病害。苗木和结果树都可受到侵染。寄主感病后，病斑迅速包围枝、干，使栗实产量和质量明显下降，严重时造成整个枝条或全株枯死。栗疫病在欧美各国都很严重，美国于1904—1922年有一半的栗树林被毁，至1940年该病害扫荡了全境的栗园。我国栗疫病发生普遍，局部地区严重，有的栗树园发病率达80％以上。新嫁接的幼树常成片发病，引起树皮腐烂直至全株枯死，造成很大损失。

7）传播途径

病菌的分生孢子主要借风雨传播，鸟类、昆虫、螨类亦可传带。子囊壳秋季成熟，子囊孢子从子囊壳中可有力射出，借风力传播。病菌主要通过调运带病苗木、接穗、原木和栗实等途径进行远距离传播。美洲栗园病害流行时采收的坚果平均果壳带菌率为14％。

8）症状特点

苗木和大树均可受害，主要为害主干、侧枝和小枝。初期在光滑的树皮上形成圆形或不规则的水渍状、边缘略隆起的黄褐色至褐色病斑。在粗糙的树皮上病斑外观无法辨认，但剥开树皮，受害处皮层呈深褐色至黑褐色，边缘不明显，韧皮部变色死亡，形成典型的溃疡和烂皮。随着病斑逐渐扩展，直至包围树干，并向上、下蔓延，病斑组织初期湿腐，有酒糟味，失水后，树皮干缩纵裂，剥开枯死树皮，可见有污白色至淡黄色扇形菌丝体（菌丝扇）。发病枝条上的叶变褐色死亡，但长久不落。春季在病斑上产生橘红色疣状子座，5 月份以后在子座上溢出一条条淡黄色至橘红色胶质卷须状的分生孢子角，遇水后即溶化。在气候干燥时，子座色泽变暗。秋季在子座中出现子囊壳，子座变橘红至酱红色。随着病斑的扩展，树皮开裂，进而脱落下来，露出木质部，病斑边缘形成愈合组织，第 2 年旧病复发，继续扩展，形成新的愈合圈，这样年复一年形成同心密集的中心低边缘高的多层愈合圈，为开放或放射型溃疡，当病斑环绕主干时，造成整株死亡。

9）主要鉴定特征及生物学特性

子座黄至黄褐色，扁圆锥形，直径 0.75～3.0 mm，高 2.5 mm。前期子座内形成分生孢子器，后期在子座深处形成 1 至数十个子囊壳。分生孢子器黄至黄褐色，内腔无固定形状，单或多室，大小变化，宽可达 300 μm，有一孔口。壁由假薄壁细胞构成，其上密生分生孢子梗。分生孢子梗无色，分枝有隔，长可达 60 μm，宽 1.5 μm。产孢细胞无色，瓶梗，内壁芽出产孢，顶生或在分隔下侧生，顶渐尖有不明显的围领。分生孢子无色，单胞，长椭圆形或圆柱形，大小为(3～5) μm×(1～1.5) μm。子囊壳茶褐色至黑色，扁球状，深埋在子座组织中，1 个至多个，颈细长，黑色，下部色淡，宽达 400 μm，喙长 900 μm，喙宽 200 μm。长颈伸出子座顶部。子囊棍棒形，顶壁增厚，中有孔道，周围有一亮环结构，大小为(32～55) μm×(7～8.5) μm，单层壁，含 8 个子囊孢子。子囊孢子在子囊中呈不规则双行排列，无色，双胞，分隔处略缢缩，椭圆形，(7～12) μm×(3～5.5) μm。

病菌菌丝在 5～35℃下能够生长，最适温度为 18～28℃。温湿度与营养条件合适时，病菌亦能营腐生生活。分生孢子的生活力为 0.5～3 个月。栗疫病菌中存在含 dsRNA 的低毒力菌株，通过菌丝融合低毒力因子可传入强毒力菌株中，使之变为低毒力而降低对寄主的毒性，菌丝的融合与营养体亲合性有关。病菌以菌丝和分生孢子器在病枝中越冬，春暖后开始活动。在我国北方病区，3—4 月份病斑扩展最快，常在短期内使枝干枯死，5 月份以后病斑上形成子座并出现孢子角。病菌主要通过各种伤口侵入，如冻伤、嫁接口、剪锯口、机械伤、虫伤等。伤口的多少及树体的愈伤能力对发病影响最大。土壤瘠薄或板结，根系发育不良，施肥不足尤其是氮肥缺乏，干旱等都影响愈伤组织的形成，使树体抗病力降低。冻害能加重病害发生。

10）检验方法

对可疑苗木首先观察症状，是否有病斑，再看树皮下是否有子座组织或扇形菌丝层。可在显微镜下检查子座的切片，是否有病菌的有性或无性子实体。要疫菌分离培养较容易，可用打孔器取树皮样品置于 2% 水琼脂培养基上，在 25℃ 培养长出菌丝后移至 PDA 上。坚果的侵染限于果壳，经 25℃ 培养可表现出症状，产生分生孢子器。

11）有关检疫规定

栗疫病菌是中罗、中南、中俄植检植保双边协定中规定的检疫性真菌，根据协定要求由输出国检疫机关出具证书、证明，出口植物苗木及其产品不带有本病菌；入境时需经口岸检疫机关检查合格后方可进境。

6.2.2　检疫性病原原核生物

6.2.2.1　检疫性病原原核生物概述

1）原核生物基础知识

原核生物是一类由细胞壁和细胞膜或只有细胞膜包围细胞质的具原核结构的单细胞生物，其遗传物质 DNA 分散在细胞质中，无核膜包围，没有明显的细胞核。细胞质中含有小分子的核蛋白体（70S），没有内质网、线粒体和叶绿体等细胞器。革兰氏染色阴性或阳性。原核生物界下分为薄壁菌门、厚壁菌门、无壁菌门和疵壁菌门。

植物病原原核生物大多属于薄壁菌门，通常以细菌作为原核生物中有细胞壁类群的代表。无壁菌门中的植物病原原核生物有螺原体属和植原体属（*Phytoplasma*）。椰子致死黄化病就是由植原体引起的病害。由于当时发现植原体是与动物菌原体类似的原核生物，不能人工培养，也不能感染动物，过去曾经将这一类生物称为类菌原体（Mycoplasma like organism，MLO）。

细菌有球状、杆状和螺旋状，个体差别很大。细菌分布极广，繁殖速度极快，约 20 min 分裂一次，由一个细胞分裂为 2 个细胞。

植物病原细菌在植物组织内繁殖和蔓延，引起植物细胞和组织的内部病变，进而引发植物表现各种症状，植物细菌病害最常见的症状有坏死、腐烂和萎蔫，少数为瘤肿和发根。植原体危害后以丛枝、皱缩的畸形症状较多。

植物细菌病害数目较真菌、病毒病害少，但种苗传比例大，约占细菌病害总数的 47%。植物细菌在较小量接种体存在的情况下便可流行，而且种苗传细菌一旦传入极难防治。种苗传细菌病害的检疫比真菌病害困难得多，需要通过分离培养、一系列的生理生化性状测定、致病性测定、血清学检测、噬菌体检测等方法进行鉴定。近年来采用脂肪酸分析和分子生物学技术如 PCR 技术等进行鉴定。

2)检疫性植物病原原核生物种类

在我国 2007 年公布的《中华人民共和国进境植物检疫性有害生物名录》中，检疫性原核生物有 58 种

6.2.2.2 梨火疫病菌

1)学名

Erwinia amylovora (Burrill) Winslow et al.

2)英文名

Fire blight of pear and apple

3)分类地位

薄壁菌门(Gracilicutes)，肠杆菌科(Enterobacteriaceae)，欧文氏菌属(*Erwinia*)。

4)分布

梨火疫病最早发生于美国东南部，至 20 世纪初随着日益增长的世界性贸易而人为地向各国传播，至今已在美洲、欧洲、亚洲、大洋洲、非洲共有 40 个国家和地区发生了梨火疫病。

5)寄主植物

梨火疫病菌寄主范围很广，能为害梨、苹果、山楂、木栒子、李等 40 多属 220 多种植物，大部分属于蔷薇科。以梨属、苹果属、山楂属为主。

6)危害情况

梨火疫病是蔷薇科仁果类果树上的一种毁灭性病害。梨火疫病主要危害花、叶和嫩枝，同时也发生在果实、枝条和树干上。一棵多年生的梨树或苹果树在几周内死亡。如美国加利福尼亚州在病害流行时 1 年内，梨树由 12.5 万株减少到 1 500 株，在南部 4 年内损失约 94%的梨树，最后不得不放弃栽培梨树。1984 年开始每年均有 1～5 个国家新发现梨火疫病。至 1997 年澳大利亚报道有该病的发生。

7)传播途径

梨火疫病远距离传播主要是借感病寄主繁殖材料，包括种苗、接穗、砧木和候鸟进行传播，带菌果实(附生和内生)和被污染的包装材料、运输工具和气流也是较重要的传播途径。梨火疫病的传播途径和介体很多，传病的有效距离因介

体而异。除风、雨、鸟类和人为因素外，昆虫对梨火疫病的传播扩散起一定的作用。据记载，传病昆虫包括蜜蜂在内有77个属的100多种昆虫，其中蜜蜂的传病距离为200～400 m，一般情况下，梨火疫病的自然传播距离每年约为16 km。超过100 km的传播都是通过繁殖材料或包装材料及候鸟造成的。

在传病的气候因子中，雨水是果园中近距离传播的主要因子，从越冬或新鲜接种源至花和幼枝，经常在溃疡斑下面枝条上观察到圆锥形侵染类型。其次风是中近距离传播的重要因子，往往在沿着盛行风的方向，病原菌被风携带到较远距离。

新西兰和埃及的发生是由于使用了美国有病的接穗，英国发病则是由于美国水果包装箱上带菌所致，西欧和北欧各国相继发生主要是由于候鸟和风雨传播所致。对于我国目前最有可能亦最危险的传播途径是通过病接穗、苗木、果实的传带。

8)症状特点

梨火疫病最典型的症状是花、果实和叶片受火疫病菌侵害后，很快变成黑褐色枯萎，但仍挂在树上不落，犹如火烧过一样，这是火疫病最典型的症状。目前国际上根据受侵害的部位，将其症状分为5种类型。

(1)花枯萎　病原细菌直接从花器侵染开放的花引起花枯萎。初为水渍状斑，花基部或花柄暗色，不久萎蔫。病菌可扩展至花梗及花簇中其他的花；在温暖潮湿条件下，花梗上有菌脓渗出。随着枯萎发展，花梗、花等变褐色至黑褐色，条件适宜时可继续侵染并杀死小枝形成小溃疡斑。

(2)溃疡枯萎　溃疡枯萎是前一季越冬溃疡边缘的病菌重新复活的结果。最初的症状是在复活的溃疡附近的健康树皮组织上出现窄的水渍状区，几天后，树皮内部组织出现褐色条斑，随后病菌侵入附近的繁殖枝内部并引起萎蔫死亡。这些枝条特别是嫩枝与下面谈及的枝枯萎有明显区别，即在萎蔫之前枝尖芽褪色(黄至橘黄色)。

(3)枝枯萎　花被侵染后，枝和嫩枝是最易感病的部位。细菌直接侵入前1～3叶的枝尖，然后杀死整个枝条及支持枝。最初症状是枝尖萎蔫，但萎蔫前不褪色，像拐杖状。枝枯萎发展很快，条件适宜时，几天内可移动15～30 cm，造成整枝死亡，病枝、枝皮、叶通常变黑。潮湿时，枝条上出现菌脓。生长后期，终芽前出现的枝枯萎一般不会萎蔫，且仅在枝的最上部出现坏死。随着病菌不断深入，并侵染主干，皮层收缩，下陷，形成溃疡斑。

(4)损伤枯萎和砧木枯萎　这两种比较特殊，前者主要是由于晚霜、冰雹或大风损伤引起，如果实，很容易引起果实枯萎。后者仅限于高感品种EMAL-

26、EMLA-9 和 MARK-39 砧木。通常是由感病的接穗在这些砧木上发病后引起，最终成溃疡带而杀死树体。

9)主要鉴定特征及生物学特性

梨火疫病菌细胞杆状，有荚膜，周生 1～8 根鞭毛，大小为(0.9～1.8) μm×(0.6～1.5) μm，多数单生，有时成双或短时间内 3～4 个呈链状。革兰氏染色阴性，兼性厌氧。在 NA＋5%蔗糖培养基上，27℃培养 2 d，菌落直径 3～7 cm，乳白色，半圆形隆起，有一稠密绒毛状的中心环，表面光滑，边缘整齐，稍有黏性。生长的温度范围为 6～30℃，最适温度 25～27℃，最高温度 33～34℃，致死温度 45～50℃，10 min。生长最适 pH 6。

除蛋白酶外，病菌不产任何有助于侵入寄主的酶，主要是在环境条件适宜时，通过胞间组织侵入薄壁组织的病菌产生胞外多糖。胞外多糖在病害发展过程中起重要的作用，它是菌脓的重要成分。菌脓的理化性质随湿度变化而变化，干时皱、硬，湿度大时膨胀易被雨水扩散，中等湿度的菌脓黏，易被昆虫、风传播。

梨火疫病菌在病株病疤边缘组织处越冬，挂在树上的病果也是它的越冬场所。病菌亦通过伤口、自然孔口(气孔、蜜腺、水孔)、花侵入寄主组织，有一定损伤的花、叶、幼果和茂盛的嫩枝最易感病。

10)检验方法

由于梨火疫病在世界各国均很重视，研究相对较多，其检验方法亦很多，从经典的分离培养、致病性测定、症状观察等到先进的分子生物学技术，包括 DNA 探针、PCR 技术的应用及脂肪酸分析、单克隆抗体的应用等。

(1)传统的检测技术　利用半选择性培养基分离和鉴定：根据梨火疫病菌在不同培养基上的菌落特征、颜色进行分离和鉴定梨火疫病菌是一项基本的工作。目前已报道多种半选择性培养基用以分离和鉴定梨火疫病菌。如在 MS 培养基上梨火疫病菌菌落为红橙色，背景为蓝绿色；在 CG 培养基上梨火疫病菌在 28℃培养 60 h 后形成典型的火山口状菌落；在 TTC 培养基上梨火疫病菌在 27℃培养 2～3 d 后，可产生红色肉疣状菌落；CCT 半选择性培养基上梨火疫病菌 28℃培养 48 h 后，形成淡紫色透明菌落，中央颜色略深；在 Zeller 改良高糖培养基上梨火疫病菌 27℃培养 2～3 d 后，菌落大小为 3～7 mm，橙红色半球形，高度凸起，中心色深，有蛋黄状中心环，表面光滑，边缘整齐。

免疫学检测：用 ELISA 方法和免疫荧光反应可在短期内检测大量样品，适用于现场调查和流行学研究。其中间接 ELISA 方法专化性好，检测灵敏度高达 10^2～10^3 cfu/mL。免疫吸附分离法采用半选择性培养基与常规免疫学方法相结合，提高了对目标菌的有效选择，可排除对抗血清产生假阳性反应微生物的干扰，灵敏度可达 $10^1 \sim 10^2$ cell/mL。而直接分离培养花萼内的细菌要 $>10^4$ 个才能检测到。

致病性测定和过敏性反应：用苹果的实生苗针刺接种 72 h 苗萎蔫、坏死并产生大量菌脓。幼梨切片针刺接种后 27℃培养 1～3 d，产生乳白色高度隆起的球状菌脓。离体巴梨枝条接种 60 h 后产生菌脓。更为快速的一种新的方法是用石楠叶片接种，石楠是一种对新的对梨火疫病菌产生过敏性坏死反应的寄主，幼嫩石楠叶片在接种 24 h 后产生明显的过敏性坏死褐斑。

(2)核酸探针及多聚酶链式反应(PCR)技术　国内外相继开发出多种检测梨火疫病的分子生物学方法。利用梨火疫病菌的 pEA29 质粒上 0.9 kb 的 *pts*I 片段的部分序列合成 1 对 17 mer 的引物，对病菌的 DNA 进行 PCR 扩增，检测灵敏度可达 50 个菌体细胞，6 h 内可得出结果。套式 PCR 的检测灵敏度达单个菌体细胞，特异性更强。此外 DNA 探针杂交等技术，用于梨火疫病菌的检测和鉴定，特别是美国、新西兰、德国、加拿大等均已开始应用于实际检疫，特别是新西兰利用 DNA 探针检测水果的带菌情况。朱建裕等人(2003)根据梨火疫病菌中独特而保守存在的质粒 pEA29，设计了一对引物和 3 条探针，建立了实时荧光 PCR 检测技术和诱捕 PCR-ELISA 检测方法。

(3)其他检测方法　如生理生化试验、菌体脂肪酸分析、噬菌体技术等，其中目前应用较多的有脂肪酸分析，该方法在美国、英国用于鉴定菌种，并建立了相应的数据库(Zwet)。

11)有关检疫规定

梨火疫病菌是《中华人民共和国进境植物检疫性有害生物名录》中规定的检疫性细菌，并且是中俄、中匈、中南、中罗、中蒙植检植保双边协定规定的检疫性细菌，应严格限制自疫区引进寄主植物种苗，引进后需经隔离措施，来自疫区的水果、植株、带菌昆虫也应严格施检。近年来我国从美国、新西兰等国进口大量的水果，河北和辽宁等地还从荷兰、美国等地引进数万株苹果和梨的接穗，需加强对进境苗木、水果及包装材料的检疫。

6.2.2.3　玉米细菌性枯萎病

1)学名

Pantoea stewartii Swith

2)英文名

Stewart's bacterial wilt of corn

3)分类地位

薄壁菌门(Gracilicutes),肠杆菌科(Enterobacteriaceae),泛生菌属(*Pantoea*)。

4)分布

主要分布于美国的中部和东南部。在加拿大、巴西、欧洲东南部、亚洲的泰国、越南和马来西亚等国也有分布。

5)寄主植物

主要是玉米,特别是甜玉米,也侵染马齿玉米、粉质玉米、硬粒玉米和爆裂玉米。其他禾本科自然寄主有假蜀黍等。人工接种可侵染薏苡、高粱、燕麦、粟和其他禾本科杂草等。

6)危害情况

此病是甜玉米上的一种严重病害,对产量影响很大。因为感染玉米细菌性枯萎病菌的玉米植株对茎腐病更敏感。1976 年美国 6 个州损失玉米 2 亿 kg。

7)传播途径

带菌玉米种子是该病远距离传播的主要因素,是传入无病区的主要侵染源,也是老病区初侵染源之一。病菌存在于玉米种子的内部和表面。在病区,病菌主要由带菌昆虫,如玉米跳甲、玉米啮齿叶甲和黄瓜十二点叶甲等在植株上取食而传播,主要是玉米叶跳甲。

8)症状特点

玉米的各个生长阶段都能够受到玉米细菌性枯萎病菌的侵染,典型的症状是矮缩和枯萎。病株在苗期可导致枯萎死亡,如果在植株生长后期被感染,植株可以长到正常高度。玉米细菌性枯萎病是一种维管束型病害,病茎维管束横切口处有黄亮色细菌黏液渗出。

9)主要鉴定特征及生物学特性

玉米细菌性枯萎病菌为好气性短杆菌,大小为(0.4～0.8) μm×(0.9～2.2) μm,无鞭毛,不运动。革兰氏染色阴性。在营养琼脂培养基上菌落小,圆形,生长慢,黄色,表面平滑。病原细菌的生长最低温度为 7～9℃,最适温度为 30℃,最高温度为 39℃。致死温度是 53℃,10 min。

10)检验方法

(1)直观检查　根据玉米细菌性枯萎病的症状特点结合细菌溢脓的观察,初步确定细菌性病害,但必须进行病原分离,且与其他类似病害区分开。

①从土壤、病残组织和昆虫体内分离:从土壤、病残组织和昆虫体内分离病原细菌时,由于杂菌污染的可能性很大,通常采用伊凡诺夫选择性培养基常规方

法来分离。

②从种子中分离：选取玉米种子样品，用 95% 乙醇洗去种子表面的染料和农药（拌种用的），用无菌水冲洗几遍，然后在无菌容器中破碎，加入适量的 0.01 mol/L pH7.2 的 PBS 4℃下浸泡过夜。浸泡液经纱布过滤和差速离心浓缩。然后在 523 培养基或改良 W 培养基上做稀释平板分离。28℃培养 3 d 以后，根据玉米细菌性枯萎病菌的菌落特征挑取生长慢的、小的、黄色的、扁平到凸起的、半透明的奶油状或流态的具有全缘的菌落。

(2)病原鉴定　玉米细菌性枯萎病菌可根据生理生化反应、噬菌体检测及免疫学方法鉴定。免疫学方法包括免疫荧光染色及酶联免疫吸附试验。

(3)致病性试验　将待测菌配成每毫升含有 $10^7 \sim 10^8$ 个细胞的菌悬液，用注射器注射接种于 3～4 叶期甜玉米幼苗的茎基部，直到喇叭口处出现菌液为止，并保湿培养。如果是玉米细菌性枯萎病菌，则几天以后可以看到典型症状。

(4)实时荧光 PCR 检测　漆艳香等(2003)根据玉米细菌性枯萎病菌的 16S rDNA 基因序列，设计了特异引物，建立了快速、准确、灵敏地检测和鉴定该细菌的 TaqMan 探针实时荧光 PCR 方法。

11)有关检疫规定

玉米细菌性枯萎病为我国公布的《中华人民共和国进境植物检疫性有害生物名录》中规定的检疫性细菌，并且是中俄、中朝、中南、中罗、中蒙植检植保双边协定规定的检疫性细菌。根据“禁止进境物名录”规定，禁止自发生该病的国家或地区（疫区）引进种苗。因科研需要经审批特许者，应在指定的隔离检疫圃内试种检查。对传病媒介昆虫，需同时施行检疫。

6.2.3　检疫性病原病毒

6.2.3.1　检疫性病原病毒概述

1)病毒基础知识

病毒是一类结构简单的分子寄生物，主要由基因组核酸和保护性蛋白质衣壳组成。病毒区别于其他生物的主要特征是：①病毒是个体微小的分子寄生物，结构简单，主要由核酸和保护性衣壳组成；②病毒是严格寄生的一种专性寄生物，其核酸复制和蛋白质合成需要寄主提供原材料和场所。

自国际病毒分类委员会 2000 年 9 月发表《病毒分类与命名》第七次报告以来，目前植物病毒共有 1 目 17 科 76 属。植物病毒的分类依据是病毒最基本和最重要的性质：①构成病毒基因组的核酸类型；②核酸为单链或双链；③病毒粒子是否有脂蛋白膜;④病毒形态;⑤核酸分段状况(即多分体现象)等。依此特征将植物病毒分为5大类群:双链DNA病毒(dsDNA),单链DNA病毒(ssDNA),双链RNA病毒(dsRNA),正单链RNA病毒(ssRNA)和负单链RNA病毒(ssRNA)。

植物病毒的基本形态为粒体,大部分病毒的粒体为球状、杆状和线状,少数为弹状、杆菌状和双联体状等。球状病毒也称为多面体病毒或二十面体病毒,直径为20～35 nm,少数可以达到70～80 nm。杆状病毒多为(20～80)nm×(100～250)nm,两端平齐;少数两端钝圆。线状病毒多为(11～13)nm×750 nm,两端也是平齐的,但有不同程度的弯曲。病毒侵染植物后,在活细胞内利用寄主细胞的各种物质进行增殖,先合成与自身相同的核酸,再由核酸诱集各种氨基酸合成相应的蛋白质外壳从而形成新的病毒。也可先分别形成氨基酸和蛋白质,随后再进一步合成病毒。

植物病毒没有主动侵染寄主的能力,只有被动的传播。其远距离传播依靠寄主繁殖材料和传毒介体的传带。所有的植物病毒均可通过种苗或种薯等无性繁殖材料传播,只有少数几种是真正种子传播的。在种子外表也经常可以检测到病毒,但种传率并不很高。植物病毒的介体种类很多,主要有昆虫、螨类、线虫、真菌、菟丝子等。昆虫是最主要的介体,其中70%为蚜虫、叶蝉和飞虱。尤其是土壤中的介体随种子和种苗传播进行远距离传播。

植物病毒病仅次于真菌病害而居于第二位。植物病毒病的症状常见的主要有花叶、叶片黄化,叶、茎、根、果实处形成环斑、圆斑、条斑等,还有的出现卷叶、缩叶、花器退化、矮化、丛枝、束顶等畸形。大田作物、果树、蔬菜、林木以及观赏性植物都有病毒病。其中以禾本科、茄科、葫芦科、豆科、十字花科和蔷薇科的植物受害最重。

类病毒是较小分子量的具有很高碱基配对的单链环状植物致病RNA。目前已发现了30多种类病毒,其中23种的核苷酸序列已被分析出来。在二类检疫性有害生物中有一种类病毒即椰子死亡类病毒。

由于病毒粒体小,一般用光学显微镜无法观察,同时进口种苗往往处于不活动状态,所以植物病毒的检疫仅靠现场检疫难以确认,更多的是依靠实验室检疫以及隔离检疫。植物病毒的检测相对于真菌来说是困难的,主要是由于种苗带毒以后,在外表上往往不显症状;要确认检出的某种危险性病毒需至少3种方法的确认,如育苗观察、接种鉴别寄主、血清学方法、电镜观察。近年来,分子生物学方法如cDNA探针和PCR技术也越来越多地应用于检疫性植物病毒的检测,大大提高了病毒检测的速度和灵敏度。

2)检疫性植物病毒种类

在我国 2007 年公布的《中华人民共和国进境植物检疫性有害生物名录》中，检疫性病毒及类病毒有 39 种。

6.2.3.2　番茄环斑病毒

1)英文名

Tomato ring spot virus(简称 ToRSV)

2)分类地位

豇豆花叶病毒科(Comoviridae)，线虫传多面体病毒属(*Nepovirus*)。

3)分布

主要分布于北美温带地区。此外欧洲、南美洲一些国家以及日本、土耳其、澳大利亚、新西兰、中国(台湾)也有分布。

4)寄主植物

寄主范围广，人工接种可侵染 35 科 105 属 157 种以上单子叶和双子叶植物，自然界多发生在观赏植物、木本、果树和草本植物上，常见的自然寄主有葡萄、桃、李、樱桃、苹果、榆树、悬钩子、覆盆子、玫瑰、天竺葵、唐菖蒲、水仙、大丽花、千日红、接骨木、兰花、大豆、菜豆、烟草、黄瓜、番茄以及果园杂草(如蒲公英、繁缕)等。

5)危害情况

由于番茄环斑病毒寄主范围广，可以危害许多重要的经济作物，造成严重经济损失。是北美发生最严重的植物病毒病之一，导致严重的产量损失甚至绝收。危害严重和最具经济重要性的病害主要有桃树茎痘病(Peach stem pitting)、桃树黄芽花叶(Peach yellow bud mosaic)、苹果结合部坏死和衰退病(Apple union necrosis and decline)和葡萄黄脉病(Grapevine yellow vein disease)。

6)传播途径

自然界通过种子和苗木调运作远距离传播，能够传毒的种苗有大豆(种传率 76%)、千日红(76%)、草莓(68%)、天竺葵(30%)、蒲公英(24%)、接骨木(11%)、烟草(11%)、红三叶草(3%～7%)、番茄(3%)以及李、桃、杏、唐菖蒲等。天竺葵和接骨木等种传病苗常不显症，因而给检测带来困难。近距离蔓延靠土壤介体线虫。传毒介体为土壤中的几种剑线虫，以美洲剑线虫(*Xiphinema americanum*)最主要。线虫传毒效率极高，单头线虫便能接种成功，线虫获毒后可保持传毒力几周或几个月。除介体外，草本寄主人工摩擦接种易传毒，但木本植物能通过嫁接传毒。

7)症状特点

自然侵染引起豆类芽枯、桃树茎痘、桃黄芽花叶、苹果接合部坏死和衰退、葡萄衰退、唐菖蒲矮化或断头，八仙花、水仙、天竺葵、烟草、覆盆子和黑莓产生花叶或环斑。主要经济作物的症状表现为：

(1)葡萄　植株矮化、衰退、叶小而卷、有黄色或褪绿斑驳和环斑，剥开外皮木质部有凹陷点和条。韧皮部不正常增厚，呈海绵状，节间短，茎丛簇，坐果率低，果粒大小不一。

(2)苹果　受侵染的苹果树枝条稀少，叶片变小、黄化、丛生，果小而色深。主干受侵染后通常在砧木与接穗的嫁接口处坏死，表现肿胀。

(3)桃　在病树的树干上形成茎沟和茎痘，较健康树干长，树皮变厚、发软，呈海绵状，增厚的树皮通常发生在靠近地面或地面以下的树干上，将树皮剥去可见凹陷的痘斑和沟槽。新梢产生黄色的叶簇，长至 2～5 cm 时大部分死亡。新感染的植株叶片，在主脉附近出现不规则的褪绿斑，以后变为坏死斑。

(4)覆盆子　当年病株不显症，第 2 年春天叶片生长延迟，病叶表现黄色环斑、条纹、叶脉褪绿，病株不结果或形成易碎果。

(5)大豆、菜豆和豇豆　顶枯、芽枯。

8)主要鉴定特征及生物学特性

病毒粒体为等轴多面体，直径约 28 nm。病毒不稳定，常规方法提纯效果不好。提纯的病毒有 3 个组分，2 类粒体，即上层(T)为无 RNA 的蛋白空壳，中、下层为含有 RNA 的完整粒体，沉降系数分别为 53S(T)、119S(M)和 127S(B)。病毒核酸为双基因单链 RNA，分子质量分别为 2.8×10^6、2.4×10^6 u。RNA 占粒体重量 41%(M)、44%(B)，蛋白质占粒体重 60%，外壳蛋白由一种蛋白亚基组成，分子质量为 5.8×10^4 u，每个粒体有 40 个亚基 217 个氨基酸。在烟草病汁中，病毒的致死温度约 58℃，10 min，稀释终点为 10^{-3}，体外存活期 2 d (20℃)。病毒具强免疫原性。

9)检验方法

禁止从疫区进口带病种子，苗木和鳞球茎等无性繁殖材料。如有特殊需要，按规定限量引进，于防虫温室内隔离种植 1～2 年，按下列检验方法进行检测。

(1)症状观察　将种子、苗木等种植后，观察各生长阶段的症状。由于种传苗往往不显症，所以不能只单凭肉眼观察，必须作其他室内检验。

(2)接种鉴别寄主　豌豆、烟草、番杏、苋色藜及昆诺阿藜等是该病毒有效的枯斑寄主。

A. 豌豆：局部褪绿斑，系统性皱折，顶部叶片坏死。

B. 昆诺阿藜：接种后 4 d，接种叶出现局部褪绿斑，直径约 1 mm，后变成坏死斑，并沿叶脉坏死。约 1 周后，上部未接种幼叶出现系统褪绿斑，后成坏死斑、顶枯。

C. 普通烟：局部坏死或环斑，系统性环斑或线状条斑。

D. 番杏：接种后 3～6 d，中叶出现局部褪绿斑，直径 1～1.5 mm，后发展为系统褪绿斑、坏死环斑，严重时顶芽枯死，最后茎秆、叶柄基部和茎节处产生褐色条纹，乃至坏死条纹。

(3)血清学检测　可用琼脂免疫双扩散法和 SPA-ELISA 法。由于番茄环斑病毒存在多个株系，没有任何一个株系的抗血清可以有效地检测所有的分离物，检测时应将几个株系的抗血清混合使用，避免漏检。病毒存在较多株系，其中 3 个株系的特性比较清楚：即烟草株系、桃黄芽花叶株系和葡萄黄脉株系，前两者血清学相同，而它们与葡萄黄脉株系的血清学只是部分相同。本病毒与烟草环斑病毒(*Tobacco ring spot virus*)较相似，但无血清学关系，采用血清学方法可以有效地将它们区分开来。

(4)免疫电镜　观察病毒粒体的形态，测量其大小。

(5)分子生物学技术检测　朱建裕等(2003)根据番茄环斑病毒的各株系 RNA1 聚合酶基因的保守序列，设计并合成 1 对引物和 1 条 TaqMan 荧光探针，建立了实时荧光 RT-PCR 检测方法。该方法适合于种传病害的快速诊断和口岸检验检疫。

赵文军等人(2003)用杂交诱捕反转录 PCR 酶联免疫吸附法(Hybridization capture RT-PCR-ELISA)建立了番茄环斑病毒的检测体系，成功地从法国葡萄苗中检出了番茄环斑病毒。

10)有关检疫规定

番茄环斑病毒为我国公布的《中华人民共和国进境植物检疫性有害生物名录》中规定的检疫性病毒，并且是中俄(中方提出)植检植保双边协定规定的检疫性病毒，禁止从疫区进口带毒种子、苗木和鳞球茎等无性繁殖材料。经审批许可引进的种苗，应由输出国出具检疫症书，进口后在指定的隔离检疫圃内试种 1～2 年，对传毒线虫亦应严格检疫。

我国曾从有此病毒的日本、俄罗斯、捷克、澳大利亚、匈牙利、英国、法国、加拿大、美国等引进过可能传毒的种苗，而且目前仍经常从疫区引进多种寄主。此病毒从北纬 25°～27°均有分布，适应性强。我国多数地区都有多种寄主，有的面积很大，如大豆、烟草、苹果、葡萄等。美洲剑线虫在天津、贵州、广西、湖北、四川等地有过报道。因此，番茄环斑病毒对我国农业生产存在潜在的威胁。

6.2.3.3 烟草环斑病毒

1)英文名

Tobacco ring spot virus (简称 TRSV)

2)分类地位

豇豆花叶病毒科(Comoviridae),线虫传多面体病毒属(*Nepovirus*)。

3)分布

1972 年首次报道在美国弗吉尼亚烟草上发现,此后在亚洲、非洲、欧洲、大洋洲、北美洲、南美洲的 30 多个国家都有发生。

4)寄主植物

寄主范围很广,可侵染 54 科 246 余种植物,自然侵染寄主有豆类、瓜类、薯类、花卉和果树等,常见的有大豆、马铃薯、甘薯、烟草、西瓜、黄瓜、甜瓜、西葫芦、胡萝卜、莴苣、菜豆、豇豆、茄子、菠菜、香石竹、唐菖蒲、百合、水仙花、鸢尾、天竺葵、李属、苹果、葡萄、甜樱桃、越橘、白蜡树等。

5)危害情况

自然侵染引起大豆芽枯病,最明显的症状是顶芽卷曲,其他芽变褐色,茎和复叶柄上产生褐色条纹,早期感病病株矮化,结荚减少。根据 Crittenden 等(1966)报道烟草环斑病毒发生时,大豆产量损失 50%以上。烟草感染该病毒后植株矮化,叶片小而质次,种子收获大减。

6)传播途径

汁液接种易传毒。种传寄主多,据报道大豆种传率为 40%~100%,甜瓜(3%~7%)、千日红(25%~50%)、莴苣(3%~21%)、豇豆(82%)、蒲公英(9%~36%)、烟(4%~17%)、欧洲千里光(52%),马铃薯、百日菊、天竺葵等均经种子传毒。

传毒介体主要是土壤中的美洲剑线虫,其成虫和 3 龄幼虫均能传毒,单头线虫也能传毒。线虫在 24 h 内获毒,感染的线虫贮藏在 10℃下 49 周后仍可传毒。另蓟马的若虫、螨、叶蝉、烟草叶甲和蝗虫也可传毒。

7)症状特点

被病毒侵染的植物出现环斑,不少有顶枯。有的后期症状有恢复,带毒无症。叶片系统褪绿和坏死环斑,茎坏死条纹,常见自然寄主的症状如下:豆类(大豆、菜豆、豇豆)生长点坏死,产生顶枯。大豆田间病株常晚熟,健株衰老黄化时病株仍为绿色,豆荚发育不良有褐色斑,病株矮化。西瓜植株矮化,节间缩短,束顶，叶片产生坏死斑，瓜呈丘疹状。芹菜幼叶和中部叶产生环状褪绿斑，后变枯黄色坏死斑，老叶产生坏死黄斑。茄子叶片除产生花叶、斑驳外，还产生褪绿环斑。结果少，果实变小，上有环斑。葡萄植株矮化，叶片产生褪绿斑和斑驳，结果少，茎干木质部有凹陷的孔和沟，韧皮部增厚，并呈海绵状。苹果嫁接结合处变形或分离，叶片稀疏，叶片的症状为褪绿和斑驳。白蜡树植株矮化，新叶产生线条状褪绿斑。唐菖蒲叶片产生斑驳或花叶，植株矮化。烟草叶片产生双环或单环的坏死斑，直径 2～5 mm，植株矮化。

8）主要鉴定特征及生物学特性

病毒粒体为等轴多面体，直径约 28 nm。病毒很稳定。纯化的病毒制剂主要有无 RNA 的空壳（T）、非侵染性的核蛋白（M）、侵染性核蛋白（B）3 种粒体，还有一种类似卫星核蛋白（SL），沉降系数分别为 53 S（T）、91 S（M）、126 S（B）、122 S（SL）。

外壳蛋白占粒体重的 60%，蛋白亚基的分子质量为 5.7×10^{4} u，每个病毒粒体有 60 个蛋白亚基组成。核酸占粒体重的 40%，为单链 RNA，基因组由 2 种 RNA 组成，即 RNA-1 和 RNA-2，分子质量分别为 2.73×10^{6} u 和 1.34×10^{6} u。矮牵牛病汁液，以蒸馏水 1∶5 稀释，病毒的致死温度为 65℃，稀释终点为 10^{-4}。体外存活期，在室温下 6～10 d，18℃下 3 周，2℃下几个月后失去侵染性，低压冻干病汁液在密封的安瓿瓶中贮存 10 年仍有活性，用氯化钙吸干的叶片，－10℃下存放 17 年以上仍具有侵染性。

TRSV 具有较好的免疫原性，易得到效价为 1∶2 000 以上的抗血清。与同组的其他病毒，如番茄环斑病毒和南芥菜花叶病毒等无血清学关系。

9）检疫方法

禁止从病区进口带病的种子、鳞块茎和种苗。如有特殊需要，经批准可限量引进，并在防虫温室或网室里种植检疫 1～2 年，在各生长阶段，观察其叶片是否有异常表现或症状。取可疑病株的幼嫩部分和取无症状表现的植株的同样部位进行以下检验。

（1）接种鉴别寄主　白肋烟接种后 4～7 d，接种叶出现局部褪绿斑或坏死斑，约半个月后发展为系统褪绿或坏死环斑，后期或温度超过 30℃时新长叶无症带毒。豇豆黑种三尺接种 4～7 d 接种叶出现褐色的坏死斑或环斑，10～15 d 生长点坏死，最后全株枯死。昆诺阿藜接种叶局部坏死斑，一般无系统反应。番杏接种叶局部褪绿斑后发展为系统褪绿斑，叶小，株矮。

（2）血清学检测　用琼脂双扩散、酶联免疫吸附法（SPA-ELISA）、免疫电镜技术均可有效地检测出 TRSV。免疫电镜（诱捕法和诱捕修饰法）制片观察病毒粒体。检测病汁液用诱捕法制片，若与 TRSV 同源，在电镜下能观察到许多等轴多面体病毒粒体。诱捕修饰法制片，除能观察到许多病毒粒体外，病毒粒体外还附着有明显的 RTSV 抗体外套。

魏梅生(2002)等人采用柠檬酸三钠还原法制备胶体金颗粒，标记烟草环斑病毒的抗体，制成免疫层析检测试纸条。检测粗提纯病毒的灵敏度为 1 000 ng/mL，病毒汁液稀释 1 000 倍后仍可快速检出。对大豆病种子、烟草冻干病叶等不同材料进行检测也有良好的效果，1～2 min 即可出结果。

国家质检总局动植物检疫实验所与中国飞天实业(集团)有限公司合作，经过多年攻关，于 2002 年共同研制开发了烟草环斑病毒等 5 种病毒的酶联诊断试剂盒，使植物病毒检疫时间从 20 d 缩短到 5 h，性能稳定，重复性、特异性良好，实现了病毒检测技术新的突破。

(3)分子生物学检测　Robinson 等(1992)报道了用 PCR 的方法检测烟草环斑病毒。相宁等(1995)报道用 RT-PCR 的方法检测烟草环斑病毒提取液中的病毒 RNA 的灵敏度达 400 pg，并可以从受侵染的叶片汁液中检出该病毒。

10)有关检疫规定

烟草环斑病毒是我国公布的《中华人民共和国进境植物检疫性有害生物名录》中的检疫性病毒，应严格限制自疫区引进传毒寄主种子。必须引种的需由输出国出具植物检疫证书，引进后需在指定的隔离检疫圃内试植检查，对传毒介体亦应施行检疫。

6.2.4　检疫性病原线虫

6.2.4.1　检疫性病原线虫概述

1)线虫基础知识

线虫又称蠕虫，是一类较低等的无脊椎动物，它们在自然界分布很广，种类繁多。危害植物的线虫称为植物病原线虫或植物寄生线虫，或简称为植物线虫。植物受线虫危害后所表现的症状与一般的病害症状相似，因此常称为线虫病。植物寄生线虫只是其中的一小部分。它们广泛寄生在各种植物的根、茎、叶、花、芽和种实上，使植物发生各种线虫病。

植物线虫个体一般较小，线形，长 0.3～1 mm，由于很细，虫体多半透明，所以肉眼不易看见。有少数植物线虫雌虫成熟后膨大呈柠檬形或梨形。植物线虫的口腔内有一个针刺状的器官称为口针，口针能穿刺植物的细胞和组织，造成创伤，并且向植物组织内分泌消化酶，消化寄主细胞中的物质，然后吸入食道。线虫对植物的危害，除了吸取寄主植物的营养和对植物组织造成机械损伤外，主要在于植物线虫的食道腺可分泌多种消化酶，诱发寄主组织发生各种病理变化，使植物组织细胞发育过度，形成巨型细胞，或使细胞中胶层溶解引起细胞分解，细胞壁被破坏，造成根部和皮层形成空洞及细胞死亡。此外，植物线虫还与其他病原物如真菌和细菌的侵染和危害有一定关系，造成复合病害。有的线虫可以传播病毒，如美洲剑线虫传播番茄环斑病毒，并为其他病原物造成侵染的伤口，从而引起其他病害严重发生，这种作用往往超过了线虫本身对植物造成的损害。

植物线虫常用贝尔曼漏斗法、漂浮分离法、过筛法分离，其分类鉴定主要根据线虫的外部形态及内部结构特征，特别是线虫的消化道和生殖系统的形态结构。一般依靠形态学的显微观察和电镜观察，近年来也应用分子生物学技术进行分类鉴定。

2)检疫性病原线虫的种类

我国公布的一类检疫性植物线虫有 3 种，二类有 5 种，三类有 15 种属。重要的检疫性线虫如马铃薯金线虫、白线虫、香蕉穿孔线虫、鳞球茎茎线虫等，近年来发生的松材线虫是松树上的一种毁灭性的线虫病害。

6.2.4.2　香蕉穿孔线虫

1)学名

Radopholus similis (Cobb) Thorne

2)英文名

Burrowing nematode，Banana root burrowing nematode

3)分类地位

线虫门(Nematoda)，侧尾腺口纲(Secernentea)，垫刃目(Tylenchida)，短体线虫科(Pratylenchidae)，穿孔属(*Radopholus*)。

4)分布

香蕉穿孔线虫属于全球性分布，发生在世界绝大多数香蕉产区，分布于亚洲、美洲、欧洲、非洲、太平洋岛屿及大洋洲 50 多个国家。在温带地区温室内也有发生。

5)寄主植物

香蕉穿孔线虫的寄主范围非常广，已报道的寄主有 20 多个科 30 多个属 350 多种植物，其中大多数属偶然寄主(在罹病香蕉树附近存在)和人工接种寄主。此线虫主要侵染单子叶植物的芭蕉科(芭蕉园和鹤望兰属植物)、天南星科(喜林芋属、花烛属植物)和竹芋科(肖竹芋属植物)，但也危害双子叶植物如胡椒。此线虫的主要农作物及经济作物寄主包括香蕉、胡椒、芭蕉、椰子树、可可、杧果、咖啡、茶树、美洲柿、鳄梨、蒌叶、油柿、生姜、花生、大豆、高粱、甘蔗、茄子、番茄、马铃薯、甘薯、薯蓣、肉豆蔻、蚕豆、油棕等。

6)危害情况

由于该线虫的危害,在印度、墨西哥造成香蕉损失 30%～60%。在美国佛罗里达州葡萄柚减产 50%～80%。在印度尼西亚的邦加岛,此病猖獗流行的 20 年内有 2 200 万株胡椒树被毁,造成 90%以上的植株死亡,损失严重。

香蕉穿孔线虫除严重危害香蕉、胡椒外,在人工接种条件下,可严重危害大豆、玉米、高粱、甘蔗;中度危害茄子、咖啡、番茄和马铃薯。此线虫还可与镰刀菌和小核菌等土壤习居真菌相互作用,共同形成复合病害,引起香蕉并发枯萎病症状。

7)传播途径

香蕉穿孔线虫由香蕉、椰子树、槟榔、鳄梨、肖竹芋属等寄主植物的地下部分及黏附的土壤作远距离传播,在田间,带土的农具、机械、人、畜都是传播媒介。在同一果园或地区内的近距离传播,主要通过不同植株根系间相互接触传播或线虫本身游动迁移来实现。

8)症状特点

不同寄主受香蕉穿孔线虫危害的症状不完全相同。

香蕉受害时地下根表面可见淡红褐色凹陷斑痕,感病 3～4 周后根表出现边缘稍凸起的纵裂缝,将受害的根纵切,可清楚地看到皮层红褐色病斑,随着病害的发展,根系生长衰弱,根短肿胀,最终导致根部变黑腐烂。线虫虽不侵入根的中柱,但可穿通根皮层,形成空腔,线虫则聚集在韧皮部和形成层内取食、发育,而被穿通皮层的根会表现死亡。随着幼小侧根的不断死亡,香蕉的根系逐渐减少,最后仅剩几条短残根连。受线虫危害的香蕉地上部分表现的症状主要为生长不良,发育停滞,叶片及果穗变小,数量也减少,尚未成熟即脱落,严重侵染时导致植株死亡。

香蕉穿孔线虫危害胡椒时导致形成黄化病(Yellow Disease)或缓慢萎蔫病(Slow-wilt Disease)。白色幼嫩的薄根被线虫危害后产生的典型症状是橘黄色至紫色的坏死斑,在老根上不易被观察到,颜色为褐色。植株幼嫩的根快速、大量的腐烂,导致主根缺乏细的须根,接着较大的侧根也大面积的坏死,使根的生长越来越弱。地上部分的最初症状为叶片下垂,呈黄白色,以后大多数甚至全部叶片表现黄化,接着叶片开始脱落,生长发育停滞,当土壤湿度降低时表现尤为明显。一般在线虫侵染胡椒 3～5 年后,黄化的叶片完全脱落,主茎死亡,称为慢性萎蔫病。在坐果的主枝上，花序脱落，在叶、花序脱落完毕后会只剩下光秃秃的树干。

香蕉穿孔线虫侵染椰子树引起非专化性的衰退症状，主要表现为植株矮化，叶片变黄，叶及单叶变小，数量减少；开花推迟、芽（苞）脱落、椰子产量降低。此线虫侵入白色的幼嫩根，在根表面形成橘色的坏死斑，线虫在此处寄生、繁殖，坏死病斑不断扩大，并可融合形成大面积的腐烂、坏死。此线虫严重侵染椰子树苗时，幼嫩根组织内呈海绵状，在半坚硬的橘色主根上可导致根表面开裂。

9）主要形态特征及生物学特性

（1）雌虫　唇区半圆形，稍缢缩或不溢缩，唇环3～4个。口针基部圆球形，前端稍凸出。授精囊小，圆形，内含杆状精子。侧区刻线4条，至尾中部处开始愈合为3条，尾部侧区偶不有不完全的网格化。尾部透明区长9～17 μm，尾圆锥形，末端圆，有环纹。侧尾腺开口于尾前部的1/3尾长处。

（2）雄虫　唇区高，半球形，明显地缢缩，唇环3～5个。头4裂，侧唇明显减少，口针及食道明显地退化。尾部圆呈圆锥形，末端尖。交合伞粗齿状，包裹尾部超过2 /3，引带具小尖突。交合刺有强大的刺头。

香蕉穿孔线虫为迁移性内寄生线虫，整个生活史都在根组织内完成，在不良条件下有时可以转移到根外。完成一个世代所需的时间因不同寄主、不同温度而异。在香蕉根上24～32℃下完成一个生活周期需20～25 d。香蕉穿孔线虫通常进行有性繁殖，但也能发生孤雌生殖。在合适的发病条件下，线虫群体可在45 d内繁殖10倍。每千克土壤中此线虫的群体可多达3 000条，而100 g根内的线虫群体可超过10万条。此病在田间自然蔓延较快，故一般发现，不是点片零星被害，而是大面积成片的发病。

香蕉穿孔线虫幼虫和雌虫具侵染能力，可以从根的任何部位侵入寄主，但该线虫对嫩根有特殊的嗜好，通常从根尖细胞伸长区和根毛产生区侵入生长中的供养根。幼虫侵入根后取食皮层薄壁细胞中的细胞质，致使细胞破裂，形成空腔，多个空腔连接起来形成隧道，大量的线虫聚集在其中。

在香蕉果园中，在没有寄主的条件下，其生存能力不超过6个月。在柑橘果园中，如果没有清除易感寄主包括杂草等，在土壤中能存活14个月以上。

香蕉穿孔线虫有3种致病型，两种只危害香蕉或柑橘，另一种对香蕉和柑橘均有致病性。

10）检疫方法

香蕉穿孔线虫远距离的传播只能借助寄主植物的根和所黏附的土壤来实现，因此，植物检疫显得十分重要。香蕉穿孔线虫曾随观赏植物根从美国传入法国;我国台湾地区1991年从越南、韩国进口的生姜姜块上查见香蕉穿孔线虫;我国福建亦因引进香蕉苗将此线虫传入国内,花费了极大的人力、财力、物力才得以铲除,此沉痛之教训应引以为戒。

(1)线虫分离　根据前面所描述的病害症状,挑选一些植株的根切成碎片,用贝尔曼漏斗法或浅盘法分离线虫。

(2)线虫鉴定　将分离到的线虫制成玻片,在显微镜下观察,进行准确的形态鉴定。如发现形态特征和测计值与香蕉穿孔线虫一致,还须进一步进行染色体数目、基数的测定,初步证实是否为香蕉穿孔线虫。

(3)致病性测定　为使上述的快速鉴定确切无误,一旦发现了此类线虫还需在检疫隔离苗圃用香蕉、柑橘幼苗作致病性测定,最后确定是否为此线虫。

11)有关检疫规定

香蕉穿孔线虫是我国规定的检疫性线虫。应严格禁止香蕉穿孔线虫病疫区的香蕉、观赏作物(如肖竹芋属)幼苗等带根的植物体以及土壤的进口。对于目前认为是非疫区国家的这些植物体的进口必须严格限制,进行出口前和进口后的严格检查。虽然目前有一些检疫处理措施,但处理效果远不能达到100%,因此,一旦发现了香蕉穿孔线虫,唯一行之有效的检疫措施就是就地彻底销毁。

6.2.4.3　松材线虫

1)学名

Bursaphelenchus xylophilus (Steiner & Buhrer) Nickle

2)英文名

Pine wood nematode, Pine wilt nemotode

3)分类地位

线虫门(Nematoda),侧尾腺口纲(Secernentea),垫刃目(Tylenchida),滑刃线虫科(Aphelenchoididae),伞滑刃属(*Bursaphelenchus*)。

4)分布

日本(45个县府)、美国(36个州)、加拿大、朝鲜、韩国、墨西哥、中国局部地区。

5)寄主植物

主要是松属的植物。据日本、美国和我国的调查,有43种松属植物可为松材线虫侵染。如白皮松、加勒比松、红松、马尾松等。还可寄生11种非松属的其他针叶树,如雪松、香脂冷杉、欧洲落叶松、白云杉等。

6)危害情况

是松树的一种毁灭性病害:寄主种类多、适生范围广、致病能力强、死亡速度快、传播蔓延迅速、治理难度大，称为松树的“癌症”。

由松材线虫引起的松材线虫萎蔫病是日本林业上特大的毁灭性病害。早在1905年，日本九州长崎松树萎蔫病就流行猖獗，20世纪30年代形成了以九州为中心的病害发生流行区。1948年损失松木123万 m^3。1979年损失松木243万 m^3，疫区占日本松林面积的25%。迄今为止，此病已扩展到日本47个县府中的45个。在日本，松材线虫主要危害日本乡土树种，外来树种多是抗病的。

Dropkin等(1979)在密苏里大学校园一死亡的欧洲黑松上查到松树线虫，立即开展全国普查，结果发现松材线虫在美国分布很广，寄生松树也很多(27种松属树种和9种非松属针叶树)，至今已查明至少36个州存在松材线虫。美国的乡土树种大多数是抗病的，在美国由松材线虫引起发病死亡松树主要是在住宅、街道、校园、公墓及旅游风景点等场所种植的欧洲赤松、欧洲黑松和日本黑松。在美国的一些州，松材线虫被认为是松树死亡的次要病原，起着加速包括被细菌或真菌病原危害了的已经衰弱了的松树死亡的作用。

国内1982年首次在南京中山陵地区的松树上发现。以后在江苏、安徽、广东、浙江、山东、台湾及香港等地陆续发生。目前，此病逐渐形成了以东南沿海为中心，向全国扩散蔓延的趋势。长岛县是山东省乃至我国北方地区唯一的松材线虫病疫区。据报道，我国现在受松材线虫侵害的森林面积已有7万多公顷，1 600万株松树死亡，直接经济损失达18.2亿元。它不仅给国民经济造成巨大损失，也破坏了自然景观及生态环境，更对我国松林资源构成严重威胁。

7)传播途径

在植物线虫病害中，属于媒介昆虫传播的仅见椰子红环腐线虫病和松材线虫病。前者由棕榈象甲传播。能携带并证实能传播松材线虫的昆虫仅为墨天牛属的5种天牛，即松墨天牛、云杉花墨天牛、卡罗来纳墨天牛、小白点天牛、南美松墨天牛。其中松墨天牛是松材线虫的最有效的传播媒介，传播距离为1～2 km，主要分布于日本、我国(含台湾和香港)、韩国和老挝。松墨天牛传播松材线虫有两种方式：一种为天牛携带扩散性4龄幼虫飞出病树，通过在健树上补充营养取食传播；另一种为天牛在衰弱的树上产卵造成伤口传播。前者为主要的传播方式。据报道，我国发现能携带松材线虫的昆虫有5种：松墨天牛、小灰长角天牛、台湾长角天牛、松纵坑切梢小蠹、黑翅土白蚁。

松材线虫的主要传播媒介松墨天牛成虫的活动范围不足3 km，故疫区大范围的蔓延主要是借助人类的活动进行的，疫区病材及其加工品的外流是松材线虫远距离传播的唯一途径。

8)症状特点

松材线虫侵染后松树表现为针叶失水、褪绿,由有光泽的绿色经短时间灰绿、黄绿过程迅速变为黄褐色,直至变成红褐色,进而枯萎死亡。在林间,有时是松树的局部枝条或部分树干先表现症状,然后再扩展到整株松树发病死亡。对于高度抗病的树种,表现局部枝条被松材线虫侵染,整株并不死亡,甚至以后能恢复健康。在适合发病的季节,绝大多数病树从针叶开始变色至整株死亡 30 d 左右。

9)主要鉴定特征及生物学特性

雌雄成虫都呈蠕虫状,长约 1 mm;口针基部微厚;中食道球几乎充满体腔,食道腺细长、模糊;排泄孔位于食道至肠交接处的水平。雌虫单卵巢;后阴子宫囊长;阴门约于虫体后都 3/4 处,为后伸、宽的阴门盖覆盖;雌虫尾亚圆筒形,尾端宽圆至指状。雄虫交合刺大,成对,不愈合,交合刺近端喙突明显,尖细,远端有清晰的盘状膨大(突起);雄虫尾弓状,尾端尖细,为端生的短卵状交合伞包裹。

松材线虫的生活史有 2 个周期,即繁殖周期和扩散周期。繁殖周期发生于生长季节,连续重复出现卵、1～4 龄幼虫及成虫各虫态。而扩散周期与松材线虫的扩散传播有关,也包括上述各虫态,但 3 龄和 4 龄幼虫在形态结构和生物化学上发生了某些变异,表现特殊功能,易于被昆虫介体携带传播。

用生长在 PDA 平板培养基上的长满灰葡萄孢(*Botrytis cinerea*)菌丝培养松材线虫,在 25℃下,其卵经 30 h 左右孵化为幼虫,2 d 后蜕皮变成成虫,4～5 d 完成一个生活周期。松材线虫发育温度范围为 9.5～33℃。雌虫产卵期为 28 d,平均产卵 79 粒,连续产卵需重复受精。

影响松材线虫萎蔫病流行发生的因素很多。大面积的感病树种、高效的传播介体的大量存在。致病力强的松材线虫群体和合适的发病环境因素是此病流行性大发生的要素。其中环境因素以温度和湿度尤为重要,高温、干旱可加速病程的发展,提高病树死亡率。

10)检疫方法

(1)病原线虫的检验　松材线虫在松树体内的分布与介体活动有关,一般在秋季(天牛处于幼虫阶段)线虫在松树内均匀分布,天牛化蛹后则向蛹室聚集,一旦天牛羽化便进入到天牛的气管系统内。针对松材线虫内的分布特点,可采用不同的分离方法分离线虫。

①从松材木屑分离:在天牛幼虫阶段取松材木屑用贝尔曼漏斗或浅盘法分离线虫。天牛化蛹后则在蛹室附近钻取木屑或将蛹室附近松材取出,用斧头劈成碎片后再用上述方法分离线虫。

②从天牛局部器官分离：线虫存在于天牛呼吸系统，后胸气门内最多，触角及足节内也大量分布。一旦检查到个别天牛成虫，既要保护天牛的完整性又要检查是否带有线虫，可采取局部分离的方法，取天牛的触角端部或胸部腿节，捣碎后分离。

鉴定松材线虫时要注意与拟松材线虫的区别。后者在我国分布广泛（几乎在世界所有松林线虫疫区均有存在），经常在我国濒临枯死的松树中出现。两者的主要区别是雌虫尾部特征：松材线虫雌虫尾端宽圆，无指状尾尖突，或少数尾端有微小而短的尾尖突，长度不超过2 μm（常为1 μm左右）；雄虫尾端抱片为尖状卵圆形，致病力强，危害重，发病不到2个月树即枯死。而拟松材线虫雌虫尾部圆锥形，末端有明显的指状尾尖突，长度在3.5 μm以上（常为5 μm）。雄虫尾端抱片为方状铁铲形，致病力弱，危害较轻。

（2）分子生物学检测　以往松材线虫的鉴定一般是用传统的形态学方法。贺水山等（2002）根据rDNA基因部分序列，通过单个碱基的故意错配，设计了一对特异性引物，用PCR的方法实现了对单条线虫的快速检测。

南京检验检疫局（2002）针对口岸木质包装中截获的线虫大多为幼虫，且类别难以区分的特点，采取形态特征与生物学技术相结合的方法，引用DNA亲子鉴定原理，开展了松材线虫分子生物学快速鉴定技术研究。将原来鉴定一批松材线虫的时间由7 d缩短至6 h，准确率达到100%。

11）有关检疫规定

松材线虫属于我国公布的二类检疫性线虫，应限制从疫区输入寄主植物种苗。来自疫区的进口原木，包括铺垫材料等应严格检疫。

在我国的疫区应严格控制病材的外流。目前在苏、皖疫区的主要通道上设立检疫哨卡。小面积的新疫区应通过严格的防治措施，彻底扑灭此病于摇篮之中。

6.2.4.4 鳞球茎茎线虫

1）学名

Ditylenchus dipsaci (Kühn) Filipjev

2）英文名

Stem and bulb nematode

3）分类地位

线虫门（Nematoda），侧尾腺口纲（Secernentea），垫刃目（Tylenchida），粒线虫科（Anguidae），茎线虫属（*Ditylenchus*）。

4)分布

鳞球茎茎线虫几乎遍及世界各地，尤以温带地区分布最广，已报道的有亚洲、欧洲、美洲、大洋洲及非洲等60多个国家。

5)寄主植物

鳞球茎茎线虫的寄主范围极广，有40科500余种植物。涉及经济价值较高的科有洋葱科、石蒜科、藜科、起绒草科、禾本科、豆科、百合科、花葱科、蓼科、玄参科、茄科、伞形花科等多种粮食作物、经济作物、蔬菜、药材、花卉等观赏植物。如小麦、大麦、玉米、甘薯、马铃薯、大豆、蚕豆、豌豆、菜豆、胡萝卜、扁豆、甘蓝、黄瓜、萝卜、芜菁、燕麦、黑麦、荞麦、洋葱、大蒜、韭菜、草莓、烟草、茶、水仙、郁金香、风信子、百合、唐菖蒲、鸢尾阔叶兰、红三叶草、绣球、川续断、防风、大黄、亚麻、花生、人参等。

6)危害情况

是许多农作物重要的破坏性线虫、是温带地区最具破坏性的植物内寄生线虫，严重侵染作物时其产量损失达60%～80%。线虫侵染后可加重其他病原微生物的为害。鳞球茎茎线虫主要寄生在植物的块茎、鳞茎、球茎等根茎部位，引起组织的坏死或腐烂、变形、扭曲等。其为害作物造成的损失大，能引起多种作物毁灭性病害，在温带地区有着很重要的经济意义。

7)传播途径

鳞球茎茎线虫通常可以随许多作物的种子、花卉和蔬菜作物的鳞球茎、块茎，以及牧草(如三叶草)的干草及被线虫侵染的植物的茎、叶、花碎片等远距离传播。种子的带虫量惊人，据记载一粒种子携虫量高达19万条。

8)症状特点

鳞球茎茎线虫主要取食植物茎、鳞球茎的薄壁细胞，不但造成植株田间死亡，而且还可以在储存期为害鳞球茎类植物。由于取食的部位和寄主不同，造成的为害症状也不相同。受其侵害的茎常膨大、矮化、扭曲，有时形成多叶。例如，为害燕麦恰好侵染土表部位并向上移动，引起植物茎部似“郁金香”状膨大；为害水仙、洋葱、大蒜、郁金香等鳞球茎时，往往鳞球茎内虫量高，大量4龄幼虫聚集在鳞球茎基部；危害玉米时，使其根系变小，缩短，受害茎基部增粗、坏死，引起玉米倒伏。

9)主要鉴定特征及生物学特性

(1)雌虫　温热杀死后体直，体长1.0～1.3 mm，体被细纹，体宽约10 μm；侧带区具4条刻线，占体宽的1/6～1/8。唇区低、平，无头环，微缢缩。头骨架中度骨化。口针 10～12 μm 长。有明显的基部球,食道前体部圆柱状,中食道球纺锤形,峡部窄,后食道腺球状或棍棒状,微覆盖肠端,偶见长叶覆盖,神经环缠绕于峡部中部。排泄孔位于食道后体部。尾圆锥形,长为 4～5 个肛径,尾端锐尖。阴门清晰,卵母细胞先端前伸,单列,后阴子宫囊长约为 0.5 个阴肛距。

(2)雄虫　与雌虫同形,尾部具交合伞,其先端位于交合刺的前端,后端达 3/4 尾长处。交合刺腹曲,先端膨大。引带短,结构简单。虫体测量值变异大。不同小种或不同寄主上的分离物测量值也有差异。

鳞球茎茎线虫在合适的条件下(15℃),19～23 d 完成一个生活史。研究表明,雌虫一般可成活 45～75 d,每条雌虫可产卵 200～500 粒。4 龄幼虫蜕皮发育成雌、雄虫后,经 4 d 左右即可交配产卵,产卵期长达 25～30 d。其 4 龄幼虫抗逆能力强,在不利条件下以休眠状态存活于植物组织内,据报道,存活期可达 20 多年,4 龄幼虫及卵在冰冻条件下也能存活。在土壤中无寄主情况下存活 2～3 年。

10)检验方法

(1)症状观察　郁金香、风信子、洋葱等鳞球茎受害后,剖开后常可见环状褐色特征性病症,有时在鳞球茎基部还可见 4 龄幼虫线虫团。

(2)线虫分离　对来自疫区的所有寄主植物的种子、繁殖用的鳞球茎、其他植物材料以及其所携带的土壤可用浅盘法或贝尔曼漏斗法进行线虫的分离。也可将怀疑携带有此线虫的种子及繁殖用鳞球茎在水中解剖,使线虫游离出植株组织,在显微镜下观察并进行鉴定。

11)有关检疫规定

鳞球茎茎线虫是我国公布的《中华人民共和国进境植物检疫性有害生物名录》中的检疫性线虫,并且是中蒙植物检疫双边协定规定的检疫性线虫,应严格限制自疫区引种。因特殊需要引进的种苗,应在指定的隔离检疫圃中试种检查。

小　结　检疫性植物病原物能够引发严重的植物病害,造成严重的经济损失。本节详细介绍了诸如小麦矮腥黑穗病菌、大豆疫病菌、栗疫病菌、梨火疫病菌、玉米细菌性枯萎病菌、番茄环斑病毒、烟草环斑病毒、香蕉穿孔线虫、松材线虫和鳞球茎茎线虫等重要检疫性病原物的专业知识。

6.3 检疫性害虫

学习重点

●了解实蝇、甲虫、蛾类等害虫的基础知识

●掌握重要检疫性害虫的特点

检疫性害虫主要包括昆虫、螨类和软体动物等。在检疫性昆虫中，实蝇、甲虫（如豆象、象鼻虫、叶甲、皮蠹、长蠹、小蠹等）、蛾类等均为重要的类群。不同类群的害虫其形态特征不同，为害方式不同，检验检疫的方法等亦有所区别。

6.3.1 检疫性实蝇

6.3.1.1 检疫性实蝇概况

1）实蝇基础知识

实蝇（fruit fly）属昆虫纲双翅目，是一类小型昆虫。实蝇与家蝇相比，其成虫个体略小且色彩较鲜艳。实蝇的生活史（life history）包括卵、幼虫、蛹和成虫4个虫态，属完全变态昆虫。实蝇的卵为纺锤形，略弯曲，白色或浅黄色，长约1 mm。幼虫复眼及足相当退化，白色或黄色，长约10 mm。蛹长椭圆形，黄褐色至黑褐色，长约5 mm。实蝇成虫前翅膜质，后翅退化为平衡棒，体背具有黄色或黑色的斑纹，体长5～13 mm。由于实蝇的生长发育速度快，因此1年可发生多代。

目前，世界已知实蝇约500个属，4 500余种；其中直接为害水果、蔬菜的实蝇包括15属，150余种，给农业生产带来巨大的危害。以幼虫在果实内部取食为害，可引起细菌等感染，造成落果或整个果实腐烂；成虫在果皮表面产卵，形成产卵孔，可引起细菌感染。

实蝇的鉴定方法一般以成虫形态特征为准。现场截获到的幼虫或蛹，一般需饲养为成虫后再进行形态鉴定。已有资料显示，科研人员正在努力探索利用分子生物学的手段进行实蝇各虫态的快速鉴定。

2）检疫性实蝇的种类和检疫地位

实蝇科害虫在世界植物检疫中占有重要的检疫地位。我国1992年公布的《中华人民共和国进境植物检疫性有害生物名录》中包括检疫性实蝇计10种（属）。重要的检疫性实蝇种类包括地中海实蝇、南美按实蝇、苹果实蝇、橘小实蝇、蜜柑大实蝇等。

6.3.1.2 地中海实蝇

1)学名

Ceratitis capitata (Widedmann)

2)英文名

Mediterranean fruit fly;Medfly

3)分类地位

双翅目(Diptera),实蝇科(Tephritidae),小条实蝇属。

4)分布

非洲的绝大部分地区;美洲、欧洲、大洋洲部分国家和地区,如尼加拉瓜、美国、巴西、法国、德国、意大利、澳大利亚等;亚洲少数国家和地区,如塞浦路斯、伊朗、以色列等。

5)寄主植物

已知有200余种水果、蔬菜和坚果被记录为寄主植物,最主要的有柑橘类、枇杷、樱桃、杏、桃、李、梨、苹果、无花果、番石榴、辣椒等。该虫以其分布和寄主之广,繁殖力之高,危害程度之大而被公认为世界上最具毁灭性的农业害虫之一。

6)主要鉴定特征

成虫体长4~5.5 mm。头部黄色至褐色,触角第1和2节红褐色,第3节黄色,芒黑色。雄虫第1对上额眶鬃不发达,第2对着生于突起的额上,端部扩大为扁阔的薄片,其上有纵向条纹,被称为额附器,雌虫第2对上额眶鬃仅比其他3对额眶鬃粗但不变形。胸部背面有光泽,底色为乳白色至黄色,镶有黑色特殊斑纹。小盾片基部有波状黄白色带,其余部分黑色。足浅黄色。翅宽短,基部布满形状不规则的黄褐或淡黑色斑,中部有一条宽红黄色垂直带,自亚缘室延伸到臀脉附近的翅缘,带的边缘为褐色。前缘带与此带同色,延伸到翅端,其上有暗斑,此外,还有一斜褐色带穿过中肘横脉,直到翅的后缘。腹部浅黄色,着生黑色刚毛,第2与第4背板后缘各有一条银灰色横带。

7)生物学特征

成虫自土壤中羽化出来后,作为补充营养,多在附近取食植物渗出液、蜜露、动物分泌物、细菌、果汁等,性成熟后飞向有果实的树丛交配。一头雌虫每天产卵达22~60粒,一生可产卵高达500~800粒,一个果实上可能有多个卵腔。在适宜的食物、温度和水分等条件下,有的成虫可存活1年以上。幼虫孵出后即在果实内取食,发育最适温24~30℃,24.4~26.1℃时历期6~10 d;成熟后通常离果钻入深5~15 cm的土中化蛹,蛹期在24.4~26.1℃时为6~13 d。

8）传播途径

能以卵、幼虫、蛹和成虫随水果、蔬菜等农产品及其包装物、土壤、交通工具等远距离传播。

9）检疫检验方法

批准入境的批量果蔬，应观察表面有无产卵孔，有无手按有松软感觉的水渍状斑块或黑化的斑块，剖视有无幼虫。番茄受害果皮上刺孔周围变成绿色；桃上产卵孔处会流出胶状果汁；枇杷受害果实即使成熟变黄，但刺孔周围仍为绿色；甜橙、梨、苹果果实被害部分变硬，颜色发暗，且凹陷下去；柑橘上产卵孔周围呈火山喷口状突起。

近10年来，随着水果贸易的发展，地中海实蝇频频出现在我国口岸，口岸动植物检疫人员严格把关，多次截获该虫（表6-3）。

表6-3　中国口岸截获地中海实蝇的部分记录

截获时间	截获口岸	检疫物	截获基本情况
1993年8月9日	广州流花动植物检疫局	辣椒	一名乘火车抵广州的旅客携带辣椒，经检疫发现活幼虫
1994年12月18日	北京首都机场动植物检疫局	甜橙	一名来自利比亚的中国劳务人员乘伦敦至北京航班，携带甜橙经检疫发现活幼虫
1995年11月27日	北京首都机场动植物检疫局	石榴	一名来自埃及的中国劳务人员乘新加坡至北京航班，携带购自埃及市场的石榴，经检疫发现活幼虫
1996年1月27日	广州新塘动植物检疫局	杧果	贸易进口杧果抽样检疫发现活幼虫
1996年7月30日	北京首都机场动植物检疫局	杧果	一名来自俄罗斯的中国旅客抵京，携带当地购买的进口杧果，经检疫发现活幼虫
1997年3月14日	天津机场动植物检疫局	甜橙	一名来自俄罗斯的旅客抵津，携带甜橙经检疫发现活幼虫
1997年9月18日	北京首都机场动植物检疫局	杧果	科威特使馆人员（家属）携带杧果一箱，经检疫发现活幼虫

10）有关检疫规定

地中海实蝇是我国公布的《中华人民共和国进境植物检疫性有害生物名录》中规定的小条实蝇属中的一种重要危险害虫，并且是中罗、中南、中匈、中朝、中俄（中方提出）植检植保双边协定规定的检疫性害虫，应严格施行检疫。《中华人民共和国进境植物检疫禁止进境物名录》中规定禁止自疫区引进水果、茄子、辣椒、番茄及各种果实，因科研等特殊需要引进，必须事先申请特许审批，否则不准入境。

6.3.1.3　南美按实蝇

1)学名

Anastrepha fraterculus (Wiedemann)

2)英文名

South American fruit fly

3)分类地位

双翅目(Diptera),实蝇科(Tephritidae),按实蝇属。

4)分布

主要分布在美洲国家(地区),如美国、墨西哥、危地马拉、巴拿马、特立尼达和多巴哥、西印度群岛、哥伦比亚、委内瑞拉、圭亚那、苏里南、厄瓜多尔、秘鲁、巴西、玻利维亚、智利、阿根廷和乌拉圭等。

5)寄主植物

危害多种水果、蔬菜,如番荔枝、人心果、柑橘类、枇杷、杧果、番樱桃、桃、番石榴、洋梨、葡萄、杨桃、柿、无花果、草莓、苹果、山楂和番茄等。

6)主要鉴定特征

成虫体小型,长约 12 mm(不包括产卵器),黄褐色。中胸背板长 2.75~3.3 mm,黄褐色,中鬃前面(不包括中鬃)的后端加宽的中带、自横缝至小盾片的侧带和小盾片鲜黄色;侧板黄色和黄褐色。后胸背板和后小盾片两侧黑色。胸鬃黄褐色至黑色,毛被黄褐色。腹侧鬃纤细。翅长 5.35~7.72 mm,色带橘黄色或褐色。前缘带与 S 带相接,V 带与 S 带分离,但翅的斑纹偶有变异。

7)生物学特征

幼虫孵出后通常取食果肉,但也偶尔取食未成熟种子。果皮产卵刻点常消失,有时能见到汁液和褪色斑。在南美许多地区是栽培果树的重要害虫。墨西哥类型不为害柑橘类。

8)传播途径

以卵和幼虫随被害果传播。

9)检验检疫方法

来自疫区的水果应仔细检查有无被害状,剖果寻找幼虫,将幼虫饲养为成虫以备鉴定。

10)有关检疫规定

南美按实蝇是我国公布的《中华人民共和国进境植物检疫性有害生物名录》

中规定的按实蝇属的一种重要害虫,应严格施行检疫。

6.3.1.4 苹果实蝇

1)学名

Rhagoletis pomonella (Walsh)

2)英文名

Apple maggot

3)分类地位

双翅目(Diptera),实蝇科(Tephritidae),绕实蝇属。

4)分布

加拿大、美国、墨西哥。在加拿大东南部和美国东北部为重要害虫。

5)寄主植物

苹果实蝇是寡食性害虫,主要为害蔷薇科的苹果和山楂。该虫在北美造成的危害仅次于苹果蠹蛾,不加控制损失率可达78%~100%。

6)主要鉴定特征

成虫体长5 mm左右,黑色,有光泽,头部背面浅褐色,腹面柠檬黄色。中间背板侧缘从肩胛至翅基有黄白色条纹,背板中部有灰色纵纹4条。腹部黑色,有白色带纹,雌虫4条,雄虫3条。翅透明,有4条明显的黑色斜形带,第1条在右缘和第2条合并,而第2至第4条又在翅的前缘中部合并,因而在翅的中部没有横贯全翅的透明区。

7)生物学特征

卵产于苹果等果内,单产,孵化后即在果实内取食。青幼果内幼虫发育缓慢,通常在果实脱落后,幼虫才能完成发育。果实落地后,幼虫方迅速生长成熟,离开果实,钻入地下5~7 cm深处化蛹,以蛹在土中越冬。一般一年发生一代。在美国南部可发生局部第2代。少数个体以蛹度过两个冬天,使蛹期延长。

8)传播途径

主要以幼虫随被害果,有时蛹也可随被害果的包装物或寄主植物根部所带土壤,成虫也可随交通工具远距离传播。

9)检验检疫方法

对来自疫区的水果,检查包装箱内有无脱果幼虫与蛹,将带有被害症状(如产卵白斑、变形和腐烂)的果实切开检查有无幼虫。对来自疫区的苗木,尤其是苹果、山楂等,对其根部所带土壤也应严格检查是否带蛹,幼虫和蛹都应饲养到成虫鉴定。

10)有关检疫规定

苹果实蝇是我国公布的《中华人民共和国进境植物检疫性有害生物名录》中规定的绕实蝇属中的一种检疫性实蝇，并且是中俄(俄方提出)植检植保双边协定规定的检疫性害虫，应严格施行检疫。

6.3.1.5 橘小实蝇

1)学名

Bactrocera (*Bactrocera*) *dorsalis* (Hendel)

2)英文名

Oriental fruit fly

3)分类地位

双翅目(Diptera)，实蝇科(Tephritidae)，果实蝇属。

4)分布

日本、中国以及东南亚部分国家(地区)，美国的夏威夷，马里亚纳群岛等。

5)寄主植物

约250种栽培果蔬类作物及野生植物，例如柑橘类、番石榴、杧果、桃、阳桃、香蕉、苹果、番荔枝、葡萄、西瓜、辣椒和番茄等。

6)主要鉴定特征

成虫体长6 mm左右。头部黄色或黄褐色，中颜板下部具圆形黑色颜面斑1对。中胸背板大部黑色；缝后黄色侧纵条1对，伸至内后翅上鬃之后；肩胛、背侧胛完全黄色。小盾片除基部一黑色狭横带外，余均黄色。头、胸部鬃序：侧额鬃1∶2，颊鬃、内、外顶鬃、中侧鬃、前翅上鬃、小盾前鬃及小盾鬃各1对，肩板鬃、背侧鬃、后翅上鬃各2对。翅前缘带褐色，伸至翅尖，较狭窄，其宽度不超过R_{2+3}脉；臀条褐色，不达后缘。足大部黄色，后胫节通常为褐色至黑色中足胫节具一红褐色端距。腹部卵圆形，棕黄至锈褐色。第2背板的前缘有一黑色狭短带，第3背板的前半部有一黑色宽横带，第4背板的前侧常有黑色斑纹。腹背中央有一黑色狭纵条，自第3背板的前缘直达腹部末端；第5背板具腺斑1对。

7)生物学特征

该虫食性复杂。果实受害后干瘪收缩，造成大量落果。

8)传播途径

主要以幼虫随被害果，有时蛹也可随被害果的包装物或寄主植物根部所带土壤，成虫也可随交通工具远距离传播。

9)检验检疫方法

对来自疫区的水果,检查包装箱内有无脱果幼虫与蛹,将带有被害症状的果实切开检查有无幼虫并进行鉴定。

10)有关检疫规定

橘小实蝇是我国规定的检疫性实蝇,应严格施行检疫。

6.3.2 检疫性甲虫

6.3.2.1 检疫性甲虫概况

1)甲虫基础知识

甲虫(beetle)是昆虫纲鞘翅目昆虫的通称,因其前翅为革质而得名。甲虫是昆虫纲中种类最为丰富的类群之一,许多科、属或种具有重要的经济意义,例如豆象科、象虫科、天牛科、皮蠹科等。甲虫属完全变态昆虫,生活史包括卵、幼虫、蛹和成虫 4 个虫态。

作为一类重要的农林业害虫,甲虫主要危害作物(如象甲等)、储粮(如豆象)、水果(如杧果象甲等)和木材(如小蠹、天牛等)等,造成严重经济损失,引起世界许多国家的高度重视。因种类的不同,甲虫的形态特征、寄主植物、为害特点等亦有较大的差异,例如豆象主要蛀食储藏豆类为害,在豆粒上相成孔洞,严重影响豆类的质量。

甲虫的鉴定方法一般以成虫形态特征为准。现场截获到的幼虫或蛹,一般需饲养为成虫后再进行形态鉴定。

2)检疫性甲虫的种类和检疫地位

我国 2007 年公布的《中华人民共和国进境植物检疫性有害生物名录》中包括甲虫 71 种(属)。检疫性甲虫的种类数量在我国植物检疫有害生物名录中占有比例最高,重要的检疫性甲虫种类包括菜豆象、墨西哥棉铃象、马铃薯甲虫、欧洲榆小蠹、稻水象甲、大谷蠹、双钩异翅长蠹、谷斑皮蠹、椰心叶甲和杧果果肉象甲等。

6.3.2.2 菜豆象

1)学名

Acanthoscelides obtectus (Say)

2)英文名

Bean weevil

3)分类地位

鞘翅目(Coleoptera),豆象科(Bruchidae),三齿豆象属。

4)分布

亚洲少数国家(地区),如朝鲜、日本、缅甸等;欧洲大部分国家;非洲部分国家,如尼日利亚、埃塞俄比亚、肯尼亚、乌干达、布隆迪、刚果和安哥拉等;大洋洲的澳大利亚、新西兰等;美洲的部分国家(地区),如美国、墨西哥、古巴、哥伦比亚、秘鲁、巴西、智利和阿根廷等。

5)寄主植物

主要为害菜豆属的植物,也为害豇豆、兵豆、鹰嘴豆、木豆、蚕豆和豌豆等。

6)主要鉴定特征

成虫体长2～4 mm,头黑色,通常具橘红色的眼后斑,上唇及口器多呈橘红色。触角基部4节(有时第5节基半部)及第11节橘红色,其余节黑色。胸部黑色,足大部橘红色。鞘翅黑色,仅端部边缘橘红色。腹部橘红色,仅腹板基部有时呈黑色。头及前胸密被黄色毛。鞘翅密被黄色毛,在近鞘翅基部、中部及端部有褐色毛斑。足被白色毛,腹面密被白色毛或杂以黄色毛,臀板被白色或黄色毛。头部长而宽,密布刻点。额中线光滑无刻点,由额唇基沟延伸至头顶,有时稍隆起。触角第1～4节丝状,第5～10节锯齿状,末节端部尖细。前胸背板圆锥形,中区布刻点,端部及边缘刻点变小。小盾片黑色,方形,端部2裂,密布倒伏状黄色毛。鞘翅行纹深,行纹3、4及行纹5、6分别在基部靠边。后足腿节端部与基部缢缩,呈梭形,中部约与后足基节等宽,腹面近端部有一长而尖的齿及2个小齿,齿的长度约为小齿的2倍。

7)生物学特征

以幼虫或成虫在仓内越冬,部分在田间越冬。次年春播时随被害种子带到田间,或成虫在仓内羽化后飞往田间菜豆田。另外,此虫同样可以在仓内连续繁殖。越冬成虫于次年春季气温达18℃以上时开始交尾产卵。成虫寿命4～37 d,一般为20～28 d。产卵可持续10～18 d,雌虫产的卵并不黏附在豆粒上,而是分散于豆粒之间,或将卵产于仓内地板、墙壁或包装物上。在田间,卵多产于成熟豆荚的裂隙处,每雌可产卵50～90粒,卵期一般为6～11 d,在最适条件下,幼虫期约为30 d。

8)传播途径

主要借助被侵染的豆类种子通过贸易和引种进行传播,卵、幼虫、蛹和成虫均可被携带。

9)检验检疫方法

过筛检查种子,看有无成虫和卵,注意豆粒上是否有成虫的羽化孔或幼虫蛀入孔。成虫产的卵并不黏附在豆粒表面,必须在样品的筛出物中仔细寻找。在田间,菜豆象不在未成熟的绿荚上产卵,只侵染成熟的豆荚(此时荚皮多少已变得干燥)。雌虫将卵产于开裂荚的种子上,或将荚壁做切口,卵产于荚内,一个切口可产卵几粒至20粒。因此,田间调查要在寄主种趋于成熟时进行,用扫网法捕获成虫,或检查带卵的豆荚。

菜豆象的卵与多种仓储豆象不同之处在于不黏附在种皮上,且形状近短圆筒状,而非扁平状。成虫通过触角的颜色、后足腿节腹面近端部3个齿突(少数个体有4个齿)及雄虫外生殖器的形态进行鉴定。

我国较早的截获记录是在1972年5月6日,北京口岸在来自澳门的豇豆中查获。自1986年至今,众多口岸截获该虫达百余次,例如1986年梧州在由法国输入的青刀豆中截获该虫,又如1996年连云港口岸在由巴拿马输入的红豆中查获菜豆象。

10)有关检疫规定

菜豆象是《中华人民共和国进境植物检疫性有害生物名录》中规定的检疫性害虫,并且是中罗、中匈、中南、中蒙、中俄(中方提出)植检植保双边协定规定的检疫性害虫,应严格施行检疫。

6.3.2.3 墨西哥棉铃象

1)学名

Anthonomus grandis Boheman

2)英文名

Cotton bollweevil

3)分类地位

鞘翅目(Coleoptera),象甲科(Curculionidae),花象属(*Anthonomus*)。

4)分布

主要分布在美洲,如美国、墨西哥、危地马拉、萨尔瓦多、洪都拉斯、尼加拉瓜、哥斯达黎加、古巴、海地、多米尼加、哥伦比亚、委内瑞拉、巴西等。

5)寄主植物

主要为害棉花,也为害苘麻属、木槿属的野生种类。

6)主要鉴定特征

成虫体长约 5 mm,长椭圆形,体红褐色到暗红色,被覆粗糙刻点和茸毛。头部圆形,眼相当突起,喙细长从两端到中间略收缩,触角嵌入处较雄虫的远离端部,喙基部有稀疏茸毛。触角索节 7 节,索节 2 长于索节 3,索节 3～7 等长,触角棒 3 节,索节和棒节颜色相同。前胸背板 1.5 倍宽于长,最宽处在中间,两侧从基部到中间几乎直,后角直角形,前端不缩缢,圆形。背面相当隆起,密布刻点,鞘翅长椭圆形,基部稍宽于前胸背板,向后逐渐加宽,两侧边前端 2/3 几乎平行,其余部分逐渐收缩成圆形。后翅无明显斑点,臀板外露。雌虫的腹部腹面只有 7 节,第 8 节被前臀板遮盖。前足腿节特别粗大,棒状,有 2 个粗大的齿,内侧齿长而粗大,外侧齿呈尖锐三角形,两齿基部合生。中、后足腿节不如前腿节粗大,只有 1 个齿。胫节粗,前端内侧有 2 曲波纹,后端直。跗节发达,爪离生,前足跗节的爪有雌雄异态现象,雌虫的爪内侧具较细长而尖锐的齿,其长几乎等于爪。

7)生物学特征

以成虫在靠近棉田的碎石、落叶下、树皮下、树木上的苔藓中、堆积的茎秆、作物残基内、轧棉机、牲口棚或其他越冬场所越冬。越冬成虫复苏后,先在棉花幼嫩生长点末端取食,当棉蕾或棉铃出现时造成最大为害。成虫嗜好为害生长期约 6 d 的花芽或蕾。卵 3～5 d 孵化成白色、无足幼虫。受温度、食物和其他环境因素的影响。幼虫在棉铃内取食 7～14 d,蜕皮 2～3 次。幼虫孵化后,一直待在棉蕾或棉铃内,并在棉铃内的取食孔穴中化蛹,蛹期持续约 5 d。1 代生活史平均约需 25 d。

8)传播途径

幼虫、蛹和成虫可随籽棉、棉籽、棉籽壳的调运而远距离传播。墨西哥棉铃象的蛹室质硬色深,外形酷似棉籽,但比棉籽稍粗短些。蛹室内可存在待化蛹的幼虫、蛹或初孵化尚未钻出的成虫,部分幼虫还可钻入棉籽内做蛹室,加大了害虫随棉籽、籽棉传播的危险性。该虫在印度的分布可能与每年大量进口美棉有关。成虫具有较强的飞翔能力,每年可以自然传播 40～160 km。

9)检疫检验方法

鉴于籽棉和棉籽对传播此虫有很大的危险性,对疫区,特别是对美国、墨西哥及中美、南美国家进口的棉籽、籽棉必须进行严格的检疫,要严格控制数量,货主需出具官方的熏蒸证书,确保无活虫存在。在进口检验中,如发现活虫,必须用溴甲烷进行灭虫处理。皮棉虽然携带此虫可能性很小,但也要经过检验,防止可能有夹杂此虫的棉籽。检查中如果发现棉籽,同样要经过熏蒸处理。

10)有关检验规定

墨西哥棉铃象是我国公布的《中华人民共和国进境植物检疫性有害生物名录》中规定的检疫性害虫，并且是中罗、中匈、中南植检植保双边协定中规定的检疫性害虫，应严格施行检疫。

6.3.2.4 马铃薯甲虫

1)学名

Leptinotarsa decemlineata (Say)

2)英文名

Colorado potato beetle

3)分类地位

鞘翅目(Coleoptera)，叶甲科(Chrsomelidae)，马铃薯甲虫属。

4)分布

原产于墨西哥北部落基山东麓；现主要分布于北美洲和欧洲的绝大部分国家和地区，亚洲个别国家和地区。

5)寄主植物

此虫最喜取食马铃薯，其次为茄子和西红柿，也可取食烟草及颠茄属、茄属、曼陀罗属和菲沃斯属的多种植物。

6)主要鉴定特征

成虫体长 9～11.5 mm，宽 6.1～7.6 mm，短卵圆形，体背显著隆起。淡黄色至红褐色，具多数黑色条纹和斑，头顶的黑斑多呈三角形，复眼后方有一黑斑，但通常被前胸背板遮盖。触角 11 节，第 1 节粗而长，第 2 节短，第 5、6 节约等长，触角基部 6 节黄色，端部 5 节膨大而色暗。前胸背板隆起，长 1.7～2.6 mm，宽 4.7～5.7 mm；基缘呈弧形，后侧角稍钝，前侧角突出；顶部中央有一“U”形斑纹或 2 条黑色纵纹，每侧又有 5 个黑斑，有时侧方的黑斑相互连接；中区的刻点细小，近侧缘的刻点粗而密。小盾片光滑，黄色至近黑色。鞘翅卵圆形，显著隆起，每一鞘翅有 5 个黑色纵条纹，全部由翅基部延伸到翅端，翅合缝黑色，条纹 1 与翅合缝的翅端几乎相接，条纹 2、3 在翅端相接，条纹 4 与 3 的距离一般情况下小于条纹 4 与 5 距离，条纹 5 与鞘翅侧缘接近，鞘翅刻点粗大，沿条纹排成不规则的刻点行。足短，转节呈三角形，腿节稍粗而侧扁，胫节端部方向放宽，跗节 5 节，假 4 节，第 4 节极短；爪的基部无附齿。腹部第 1～5 节腹板两侧黑斑，第 1～4 腹板的中央两侧另有长椭圆形黑斑。

7)生物学特征

以成虫在土壤内越冬,当越冬处的土温回升到14～15℃时成虫开始出土,通过爬行和飞行扩散以寻觅寄主。经过1～2周后,成虫开始交尾、产卵。有的个体交尾发生于前一年的秋天,即在冬季滞育到来之前,这样的雌虫到第2年春不需要再行交尾,经过几天的取食后可以产卵。在后一种情况下,1头雌虫就可以独自形成一个新的疫源地。卵以卵块状产于叶背面,卵粒与叶面多呈垂直状态。在欧洲和美洲,马铃薯甲虫1年可发生1～3代。个别年份个别地区多达4代。同一卵块的卵几乎同时孵化,幼虫孵化后开始取食。幼虫有4龄,卵期随温度条件而异,5～17 d,幼虫期15～34 d。4龄幼虫末期停止进食,大量幼虫在离被害株10～20 cm半径的范围内入土化蛹。马铃薯甲虫发育1代需要30～70 d,若发育起点温度按11.5℃计,有效积温为3 350日度。马铃薯甲虫是马铃薯的毁灭性害虫。幼虫和成虫常将马铃薯叶片吃光,一般减产30%～50%,有时高达90%。此虫还传播马铃薯褐斑病和环腐病等。

8)传播途径

主要通过贸易的途径及风、气流和水流进行传播。来自疫区的薯块、水果、蔬菜、原木及包装材料及运载工具均有可能携带此虫。风对该虫的传播起很大的作用,该虫扩展的方向与发生季节优势风的方向一致,成虫可被大风吹到150～350 km之外。在欧洲,该虫大发生季节盛刮西风,因此向东扩展十分迅速,向其他方向则大大减缓。在前苏联,该虫每年向东扩展的速度20世纪60年代平均为120 km,70年代增加到130～170 km。气流和水流也有助于该虫的扩展,曾有记载成虫被气流带到170 km之外。成虫在飞行中有时坠落海里,被海水裹挟,当被重新抛上岸后,部分个体仍然成活。

9)检验检疫方法

对来自疫区的薯块、水果、蔬菜、包装、材料及运载工具都应仔细检查。该虫个体较大,成虫、幼虫和卵色泽亮艳,因此并不难辨识。然而,在美洲该属的某些其他成员外形与马铃薯甲虫十分相似,这要通过鞘翅上黑色条纹的数量和各条纹之间的相互位置来作进一步的判断。

我国较早的截获记录是1986年,大连口岸在从美国输入的小麦中截获该虫(死虫)。近20年来,南京、天津、上海、宁波、伊犁、防城等口岸截获该虫20余次。

10)有关检疫规定

马铃薯甲虫是我国公布的《中华人民共和国进境植物检疫性有害生物名录》中规定的检疫性害虫,并且是中俄、中南、中罗、中匈、中蒙植检植保双边协定规定的检疫性害虫,应严格实施检疫,严防其传入和扩散蔓延。

6.3.2.5 欧洲榆小蠹

1)学名

Scolytus multistriatus (Marsham)

2)英文名

Smaller European elm bark beetle;Small elm bark beetle

3)分类地位

鞘翅目(Coleoptera),小蠹科(Scolytidae),小蠹属。

4)分布

欧洲大部分国家(地区),伊朗、埃及、阿尔及利亚、澳大利亚、加拿大、美国等也有分布。

5)寄主植物

主要危害榆树,偶尔也危害杨树、李树、栎树等。

6)主要鉴定特征

成虫体长1.9～3.8 mm,长约宽的2.3倍,体红褐色,鞘翅常有光泽。雄虫额稍凹,表面有粗糙的斜皱纹,刻点不清晰,额毛细长稠密,环聚在额周缘,雌虫额明显突起,额毛较稀较短。触角锤状部有明显的角状缝,呈铲状,不分节,触角鞭节7节。眼椭圆形,无缺刻。前胸背板方形,表面光亮,刻点较粗、深陷,相距很近,相距约刻点直径的2倍,光滑无毛。鞘翅长为宽的1.3倍,刻点沟凹陷中等,沟间部略凹陷,刻点沟和沟间部的刻点单行排列,很小,中等凹陷,较近,沟间部的刻点常较刻点沟中的刻点稍小。表面光滑,鞘翅后方不构成斜面。第2腹板前半部中央有向后突起的圆柱形的粗直大瘤,雄虫从第2腹节起腰部向鞘翅末端水平延伸,第2～4腹节的侧缘有1列齿瘤。两性腹部形态基本相同,但雌虫2～4腹板后缘的刺瘤较小,第3、4腹板后缘中间光平无瘤。

7)生物学特征

该虫是榆树疫病病菌(*Ceratocystis ulmi*)的主要媒体,主要危害榆树。以幼虫越冬,少数以成虫或蛹越冬,成虫约5月份羽化,第1代成虫飞行期可持续40～50 d,最多能飞行5 km。每雌可产卵35～140粒,在相对湿度为75%和27℃的恒温条件下,卵孵化需6 d,幼虫期为27～29 d,蛹期为7 d。该虫有滞育特性,在前南斯拉夫的研究表明,20%的第1代种群和85%的第2代种群滞育。成虫对受伤的树和枯草芽孢杆菌(*Bacillus subtilis*)的分泌物敏感。越冬后第1代成虫在健康的树干和枝条上取食,构筑坑道,将病菌孢子传入韧皮部。幼虫取食形成的子坑道从母坑道出发,呈辐射状。幼虫在树皮中化蛹,成虫在蛹室内羽化后稍停一段时间后咬穿树皮，留下约 2 mm 的圆形羽化孔，每年 1～3 代。

8）传播途径

随该虫的寄主木段和枝杆远距离传播，近距离扩散靠成虫飞行和爬行。

9）检验检疫方法

对榆木及其制品要严格检疫，特别是来自疫区的货物，应引起高度的警惕。在现场检疫时，仔细检查该批货物及其包装铺垫材料是否带有树皮，树皮上是否有虫孔、虫、活虫、虫残体，如发现可疑情况，则剥皮检查，将查到的虫体保存好，尽快送实验室镜检，并详细记录所观察到症状。如发现是可疑虫体，则尽快送实验室鉴定。

10）有关检疫规定

欧洲榆小蠹是我国公布的《中华人民共和国进境植物检疫性有害生物名录》中规定的检疫性害虫，并且是中俄（中方提出）植检植保双边协定规定的检疫性害虫，应严格施行检疫。

6.3.2.6　谷斑皮蠹

1）学名

Trogoderma granarium Everts

2）英文名

Khapra beetle

3）分类地位

鞘翅目（Coleoptera），皮蠹科（Dermestidae），斑皮蠹属。

4）分布

主要分布在亚洲、欧洲、非洲的大部分国家（地区），在美洲部分国家（地区）也有分布，如美国、墨西哥、牙买加等。

5）寄主

杂食性昆虫，取食多种植物性和动物性储藏物。如小麦、大麦、麦芽、燕麦、黑麦、玉米、高粱、稻谷及大米、面粉、通心粉、花生、花生仁、花生饼、干果（如葡萄干和椰枣）、坚果；干草、稻草、麦草；干鱼、鱼粉、蚕茧、毛皮、丝绸、奶粉及血干等。在美国，1953 年某些粮库暴发成灾，如一个存放 3 700 t 大麦的仓库，在 1.25 m 深的表层内幼虫数多于粮粒数。

6）主要鉴定特征

成虫体长 1.8～3.0 mm，宽 0.9～1.7 mm，雌虫一般大于雄虫。体呈长椭圆形，体壁发亮，头及前胸背板暗褐色至黑色，鞘翅红褐色，上面的淡色花斑不明显，触角及足淡褐色。前胸背板近中央及两侧有不明显的黄色或灰白色毛斑。鞘翅密被淡褐色至深褐色毛。上面有淡色毛形成的极不清晰的亚基环、亚中带和亚端带，腹面被褐色毛。触角11节(极少数个体为9～10节)，雄虫触角棒3～5节，末节长约为第9、10节的总和，雌虫触角棒3～4节。触角窝后缘隆线特别退化，雄虫约消失全长的1/3，雌虫约消失全长的2/3。颏的前缘中部具深凹，两侧钝圆，在凹缘最深处的高度不及颏最大高度之半。雌虫交配囊骨片极小长约0.2 mm，宽约0.01 mm，上面的齿稀少。雄虫第9腹节背板两侧着生刚毛3～4根。

7)生物学特征

该虫以幼虫取食为害，十分贪食，除直接取食外还有粉碎食物的习性。在东南亚，谷斑皮蠹1年发生4～5代。以幼虫在仓库缝内越冬。成虫羽化后2～3 d开始交尾产卵，卵多散产，偶尔2～5粒结粘在一起。成虫丧失飞翔能力，也不取食。卵期3～26 d。在正常情况下，幼虫有4～6个龄期。幼虫期在不发生滞育的情况下26～87 d；蛹期约20 d。完成1个世代，在34～35℃下需要25～29 d；在幼虫滞育的情况下完成1代需要数年。谷斑皮蠹的耐干性及耐冷耐热能力很强。幼虫多集中于粮堆顶部取食，进入3龄后又钻入缝隙中群居。席囤、墙壁和地板缝隙，以及包装物和仓内梁柱裂隙等处，均为幼虫藏匿之处。

8)传播途径

成虫虽有翅但不能飞，主要随货物、包装材料和运载工具传播。

9)检验检疫方法

对谷斑皮蠹进行检验时，首先注意与传播有关的动植物材料、包装材料及运载工具。花生仁、花生饼传带的可能性更大，包装麻袋是该虫栖息的理想场所。除动植物产品外，填充料、铺垫材料也有传带的可能性，因为这些物品都可作为谷斑皮蠹的食物。若在粮仓内调查，要注意检查墙梁和地板的缝隙内是否有该虫。在货轮上，此虫多栖息于机舱附近温度较高的场所。此虫在不同货物中发生的部位往往有别，以椰枣而言多出现于包角、包缝或包口附近，以棉花而言多发生于包皮和包皮内棉花褶之间。被谷斑皮蠹侵染的物品，往往会发现幼虫和虫蜕。在没有活虫的情况下，仔细寻找和收集幼虫的虫蜕在室内进行鉴定，同样可确定该批货物是否受到谷斑皮蠹侵染。

我国早期的截获记录是在1926年8月，青岛口岸在由马里共和国输入的花生仁中截获该虫。自20世纪80年代以来，截获次数达150余次之多。

10)有关检疫规定

谷斑皮蠹是我国公布的《中华人民共和国进境植物检疫性有害生物名录》中规定的斑皮蠹属中一种重要害虫，并且是中俄(中方提出)、中朝、中罗、中蒙植检植保双边协定规定的检疫性害虫，应严格施行检疫。

6.3.2.7 稻水象甲

1）学名

Lissorhoptrus oryzophilus Kuschel

2）英文名

Rice water weevil；Root-maggot

3）分类地位

鞘翅目（Coleoptera），象虫科（Curculionidae）。

4）分布

主要分布在亚洲和美洲的部分国家（地区），如中国（局部地区）、朝鲜、日本、加拿大、美国、墨西哥、古巴、多米尼加、哥伦比亚、圭亚娜等。

5）寄主植物

稻水象甲食物复杂，寄主范围非常广泛，最重要的寄主植物是水稻，其次是禾本科、泽泻科、鸭跖草科、莎草科、灯心草科杂草。

6）主要鉴定特征

成虫体长2.6～3.8 mm，体宽1.15～1.75 mm。体壁褐色，密布相互连接的灰色鳞片，前胸背板和鞘翅的中区没有这种鳞片，呈暗褐色斑。喙端部和腹部、触角沟两侧、头和前胸背板基部、眼四周、前中后足基节基部、可见腹节3、4的腹面及腹节5的末端被覆黄色圆形鳞片。喙几乎和前胸背板一样长，有些弯曲，近乎扁圆筒形。触角红褐色着生于喙中间之前，柄节棒形，索节6节，索节1膨大呈球形，雌虫索节1长几乎为索节2的1.2倍，雄虫的为1.1倍，索节2长大于宽，索节3～6宽大于长。触角棒呈倒卵形或长椭圆形，长为宽的2.0～2.1倍，棒为3节，棒节1光亮无毛。

股节棒形，不具齿。胫节细长、弯曲，中足胫节两侧各有一排长的游泳毛。雄虫后足胫节无前锐突，锐突短而粗，深裂呈两叉形。雌虫的锐突单个的长而尖，有前锐突。后足胫节锐突形状是稻水象甲成虫性别鉴定的一个有用特征。跗节3不呈二叶状，和跗节2等宽，雌虫后足跗节2长为宽的1.7倍。

稻水象甲有两性生殖型和孤雌生殖型，发生在美国加利福尼亚州、日本、朝鲜半岛和我国的均属孤雌生殖型，发生在美国其余的为两性生殖型。

7）生物学特征

稻水象甲以成虫和幼虫为害水稻作物。成虫在幼嫩水稻叶片上取食上表皮和叶肉，留下下表皮，在叶表面留下一纵条斑痕。幼虫密集水稻根部，在根内或根上取食，根系被蛀食，刮风时植株易倾倒，甚至被风拔起浮在水面上。受损严重的根系变黑腐烂。稻水象甲以成虫在西班牙苔藓、水田四周和林带禾本科杂草的根基部、落叶下、稻草、稻茬以及住宅附近的草地内越冬。

成虫一般在水淹后开始产卵,喜欢在水面下 4～7 cm 的叶鞘内产卵。被孵幼虫在叶鞘内经短暂钻蛀取食后离开叶鞘落入土中,在植株根部食害。老熟幼虫结一光滑的囊包裹自身,形成一个附着于根系的不透水的土茧,并在其中化蛹,羽化成虫取食稻叶。成虫有较强的飞翔能力和明显的趋光性。

8)传播途径

成虫有较强的飞翔能力,可借风力自然传播、扩散。水稻秧苗和稻草可携带卵、初孵幼虫和成虫做远距离传播。成虫还可随稻种、稻谷、稻壳及其他寄主植物、交通工具等行远距离传播。

9)检验检疫方法

禁止从疫区调运秧苗、稻草、稻谷和其他寄主植物及其制品,防止用寄主植物做填充材料。严格检疫检验,通过对其适生区、适生场所、嗜好寄主植物,采样检验,开展普查、监测,力求做到早发现。

10)有关检疫规定

稻水象甲是我国公布的《中华人民共和国进境植物检疫性有害生物名录》中规定的检疫性害虫,应严格施行检疫。

6.3.2.8 大谷蠹

1)学名

Prostephanus truncatus (Horn)

2)英文名

Larger grain borer; Greater grain borer

3)分类地位

鞘翅目(Coleoptera),长蠹科(Bostrichidae),尖帽胸长蠹属。

4)分布

此虫原产于美国南部,后扩展到美洲其他地区。20 世纪 80 年代初在非洲立足。当前分布于以下国家:泰国、印度、多哥、肯尼亚、坦桑尼亚、布隆迪、赞比亚、马拉维、美国(加利福尼亚、康涅狄格、得克萨斯、华盛顿、哥伦比亚特区)、墨西哥、危地马拉、萨尔瓦多、洪都拉斯、尼加拉瓜、哥斯达黎加、巴拿马、哥伦比亚、秘鲁、巴西。

5)寄主

主要为害储藏的玉米和木薯干,对红薯干也造成严重危害,还为害软质小麦、花生、豇豆、可可豆、扁豆和糙米。对木制器具及仓内木质结构也可为害。

6）主要鉴定特征

成虫体长3～4 mm，圆筒状，红褐色至黑褐色，略有光泽，体表密布刻点，疏被短而直的刚毛。头下垂，与前胸近垂直，由背方不可见。触角10节，触角棒3节，末节约与第8、9节等宽，索节细，上面着生长毛，唇基侧缘明显短于上唇侧缘。前胸背板长宽略相等，两侧缘由基部向端部方向呈弧形狭缩，边缘具细齿，中区的前部有多数小齿列，后部为颗粒区，侧面后半部有1条弧形的齿列，无完整的侧脊。鞘翅刻点粗而密，排成较整齐的刻点行，仅在小盾片附近刻点散乱，行间不明显隆起。鞘翅后部陡斜，形成平坦的斜面，斜面四周的缘脊明显，呈圆形包围斜面。腹面无光泽，刻点不明显。后足跗节短于胫节。

7）生物学特征

大谷蠹为农家储藏玉米的重要害虫。成虫穿透玉米棒的包叶蛀入籽粒，并由一个籽粒转入另一个籽粒，产生大量的玉米碎屑。该虫为害既可发生于玉米收获之前，又可发生于储藏期。此外，大谷蠹对木薯干和红薯干也造成严重为害，可将薯干破坏成粉屑。特别是发酵过的木薯干和红薯干，由于质地松软，更适于大谷蠹钻蛀为害。不同玉米品种对大谷蠹的感虫性不同，硬粒玉米被害较轻。另外，在玉米棒上的籽粒被害重，脱粒后被害减轻。成虫钻入玉米粒后，留下一整齐的圆形蛀孔。在玉米粒间穿行时，则可形成大量的粉屑。交尾后，雌虫在与主虫道垂直的盲端室内产卵。卵成批产下，一批可达20粒左右，上面覆盖碎屑。

8）传播途径

此虫除自然扩散外，主要通过被感染过的寄主随交通工具进行传播。

9）检验检疫方法

检查时注意玉米等有无蛀孔，有条件时可对种子进行X光检验。大谷蠹成虫鞘翅后半部有斜面，斜面四周且有缘脊，为该种的重要鉴别特征。前胸背板每侧后半部各有一条弧形的齿列，这一特征也不见于许多常见的种。

10）有关检疫规定

大谷蠹是我国公布的《中华人民共和国进境植物检疫性有害生物名录》中规定的检疫性害虫，应严格施行检疫。

6.3.2.9　双钩异翅长蠹

1）学名

Heterobostrychus aequalis (Waterhouse)

2）英文名

Kapok borer; Oriental wood borer

3)分类地位

鞘翅目(Coleopetera),长蠹科(Bostrichidae),异翅长蠹属。

4)分布

主要分布在日本、越南、缅甸、泰国、马来西亚、印度尼西亚、菲律宾、印度、斯里兰卡、以色列、马达加斯加、巴巴多斯、古巴,美国的佛罗里达和迈阿密曾零星发生。

5)寄主植物

主要为害木材、竹材和藤材,如白格、黑格、华楹、黄桐、橡胶树、木棉、紫檀、柚木、榆绿木等;也能为害衰弱树和树木的枝条。

6)主要鉴定特征

成虫赤褐色,圆筒形,体长 6～15 mm,宽 2.1～3.0 mm。头部黑色,具细粒状突起。触角 10 节,锤状部 3 节,其长度超过触角全长一半,端节呈椭圆形。前胸背板前缘呈弧状凹入,前缘角有一个较大的齿状突起,与之相连的还有 5～6 个锯齿状突起,前半部密布粒状突起。鞘翅刻点清晰,排列成行,有光泽,刻点沟间光滑无毛。鞘翅两侧缘自基缘向后几乎平行延伸,至翅后 1/4 处急剧收缩。雄虫的鞘翅斜面两侧有两对钩状突起,上面的一对较大,呈尖钩状,向上弯曲,下面的一对较小,位于鞘翅边缘,无尖钩,仅稍隆起,雌虫鞘翅斜面仅有稍微隆起的瘤粒,无尖。

7)生物学特征

该虫是热带和亚热带地区常见的重要钻蛀性害虫,食性极杂。被该虫为害的木材表面可明显地看到蛀孔及其附近的排泄物,里面轻则蛀成许多洞,重则蛀成蜂窝状,极易折断。成虫在夜间活动,具弱趋光性和较强的飞行能力,白天常隐蔽在木材或木竹藤制品形成的缝隙中。雌虫喜欢在锯材、剥皮原木、木质包装箱或藤料上产卵,不作母坑道,仅钻进缝隙或孔洞中,或咬一不规则的产卵窝,产卵于其中,卵较分散。幼虫的坑道大多数沿木材的纵向伸展弯曲并相互交错,长可达 30 cm,直径约为 6 mm。坑道中充满粉状的排泄物。成虫危害时一般排泄大量的蛀屑。成虫的钻蛀性极强,在环境不适的条件下,可蛀穿尼龙薄膜、玻璃胶、木板等。

8)传播途径

远距离以各种虫态通过木、竹、藤料制品和包装铺垫材料传播。近距离靠成虫飞行扩散。

9)检验检疫方法

在现场普遍采用的方法有:①看是否有蛀孔和蛀屑,根据蛀孔的大小和蛀屑的新旧判断害虫的位点，并进行剥查。②敲击可疑木块，听声音是否异常，如发现异常，则进行剥查。③对藤料，可根据其韧性来判断，被害的藤料韧性受影响，极易折断，据此可发现虫体。详细记载观察到的现场被害状，并将查获的虫体送实验室鉴定。

10）有关检疫规定

双钩异翅长蠹是我国公布的《中华人民共和国进境植物检疫性有害生物名录》中规定的检疫性害虫。

6.3.2.10　椰心叶甲

1）学名

Brontispa longissina (Gestro)

2）英文名

Coconut leaf beetle; Palm heart leafminer

3）分类地位

鞘翅目(Coleoptera)，叶甲总科(Chrysomeloides)，铁甲科(Hispidae)，潜甲亚科(Anisoderinae)，Cryptonychini 族。

4）分布

中国(台湾、香港、海南、广东)、印度尼西亚、澳大利亚、巴布亚新几内亚、所罗门群岛、新喀里多尼亚、萨摩亚群岛、法属波利尼西亚、新赫布里底群岛、俾斯麦群岛、社会群岛、塔西提岛。有报道显示，2002 年 6 月，该虫在海南省海口市首次被发现，随后迅速在岛内蔓延；2002 年 8 月，该虫在广东省湛江市被发现。

5）寄主植物

椰子、西谷椰子、大王椰子、华盛顿椰子、亚历山大椰子、雪棕、槟榔、棕榈、卡喷特木、鱼尾葵、假槟榔、山葵、刺葵、蒲葵、散尾葵、省藤等。其中椰子是最主要的寄主。

6）主要鉴定特征

成虫体细扁，长 8.0～10.0 mm，鞘翅宽约 2.0 mm。触角粗线状，11 节，黄褐色，顶端 4 节色深，有绒毛，柄节长 2 倍于宽。雌雄二性角间突长超过柄长的 1/2。由基部向端渐尖，不平截。沿角间突向后有浅褐色纵沟。头中间部分宽过于长。前胸背板红黄色，长宽相当，刻点粗而排列不规则，数量超过 100。鞘翅有时全为红黄色，有时后面部分(比例变化较大)甚至整个全为蓝黑色，刻点大多窄于横向间距，刻点间区除两侧和末梢外较平。

7)生活习性

成虫和幼虫为害心叶。在未展开的卷叶内或卷叶间纵向取食叶肉组织,在叶脉间留下窄条食痕。一片叶上往往有多头虫子为害,甚至高达数十头。随着叶片长大,窄条取食痕也扩大形成不规则大型条块,并且褐化、坏死。在比较严重的情况下,椰叶皱缩、枯萎、破烂,甚至大面积折落,留下部分叶脉架。

8)传播途径

各虫态随种苗或其他载体远距离传播,也可因飞行逐渐扩散。

9)检验检疫方法

认真检查种苗有无为害状或各种虫态个体,若有可疑虫卵、幼虫或蛹,应饲养到成虫进行种类鉴定。椰心叶甲区别于本属其他种类在于其触角粗线状,没有任何一节呈锯齿状,头中间部宽过于长,雌雄二性角间突长超过柄节的 1/2。前胸长宽相当,刻点多超过 100,侧角圆且略向外伸,角内侧无小齿或细小突起,鞘翅刻点大多数窄于横向间距,刻点间区(除两侧和末梢外)平坦。

10)有关检疫规定

椰心叶甲是《中华人民共和国进境植物检疫性有害生物名录》中规定的检疫性害虫,应严格施行检疫。

6.3.2.11 杧果果肉象甲

1)学名

Sternochetus frigidus (Fabricius)

2)英文名

Mango nut borer

3)分类地位

鞘翅目(Coleoptera),象甲科(Curculionidae),杧果象属。

4)分布

缅甸、泰国、马来亚、印度尼西亚、印度、巴基斯坦、新几内亚等。

5)寄主植物

杧果。

6)主要鉴定特征

成虫体长 5.5～6.0 mm,体卵形,黄褐色,被覆浅褐、暗褐至黑色鳞片。头部刻点浓密,具直立暗褐色鳞片,喙弯曲,刻点深且密,中隆线较明显。触角锈赤色,在喙端 1/3 处嵌入。索节 1、2 等长,索节 3 长略大于宽,其他各节长等于或小于宽,棒卵形,长 2 倍于宽,密被绒毛,节间缝不明显,额窄于喙基部,中间无窝。前胸背板 1.3 倍于长,基部 1/2 两侧平行,向前逐渐缩窄,基部 2 凹形,刻点深而密,被覆暗褐色鳞片,沿中隆线被覆浅褐色鳞片,中央两侧通常各具 2 个浅褐色鳞片斑,中隆线细,被鳞片遮蔽。小盾片圆,被覆浅褐色鳞片。鞘翅长略大于宽的 1.5 倍,前端 3/5 两侧平等,向后逐渐缩窄。肩明显,被覆暗褐色鳞片,从肩至行间 3 具三角形浅褐色鳞片带,有时后端具有不完全的直带,行纹宽,刻点长方形,行间略宽于行纹,奇数行间 3、5、7 较隆,具少数鳞片小瘤。腿节各具 1 齿,腹面具沟,胫节直。腹板 2～4 各有刻点 3 排。

7)生物学特征

当杧果果实长到 30～35 mm 时,成虫开始在果实上产卵。幼虫在果肉内钻蛀取食,使果肉内形成纵横交错的隧道,并将粪便堆积在隧道内。一个果实内可有 1～2 头幼虫,多时可达 6 头。每个坑道一般有 1 头虫,也有的 1 坑道内 2 头虫。子坑道与坑道互不相通,各坑道都分布在果肉内部,其深度不达果核。坑道最大处的直径为 7～10 mm。越靠近果皮越缩小,到达果皮的地方只剩一点点痕迹。从外表,看不到入侵孔和为害状,整个果皮呈青绿色,完好无损。成虫在待成熟或已成熟的杧果果皮上咬一圆形孔。成虫从孔内钻出到杧果园内取食杧果树的嫩叶和嫩梢。成虫受振动有假死落地习性,并且耐饥性强。

8)传播途径

可随杧果果实和种苗的调运而传播。

9)检验检疫方法

严禁从疫区调运杧果果实和种苗。对必要进口的果实进行剖果检查,检查果内是否有虫体和虫粪。如果不进行剖检很容易发生漏检,因为受害果实的外观果皮被害状并不显现,有时仅有很小的黑色油浸斑点。

10)有关检疫规定

杧果果肉象甲是我国公布的《中华人民共和国进境植物检疫危险性、虫、杂草名录》中规定的二类检疫性害虫,应严格施行检疫。

6.3.3　检疫性蛾类

6.3.3.1　检疫性蛾类概况

蛾类昆虫属昆虫纲鳞翅目,因其前翅覆盖密集的鳞片而得名。蛾类与蝶类的主要区别在于:①蛾类成虫停息时双翅合拢呈屋脊状,蝶类成虫停息时双翅平展;②蛾类成虫昼伏夜出,蝶类成虫昼出夜伏。蛾类昆虫属完全变态昆虫,生活史包括卵、幼虫、蛹和成虫 4 个虫态。

蛾类昆虫一般为害虫，主要以幼虫为害植物叶片、茎干或果实。不同种类，其寄主植物、危害特点均有差异。蛾类昆虫的鉴定一般以成虫、幼虫的形态特征为准。

我国2007年公布的《中华人民共和国进境植物检疫性有害生物名录》中包括蛾类害虫23种。重要的检疫性蛾类包括苹果蠹蛾、美国白蛾和咖啡潜叶蛾等。

6.3.3.2 苹果蠹蛾

1)学名

Cydia pomonella(L.)

2)英文名

Codling moth

3)分类地位

鳞翅目(Lepidoptera)，卷蛾科(Torticidae)，小卷蛾属。

4)分布

欧洲几乎遍布；亚洲、美洲、大洋洲部分国家(地区)，如中国的新疆、哈萨克斯坦、吉尔吉斯坦、美国、澳大利亚、阿根廷、智利等；非洲少数国家(地区)，如埃及、摩洛哥、南非等。

5)寄主植物

寡食性害虫，主要为苹果、梨、沙果、桃、杏、李、胡桃、石榴、山楂等。

6)主要鉴定特征

成虫体长约8 mm，翅展19～20 mm，体灰褐色而带紫色光泽，前翅臀角处的肛上纹呈深褐色椭圆形，有3条青铜色条斑，这是苹果蠹蛾的显著特征。翅基部色较浅，其外缘略呈三角形，有较深的波状纹。雄蛾前翅腹面中室后缘有一较深的黑褐色条斑，雌蛾无。后翅褐色，基部颜色较淡。

幼虫初龄幼虫黄白色。成熟幼虫体长14～18 mm，头黄褐色，体呈红色，背面色深，腹面色浅，前胸盾淡黄色，并有褐色斑点，臀板上有淡褐色斑点。

7)生物学特征

成虫有趋光性。黄昏至清晨交尾，卵单产，少者1粒，多者100多粒，平均30多粒。树冠上层卵量多，叶上卵多于枝条和果实上卵，喜产在背风向阳处，不同树种和不同品种产卵也有选择性。

幼虫一般从果实胴部蛀入，可转果为害，造成果实脱落，影响品质，甚至不能食用。一头幼虫能咬几个苹果，从蛀果到脱果通常需1个月左右，幼虫老熟后脱果爬到树干裂缝处或地上隐蔽物以及土中结茧化蛹，也有在果内、包装物及贮藏室化蛹。一部分幼虫有滞育习性，脱果晚，幼虫滞育与光照长短有关。

8)传播途径

成虫可近距离传播，主要以幼虫或蛹随运输果品和繁殖材料作远距离传播。

9)检验检疫方法

对果品、繁殖材料、包装物及运输工具要严格检查是否带虫，根据幼虫和蛹的形态特征进行鉴别，必要时把幼虫或蛹饲养出成虫再鉴定。

我国较早的截获记录是在 1986 年，喀什口岸从巴基斯坦输入的苹果中截获；伊犁口岸从前苏联输入的苹果中截获。近 20 年来，已在诸多口岸截获该虫几十余次，输出地区主要是前苏联国家和地区。

10)有关检疫规定

苹果蠹蛾是我国公布的《中华人民共和国进境植物检疫性有害生物名录》中规定的重要害虫，是中俄(中方提出)、中匈、中朝、中蒙植检植保双边协定规定的检疫性害虫，应严格实施检疫。

6.3.3.3　美国白蛾

1)学名

Hyphantria cunea (Drury)

2)英文名

Fall webworm

3)分类地位

鳞翅目(Lepidoptera)，灯蛾科(Arctiidae)，白灯蛾属。

4)分布

朝鲜半岛、日本、土耳其、前苏联、波兰、斯洛伐克、匈牙利、奥地利、法国、意大利、前南斯拉夫、罗马尼亚、希腊、加拿大、美国、墨西哥等。

5)寄主植物

该虫为典型的杂食性害虫。可为害多种林木、果树、农作物和野生植物，计 200 多种；主要为害阔叶树，最嗜好的寄主有桑和白蜡槭，其次为胡桃、苹果、梧桐、温勃、李、樱桃、柿、榆和柳等。

6)主要鉴定特征

该虫有两个型，即红头型与黑头型。形态上的主要区别在于红头型幼虫的头和背部毛瘤呈橘红色，而黑头型幼虫的头和背部毛瘤为黑色。红头型只发生在美洲，发生在欧洲和亚洲的都是黑头型。黑头型特征如下：

成虫雄虫翅展23～35 mm，雌虫33～45 mm。头部密被白色长毛。雄虫触角双栉齿状，雌虫锯齿状。复眼大而突出，黑色，有单眼。上唇须小，喙短而弱。翅的底色为纯白色，雄虫前翅由无斑到有多数的暗褐色斑，雌虫翅无斑或斑点较少。在一年发生两代的地区，春季由越冬蛹羽化出的成虫翅斑较多，夏季羽化的成虫翅斑较退化。前翅 R_1 脉由中室单独发出，R_2-R_5 共柄；M_1 由中室前角发出，M_2、M_3 由中室后角上方发出，Cu_1 由中室后角发出。后翅 $Sc+R_1$ 由中室前缘中部发出，Rs 和 M_1 由中室前角发出，M_2、M_3 有一短的共柄，由中室后角上方发出，Cu_1 由中室后角发出。前足基节及腿节端部橘黄色，胫节及跗节大部黑色，胫节有2个端刺，一个长而弯曲，另一个短而直。后足胫节仅有1对端距，缺中距。雄性外生殖器的钩形突向腹方弯曲呈钩状，基部颇宽。抱握瓣对称，有一发达的中央突。阴茎稍弯，顶端着生微刺突，基环呈梯形板状，基腹弧近"U"形。

初孵幼虫体长约1 mm，老熟幼虫体长达22～37 mm。头黑色发亮，仅后唇基白色。体呈圆筒状，背方有1条深褐色至黑色宽纵带，暗色带内分布黑色毛瘤，体侧淡黄色，多着生橘黄色毛瘤。

7）生物学特征

以幼虫取食树叶，常群集并吐丝形成巢，在网巢内为害；网巢可长达1 m，形如天幕；主要发生于仲夏到秋初时期，因此其幼虫又被称为秋幕毛虫。幼虫孵化后营群居生活，吐丝结网，开始一个群体缀叶一片。随着幼虫生长越来越多的叶被包进网幕内，幼虫在网幕内群居的时间约占整个幼虫期的60%。幼虫有6～7龄，进入5龄后，开始抛弃网幕，分散取食。1、2龄幼虫只在叶背面咬食叶肉，被害叶呈"天窗"状，3龄幼虫可将叶片食成小孔，4、5龄幼虫开始从叶缘啮食，造成边缘缺刻，6～7龄幼虫往往将整片叶子甚至连同主脉一并吃光，仅留叶柄。

老熟幼虫沿树干下行，寻觅隐蔽处作茧化蛹。蛹主要集中在树干的老皮下及树干洞穴内、树周围的表土内或砖土瓦块下。若发生在居民区，相当数量的幼虫群集在建筑物的缝隙内化蛹。

此虫喜生活于温暖、阳光充足的地方，因此多分布于公园、果园、庭院及交通沿线，街道两旁的树上，从不深入大片林子内部。由于此虫寄主很广，极易在新区找到适宜的寄主，只要气候条件适合，便可定殖。

8）传播途径

美国白蛾的飞翔力虽然不强，但仍具有一定的飞翔能力，老龄幼虫又有转移为害的习性。因此，它的分布范围逐渐扩大，由孤立的疫源地扩展成片，由疫区扩展到非疫区。由于幼虫周身多毛，成虫具有毛和大的翅，因此幼虫和成虫均具较大的乘风面积，可被大风吹到数百米甚至数千米远的地方。在前苏联，美国白蛾每年自然蔓延的速度平均为 25～40 km。美国白蛾扩展最主要的途径还能随货物借助于交通工具进行传播。纵观美国白蛾的传播历史，造成洲与洲之间的远距离传播主要通过这种方式。

幼虫有较强的耐饥力，这一生物学特性也有助于远距离传播。成虫有一定的趋光性，也有可能在夜间飞到火车、汽车的车厢内而被运往他地。蛹随木材或包装材料运出去的可能性更大。老熟幼虫喜欢在老树皮下、包装箱缝隙内、包装用的麻袋中以及作为填充物的谷草内化蛹，因此幼虫也易于随上述材料传播。卵块也同样有可能随带叶的栽种材料运往他地。就是说，美国白蛾的各个虫态，都有可能借助交通工具进行传播，但总的来看，以 4 龄以上的幼虫和蛹传播的机会最多。

9）检验检疫方法

对来自疫区的木材、苗木、鲜果、蔬菜以及包装箱、填充物和交通工具都必须认真检查。近几年屡见该虫随由国外运入的包装箱输入我国，应引起足够重视。

10）有关检疫规定

美国白蛾是我国公布的《中华人民共和国进境植物检疫性有害生物名录》中规定的检疫性害虫，并且是中南、中匈、中朝、中俄（俄方提出）、中罗植检双边协定规定的检疫性害虫，应严格施行检疫。

6.3.3.4　咖啡潜叶蛾

1）学名

Leucoptera coffeella Guerin-Meneville

2）英文名

Coffee leaf miner; White coffee leaf miner

3）分类地位

鳞翅目（Lepidoptera），潜蛾科（Lyonetiidae）。

4）分布

主要分布在美洲地区，如危地马拉、萨尔瓦多、哥斯达黎加、古巴、牙买加、多米尼加、波多黎各、瓜德罗普岛、特立尼达和多巴哥、安的列斯群岛、哥伦比亚、委内瑞拉、圭亚那、厄瓜多尔、秘鲁、巴西、玻利维亚。

5）寄主植物

主要危害咖啡属植物。

6）主要鉴定特征

成虫雌虫体长约 2.25 mm，翅展约 6.5 mm，雄虫体长约 2.2 mm，翅展约

5.75 mm。前足约在头部前面边缘伸出。头部有白色鳞片,颜面急下弯、平滑、银白色。触角在静止时伸达腹端部,长为前翅的4/5,基节扩大,被覆白色鳞片,相邻一节变白色。其他节淡褐色。前翅狭长,中间宽,银白色,有一个明显凸出的臀角"眼点",它的中央蓝色或紫色,由一个黑色环包围,其边缘黄色,并向内弯成镰刀形,在前缘脉长度一半处具1窄的黄带,边缘黑色,倾斜伸向镰刀形之基部,继之有1个相似倾斜黄带。翅的端部有3个浅黄色区,缘毛末端黑色。后翅狭长,披针形,基部最亮,浅褐色,有长缘毛。腹部浅黄色,稀被白色鳞片。静止时翅合拢,但不重叠,"眼点"靠近。

初孵幼虫透明,但很快呈现淡绿色(由于在消化道内有未消化之食物),长约0.3 mm。老熟幼虫念珠状,体扁,浅黄色,长约4.5 mm,可见消化道贯穿体内。前胸处最宽,中胸至第8腹节均匀,第9和第10腹节逐渐变细,后端呈半圆形。头小、扁平,在头顶处最厚,后端大部分嵌入前胸。有单眼3个,后面的最大,位于侧板,其他位于触角基部之后,互相靠近。上颚大,腹足有趾钩12～16个,呈明显缺环。臀足具10个大的趾钩,靠前排成半圆形。

7)生物学特征

成虫产卵于叶片表面,幼虫孵化后即自卵底部蛀入叶片,取食叶组织并继续在叶内钻蛀为害。蛀食后的叶片变为淡黄色,后变为褐色。潜道最初不相连,几天后连成1个大潜道,最后形成一个易碎的斑,当叶片弯曲时易折断。多数情况下多个幼虫共蛀成个圆孔,每一幼虫栖息于各自分叉处。幼虫在其内蛀食3～5周,在斑点表面做半圆形裂缝,离开叶片爬到叶边缘并下落,由一丝连到叶背作茧化蛹。作茧一般在叶背,很少在叶正面。

8)传播途径

随寄主植物和种苗传播。

9)检验检疫方法

仔细检查受害部位,重点检查叶片,并注意检验各个虫态。

10)有关检疫规定

咖啡潜叶蛾是我国公布的《中华人民共和国进境植物检疫性有害生物名录》中规定的检疫性害虫,应严格施行检疫。

6.3.4 其他检疫性害虫

6.3.4.1 葡萄根瘤蚜

1)学名

Viteus vitifoliae (Fitch)

2)英文名

Grape phylloxerea

3)分类地位

同翅目(Homoptera),球蚜总科,根瘤蚜科(Phylloxeridae),葡萄根瘤蚜属。

4)分布

主要分布在亚洲、欧洲、大洋洲的部分国家(地区),如朝鲜、日本、俄罗斯、波兰、捷克、德国、瑞士、法国、意大利、澳大利亚、新西兰等;在非洲和美洲的少数国家(地区)也有分布,如南非、加拿大、秘鲁、巴西、阿根廷等。

5)寄主植物

此虫为单食性,仅为害葡萄属植物。

6)主要鉴定特征

(1)干母　越冬卵孵化后,在叶片上形成虫瘿,无翅,孤雌卵生。

(2)根瘤型无翅成蚜　体呈卵圆形,长1.15～1.50 mm,宽0.75～0.9 mm,污黄色或鲜黄色,无翅,无腹管。体背各节具灰黑色瘤,头部4个,各胸节6个,各腹节4个。胸、腹各节背面各具一横形深色大瘤状突起。复眼由3个小眼组成,触角3节,第3节最长,其端部有一个圆形或椭圆形感觉器圈,末端有刺毛3根(个别的具4根)。

(3)叶瘿型无翅成蚜　体近于圆形,无翅,无腹管,与根瘤型无翅成蚜很相似,但体背无瘤,体表具细微凹凸皱纹,触角末端有刺毛5根。

(4)有翅蚜　体呈长椭圆形,长约0.90 mm,宽约0.45 mm,复眼由多个小眼组成,单眼3个。翅2对,前宽后窄,静止时平叠于体背(不同于一般有翅蚜的翅呈屋脊状覆于体背)。触角第3节有感觉器圈2个,一个在基部近圆形,另一个在端部长椭圆形。前翅翅痣长形,有中脉。肘脉和臀脉3根斜脉,后翅仅有一根脉。

(5)性蚜　雌成蚜体长0.38 mm,宽0.16 mm,无口器和翅,黄褐色,复眼由3个小眼组成。雄成蚜体长0.31 mm,宽0.13 mm,无口器和翅,黄褐色,复眼由3个小眼组成。外生殖器孔头状,突出于腹部末端。

7)生物学特征

主要为害根部,也可为害叶片,欧洲系葡萄只有根部被害,而美洲系葡萄和野生葡萄的根和叶都可被害。须根被害后肿胀,形成菱角形或鸟头状根瘤,虫子多在凹陷的一侧(不在根瘤内部而在外部)。侧根和大根被害后形成关节形的肿瘤，虫子多在肿瘤缝隙处。由于根部养分被刺吸和受害，肿瘤不久变色腐烂、死亡。因而严重破坏根系吸收、输送水分和养分的功能，造成树势衰弱，影响开花结果，严重时可造成植株死亡。叶片被害后，在叶背面形成虫瘿（开口在叶片正面），阻碍叶片正常生长。此虫是历史上最早进行检疫的危险性害虫之一。在1860年传入法国后，在20多年内，共毁灭该国葡萄约100万 hm^2。并曾给欧洲葡萄生产造成毁灭性灾害。

8）传播途径

此虫主要随带根的葡萄苗木调运而传播。但在完整生活史的地区，枝条往往附着越冬卵，如用此种枝条作插条，就能传播此虫。此虫也能随包装物传播。

9）检验检疫方法

引进葡萄苗、插条时，不但苗木、插条要严格检查，运载工具和包装物也要检查。检查时，要注意苗木的叶片有无虫瘿，根部（尤其须根）有无根瘤，根部的皮缝和其他缝隙有无虫卵。在田间检查时，若发现可疑的被害株（树势显著衰弱，提前黄叶、落叶，产量下降，或整株枯死），小心挖去根附近的泥土，露出须根，检查根部有无被害的根瘤和蚜虫，特别是须根被害后形成的菱形（或鸟头状）根瘤，较易被发现。

10）有关检疫规定

葡萄根瘤蚜是我国公布的《中华人民共和国进境植物检疫性有害生物名录》中规定的检疫性害虫，并且是中俄（中方提出）、中匈、中朝、中南、中罗植检植保双边协定规定的检疫性害虫，应严格施行检疫。

6.3.4.2 松突圆蚧

1）学名

Hemiberlesia pitysophila Takagi

2）分类地位

同翅目（Homiptera），蚧总科（Coccoidea），盾蚧科（Diaspididae）。

3）分布

中国（台湾、香港、澳门等）、日本（冲绳诸岛、先岛群岛）。

4）寄主植物

马尾松、湿地松、日本黑松、本种加勒比松、巴哈马加勒比松、洪都拉斯加勒比松、展松、卵果松、短叶松、卡锡松、晚松、光松、列果沙松、南亚松。

5)主要鉴定特征

雌成虫体略呈宽梨形。腹末端臀板宽而近似半圆形。腹部第2至第4腹节侧缘常明显向外突出。体壁除臀板外均为膜质,在口器下方常有鳞状颗粒分布,或有的个体此颗粒不甚明显。臀叶2对,中臀叶大,其末端钝圆,两侧有缺刻。中臀叶之两叶多为平行状伸出,两叶间的距离约为臀叶宽度的1/3。第2对臀叶很小,但高度硬化,呈小齿状斜向内伸出,其大小远小于中臀叶,第3对臀叶完成缺如。臀棘细长如刺,其顶端除中臀叶间的臀棘外,均可见有小分叉或小分枝。臀棘的形状,在不同个体间存在有变异,其顶端有略呈缨状者。臀棘的分布通常在两中臀叶间2根,此2根臀棘细而短,其长度不超过中臀叶。在中臀叶与第2对臀叶间具2根臀棘,第2对臀叶与第3对臀叶间具3根臀棘,再向上常有很小的3根臀棘分布。

6)生物学特征

此蚧虫主要寄生在针叶基部,剥开叶鞘可见虫体寄生,其次寄生在新抽出的嫩鞘基部、新鲜球果的果鳞上,以及新长出的针叶下部。寄生叶鞘基部的多为雌性蚧虫,而散居针叶、嫩梢和球果果鳞上的多为雄性蚧虫,它们用刺吸式口器插入植物组织中,吸食植物汁液,营固定不动的寄生生活。被寄生部位发黑或褐色,干枯或软烂,是被害状的微观显著特征。严重受害的松林宏观特征是林木针叶颜色发黄,落叶较多,新梢短而少,濒于枯死。

7)传播途径

在初孵幼虫未进入固定阶段时,能随风雨、流水、动物和人类的生产活动,特别是随活苗木和新伐枝叶进行人为运输。

8)检验方法

在检疫过程中可采取直观检验和室内检验相结合的方法随机取样,验证样品是否被松突圆蚧寄生。

9)有关检疫规定

松突圆蚧是我国公布的《中华人民共和国进境植物检疫性有害生物名录》中规定的检疫性害虫,是中俄植检植保双边协定规定的检疫性害虫,应严格实施检疫。

6.3.4.3 高粱瘿蚊

1)学名

Contarinia sorghicola (Coquillett)

2)英文名

Sorghum midge

3)分类地位

双翅目(Diptera),瘿蚊科(Cecidomyiidae)。

4)分布

主要分布在非洲、美洲和大洋洲部分国家(地区),如埃塞俄比亚、索马里、肯尼亚、乌干达、坦桑尼亚、南非、澳大利亚、美国、墨西哥、波多黎各等;欧洲、亚洲个别国家(地区)也有分布,如印度尼西亚、意大利等。

5)寄主植物

主要是栽培和野生的高粱属植物。

6)主要鉴定特征

成虫体细小,长约 2 mm,雌虫略大于雄虫。头小,复眼黑色。下颚须 4 节,偶因第 2 节愈合减为 3 节,触角淡褐色,丝状,由 14 节组成。雌虫触角长度仅为体长 1/2,第 5 节最短,粗状,似圆柱形,基部膨大部分的长度为其直径的 2.5 倍。顶节在其基部的 1/3 处有一凹缢,端部的 1/3 处膨大而末端显呈狭圆,雄虫触角长度等于体长,鞭节为双结形(具 2 个几乎相等的结节,每个节上具有一个环丝)。第 5 节基柄的长度为其宽度的 1.5 倍,端节基部膨大近球形。颜面黄色,胸部橘红色,中胸背板中央,横贯侧板的斑点以及腹板的膨大部分均为黑色。翅灰色透明,稀生细毛,后缘的毛较长,沿翅脉并生有鳞片。纵脉共 4 条,前缘脉淡褐色,第 3 脉到达翅外顶角附近,第 5 脉约在外端 1/3 处分二叉,无横脉。足细长,基节不延伸,跗节共 5 节,第 1 跗节显著短于第 2 跗节。

7)生物学特征

成虫产卵于正在抽穗开花的寄主植物的内稃和稃壳之内,当幼虫孵出后即取食正在发育的幼胚汁液,造成瘪料、秕粒。大发生时,1 个小穗内可多达 8~10 条幼虫。以休眠的幼虫在寄主植物的小穗颖壳内作一薄茧越冬,部分幼虫可连续休眠 2~3 年。

8)传播途径

以休眠幼虫随寄主植物的种子远距离传播。

9)检验检疫方法

除按一般种子检验方法取样逐粒剖查外,可以试用淘水法,以漂浮出带有休眠幼虫的种子,亦可用 X 光检验。未脱粒的成束的穗头带虫的可能性更大,应禁止输入。假高粱是高粱瘿蚊重要的野生寄主，在对进口粮食和其他种子的检验时，应注意对夹带的假高粱及其他同属植物籽粒传带高粱瘿蚊休眠幼虫的检验。

10)有关检疫规定

高粱瘿蚊是我国公布的《中华人民共和国进境植物检疫性有害生物名录》中规定的检疫性害虫，应严格施行检疫。

6.3.4.4 大家白蚁

1)学名

Coptotermes curvignathus Holmgren

2)英文名

Rubber tree termites

3)分类地位

等翅目(Isoptera)，鼻白蚁科(Rhinotermitinae)，家白蚁属。

4)分布

越南(南部)、柬埔寨、缅甸、泰国、马来西亚、新加坡、文莱、印度尼西亚、印度。

5)寄主

为害多种树木，如合欢属、黄豆树、腰果属、南洋杉、波罗蜜属、木棉、橄榄属、吉贝、椰子、咖啡、黄檀、杧果、松属、柳属、安息香属、桃花心木和柚木等。

6)主要鉴定特征

(1)兵蚁　头壳黄色，上颚紫褐，胸、腹部及足淡黄。头壳具分散的长、短刚毛，乳孔每侧毛1根，前胸背板中区约具短毛近20根。头壳宽卵形，最宽处近头后段1/3处。乳孔似圆形，侧观，孔口倾斜。触角15～16节，第2节稍长于第3节或近相等。唇钝矛状，长稍大于宽，唇端半透明，近平直。上颚军刀状，颚端强弯曲，左上颚基具齿刻。后颏腰区最狭处近后端。前胸背板前后缘中央浅凹，前侧角狭圆，两侧缘直向后缘。

(2)工蚁　体长4.10～5.05 mm，头近圆形，淡黄褐色，头宽1.30～1.75 mm，头长0.85～1.05 mm。触角14～15节。前胸背板宽0.6～0.85 mm，前缘略翘起，中央有缺刻，前胸背板及腹部乳白色，疏生淡黄色短毛，腹部可见黑色肠内物。

(3)有翅成虫　全长(含翅)16～17 mm,翅长 13～14 mm,体长(不含翅)7.50 mm,头近圆形,深褐色,头长 1.15 mm,触角及足黄褐色。触角 21 节,第 2、3、4 短于其他节,第 3 节最短。复眼大,近圆形,单眼卵圆形,触角与复眼的距离小于其与单眼的距离,单眼与复眼的距离小于其本身的宽度。前胸背板前缘向后凹入,与侧缘连成半圆形,后缘中央前略凹入。前胸背板及腹部褐色,密生黄褐色长毛。翅面密生细短的淡褐色毛。前翅 M 脉从肩缝处独立伸出,距 Cu 脉较近于 Rs 脉,Cu 脉有 4～10 条分支。后翅的 M 脉从 Rs 脉的基部分出,距 Su 脉较 Rs 脉近,Cu 脉有 8～10 条分支,个体间翅脉变异较大。

(4)短翅补充生殖蚁　体长 7.90～11.05 mm,全体乳白色,密生淡黄毛。

7)生物学特征

为害活树的危险白蚁营群体生活,是社会性昆虫。一般为害迹象,在树干部位出现泥被和泥线。在一个群体内其成虫由于所处的地位不同、分工不同有不同的品级分化:生殖型(包括原始蚁王和蚁后),短翅补充蚁王和蚁后,无翅补充蚁王和蚁后;非生殖型(包括工蚁和兵蚁)。在白蚁的群体内还有大量的卵、幼虫和若虫。此外,在成熟的白蚁群体内,每年在一定季节里还可出现大量的有翅成虫,称有翅繁殖蚁,有很强的趋光性,发育成熟后遇适宜气候条件,就飞离老群体另建新巢。

白蚁的另一特征是营隐蔽生活,除有翅成虫外,各个品级均隐蔽于巢内,工蚁外出觅食,兵蚁跟随防卫,一般都要事先筑以泥被、隧道隐蔽身躯。

8)传播途径

随原木和锯材传播。

9)检验检疫方法

对疫区输入的木材,尤其是原木,要特别注意检查随其携带的蚁巢和有翅成虫,仔细检查木材有无被害蛀孔、泥线、泥被等污染物迹象。查获到标本后尽快鉴定。

我国较早的截获记录是在 1990—1991 年,舟山口岸从马来西亚进口的原木中 5 次截获该虫;1991 年 9 月,福州口岸在新加坡输入的纸包装箱中也截获该虫。近 10 多年来,南京、海口、湛江、上海、天津等许多口岸在木材、原木、梢木、软木及胶合板中多次截获该虫。

10)有关检疫规定

大家白蚁是我国公布的《中华人民共和国进境植物检疫性有害生物名录》中

规定的乳白蚁属中的一种检疫性害虫，应严格施行检疫。

6.3.4.5　可可褐盲蝽

1）学名

Sahlbergella singularis Haglund

2）英文名

Cocoa mirid; Brown capsid

3）分类地位

半翅目（Hemiptera），盲蝽科（Miridae），大盾盲蝽属。

4）分布

塞拉利昂、加纳、多哥、尼日利亚、喀麦隆、中非、乌干达、扎伊尔、刚果、加纳、斐南多波岛等。

5）寄主植物

主要为害可可类植物。

6）主要鉴定特征

成虫体长 8～10 mm，宽 3～4.5 mm，褐至红褐色，或多或少散布浅色斑，体前方色较淡。触角褐至黑色，第 1 节较淡，胝有时全黑，或多或少隆出，小盾片中部色深，其上的小瘤突和前胸背板上的短瘤突较底色略深或略浅。前翅膜片黄色，密布大型褐斑。体下方中央黄色，两侧多色深，并具一纵列黑斑。喙褐至黑褐色。足基节褐色，或多或少具浅色斑，腿节黑褐色，有一白色或黄白色宽环，两侧黄白色，基部及末端狭窄黑褐色，散布稀疏褐色碎斑。跗节淡白色，末端褐色，爪黄褐色。触角第 2 节约为第 1 节长的 5 倍，约与头及前胸背板之和等长，约为第 3 节长之 2 倍，第 4 节短于第 3 节。前胸背板后缘约为头宽的 1.5 倍，且明显宽于中线长，几为前缘宽的 2 倍。盾片有时向后呈短突尖状伸出，加粗，但不呈结节状，外缘直。

7）生物学特征

主要为害可可树冠、枝条、树干木质部、果荚、果柄等，常在背光的一面为害。为害初期，被害荚出现圆形小斑点，后变黑、腐烂或开裂。幼果被害后发生凋萎或形成僵果。嫩梢被害后先出现水渍状梭形斑点，后变黑，组织干枯下陷，被害处出现纵折痕。如果一个嫩梢或枝条上有多个被害斑点，就会造成被害斑上部的枝条全部枯萎。茎干被害后出现细长卵形下陷斑，表面有裂纹，约 20 天后树皮裂开，可看到死后韧皮纤维的网状结构。如果受害茎干组织愈合，则在白斑边缘产生梭形突起的痂。

8)传播途径

随可可及寄主植物种苗、枝条、果荚传播。

9)检验检疫方法

对从疫区输入的可可类种苗、枝条和果荚等进行仔细检查，并对被发现的害虫依据上述主要鉴定特征进行种类鉴定。

10)有关检疫规定

可可褐盲蝽是我国公布的《中华人民共和国进境植物检疫性有害生物名录》中规定的检疫性害虫，应严格施行检疫。

6.3.4.6 非洲大蜗牛

1)学名

Achatina fulica (Ferussac)

2)英文名

African giant snail

3)分类地位

软体动物门(Mollusca)，腹足纲(Gastropoda)，柄眼目(Stylommatophora)，玛瑙螺科(Achatinidae)。

4)分布

主要分布在亚洲部分国家(地区)，如中国(台湾等)、日本、越南、老挝、柬埔寨、马来西亚、新加坡、菲律宾、印度尼西亚、印度等；非洲、美洲少数国家亦有分布，如马达加斯加、塞舌尔、毛里求斯、加拿大、美国等。

5)寄主植物

可为害草本、木本、藤本植物100余种，如木瓜、仙人掌、面包果、橡胶、可可、茶、柑橘、椰子、菠萝、香蕉、竹芋、番薯、花生、菜豆、黄瓜以及谷类植物等。

6)主要鉴定特征

(1)成螺　贝壳大型，壳质稍厚，有光泽，呈长卵圆形。壳高130 mm，宽54 mm，螺层为6.5～8个，螺旋部呈圆锥形。体螺层膨大，其高度约为壳高的3/4。壳顶尖，缝合线深。壳面为黄或深黄底色，带有焦褐色雾状花纹。胚壳一般呈玉白色。其他各螺层有断续的棕色条纹。生长线粗而明显，壳内为淡紫色或蓝白色，体螺层上的螺纹不明显，中部各螺层的螺层与生长线交错。壳口呈卵圆形，口缘简单，完整。外唇薄而锋利，易碎。内唇贴缩于体螺层上，形成"S"形的蓝白色的胼胝部，轴缘外折，无脐孔。足部肌肉发达，背面呈暗棕黑色，遮面呈灰黄色，其黏液无色。

(2)幼螺　刚孵化的螺为2.5个螺层，各螺层增长缓慢，壳面为黄或深黄底色，似成螺。其鉴定特征为：有壳，外形呈长卵圆形。螺层为6.5～8个，壳面有焦褐色雾状花纹，壳口呈卵圆形，贝壳可容纳整个足部。

7)生物学特征

原产地为东非马达加斯加。一般生活于热带和亚热带，喜欢栖息于阴暗潮湿杂草丛、农田等荫蔽处及腐殖质多而疏松的土壤表层、枯草堆中、乱石穴下。产卵最适土壤含水量50%～75%，土壤pH 6.3～6.7。具群居性，昼伏夜出。该种雌雄同体，异体交配，繁殖力强。每年可产卵4次，每次产卵150～300粒。卵孵化后，经5个月性发育成熟，成螺寿命一般为5～6年，最长可达9年。

8)传播途径

主要通过人为方式传播：一是通过轮船、火车、汽车、飞机等运输工具，随观赏植物、苗木、板材、集装箱、货物包装箱传播；二是非洲大蜗牛个体大，外形美观，肉质鲜美，而被人们作观赏品和食物直接引入。

9)检验检疫方法

严格检查运输工具、包装物、货物、行李等，特别是来自疫区的观赏植物、苗木、泥土、板材、集装箱、货物包装箱。蜗牛附着于物体表面，仔细检查，不难发现。我国较早的截获记录是1993年11月，原上海动植物检疫局在来自台湾的集装箱底板上截获该虫。近年来，天津、昆明等口岸相继从入境的汽车、鲜槟榔及旅客携带物中截获此虫。

10)有关检疫规定

非洲大蜗牛是我国公布的《中华人民共和国进境植物检疫性有害生物名录》中规定的检疫性软体动物，应严格施行检疫。

小　结　检疫性害虫种类丰富，能够直接取食、为害多种植物和植物产品，造成严重的经济损失。本节详细介绍了一些重要检疫性害虫的专业知识，主要包括检疫性实蝇(如地中海实蝇、苹果实蝇、南美按实蝇等)、检疫性甲虫(如菜豆象、墨西哥棉铃象、马铃薯甲虫、欧洲榆小蠹、稻水象甲、椰心叶甲、杧果果肉象甲等)、检疫性蛾类(如苹果蠹蛾、美洲白蛾等)以及其他检疫性害虫(如葡萄根瘤蚜、大家白蚁、高粱瘿蚊、木薯单爪螨、非洲大蜗牛等)。

6.4 检疫性杂草

学习重点

●了解杂草的基础知识

●掌握重要检疫性杂草的特点

检疫性杂草可分为寄生型杂草和有毒型杂草等类群，其种子易随植物、植物产品的贸易进行远距离传播。在检疫性杂草中，菟丝子、列当、假高粱、毒麦等均为重要的类群。此外，由于人为引进和缺乏管理，一些外来植物已经成为危害严重的杂草，如紫茎泽兰、薇甘菊和豚草等，这些外来入侵性杂草已经引起我国的高度重视。

6.4.1 检疫性杂草概况

1)有关杂草的基础知识

杂草是指在农田中夹杂在作物间生长的非目标性植物，通常为一年生或多年生的草本植物，偶有木本植物。杂草能造成农作物歉收，根据 1950 年统计，美国因杂草危害造成减产的损失达 30 亿美元。我国也深受外来杂草的危害，1978 年因病虫害造成粮食减产 10％，其中杂草导致的减产 75 亿 kg。杂草之所以造成如此严重的危害是由其特有的生物学特性决定的，如发芽早、生长快、寿命长、繁殖率高、成熟期不一致、抗旱、抗涝、耐瘠薄等。不仅如此，杂草还能助长病虫害的发生和蔓延，成为病虫害的媒介和寄主。有的害虫在作物未生长的时候，先危害杂草，等到作物生长以后再转到作物上危害，或在杂草上产卵或栖息于杂草上越冬。有些病原菌可先生于杂草再感染作物，如小檗是小麦秆锈菌的转主寄主，该病菌在危害小麦之前先侵染小檗。

2)检疫性杂草及外来入侵杂草的种类

我国 2007 年公布的《中华人民共和国进境植物检疫性有害生物名录》中检疫性杂草有 41 种。

近年来，外来入侵物种已对我国生物多样性和生态环境造成了严重的危害，同时造成了巨大的经济损失。据保守估计，全国主要外来入侵物种造成的农林业经济损失平均每年达 574 亿元人民币。据不完全统计，中国外来杂草共有 107 种、75 属，其中有 62 种外来杂草是作为牧草、饲料、蔬菜、观赏植物、药用植物、绿化植物等有意引进的，占杂草总数的 58％。国家环保总局于 2003 年公布了首批16种外来入侵物种。其中杂草类有紫茎泽兰、薇甘菊、空心莲子草、豚草、毒麦、互花米草、飞机草、凤眼莲(水葫芦)、假高粱。

6.4.2 寄生型检疫性杂草

6.4.2.1 菟丝子属

1)学名

Cuscuta L.

2)英文名

Dodder

3)分类地位

菟丝子科,据记载该属约有170种。

4)分布

原产美洲,广泛分布于全世界温暖带,以亚洲为主,我国有分布。

5)危害情况

寄主范围广泛,除寄生草本植物外,还能寄生藤本植物和木本植物。菟丝子属植物是典型的茎叶寄生杂草,靠生长出黄色或红色细长的茎缠绕植物体上,长出吸器附着于寄主植物,吸取寄主的养分,严重影响寄主植物的生长发育。

6)主要鉴定特征

菟丝子属植物是一年生寄生缠绕草本植物,无根,也无叶或叶退化为小的鳞片,茎线形,光滑,无毛。幼苗时淡绿色,寄生后,茎呈黄色,褐色或紫红色,大多为黄色。茎缠绕后长出吸器。花小,白色或淡红色。无花梗或有极短的梗。花序为穗状花序或簇生成团伞花序。苞片小或缺。花为5出数,少有4出数。萼片近相等,基部或多或少连合成杯状、壶状或钟状,包围在花冠的周围。花冠管状、壶状、球状或钟状。于花冠管内面基部雄蕊之下具有边缘分裂或流苏状鳞片。雄蕊着生在冠筒喉部或在花冠裂片相邻处,通常略有伸出,具短的花丝及内向花药。子房近球形,2室,花柱2。分离或连合为1个,柱头2,蒴果近球形,周裂,附有残存的花冠。种子1～4粒。种子无毛,没有胚根和子叶。

7)生物学特征

菟丝子主要以种子繁殖,在自然条件下,种子萌发与寄主植物的生长具有同步节律性。当寄主进入生长季节时,菟丝子种子也开始萌发和寄生生长。在环境条件不适宜萌发时，种子休眠，在土壤中多年仍有生活力。菟丝子种子萌发后，长出细长的茎缠绕寄主，自种子萌发出土到缠绕上寄主约需 3 d。缠绕上寄主与寄主建立寄生关系约需 1 周，此时下部逐渐干枯而与土壤分离，从长出新苗到现蕾需 1 个月以上，现蕾到开花约 10 d，自开花到果实成熟约需要 20 d。菟丝子从出土到种子成熟需 80～90 d。从茎的下部逐渐向上现蕾、开花、结果、成熟，结果时间很长，数量多，1 株菟丝子能结数千粒种子。菟丝子也能进行营养繁殖，一般离体的活菟丝子茎再与寄主植物接触，仍能缠绕，长出吸器，再次与寄主植物建立寄生关系，吸收寄主的营养，继续迅速蔓生。

8)传播途径

菟丝子主要是以种子进行传播扩散。菟丝子种子小而多，寿命长，易混杂在农作物、商品粮以及种子或饲料中作远距离传播。缠绕在寄主上的菟丝子片段也能随寄主远征，蔓延繁殖。

9)检验检疫方法

对受检的植物、植物产品进行直接检验或过筛检验。直接检验，适用于新鲜苗木或带茎叶的干燥材料。按规定取代表性样品，用肉眼或借助放大镜检查植物茎、叶有无菟丝子缠绕或夹带。于干燥材料上发现菟丝子茎丝后，其种子有时会脱落，应注意检查检验材料底层之碎屑。过筛检验，适用于谷类作物的种子材料。检查材料大于菟丝子，可采用正筛法将菟丝子由筛下物分拣出来，检查材料小于菟丝种子，可采用倒筛法将菟丝子由上筛层分拣出来，检查材料与菟丝子种子大小相近的，可通过适当的比重法、滑动法、磁吸法分检。

10)有关检疫规定

菟丝子属是我国公布的《中华人民共和国进境植物检疫性有害生物名录》规定的检疫性杂草。严禁从国外随种子、苗木或其他植物产品传入。

6.4.2.2 列当属

1)学名

Orobanche L.

2)英文名

Broomrape

3)分类地位

属列当科(Orobanchaceae)。

4)分布

全世界约有 100 种。主要分布于温带和亚热带地区,前苏联境内分布最多,蒙古、朝鲜、日本、希腊、埃及等国分布很广,美国及欧洲一些国家也有分布。

5)危害情况

列当寄主相当广泛,可寄生 70 多种植物,以葫芦科、菊科为主,但也寄生于豆科、茄科、十字花科、伞形花科等其他各科植物。列当是寄生杂草,没有绿叶,不能制造有机物,没有根,不能利用土中的无机物,代替根生长的是吸盘,借吸盘吸取栽培作物的汁液而生活。

6)主要鉴定特征

列当为一年生根寄生草本植物。茎肉质,直立,单生或少数分枝,最高可达 60 cm,一般为 30～40 cm。全株缺叶绿素,叶退化呈鳞片螺旋状排列于茎上,无真根,退化成吸盘。穗状花序紧密,花两性,白色、米黄、粉红或蓝紫色,每朵小花基部有 1 苞片。花萼钟形,淡黄色,裂片 5,或靠基部的 1 裂片退化呈 4。花冠唇形,上唇 2 裂,下唇 3 裂。雄蕊 4 枚,2 强,着生于花冠筒内。雄蕊 1 枚,卵形。子房上位,由 4 心皮合 1 室,侧膜胎座,胚株多数。蒴果 2 纵态。花柱宿存,种子多数细小,似灰尘,需在高倍镜下观察,种子有近圆形或椭圆形等不规则形态,深褐色至暗褐色。种皮表面凹凸不平,有条纹状脊状突起和网状纹饰,有规则或不规则的网眼。

7)生物学特征

每根花茎结 30～40 个蒴果,每个蒴果可结 1 000～2 000 粒微小的种子。种子落入地里以后,接触到寄主植物的根,寄主植物根部的分泌物即促使列当种子发芽。在没有寄主植物的情况下,种子能在土壤中生存,保持发芽力 5～10 年。种子长出的幼苗深入寄主植物的根内,形成吸盘,在根外发育成膨大部分,并由此长出花茎,而从下面发生大量附生的吸盘。在一株寄主植物上往往能发育出几十根花茎,并且它们不受任何时间限制,只要温湿度适宜,即可在整个生长期内发生。在除草时被拔掉的花茎虽不复再生,但残留下来的地下部分,仍能继续寄生为害。在条件适宜时,7 月上旬到 10 月上旬,种子萌发出土,天天出现幼苗,从出土至种子成熟约需 30 d。每株列当的现蕾、开花及结实期参差不齐,同一株列当有的下部在开花,而上部在孕蕾,或者下部结实,中部开花,而上部还在孕蕾。种子是自下而上顺序成熟的。

8)传播途径

列当以种子进行繁殖和传播。种子多,非常微小,易黏附在作物种子上,随作物种子调运进行远距离传播，也能借助风力、水流或随人、畜及农机具传播。

9)检验检疫方法

由于列当种子像灰尘，因此采样及检查都应按特殊要求进行。采样量为1 000 g以上，重复过筛，收集筛下的杂屑在双筒解剖镜下进行查看。

10)有关检疫规定

列当属是我国公布的《中华人民共和国进境植物检疫性有害生物名录》中规定的检疫性杂草，应严格施行检疫。

6.4.3 有毒型检疫性杂草

6.4.3.1 毒麦

1)学名

Lolium temulentum L.

2)英文名

Annual ray-grass；Bearded darnel

3)分类地位

禾本科(Gramineae)，黑麦草属(*Lolium*)。

4)分布

在亚洲、欧洲、非洲、大洋洲和美洲部分国家(地区)均有分布，如韩国、日本、前苏联、德国、英国、法国、埃及、南非、澳大利亚、新西兰、加拿大、美国、墨西哥、巴西、智利、阿根廷等。

5)危害情况

为一年生杂草。常与小麦、大麦和燕麦混生，是麦类作物田的一种恶性杂草。毒麦分蘖较强，可抵抗不良环境，一旦传入农田，可严重影响作物的产量和质量。毒麦籽粒的籽实皮下含有一种毒麦硷 Temuline (7H12N20)捷姆林，能麻痹中枢神经，因而食用一定数量，对人畜禽有毒。

6)主要鉴定特征

毒麦形似小麦，幼茎部紫红色，后变为绿色，须根较稀，茎直立，丛生，光滑，坚硬不易倒伏。株高 50～110 cm，一般比小麦矮 10～15 cm(肥沃田中比小麦矮，瘠薄田中比小麦高)。叶鞘包于茎秆上，叶片较薄，下面光滑，上面较粗糙，叶脉明显。叶片长 10～15 cm，宽 4～6 mm。穗形狭长。穗轴平滑，两侧有轴沟，呈波浪形弯曲，穗长 10～25 cm，每穗有 8～19 个小穗，互生于穗轴上，每小穗

2～6个花，排成2列。小穗以穗片的背腹面对向穗轴，第1颖缺，第2颖大，长10～20 mm，先端尖而钝头，具3～5脉。外稃椭圆形，长6～8 mm，先端钝。芒自近外稃顶端处伸出，芒长7～15 mm。内稃与外稃等长。颖果被内、外稃紧包，紧贴于稃片内不易脱离，颖果长椭圆形，坚硬，无光泽，呈灰褐色，长4～6 mm。腹沟较宽。带稃颖果长6～9 mm，宽2～2.8 mm，厚1.5～2.5 mm。千粒重10～13 g。

7)生物学特征

毒麦以种子繁殖，在土内10 cm深处尚能出土，而小麦则不能出土，在室内贮藏2年仍有萌芽力。毒麦必须完全成熟，经过休眠期以后，才能充分萌芽。从播种到萌芽需5 d，萌芽势较小麦缓慢。在我国东北，毒麦在4月末5月初出苗，比小麦晚2～3 d，但出土后生长迅速，5月下旬抽穗，比小麦迟5 d，成熟期在6月上旬，比小麦迟7～10 d。在我国南方，抽穗一般在5月上旬，比小麦迟6～7 d，扬花、灌浆期比小麦长，成熟期比小麦迟5～7 d。一般在6月10日前后成熟，比大、元麦迟熟20 d左右。

8)传播途径

毒麦以种子传播。成熟后一部分落在田里，次年萌发，大部分混杂在小麦籽实里，随调运传播。也有混生于其他的作物中的，据国外资料报道，在澳大利亚混生于牧草中，在菲律宾混生于水稻中，在西班牙、新加坡还混生于蔬菜中，在阿根廷混生于亚麻中，在希腊混生于燕麦中，在希腊、伊朗、伊拉克混生于大麦中，在哥伦比亚及前苏联还混生于马铃薯中。

9)检验检疫方法

对受检的植物、植物产品进行直接检验或过筛检验。

10)有关检疫规定

毒麦是我国公布的《中华人民共和国进境植物检疫性有害生物名录》中规定的检疫性杂草，并且是中朝、中俄(中方提出)植检植保双边协定规定的检疫性杂草，应严格施行检疫。

6.4.3.2 假高粱

1)学名

Sorghum halepense (L.) Pers.

2)英文名

Egyptian-grass，Johnson grass

3)分类地位

禾本科(Gramineae)、蜀黍(高粱)属。

4)分布

原产地中海地区,现已广泛分布于热带和亚热带地区,从北纬 55°到南纬 45°的范围内,包括 60 多个国家和地区。

5)危害情况

假高粱是谷类作物、棉花、苜蓿、甘蔗、麻类等 30 多种作物地里的主要杂草。假高粱具有极强的繁殖力、适应性和竞争力,是一种危害严重有难于防治的恶性杂草。假高粱侵入农田会使农作物大为减产。其花粉易与留种的高粱属作物杂交,使品质变劣。假高粱还是高粱属等作物上的害虫和病原物的寄主。如假高粱是高粱瘿蚊的中间寄主,是紫柄锈菌的转主寄主。假高粱根的分泌物或腐烂的叶子、地下茎、根等能抑制农作物种子萌发和幼苗生长,假高粱的嫩芽含有氢化物,牲畜食后易中毒。

6)传播途径

假高粱的颖果可随播种材料或商品粮的调运而传播,特别是易随含有假高粱的商品粮加工后的下脚料传播扩散,在其成熟季节可随动物、农具、流水等传播到新区。

7)主要鉴定特征

假高粱属多年生草本。茎秆直立,高达 2 m 以上,具匍匐根状茎。叶阔线形至线状披针形,长 25～80 cm,宽 1～4 cm;基部有白色绢状疏柔毛,中脉白色且厚。圆锥花序,长 20～50 cm,淡紫色至紫黑色,主轴粗糙,分枝轮生。小穗多数,成对着生,一枚无柄。无柄小穗卵形,长 4～5.5 mm,被柔毛,两性,能结实。另一枚有柄,长 5～7 mm,小穗狭窄,小穗柄被白色长柔毛,为雄性或中性。结实小穗呈卵圆状披针形,颖硬草质,黄褐色、红褐色至紫黑色,表面平滑,有光泽,基部、边缘及顶部 1/3 具纤毛。稃片膜质透明,具芒,芒从外稃先端裂齿间伸出,膝曲扭转,极易断落,有时无芒。结实小穗成熟后自关节脱落,脱落处整齐,成为自然脱落,脱落小穗第 2 颖背面上部明显具有关节的小穗轴 2 枚,小穗轴边缘上具纤毛。颖果倒卵形或椭圆形,暗红褐色,表面乌暗无光泽,顶端钝圆,具宿存花柱。脐圆形,深紫褐色。胚椭圆形,大而明显,长为颖果的 2/3。

8)生物学特征

假高粱适生于温暖、潮湿、夏天多雨的亚热带地区,是多年生的根茎植物,以种子和地下根茎繁殖。在亚热带地区，于4—5月份出苗，从根茎上发生的芽苗出现较早，叶鞘呈紫红色，生长比籽苗快。在籽苗和芽苗出现以后3周地下茎形成短枝，开始分蘖。出土7个星期之后（一般在6—7月份）开始抽穗开花，一直延续到生长季节结束（9月份）。在花期，根茎迅速增长，根茎形成的最低温度是15～20℃之间。秋季进入休眠，次年根茎上的芽萌发出芽苗，长成新的植株。结实一般在7—9月份。每个圆锥花序可结500～2 000个颖果。颖果成熟后散落在土壤里或水中，约85%是在5 cm深的土中，在土壤中保持3～4年仍能萌发。新成熟的颖果有休眠期，一般5～7个月，当年秋天不发芽，来年温度达18～22℃时萌发。30～35℃温度下发芽最好。根茎的萌发需要稍高的温度。它的根茎丧失了耐寒性，将早春、夏秋季收获的根茎暴露在－3.5℃或更低的温度下会被冻死。地下根茎也不耐高温，暴露在50～60℃的温度下2～3 d死亡。根茎脱水或受水淹，都能影响根茎的成活和萌发。假高粱耐肥、喜湿润（特别是定期灌溉处）及疏松的土壤。

9）检验检疫方法

应防止假高粱继续从国外传入和在国内扩散，需加强植物检疫，一切带有假高粱的播种材料或商品粮及其他作物等，都需按植物检疫条例严格控制。

10）有关检疫规定

假高粱是我国分布的《中华人民共和国进境植物检疫性有害生物名录》中规定的检疫性杂草，并且是中俄（中方）植检植保双边协定规定的检疫性杂草，应严格施行检疫。

6.4.4 其他检疫性杂草

6.4.4.1 紫茎泽兰

1）学名

Eupatorium adenophorum Spreng

2）英文名

Crofton weed

3）分类地位

属菊科（*Compositae*）泽兰属多年生草本植物。也称破坏草，解放草等，与飞机草同科同属，形态也基本相同，但因其茎、叶柄呈紫色，故名紫茎泽兰。

4)分布

原产墨西哥，后被作为观赏植物引进欧洲、澳洲、新西兰等地，现广泛分布于热带、亚热带和温带地区的30多个国家和地区。20世纪40年代经东南亚传入我国云南之后，目前在云南、贵州、四川、广西、西藏等省(自治区)已广泛分布。以云南的分布最广。并以每年约30 km的速度扩展。

5)危害情况

紫茎泽兰生命力极强，水平、垂直分布范围广。一旦传入，在农田、牧草地、经济林园、荒地、沟边、路旁，甚至干旱贫瘠的荒坡隙地、屋顶、墙头、岩石缝隙、沙砾都能生长。被砍伐或焚烧后，过一段时间又能从根茎再生新枝，是一种很顽固的恶性杂草。一旦侵入，很快形成单种优势群落，抢占农作物、牧草及其他草本植物的生长空间，疯狂消耗土壤水分和肥料，紫茎泽兰入侵120 d后，土壤中的速效氮、磷、钾分别下降56%～96%、46%～53%、6%～33%，从而导致土壤肥力严重下降，土地严重退化。抑制其他植物的生长，最终形成单一的紫茎泽兰植被，给农、林、牧业生产带来极大的危害。

据资料显示：天然草场被紫茎泽兰入侵3年后覆盖程度可达90%以上，牧草几乎消失；紫茎泽兰的花粉和种子刺冠毛含有有毒物质，能引起马属动物哮喘病，尤其是种子上带钩的纤毛被牲畜吸入后直接往气管和肺部钻，引起牲畜组织坏死和死亡；用紫茎泽兰的茎叶垫圈或下田作沤肥，可引起牲畜蹄子腐烂、人的手脚皮肤发炎。人接触紫茎泽兰过多，会引起头疼、头晕，有的还会出现更重的中毒症状。

6)传播途径

紫茎泽兰是一种风媒植物，种子借助风力传播。每年的夏秋季节种子随风飘扬，落到哪里，就会在哪里扎根繁殖。此外，车轮、水流及人们的鞋底、衣物都可能带着紫茎泽兰的种子作远距离传播。

7)主要形态特征

紫茎泽兰系多年生草本或成半灌木。茎直立，高30～90 cm，最高可达3 m左右，寿命可达12～15年。叶对生，卵形、三角形，腹面绿色，背面色浅，两面被稀疏的短柔毛，边缘有稀疏粗大而不规则的锯齿，在花序下方则为波状浅锯齿或近全缘。叶柄长4～5 cm。头状花序小，在枝端排列成伞形或复伞形花序，花序直径2～4 cm。总苞宽钟形，长3 mm，宽4～5 mm，含40～50朵小花。总苞片1～2层，线形或线状披针形，长3 mm。管状花两性，白色。瘦果，黑褐色，长4 mm，5棱，宽1.5 mm，冠毛白色，纤细。沿棱有稀疏白色紧贴的短柔毛，冠毛较花冠稍长。根呈线索状，十分发达。

8)生物学特征

紫茎泽兰通过种子繁殖和无性繁殖。它的茎和分枝生有须状气生根,一沾泥土便能成活。种子具有极强的繁殖能力,一般每株种子3万~4.5万粒,多的达10万粒以上,每丛紫茎泽兰含有70万粒成熟种子甚至更多。其种子很轻,千粒重不到0.45 g,比蒲公英种子还轻,肉眼几乎看不见。

9)相关规定

紫茎泽兰被列入《外来有害生物的防治和国际生防公约》中四大恶性杂草之一,在国家环保总局公布的首批入侵国内的16种外来物种黑名单中名列第一,是我国最具侵染性和危害性的外来杂草。2007年,紫茎泽兰被列为我国进境检疫性杂草,应加强检疫,控制传播。由于紫茎泽兰主要靠种子传播,应该加强对发生区的植物和植物产品进行检疫,防止带有种子运输传播,且不准将紫茎泽兰植株作为垫护物运输蔬菜等物品。

6.4.4.2 薇甘菊

1)学名

Mikania micrantha H. B. K

2)英文名

Mile-a-minute-weed

3)分类地位

属菊科(Compositae)假泽兰属植物。

4)分布

薇甘菊原产中、南美洲,现已扩散到整个东南亚、南亚、太平洋地区如印度、斯里兰卡、孟加拉国、泰国、斐济、库克岛、所罗门群岛、圣诞岛、新不列颠、巴布亚、新几内亚、澳大利亚等国家;中国的华南沿海地区也有分布。

5)危害情况

薇甘菊是世界重要的恶性杂草之一,生长速度快,扩展能力强;可攀缘缠绕于其他乔木植物到达树冠房顶部,厚厚的茎叶和花,形成严密覆盖和重压,使附主植物缺少阳光、水分和养分,阻碍其生长甚至导致死亡。在薇甘菊蔓延扩展地带,对生物多样性造成严重的威胁。

6)传播途径

薇甘菊的种子可借风力进行较远距离的传播,但更远距离的传播则主要通过人类的引种。如1949年印度尼西亚从巴拉圭引入薇甘菊作为橡胶园的土壤覆盖植物,后又被用做垃圾填埋场的土壤覆盖植物,很快地传播到整个印度尼西亚。

7)主要形态特征

薇甘菊为多年生草质或稍木质藤本植物,茎细长,匍匐或攀缘,多分枝,被短柔毛或近无毛,幼时绿色,近圆柱形,老茎淡褐色,具多条肋纹。茎中部叶三角状卵形至卵形,长 4~13 cm,宽 2~9 cm,基部心形,偶为戟形,先端渐尖,边缘具数个粗齿或浅波状圆锯齿,两面无毛,基出 3~7 脉;叶柄长 2~8 cm,;上部的叶渐小,叶柄亦短,头状花序多数,在枝端常排成复伞房花序状,花序梗纤细,头状花序长 4.5~6 mm,含小花 4 朵,全为结实的两性花。总苞片 4 片,狭长椭圆形,顶端渐尖,绿色,长 2~4.5 mm,总苞基部有一线状椭圆形的小外苞叶,长 1~2 mm。花有香气;花冠白色,管状,3~3.5 mm,檐部钟状,5 齿裂。瘦果长 1.5~2 mm,黑色,被毛,具 5 棱,被腺体,冠毛由 32~38 条刺毛组成,白色,长 2~3.5 mm。

8)生物学特征

薇甘菊为多年生草质藤本植物,可进行有性繁殖和无性繁殖。在广东南部,薇甘菊 3—10 月份为生长旺盛期,9—10 份月为花期,11 月份至翌年 2 月份为结实期。开花期小花从现蕾至盛花期限时间为 5 d,开花后 5 d 完成受精过程,经过 5~7 d 种子成熟,7~10 d 冠毛完全舒展,种子即散播。薇甘菊开花数量很大,花的生物量占地上部分总生物量的 38.4%~42.8%。其种子细小,千粒重为 0.089 2 g,可借风力传播到较远的距离。薇甘菊营养体的茎节处可以随时生根,伸入土壤吸取养分,因此其无性繁殖比有性繁殖要快。

薇甘菊在南美洲生长分布在潮湿的森林和淡水沼泽森林。在广东内伶仃岛、深圳、东莞等地常见于破坏的林地边缘、荒弃农田、路边、疏于管理的果园、水库、水沟边缘、湿地边缘,对灌草丛、新植林地和森林边缘危害较大。薇甘菊喜光好湿,不耐阴和土壤干瘠,在海拔较高的地方生长不良。

9)相关规定

薇甘菊是国家环保总局于 2003 年公布的首批 16 种外来入侵物种之一,2007 年被列为我国进境检疫性杂草。应严禁从疫区引种薇甘菊作为覆盖或绿化植物,在调运植物苗木或产品时,应注意检查不要夹带薇甘菊的种子、茎、叶等,一旦发现要严格处理。

6.4.4.3 豚草

1)学名

Ambrosia artemisiifolia L.

2)英文名

Annual ragweed,common ragweed

3)分类地位

属菊科(Compositae)豚草属植物。

4)分布

豚草起源于北美洲。分布于世界20多个国家。目前世界上有豚草41种,20世纪30年代传入我国,现广泛地分布于东北、华北、华中和华东等地区的15个省、直辖市。普通豚草在我国分布最广,北方主要为辽宁,鞍山豚草危害面积已达2 600多km^2。三裂叶豚草多分布在吉林、辽宁。

5)危害情况

豚草为恶性杂草,侵入农田,与作物争水肥,争空间,导致作物减产;对禾本科、菊科等植物有抑制和排斥作用。同时豚草花粉是人类花粉病的主要病源之一,所引起的"枯草热",对世界很多国家的人民健康带来危害。豚草含有苦味物质和香精油,被奶牛取食,引起牛奶品质下降。

6)主要鉴定特征

豚草又称艾叶破布草,一年生草本植物。茎直立,株高40～150 cm,个别可高达250 cm,全株表面布满糙毛;茎呈淡黄色或褐紫色,多分枝;上部叶叶互生,茎下部叶对生,叶表面深绿色,背面灰绿色,1～2回羽状分裂,裂片条形,被短糙毛。雄头状花序顶生,雌花序无梗,生于雄花序下部叶腋。瘦果倒卵形,长2.5 mm,宽2 mm,果皮坚硬,包于总花苞内,总苞倒卵形,先端中央具粗长锥状喙,周围具5～8个短喙。

7)生物学特性

豚草生于荒地、路旁、沟旁或农田、果园中,适应性广。种子产量高,每株可产种子300～62 000多粒。豚草种子具二次休眠特性,抗逆力极强。三裂叶豚草多于田间、路旁、河边湿地。

8)传播途径

瘦果先端具喙和尖刺,主要靠水、鸟和人为携带传播。可随小麦和大豆种子传播。

9)相关规定

豚草是国家环保总局于2003年公布的首批16种外来入侵物种之一,应加强检疫,控制传播。

小　结　检疫性杂草能够对农业生产、人体和动物健康造成极大的威胁。

本节详细介绍了一些重要检疫性杂草的专业知识，主要包括菟丝子、列当、毒麦、假高粱、紫茎泽兰、薇甘菊和豚草等。

思 考 题

1. 请比较检疫性有害生物与管制的非检疫性有害生物的区别。
2. 试举例说明检疫性有害生物的基本类别（每一类别 2～3 例）。
3. 试从生物学特性、危害特点、地理分布和传播途径等方面，分别阐述小麦矮腥、黑穗病菌、梨火疫病菌、番茄环斑病毒、松材线虫、地中海实蝇、马铃薯甲虫、苹果蠹蛾、非洲大蜗牛的检疫重要性。
4. 试举一例，从生物学特性、危害情况、地理分布和传播途径等方面，阐述检疫性杂草的特点。

参 考 文 献

1. 中华人民共和国动植物检疫局，农业部植物检疫实验所．中国进境植物检疫有害生物选编．北京：中国农业出版社，1996
2. 中国植物保护学会植物检疫学分会．植物检疫害虫彩色图谱．北京：科学出版社，1993
3. 方中达．中国农业百科全书．植物病理学卷．北京：中国农业出版社，1996
4. 平正明，齐桂臣．曲颚乳白蚁．植物检疫，1992(4)
5. 全国农业技术推广服务中心．植物检疫对象手册．北京：中国农业出版社，1998
6. 全国农业技术推广服务中心．植物检疫性有害生物图鉴．北京：中国农业出版社，2001
7. 农业部植物检疫实验所．中国植物检疫对象手册．合肥：安徽科学技术出版社，1988
8. 许志刚．植物检疫学．北京：中国农业出版社，2003
9. 张生芳，刘永平，武增强．中国储藏物甲虫．北京：中国农业科学技术出版社，1998
10. 杨赛军．应重视对白蚁的检疫工作．植物检疫，1992(3)
11. 陈乃中，沈佐锐．水果果实害虫．北京：中国农业科学技术出版社，2002

12. 周卫川．非洲大蜗牛及其检疫．北京：中国农业出版社，2002
13. 国家质量监督检验检疫总局网站 http://www.aqsiq.gov.cn
14. 姚文国，崔茂森．马铃薯有害生物及其检疫．北京：中国农业出版社，2001
15. 姚文国等．小麦矮腥黑穗病菌．北京：中国农业出版社，2002
16. 梁广勤，姚文国，夏红民．按实蝇．北京：中国农业出版社，2000
17. 梁广勤，姚文国．地中海实蝇．北京：中国农业出版社，1998
18. 章正，王圆，姚文国等．中美小麦矮腥黑穗病菌鉴定合作研究．植物病理学报，1995，25(3)：199-214

第7章 现代技术与动植物检疫

本章简介 现代生物技术和现代信息技术的飞速发展及广泛应用，给动植物检疫带来了深刻的影响，为管制性动物疫病和植物有害生物的诊断、检测、监测、处理等提供了更为快速、准确和高效的技术与方法。本章在简要介绍现代生物技术和信息技术基本类别与原理的基础上，重点分析了现代生物技术和信息技术在动植物检疫领域中的应用，并初步探讨了现代技术检疫应用的未来发展。

章节安排

7.1　现代生物技术概述

学习重点

● 了解现代生物技术的种类和发展

● 了解免疫血清学技术和分子生物技术的基础知识

现代生物技术为人类进一步认知自然现象，揭示自然规律提供了新的方法和工具。现代生物技术，特别是免疫学技术和分子生物学技术的广泛应用，促进了动植物检疫的进步。

7.1.1　现代生物技术及其发展

现代生物技术以现代生物学作为理论基础，由生物学、免疫学、化学、物理学、信息学等多种学科理论和技术相互交叉融合而成，其发展与材料、信息、传感器、图像处理、微机电系统等多种技术的发展息息相关，因而现代生物技术已经突破传统生物学的范畴，成为研究现代生物学的必备工具和重要手段。现代生物技术涉及的内容非常广泛，如对目的基因进行体外操作的基因克隆技术；对生物的遗传基因进行改造或重组后产生人类所需新物质的转基因技术；利用生物反应器大量加工、制造生物活性产品的生物发酵技术；将生物分子与电学、光学或机械系统连接起来，并把生物分子捕获的信息经放大、传递、转换后成为易于检测的光、电或机械信息的生物耦合技术等。

现代生物技术的飞速发展，给生物学科领域带来一场深刻的革命。以基因工程、细胞工程、酶工程、发酵工程和蛋白质工程为代表的现代生物技术正在深入到人类生活的各个领域，近 20 年来现代生物技术的发展越来越引人注目，并呈现出两个显著的特点，即现代生物技术可以突破物种界限，有效地改造生物有机体的遗传本质；现代生物技术带来的经济效益和社会效益日益显著。现代生物技术的广泛应用，给动植物检疫带来深刻的影响，特别是免疫学技术和分子生物学技术的应用，使管制性动植物疫病的诊断和检疫水平得到极大的提高。

7.1.2　免疫血清学技术基础

免疫学技术是指利用抗原、抗体、免疫组织、免疫细胞、免疫分子等相互作用用时发生的特异性反应，同时结合反应组分的特性、标记技术、图像处理技术等建立的检测和分析方法，因而具有较强的特异性和敏感性。根据反应组分的不同可分为两大类：一是抗原和抗体参与的免疫血清学技术；二是免疫组织、细胞或分子参与的细胞免疫学技术。其中免疫血清学技术在动植物检疫中应用最广泛，主要包括中和试验、凝集试验、沉淀试验、补体结合试验、免疫荧光抗体技术、放射免疫技术、免疫酶标记技术、胶体金标记技术、免疫电镜技术、免疫转印技术等。

1）中和试验（neutralization test）

针对病毒的特异性抗体对病毒具有中和作用，利用这一特性，可以进行病毒感染的血清学诊断、病毒鉴定与毒株分型等。中和试验具有高度的特异性和敏感性，根据病毒感染的宿主不同，中和试验可在实验动物、鸡胚或细胞上进行。

2）凝集试验（agglutination test）

直接凝集试验：细菌等颗粒性抗原与相应抗体作用后可出现肉眼可见的凝集现象，该方法简单快速，可在玻片或试管内进行，对某些细菌病的诊断非常有用，可用于检测抗体或鉴定细菌。

间接凝集试验：即将可溶性抗原或抗体首先吸附在载体颗粒如红细胞、乳胶等表面，然后在适宜电解质存在下与相应抗体或抗原反应形成肉眼可见的凝集现象。方法简单快速，既可检测抗原又可检测抗体，可制备成检测试剂盒应用于现场。根据载体颗粒的不同可分为间接血凝试验、乳胶凝集试验等。

血凝试验和血凝抑制试验：许多病毒（如正黏病毒和副黏病毒）具有凝集某些种类动物红细胞的能力（血凝）。由于血凝反应可被特异性抗体所抑制，抗体与病毒作用后可抑制血凝反应（血凝抑制）。可用于检测血清抗体效价和鉴定新分离的病毒。

3）沉淀试验（precipitation test）

可溶性抗原与相应抗体在适宜的电解质中结合形成肉眼可见的白色沉淀带的现象，称为沉淀试验。沉淀试验进一步划分为环状沉淀试验、琼脂扩散试验和对流免疫电泳。

环状沉淀试验：以液相形式进行的沉淀反应，抗原和抗体液先后加入反应管中，成为分界清晰的两层，在两相交界处出现白色环状沉淀。本试验主要用于抗原的定性检测。

琼脂扩散试验：以固相琼脂作为支持介质的沉淀反应，利用抗原和抗体在琼脂中相互扩散，在两者相遇处形成白色沉淀带来判定试验结果。试验通常在琼脂平板上打梅花孔进行反应，中间孔加抗原（或抗体），周围孔加系列稀释的抗体（或抗原）。此法操作比较简单，成为疫病诊断和检疫的常用方法。

对流免疫电泳：本法将琼脂扩散和电泳技术相结合。由于抗原带负电荷，在电场中向正极迁移，而抗体带电荷较弱，在电场中电渗的作用下向负极迁移，因而利用此原理，在琼脂凝胶中抗原加负极端，抗体加正极端，然后进行电泳，两者在电场作用下相互迁移，相遇后可形成白色沉淀带。此法较琼脂扩散试验时间大大缩短，因而适于快速诊断。

4)补体结合试验 (Complement fixation test,CFT)

当可溶性抗原与相应抗体结合后，抗原一抗体复合物与补体结合，此反应肉眼无法判定，需要加入指示系统(如溶血系统)间接反映抗原和抗体的结合情况。因而该试验包括两个系统：检测系统(抗原＋抗体＋补体)和溶血系统(绵羊红细胞＋溶血素＋补体)，两个系统通过竞争共用的补体来反映抗原和抗体是否结合，若不出现溶血表明抗原和抗体发生特异性结合，反之出现溶血表明检测系统中抗原和抗体不相对应，从而进行特异性抗原和抗体的定性或定量。由于本试验具有稳定、特异性高、重复性好的优点，因而成为一种常用的实验室诊断方法。

5)免疫荧光抗体技术 (Immunofluorescence antibody technique)

利用荧光色素如异硫氰酸荧光素(FITC)等标记抗体或抗原，然后与相应抗原或抗体进行反应，由于荧光色素在荧光显微镜的紫外光或蓝紫光的照射下可激发出可见的荧光，从而间接证明抗体和抗原是否结合。该技术具有抗原抗体反应的特异性和染色技术简单快速的特点，同时可在细胞水平上进行抗原定位，因而在疫病诊断中得到广泛的应用，有直接法和间接法。目前已有多种商品化的标记荧光抗体。

6)放射免疫技术(Radioimmunoassay,RIA)

利用放射性同位素如^{3}H、^{14}C、^{131}I、^{125}I等标记已知的抗体或抗原，用于检测待检材料中的抗原或抗体，然后根据抗原抗体复合物中同位素放射性的强度进行定性或定量测定。本技术将放射性同位素的高度敏感性和抗原抗体反应的特异性结合起来，因而具有其他检测技术无法比拟的敏感性和特异性。

7)免疫酶标记技术

利用酶如辣根过氧化物酶(HRP)或碱性磷酸酶(AP)标记已知的抗体或抗原，用于检测待检材料中的抗原或抗体，抗原抗体复合物中的酶在其底物存在时可催化底物生成有色产物，根据有色产物的颜色深浅间接反映抗原和抗体的结合情况。该技术将酶催化反应的高度敏感性和抗原抗体反应的特异性相结合，具有高度特异性和敏感性，不需特殊设备，在动植物疫病检疫与诊断中广泛应用。

酶联免疫吸附试验(Enzyme-linked immunosorbent assay,ELISA)是目前应用最广泛、发展最快的一种免疫测定方法。通过将抗原或抗体吸附至固相载体上，然后进行相应的免疫酶反应，最后经底物显色后进行判定。有间接法、双抗体夹心法、双夹心法、阻断 ELISA、斑点 ELISA 等。目前已有多种商品化的

ELISA 检测试剂盒。

8)胶体金标记技术

将胶体金作为载体吸附抗原或抗体,即为胶体金标记物,此标记物与相应的抗体或抗原反应后可形成肉眼可见的凝集现象,因而可用于抗原或抗体的检测。该法简便快速,反应结果呈红色,易于判定。可做成诊断试纸条,应用十分方便。

9)免疫电镜技术(Immune electron microscopy,IEM)

将电镜的高分辨率与抗原抗体的特异性反应相结合而建立的一种检测技术。此技术可进行抗原定位和病毒样品的检测。

10)免疫转印技术(Immunoblotting)

又称蛋白质印迹或 Western Blotting,是将蛋白质凝胶电泳、膜转印技术和抗原抗体反应相结合而建立的一种检测技术。首先将待检蛋白样品进行 SDS-聚丙烯酰胺凝胶电泳,根据分子量大小分成不同区带,然后转印至硝酸纤维素滤膜上,再与抗体和标记二抗进行反应,从而可检测不同大小的蛋白抗原。

11)免疫沉淀技术(Immunoprecipitation)

将放射性同位素标记、免疫沉淀、SDS-聚丙烯酰胺凝胶电泳和放射性自显影技术相结合而建立的一种检测技术。基本过程包括:在病毒增殖过程中加入放射性同位素标记病毒蛋白,收获后加入特异性抗体和带 SPA 的金黄色葡萄球菌,通过离心收集病毒—抗体—葡萄球菌复合物,经热处理后收集病毒,进行 SDS-聚丙烯酰胺凝胶电泳,最后进行放射自显影可得出检测结果。

7.1.3 分子生物学技术基础

分子生物学技术的飞速发展使动植物疫病的诊断和检疫迈上了一个新台阶。常规的病原分离鉴定技术和抗原抗体的免疫学检测技术在动植物疫病的诊断和检疫中发挥了极其重要的作用,愈来愈多的疫病建立了更加敏感特异的分子生物学诊断技术,动植物疫病的诊断和检疫进入了对病原基因序列和结构进行直接测定的分子生物学水平。目前分子生物学诊断技术主要包括聚合酶链式反应、核酸杂交、寡核苷酸指纹图谱、限制性片段长度多态性、随机扩增多态性 DNA、脉冲电场凝胶电泳、DNA 序列测定、DNA 芯片、DNA 生物传感器等。其中,PCR 和核酸杂交技术具有特异、敏感、快速、适于疫病早期诊断和大量样品的检测而成为分子生物学诊断技术中最常用和最具应用价值的方法。

1)聚合酶链式反应(Polymerase chain reaction,PCR)

在体外利用耐热 DNA 聚合酶将少量 DNA 片段短时间内扩增数百万倍的一种方法。其反应的基本原理和步骤包括:将模板 DNA 置高温下变性为单链,然后在较低温度下将人工合成的寡核苷酸引物与目的片段互补结合，DNA聚合酶在72℃将单核苷酸从引物3'端引入，沿模板5'→3'方向延伸，合成新的DNA双链作为下次循环的模板，如此以指数方式增加，经约30个循环使最初的模板DNA扩增数百万倍。PCR方法具有操作简便快速、灵敏度高、特异性强、对检测材料要求低等优点而得到广泛的应用。目前在常规PCR方法的基础上根据应用目的不同又衍生出一系列改良PCR方法，包括反转录PCR（RT-PCR）、套式PCR（Nested PCR）、多重PCR（Multiplex，PCR）、实时荧光定量PCR（Real-time fluorescent quantitative，PCR）、兼并引物PCR（Degenerate primer，PCR）、免疫PCR（Immune，PCR）等。

2）核酸杂交（Nuclear hybridization）

基本原理为碱基互补的两条单链核酸经退火后形成双链。用于诊断目的的杂交双方是已知序列的标记探针和待检测样品中的核酸。标记的核酸探针必须具有高度特异性，通常用检测病原的特异序列核酸片段进行标记。核酸探针的种类包括基因组DNA探针、cDNA探针、RNA探针和寡核苷酸探针。标记物主要有放射性标记物（如^{32}P）和非放射性标记物（如地高辛）。核酸杂交具有敏感、特异、可同时检测大量样品的优点，因而在疫病诊断和检疫中也得到广泛应用。根据核酸性质和支持介质的不同，主要有点杂交（Dot-blotting）、DNA印迹杂交（Southern blotting）、RNA印迹杂交（Northern blotting）、原位杂交（In situ hybridization）。

3）寡核苷酸指纹图（Oligonucleotide fingerprinting）

该技术主要用于RNA病毒分析。其原理是将提纯的病毒RNA，通过T1核糖核酸酶酶切，产生大小不同的片段，经放射性同位素标记后，进行垂直双相电泳，再经放射自显影获得特征性的图谱。该技术可很好地区别同一血清型或亚型的不同分离株，并可对病毒核苷酸序列进行半定量比较，因而对容易出现变异的病毒鉴定很有价值，尤其是在鉴定新出现或重新出现的病毒株上有很重要的应用价值。

4）限制性片段长度多态性（Restriction fragment length polymorphism，RFLP）

是将限制性内切酶、核酸电泳、印迹技术和杂交技术相结合而建立的一种检测技术。首先利用限制性内切酶消化DNA，通过凝胶电泳形成酶切图谱，然后转印至膜上，利用制备的探针进行杂交，从而鉴定出不同生物间的关系。该方法具有稳定性好、敏感性高，可进行同种内不同个体的鉴别。

5)随机扩增多态性 DNA(Random amplified polymorphic DNA,RAPD)

该技术应用一个随机引物(通常 10 个碱基)对待检测 DNA 进行非特异性地扩增 DNA 片段,然后在凝胶电泳上观察扩增片段。该法操作简单,不需设计特异引物,用一个引物即可扩增出一系列片段,适于对未知 DNA 序列的基因组进行分析。但本法重复性稍差。

6)脉冲电场凝胶电泳(Pulsed field gel electrophoresis,PFGE)

该技术是 20 世纪 80 年代中期发展起来的一种新的电泳技术,主要用于大分子 DNA 的分离,其分辨范围达到 10 Mb,而普通的琼脂糖凝胶电泳仅能分离小于 50 kb 的 DNA 分子。其基本原理是通过电场的不断改变,使包埋在琼脂糖凝胶中的 DNA 分子的泳动方向做相应改变,小的 DNA 分子比大的变形快,故小分子泳动得快,从而在凝胶上按染色体大小呈现出电泳带型。用 PFGE 可获得染色体的数目及大小、基因组结构方面的基本数据。

7)DNA 序列测定(DNA sequencing)

所有基于核酸序列的分子生物学诊断方法均根据 DNA 序列的差异而设计,因而 DNA 序列测定是最好的检测方法。自 Sanger 于 1977 年建立双脱氧链终止法测定 DNA 序列以来,该法得到广泛应用,不同生物个体间序列比较是鉴定和分型的最好方法。

8)DNA 芯片(DNA chip)

该法是指采用光导原位合成或微量点样等方法,将 DNA 片段有序地固化于支持物(如玻片、硅片、聚丙烯酰胺凝胶、尼龙膜等载体)的表面,组成密集二维分子排列,然后与已标记的待测样品中靶分子杂交,通过特定的仪器比如激光共聚焦扫描或电荷偶联摄影像机(CCD)对杂交信号的强度进行快速、并行、高效地检测分析,从而判断样品中靶分子的数量。该技术为动植物疫病的诊断和检疫带来深刻的影响,具有巨大的潜在应用价值。

9)DNA 生物传感器(DNA biosensor)

该技术是将核酸杂交和可检测的光电学信号相结合而建立的。其基本原理是,首先在基体传感器上固定一条含有十几到上千个核苷酸的单链 DNA(ssDNA),通过分子杂交,识别另一条含有互补碱基序列的 DNA 链,形成双链 DNA(dsDNA),然后在杂交分子中加入杂交指示剂,把杂交后的 DNA 分子含量通过换能器表达出来。选用的杂交指示剂不同,杂交 DNA 分子的响应信号变化不同,检测电信号的传感器主要有电化学 DNA 传感器和压电晶体 DNA 传感器,而检测光信号的传感器为光学 DNA 传感器。

小　结　现代生物技术已突破传统生物学的范畴，成为研究现代生物学的必备工具和重要手段。免疫学技术和分子生物学技术等的应用，使动植物检疫水平得到极大的提高。免疫血清学技术主要包括中和试验、凝集试验、沉淀试验、补体结合试验、免疫荧光抗体技术、放射免疫技术、免疫酶标记技术、胶体金标记技术、免疫电镜技术、免疫转印技术等。分子生物学诊断技术主要包括聚合酶链式反应、核酸杂交、寡核苷酸指纹图谱、限制性片段长度多态性、随机扩增多态性DNA、脉冲电场凝胶电泳、DNA序列测定、DNA芯片、DNA生物传感器等。

7.2　现代生物技术在动植物检疫中的应用

学习重点

●了解现代生物技术能够解决哪些动植物检疫问题

●认识、分析现代生物技术动植物检疫应用的未来发展

将现代生物技术应用到动植物检疫领域中来，以提高管制性疫病诊断及有害生物鉴定的准确性、高效性，这是备受关注的动植物检疫热点问题。了解这一热点的发展现状，认识、分析现存的问题，将进一步促进现代生物技术在动植物检疫领域中的应用。

7.2.1　现代生物技术在动物检疫中的应用

在动物疫病诊断和检疫中，现代生物技术的应用主要体现在两个方面：一是基于抗原-抗体反应的免疫学血清学技术；二是基于病原核酸检测的分子生物学技术。目前大多数动物疫病已建立了免疫学和分子生物学等多种检测方法，其中某些方法已被OIE指定为国际贸易间的标准方法，并且随着现代生物技术的发展和应用，更加敏感特异的新方法逐渐取代旧的检测方法，使动物检疫水平逐渐提高。

1）在细菌病检疫中的应用

常规细菌疫病的诊断和检疫主要包括细菌分离培养、菌落培养特性、菌体染色镜检、生化试验等，这些方法在细菌鉴定中具有重要的作用，目前仍在细菌疫病诊断中广泛应用，但因其费时费力，某些细菌培养周期过长，已经不适于国际贸易中对动物检疫的需要，因而省时省力且敏感特异的免疫学和分子生物学方法逐步取代常规方法成为必然。免疫学和分子生物学方法不但可直接进行细菌

种的鉴定,而且可鉴定种内的血清型和血清亚型,成为检疫动物细菌疫病的主导方法。OIE 规定了国际贸易中动物细菌性疫病的检疫方法,如表 7-1 所示,显示了部分疫病的诊断和检疫方法。

表 7-1　OIE 规定的部分动物细菌性疫病诊断和检疫方法

动物	病名	病原	指定诊断方法	替代诊断方法
马	马接触传染性子宫炎	马生殖道泰勒氏杆菌	病原鉴定	—
	马鼻疽	马鼻疽杆菌	鼻疽菌素试验、CF	—
牛	牛传染性胸膜肺炎	丝状支原体丝状亚种	CF	ELISA
	牛布氏杆菌病	流产布氏杆菌	缓冲布氏杆菌抗原试验、CF、ELISA	FPA
	牛生殖道弯曲杆菌病	胎儿弯曲杆菌性病亚种	病原鉴定	—
	牛结核病	牛结核分枝杆菌	结核菌素试验	—

注:CF—补体结合试验,ELISA—酶联免疫吸附试验,FPA—荧光偏振试验。

免疫学技术已成为检疫细菌性疫病的主要方法,病原鉴定只在某些细菌病中采用。分子生物学技术虽还未被 OIE 指定为标准方法,但 PCR 和核酸探针技术已成功地应用于大肠杆菌、沙门氏杆菌、空肠弯杆菌、布氏杆菌、结核杆菌、副结核杆菌等的鉴定和分型中,检测结果显示这些方法具有简便快速、敏感特异的优点,若经进一步优化和试剂盒化,不久的将来必将成为检疫细菌性疫病不可缺少的技术。

2)在病毒病检疫中的应用

在所有常见动物疫病中,病毒性传染病数量最多且危害也最严重。目前在 OIE 所列的 15 种 A 类烈性传染病中,除牛传染性胸膜肺炎外,其余均为病毒所致,且 B 类疫病中多数也是病毒性传染病。因此对病毒性疫病的诊断和检疫十分重要。

在常规诊断方法中,通常先对病原进行分离鉴定,所用的病毒宿主包括实验动物、鸡胚和细胞等,然后进行电镜观察、生化特性鉴定等。然而当前的病毒感染呈现出混合感染、继发感染、隐性感染、潜伏感染、慢性感染等多种形式,使病毒感染过程极其复杂,常规诊断方法往往难以奏效,现代生物技术的应用使这些问题迎刃而解,因而成为病毒病诊断和检疫的主要工具。OIE 规定了国际贸易中动物病毒性疫病的检疫方法,如表 7-2 所示,显示了部分疫病的诊断和检疫方法。

表 7-2　OIE 规定的部分动物病毒性疫病诊断和检疫方法

	病名	病　原	指定诊断方法	替代诊断方法
人	口蹄疫	微 RNA 病毒科口蹄疫病毒	ELISA、VN	CF
畜	水疱性口炎	弹状病毒科水疱性口炎病毒	CF、ELISA、VN	
	小反刍兽疫	副黏病毒科麻疹病毒属	ELISA	VN
	裂谷热	布尼病毒科裂谷热病毒	—	HI、ELISA、PRN
	蓝舌病	呼肠孤病毒科蓝舌病病毒	AGID、病原鉴定、ELISA、PCR	VN
	伪狂犬病	疱疹病毒科伪狂犬病毒	ELISA、VN	—
	狂犬病	弹状病毒科狂犬病病毒	VN	—
禽	新城疫	副黏病毒科新城疫病毒	—	HI
	禽流感	正黏病毒科禽流感病毒	—	AGID、HI
	传染性法氏囊病	双 RNA 病毒科传染性法氏囊病毒	—	AGID、ELISA
	马立克氏病	疱疹病毒科马立克氏病毒	—	AGID
	鸡传染性支气管炎	冠状病毒科鸡传染性支气管炎病毒	—	VN、HI、ELISA

注：CF—补体结合试验，ELISA—酶联免疫吸附试验，HI—血凝抑制试验，VN—病毒中和试验，AGID—琼脂扩散试验，PRN—蚀斑减数中和试验，PCR—聚合酶链式反应。

ELISA、VN、CF、HI 等免疫学技术已作为指定诊断方法或参考诊断方法广泛应用于病毒性传染病的诊断和检疫中，而且 PCR 等分子生物学技术已作为蓝舌病的指定诊断方法，随着分子生物学技术的推广和逐渐成熟，将会有更多的病毒性疫病将其作为指定诊断方法。目前国内常见的畜禽病毒性传染病均已建立有效的免疫学和分子生物学诊断方法，为动物疫病的诊断和检疫提供了重要保障。

3)在寄生虫病检疫中的应用

寄生虫包括蠕虫、原虫和昆虫等。寄生虫病的免疫学诊断，即以寄生虫的抗原与动物体内的抗体特异性结合为基础而设计的各项血清学试验，以及细胞免疫的检测和在动物体进行的变态反应试验；分子生物学诊断即利用 PCR 或核酸探针等技术直接检测特异的寄生虫基因，在粪便、尿液或血液中的检出率得到大大提高。OIE 规定了国际贸易中动物寄生虫病的检疫方法，如表 7-3 所示，显示了部分疫病的诊断和检疫方法。

表 7-3 OIE 规定的部分动物寄生虫病诊断和检疫方法

	病　名	病　原	指定诊断方法	替代诊断方法
人	棘球蚴病	棘球绦虫	—	—
畜	旋毛虫病	旋毛虫	病原鉴定	ELISA
	新大陆螺旋蝇蛆病和旧大陆螺旋蝇蛆病	新大陆螺旋蝇和旧大陆螺旋蝇	—	病原鉴定
	螨病	螨虫	—	病原鉴定
	苏拉病（伊氏锥虫病）	伊氏锥虫	—	—
	锥虫病（采采蝇传播）	刚果锥虫、活跃锥虫、布氏锥虫	—	IFA
	利什曼病	利什曼原虫	—	病原鉴定
	马媾疫	马媾疫锥虫	CF	IFA、ELISA
	马梨形虫病	马巴贝斯虫和驽巴贝斯虫	CF、IFA	—

注：CF—补体结合试验，ELISA—酶联免疫吸附试验，IFA—间接荧光抗体试验。

虽然病原鉴定在寄生虫病的诊断中仍然是十分必要的，但 CF、ELISA、IFA 等免疫学技术已成功应用于寄生虫病的诊断和检疫中。目前国外已将 ELISA 广泛应用于寄生虫病免疫学诊断中，并制备出多种商品试剂盒；国内也研制了多种试剂盒，推广应用于各种寄生虫病诊断中。PCR 及核酸杂交技术也越来越多的应用于寄生虫病的诊断和研究之中，具有高度的敏感性和特异性，但限于条件，目前仅限于实验室试用阶段，尚无合格的商品试剂供应。总之，由于免疫技术的发展及分子生物学、单克隆抗体的应用，已使寄生虫病诊断方法达到了简易、微量、快速、准确和经济的目的，显著地提高了诊断效果。相信随着高新技术的应用，将使寄生虫病诊断和检疫具有更为理想的方法，以弥补病原学诊断的某些缺陷和不足。

7.2.2 现代生物技术在植物检疫中的应用

在口岸进出境植物检疫工作中，一项重要的内容就是查验货物中是否存有管制性有害生物，其中对有害生物的种类做出快速、准确的判断尤其显得意义重大。在植物检疫领域，传统的常规检验检疫技术主要依靠有害生物的生物学特性、形态学等指标进行鉴定，费时、费力，准确性较低，已不能满足当今植物检疫准确、快速和灵敏的要求。在管制性有害生物的诊断技术上，提高检测的正确性、灵敏度和缩短检验时间、简化检测程序是植物检疫工作面临的重要课题。与相关的领域如人类医学诊断、动物医学诊断相比，植物有害生物诊断、鉴定在总体水平上还存在较大的差距。近十几年来，分子生物学技术的快速发展，使植物检验检疫技术也得到了长足的发展，并在管制性植物病原物的检测和鉴定中得到了越来越广泛的应用，其中应用最多的是ELISA、PCR技术等。目前，国内外学者正致力于植物病毒检测的基因芯片、害虫的快速鉴定等方面的研究。

1)在植物真菌检疫中的应用

分子生物学方法解决了植物病原真菌中近似种之间形态难于区别，在种苗内部少量带菌时难于鉴定的问题。小麦印度腥黑穗病菌(*Tilletia indica*)是一种世界性的检疫性病原真菌，它的冬孢子与腥黑粉菌属的多种冬孢子如黑麦草腥黑粉菌(*T. walkeri*)、水稻腥黑粉菌(*T. horrida*)等形态相似，难以区别。Smith等(1996)报道用PCR技术鉴定印度腥黑粉病菌，用冬孢子直接进行检测的最少孢子数为1 000个。吴新华等(1998)对PCR扩增产物进行二次扩增，灵敏度提高到对100个冬孢子进行稳定检测。张竞宇等(2004)根据GenBank中登陆的*Tilletia*属的20个种的ITS区设计引物T1/T2，可以特异性地从*T. indica*和*T. walkeri*菌株中扩增出450 bp的条带。再根据其线粒体部分序列设计引物M1/M2，将此2个种区分开。进一步用T1/T2与ITS区通用引物ITS1/ITS4组合，M1/M2与线粒体引物Ti-1/Ti-4组合，分别建立套式PCR，灵敏度达到可以检测到一个冬孢子，可望用于口岸对*T. indica*的检测。

国内首次建立了大豆疫霉实时荧光PCR快速检测方法，仅用一个孢子就能直接进行检测，将大豆疫病菌的检测时间由原来的20 d缩短到1周，检测效率提高了近3倍，检测灵敏度比原来的土壤诱集、分离培养、自定性测定方法有了较大提高。

2)在植物细菌检疫中的应用

分子生物学技术应用于植物病原细菌的检测，解决了ELISA试验中部分病原的交叉反应和对种以下的分类单元鉴定困难的问题，同时也大大简化了鉴定程序。1989年Zellerh等建立了梨火疫病菌的DNA杂交技术。1992年又根据pEA29质粒上的特异性片段设计了一对PCR引物，建立了梨火疫病菌的PCR检测体系，将灵敏度提高到50个菌体细胞，之后又开发出PCR-dot-blot，Reverse-blot-Hybridization和nest-PCR等检测技术，达到检测单个菌体。国内2003年建立了实时荧光PCR技术检测梨火疫病菌。

漆艳香等(2003)克隆了玉米细菌性枯萎病菌16S rDNA基因，根据该细菌与其他细菌 16S rDNA 序列差异，设计对该细菌具有稳定点突变的特异性探针，建立了玉米细菌性枯萎病菌的实时荧光 PCR 检测方法。

3)在植物病毒检疫中的应用

ELISA 在检测植物病毒方面的应用具体表现在以下几方面：大规模检测植物中的病毒；检测种子带毒情况；检测土壤、传毒介体、播种工具中的病毒；检测自然寄主中的病毒；样品筛选，对阳性或弱阳性的进一步进行 PCR 检测。国家质检总局动植物检疫实验所与中国飞天实业(集团)有限公司共同研制开发了齿兰环斑病毒、马铃薯 YN 病毒、烟草环斑病毒、马铃薯 X 病毒酶联诊断试剂盒，使植物病毒检疫时间从 20 d 缩短到 5 h，性能稳定，重复性、特异性良好，实现了病毒检测技术新的突破。

分子生物学的方法将病毒检测的灵敏度由血清学的 ng 水平提高到 pg 级，用 RT-PCR 方法检测病毒更加灵敏。1992 年 Robinson 等报道了用 PCR 方法检测烟草环斑病毒(TRSV)。相宁等(1995)也报道了用 RT-PCR 检测 TRSV 提取液中的病毒 RNA 灵敏度达 400 pg。并可直接从受侵染的叶片汁液中检出。孔宝华等(2000)用 RT-PCR 方法对李坏死环斑病毒(PNRSV)进行检测。朱建裕等(2003)根据番茄环斑病毒(ToRSV)各株系 RNA1 聚合酶基因的保守序列，设计并合成了一对引物和一条 TaqMan 荧光探针，建立了对 ToRSV 的实时荧光 RT-PCR 检测方法，适合于种传病毒的快速诊断和口岸检验检疫。

4)在植物线虫检疫中的应用

Burrows 用 RFLP 技术区分了马铃薯金线虫和白线虫。

rDNA 的 ITS 区序列分析被用于区别松材线虫和拟松材线虫，克服了形态学上难以鉴定的困难。张立海等(2001)对松材线虫和拟松材线虫的 ITS1 区段进行测序，确定为鉴定理想的靶区，建立了鉴定这两种线虫的灵敏可靠的方法。贺水山等(2002)根据 rDNA 基因部分序列，通过单个碱基的故意错配，设计了一对特异性引物，实现了对单条线虫的快速检测。

南京检验检疫局(2002)采取形态特征与生物学技术相结合的方法，引用 DNA 亲子鉴定原理，开展了松材线虫分子生物学快速鉴定技术研究。将原来鉴定一批松材线虫的时间由 7 d 缩短至 6 h，准确率达到 100%。

5)在害虫检疫中的应用

在害虫的检疫鉴定工作中，目前一般以成虫的外部形态特征作为依据，而口岸截获的往往是幼虫或卵，通常的做法是对其进行室内饲养待获得成虫后再进行鉴定。这的确是一个检疫工作中的难题，那么解决这一问题的有效途径就是运用现代生物技术，在基因水平上对物种进行准确判断。

针对仓储害虫，国家质量监督检验检疫总局动植物检疫实验所陈乃中等(1997)利用 RAPD-PCR 方法对谷斑皮蠹(*Trogoderma granarium*)等 4 种仓储害虫的幼虫进行了快速鉴定的探讨，用 E_{12}、E_{15}、F_{18}、G_{10} 和 G_{14} 等 5 种引物进行扩增，电泳检测结果显示 5 种引物均产生可用以区分上述 4 种仓虫的扩增谱带；该研究从 DNA 提取到获得鉴定结果仅需 48 h，说明现代生物技术在管制性昆虫尤其是幼虫的快速鉴定方面具有非常突出的应用前景。针对实蝇，Muraji(2002)利用 PCR-RFLP 对果实蝇属(*Bactrocera*)的一些种类进行了识别；深圳出入境检验检疫局余道坚等(2004)利用 mtDNA 序列，设计了两种特异性引物，应用定性 PCR 技术对番石榴实蝇(*Bactrocera correcta*)进行检疫鉴定，并认为该方法适用于实蝇成虫和未成熟虫态的快速检疫鉴定。

7.2.3　现代生物技术检疫应用的未来发展

现代生物技术的应用促进了动植物检疫的发展，特别是提高了检疫结果的准确性。将现代生物技术应用于动植物检疫第一线，解决检疫实际问题是一个长期的过程。那么，现代生物技术动植物检疫应用的未来发展方向如何？哪些问题将成为新的研究热点呢？纵观国内外现状，笔者认为下述几点趋势值得关注。

1)相关的国际标准需要进一步建立

与动物疫病快速诊断相比，有关植物有害生物快速鉴定的国际标准目前还较缺乏。国际标准的建立和实施对动植物检疫领域而言是至关重要的，它有助于提高不同国家(地区)之间检疫措施的等同性。因此，在现代生物技术应用过程中，同样需要有关国际组织如 FAO 等尽快建立植物有害生物快速鉴定的国际标准，并促进这些标准的进一步实施，以提升快速检疫鉴定的水平。

2)相关的国际合作需要进一步加强

与其他领域现代生物技术应用相比，动植物检疫领域中现代生物技术的应用更需要国际合作。这一方面是由于某一国家(地区)的管制性动物疫病和植物有害生物一般都是其他国家(地区)发生的，相关资料的获取等需要对方国家(地区)的协助；另一方面是由于发达国家在现代生物技术检疫应用研究上较为领先，发展中国家更需要与发达国家建立相关的国际合作。因此，现代生物技术应用的相关国际合作急需更深入地开展。

3)相关科学研究需要进一步开展

与已有的研究相比，一些动植物检疫问题特别需要应用现代生物技术予以解决，如管制性害虫的快速鉴定问题、传播与种群分化问题、种群控制问题等，相关的科学研究需要进一步开展。在对管制性害虫种群分化的研究中，从分子水平揭示这些害虫适应自然环境的机制、迁移扩散的规律、遗传变异的特点等是非常有意义的。近年来国内外研究报道表明，人类已经将分子遗传标记技术运用到管制性害虫的种群分化以及适应性分析之中，例如美国的 He-Mei 等(1997)对夏威夷和泰国的橘小实蝇种群进行了初步研究，结果显示 3 个野生种群都具有等位基因 1，2 个夏威夷种群具有等位基因 2，而等位基因 3 仅在泰国种群中被发现；我国的施伟等(2004)对云南省橘小实蝇 5 个地理种群进行分析，认为 5 个地理种群间已存有一定程度的遗传分化，但分化的程度还比较低。在管制性害虫的种群控制方面，从分子水平探究控制害虫的种群数量的新途径是具有挑战性的。目前，在国家自然科学基金课题的资助下，中国农业大学植物检疫实验室(CAUPQL)和广州出入境检验检疫局等口岸局合作正在开展检疫性实蝇 *Wolbachia* 感染和生殖调控作用的研究。

小　结　现代生物技术在动植物检疫领域已经得到初步应用，特别是在动物疫病和植物有害生物的检疫诊断方面，基于抗原-抗体反应的免疫学血清学技术以及基于病原核酸检测的分子生物学技术正在发挥其快速、准确的特性。在现代生物技术应用于动植物检疫的未来发展过程中，相关国际标准的制订、国际合作的建立和科研课题的研究值得进一步关注。

7.3　现代信息技术概述

学习重点

- 了解计算机技术在农业领域应用的发展过程
- 了解专家系统、地理信息系统的基础知识

现代信息技术为人类进一步综合利用媒体、信息资源提供了新的工具和途径。现代信息技术，特别是计算机技术的广泛应用，影响着人类工作、生活的各个方面。从世界上第一台通用电子数字计算机诞生到现在的短短几十年，其运算速度、存储容量提高了接近 1 亿倍，而其体积、重量、价格等几乎降低了 1 亿倍。信息时代已经到来，计算机正为农业这一人类最古老的生产活动注入新的生命力。

7.3.1 计算机技术农业应用及其发展

从世界范围来看,计算机技术在农业领域的应用开始于 20 世纪 50 年代初,已大致经历了 4 个发展阶段,目前正处于第四个阶段。各个时期的主要特点如下:

第一阶段:20 世纪 50～60 年代的科学计算时期。这一时期计算机农业应用尚处于起步阶段,机器本身仅作为解决数学问题的工具,主要进行数学计算。当时的计算机农业应用普遍局限于大学和研究所等部门。

第二阶段:20 世纪 70 年代的数据处理时期。这期间主要研究计算机的农业数据处理及数据库的开发。这一阶段微机大量进入市场,从而使以利润为中心的农业经营管理的需求渐渐得以满足,于是计算机的应用日趋普及,并开始推广到各级农业生产管理、服务部门。

第三阶段:20 世纪 80 年代的知识处理时期。这一时期计算机农业应用的重点开始转向农业专家系统开发,该时期计算机软、硬件的发展极为迅速,在发达国家多媒体电脑已经走进农户之家,为其提供高效、优质的农业信息服务与管理、决策支持。

第四阶段:20 世纪 90 年代至今的多媒体与网络发展时期。在这一阶段,知识处理研究继续不断深入,地理信息系统技术得以广泛应用和推广、计算机视觉技术等逐渐被用以解决农业问题。与此同时,多媒体技术及网络技术以其迅猛的发展态势逐渐奏响了该阶段的主旋律,直接为农户提供专题服务的网络系统层出不穷(图 7-1)。计算机技术由单项技术向技术集成方向发展,利用计算机技术提高农业发展水平成为更广泛的共识,得到了更有力的发展。

7.3.2 专家系统基础

1)什么是专家系统?

专家系统(Expert system,ES)是人工智能(Artificial intelligence,AI)的一个重要分支,也称作知识库为基础的系统(Knowledge based systems,KBS),是一个(或一组)能够以人类专家水平在特定领域内解决困难问题的计算机程序。专家系统是人工智能从一般思维规律探索走向专门知识利用、从理论方法研究走向实际系统设计的转折点和突破口(Schmoldt,1994)。

专家系统的研究起源于 1965 年美国斯坦福大学 E. A. Feigenbaum 等开发的 DENDRAL(一个推断化学分子结构的计算机系统),在 40 余年的发展过程

图 7-1　蔬菜病虫害远程诊治系统主页

(中国农业大学植物检疫实验室与北京市农业局信息中心联合研制,2004)

中,专家系统始终是人们关注的热点问题,其应用范围已经扩展到了众多的专业领域。我国高度重视专家系统特别是农业专家系统的研究工作,如863计划信息技术领域智能应用专题,专门针对农业专家系统平台及关键技术进行了研究和示范应用(Shen,2000)。

2)专家系统的结构

专家系统的结构(图7-2)包括3个最基本的部分,即知识库、推理机和用户接口。知识库是专家系统的核心部分,用以保存领域知识,也就是特定范围内特定问题的求解方法。推理机反映领域专家的思维过程,通过推理机来操作知识库,利用库中的领域知识来分析问题得到结论。用户接口是软件系统与用户的通信部分,既可接受来自用户的信息,又可向用户发送信息。

除了上述3个基本结构之外,高级的专家系统还包括知识库管理系统、知识获取器、解释器和网络接口等4个结构(陆汝钤,1996)。知识库管理系统的作用在于两个方面,一是查验知识,不仅检查用户输入的知识是否符合规定的格式,

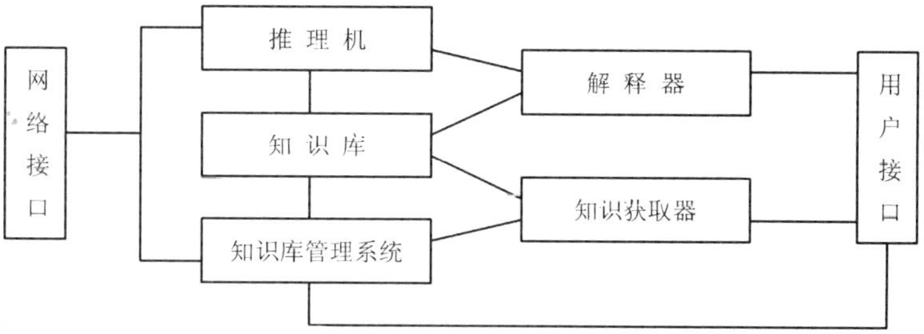

图 7-2　高级专家系统的结构(仿陆汝钤)

而且检查知识的内容是否冗余、是否有矛盾等;二是知识检索,分为静态检索和动态检索两种形式,前一形式类似于数据库的检索功能,而后一形式则是跟踪推理过程中知识的使用情况并将其显示出来,这是一般数据库管理中所没有的。知识获取器的主要功能是完成领域知识的收集与整理。解释器用来向用户,特别是专家级用户,解释推理的结果和在推理过程中发生的一切。网络接口是专家系统通向计算机网络中其他节点的通道,即有了网络接口,该系统就能够在网络上运行并成为网络产品。

3)农业专家系统及其应用

专家系统在农业领域有着广泛的应用,如解决作物的选种、施肥、灌溉以及病虫害防治等生产问题。根据系统的应用目的,Pierce Joner 将农业专家系统分为 5 种类型,即语义专家系统(Heuristic expert system),实时控制专家系统(Real-time control expert system),基于模型的专家系统(Model-based expert system),专家数据库(Expert database)和专家系统壳(Expert system shell,也称为专家系统开发工具)。

语义专家系统与专家系统概念的原意相吻合,通过调用知识库和推理机得出结论,该类专家系统适合于相对较窄且价值较高的专业领域,如美国佛罗里达大学研制的 SOYBUG,主要用于大豆病虫害的管理。实时控制专家系统是在一定的系统参数基础上,通过使用传感装置实现自动调节控制,例如 Jacobson 等于 1989 年报道的 MISTING,用于自动控制温室中无性繁殖幼苗的喷雾时间和喷雾周期。基于模型的专家系统使一些成功的数学模型得以充分地利用,如美国农业部农业研究局作物模拟研究所开发的棉花管理专家系统 COMAX/GOS-

SYM，这是第一个结合模拟模型的农业专家系统，GOSSYM 是棉花生长模拟模型，COMAX 在其基础上发展起来，为棉花管理者提供咨询用于确定灌溉、施肥、施用脱叶剂等的最佳方案。专家数据库在大量数据资料的基础上并根据专家的经验为用户提供决策建议，例如奶牛诊断系统 DHLES，用于比较奶牛个体数据同国家标准数据间的差异，从而诊断奶牛个体存在的问题并做出关于牛群管理的决策建议。专家系统壳的主要作用是帮助开发人员在无编程状态下设计并构建系统，如中国科学院合肥智能研究所开发的 KA3、KA4 等。

7.3.3 地理信息系统基础

1）地理信息系统

地理信息系统（Geographical information system，GIS），是空间型数据的管理分析系统。国际学术界对其定义虽众说纷纭，但都强调地理信息系统对空间数据的处理。1998 年，美国国家地理信息与分析中心定义 GIS 是一种为了获取、存储、检索、分析和显示空间定位数据而建立的计算机化的数据库管理系统（吴信才，2000）。GIS 是介于信息科学、空间科学与地球科学之间的交叉学科和新技术学科，它是在计算机软、硬件的支持下，运用系统工程和信息科学理论，科学管理和综合分析具有空间内涵的相关数据，以提供对规划、管理、决策和研究所需信息的技术系统。

2）地理信息系统的组成

一般认为，GIS 由硬件环境、软件环境和地理空间数据 3 个基本部分组成（罗云启，2001）。硬件环境包括计算机主机、数据输入设备（如数字化仪、扫描仪等）、数据存储设备、数据输出设备（如绘图仪等）和数据通信传输设备（如网络等）。软件环境通常包括计算机系统软件、GIS 软件及支持软件、应用分析程序（是系统开发人员或用户根据地理专题或区域分析模型编制的用于某种特定应用任务的程序）。地理空间数据是 GIS 的操作对象与管理内容，是指以地球表面空间位置为参照，描述自然、社会和人文经济景观的数据，这些数据可以是数字、文字、表格、图像、图形等。地理空间数据包括空间数据和非空间的属性数据，这些数据表达了其所对应相应区域的位置信息、属性信息和空间关系等。

3）地理信息系统的发展与应用

从世界范围来看，GIS 的研究起始于 20 世纪 60 年代，由机助制图逐渐发展而来，历经下述 4 个主要发展时期。

（1）起步阶段（20 世纪 60 年代）　1962 年，加拿大测量学家 Roger Tomlinson 提出了地理信息系统的概念并领导建立国际上第一个具有实用价值的地理信息系统——加拿大地理信息系统(CGIS)。随后,一些相关组织和机构纷纷建立并开展GIS的研究工作,如成立于1966年的美国城市和区域信息系统协会(URISA)等。由于当时计算机硬件的限制,这一时期的GIS软件算法尚嫌粗糙,图形功能有限。

(2)发展阶段(20世纪70年代) 不同专题、不同规模、不同类型的GIS在世界各地纷纷研制,美国、加拿大、英国、德国、瑞典和日本等国先后建立了自己的地理信息系统,探讨以遥感数据为基础的GIS逐渐受到重视。这一时期GIS软件最重要的进展是人机图形交互技术的发展。地图数字化输入技术有了一定进展,采用人机交互方式,易于编辑修改。扫描输入系统出现,但图形功能扩展不大,数据管理能力也较低。

(3)成熟阶段(20世纪80年代) 随着计算机软、硬件技术的发展和普及,GIS逐渐走向成熟。计算机图形工作站的出现和高性能计算机的发展、遥感及卫星技术的提高和普及实用,将GIS的研究由技术开发推向实际应用,由发达国家推向发展中国家,由少数学科领域进入多学科领域,由比较简单的、单一功能的、分散的系统发展到多功能的综合性信息系统,并向智能化方向发展。GIS工具软件更加成熟,如ARC/INFO、MapInfo、GenaMap等。

(4)飞跃阶段(20世纪90年代以来) 计算机技术的迅猛发展和快速换代,推动GIS进入了一个全新的发展时期。在这一时期,三方面的飞跃尤其引人注目。第一,与遥感(RS)、全球定位系统(GPS)的结合,使GIS的发展和应用发生了质的飞跃。第二,面向对象技术以及新的软件集成技术OLE(对象的链接和嵌入)增强了GIS系统的开放性,并进一步拓展了GIS的应用范围。第三,客户/服务器技术体系的进步促进GIS与INTERNET技术相结合产生了Web-GIS或InternetGIS,使地理信息数据在网上获取、共享、发布成为可能。近10年来,大型GIS不断涌现,GIS应用硕果累累,如美国土地管理局(BLM)研制的自动土地与矿产资源系统(ALMRS)以及中国研制的生态研究网络(CERN)等。据估测,至2000年GIS的软件系统拥有200万~500万个用户。GIS的不断发展,使其将成为一个具有巨大潜力的服务行业(傅肃性,2001)。

我国GIS的研究始于20世纪80年代,起步较晚,但发展迅速。1987年,由著名地理信息系统专家陈述彭教授领导的国家资源与环境信息系统实验室的建立,从科学理论及技术方法上都推进了我国GIS的发展和应用。自1982年以来,除引进了一批国外先进GIS软件平台外(如ARC/INFO,Intergraph,MapInfo,GenaMap等),我国自行设计开发的GIS工具亦不断出现(如GeoStar,

CityStar 等),同时开发出了许多区域性和专题性的 GIS 软件。

GIS 的应用已渗透到社会的各个方面,涉及所有的相关空间信息领域,包括农业、林业、水利、土地、矿产、海洋、自然灾害、全球变化、环境保护、区域持续发展等等。在农业领域,农业部门可利用 GIS 技术对区域内的农业生产实施有效的管理。例如,利用基于作物生产模型和病虫害发生模型的 GIS,可以模拟作物在不同环境下的生长情况,根据气候、土质、生长阶段、病虫害发生数量等,确定如何选种、播种、施肥,如何进行病虫害田间管理。李志红等(1999)报道,以 CityStar 为工具研制了北京市蔬菜生产管理信息系统 BJ-CABBAGIS(图 7-3)。

图 7-3 BJ-CABBAGIS 的蔬菜生产基地信息查询界面

小 结 以计算机技术为代表的现代信息技术已深入人类工作与生活的各个方面。计算机技术在农业领域的应用已有 50 余年的历史,经历了 4 个发展阶段。在诸多的计算机技术中,专家系统、地理信息系统技术在农业领域的应用为农业管理和决策提供了先进的工具。

7.4　现代信息技术在动植物检疫中的应用

学习重点

●了解现代信息技术能够解决哪些动植物检疫问题

●认识、分析现代信息技术动植物检疫应用的未来发展

近10年来，以计算机技术为代表的现代信息技术在动植物检疫领域已经得到较为广泛的应用。了解数据库技术、专家系统技术、地理信息系统技术以及网络技术等在检疫实际工作中的应用，有助于更充分地发挥现代信息技术的优势，更有效地辅助解决动植物检疫的实际问题。

7.4.1　数据库技术在动植物检疫中的应用

数据库技术为动植物检疫提供了存储、查询、管理大量相关信息的有力工具和方法。从所包含的信息内容来看，已有报道或运行的与动植物检疫相关的数据库主要分为2种类型：一是文献数据库，二是动物疫病和植物有害生物数据库。

1)文献数据库

文献信息管理系统一般用于文献的检索和查询。通过检索文献数据库，动植物检疫工作者能够获得国内外一定时间范围内公开发表的相关文献的基本信息。国际上比较重要的农业文献数据库有CAB(图7-4)、AGRICOLA等。在对文献数据库进行检索的过程中，首先由用户输入检索或查询的条件，如作者(Author)、篇名(Title)、关键词(Keyword)、发表年代(Year)等，然后在数据库所有的文献记录中查找符合条件的相关记录，最后将查找到的文献信息提供给用户。目前，有些文献数据库能够提供文献的全文，例如中国期刊网全文数据库(CJFD)(图7-5)。CJFD是当前世界上最大的连续动态更新的中国期刊全文数据库，包含了6 100种中文期刊从1994年至今的文献全文，数据完整性为98%。

2)检疫性动物疫病和植物有害生物信息管理系统

检疫性动物疫病和植物有害生物信息管理一般用于查询、管理危险性动物疫病和有害生物的各类相关信息。一些国际组织相继研制了动植物检疫数据库，较著名的如“全球检疫信息系统”(FAO研制)、“植物检疫数据库”(EPPO研制)等。各个国家也不断加强动植物检疫数据库的建设，如我国自20世纪80年代起着手研发有害生物数据库，原农业部植物检疫实验所研制的“植物有害生物信息检索数据库”是其中较有代表性的一个。进入20世纪90年代以来，随着多

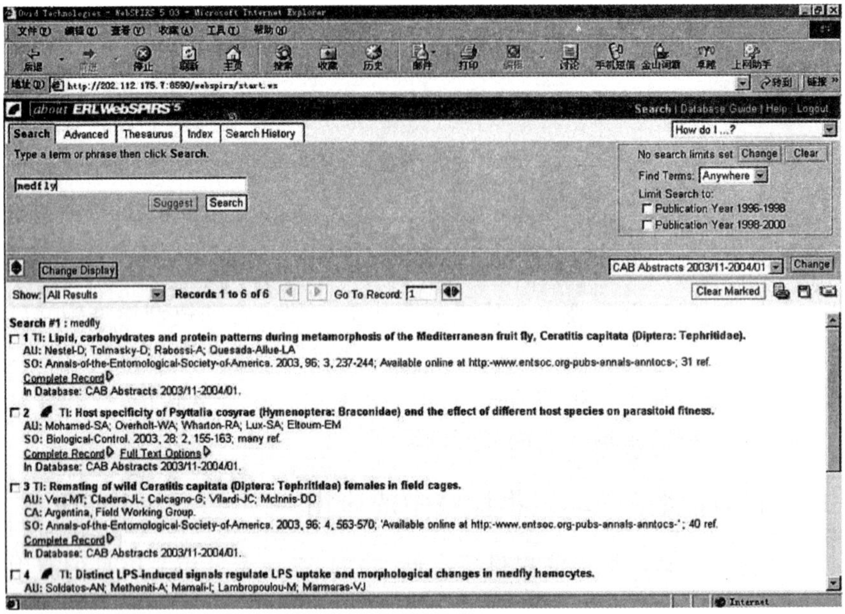

图 7-4　CAB 文献检索界面

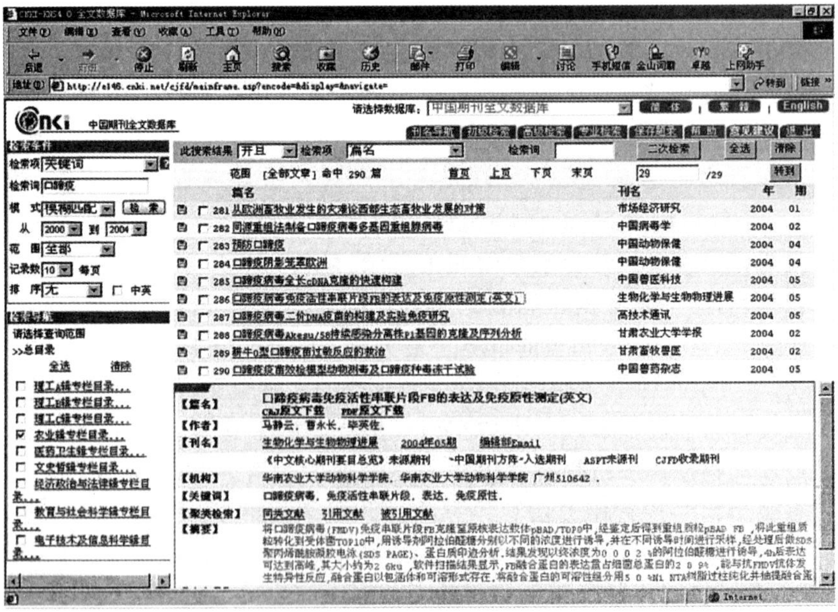

图 7-5　CJFD 文献检索界面

媒体技术的成熟，一些包含声、文、图、像等媒体类型的多媒体有害生物数据库相继被报道，例如中国植检害虫多媒体信息系统（PQ-PestInfo）和动植物检疫图像信息系统（APQIIS）等。

PQ-PestInfo 是一个关于中国检疫性害虫及近似种的多媒体数据库，由中国农业大学植保信息与技术实验室（IPMIST）于 2000 年研制。PQ-PestInfo 利用计算机存储、处理图像、文字、视频和音频等多媒体信息的功能，集国家规定的检疫性害虫及其近似种的中文名、学名、英文名、异名、分类地位、检疫地位、形态特征、鉴定特征、寄主植物、地理分布、传播途径、检疫方法和文献信息等相关内容为一体，建立了一套图文并茂、界面友好的多媒体软件系统（图 7-6），为检疫人员及其他相关人员提供检疫性有害生物相关信息的查询和管理。

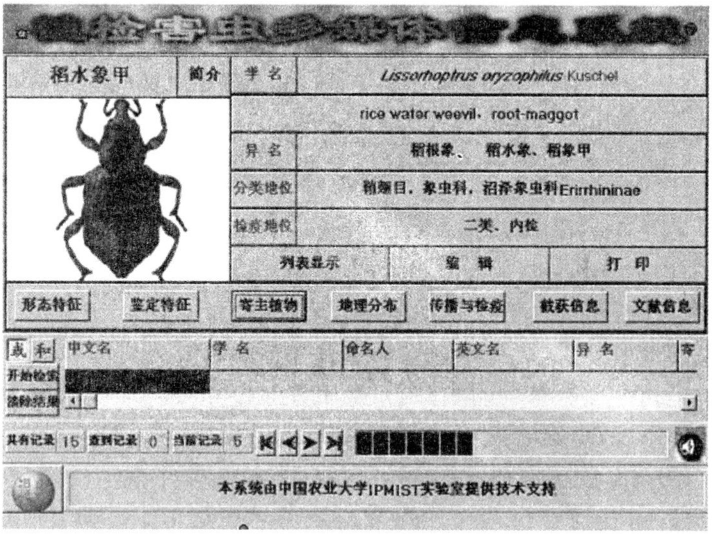

图 7-6　PQ-PestInfo(演示版)主界面（中国农业大学，2000）

APQIIS 是一个针对动植物检疫相关图像素材进行浏览、查询、管理、打印的多媒体数据库，由中国农业大学植物检疫实验室于 2004 年研制。APQIIS 是《动植物检疫概论》教材随赠的图像信息系统，面向我国高等院校、科研院所和政府机构等相关部门，以图文对照的方式，为各类用户提供了 200 余幅动植物检疫的相关图像素材，以及这些图像的来源和内容说明。APQIIS 能够为动植物检疫教学、科研等工作提供现代化的辅助工具，对在全国范围内进一步普及动植物检疫知识、提高动植物检疫教育水平起到重要作用（见教材附赠的光盘，使用说明见附录）。

7.4.2 专家系统技术在动植物检疫中的应用

近年来，利用专家系统技术解决动植物检疫实际问题的研究已见报道。专家系统不仅能够辅助进行动物疫病和植物有害生物的种类鉴定、风险评估等技术性工作，而且还能够用于管理性工作，如检疫许可等。在我国，专家系统现阶段主要用于管制性植物有害生物的辅助鉴定。

1）专家系统与病虫害辅助鉴定

在口岸检疫工作中，一项非常重要而又有一定难度的任务就是如何快速、准确地确定所截获的动物疫病和植物有害生物的种类。经过几十年的发展，我国科技界已经形成了具有一定规模和水平的动物疫病诊断和植物有害生物鉴定专家群，他们丰富的经验和渊博的知识是人类社会的宝贵财富之一。但是，就全国几百个口岸的检疫工作来讲，这些专家的数量十分有限，而且他们分布在全国各地，不可能在短时间内解决众多口岸的动物疫病诊断和植物有害生物鉴定问题。另外，分类专家的鉴定知识是通过专门训练以及多年的实践才积累起来的。同时，就一位专家而言，其鉴别知识的针对性很强，往往仅实现某一类疫病或有害生物的鉴定。那么，如何将这些分散的、经验型的、针对性很强的知识加以整理、利用，从而辅助众多的口岸一线检疫人员准确地进行动物疫病诊断和植物有害生物鉴定呢？专家系统恰恰能够辅助解决这一问题。

从已有的报道分析，在动植物检疫领域我国针对管制性植物害虫的辅助鉴定问题进行了相关专家系统的研制，如原连云港动植物检疫局 1994 年研制的小蠹虫鉴别专家系统；中国农业大学 1998 年研制的检疫性蚜类害虫多媒体鉴定系统 PQAPMDS-EZ；中国农业大学 IPMIST 实验室与原北京动植物检疫局合作，于 1996 年开发出植检害虫图文信息与鉴定辅导系统 PQ-INFORMIS、1998 年研制出植检害虫辅助鉴定多媒体专家系统 PQ-PickBugs，两系统均荣获当年度全国口岸动植物检疫科学技术进步二等奖；中国农业大学植物检疫实验室与国家质量监督总局标准与法规中心 2003 年研制的检疫性有害生物信息管理与辅助鉴定系统 QPIIS 等。

2）从 PQ-INFORMIS、PQ-PickBugs 到 QPIIS

由于当时计算机软、硬件条件的限制，早期的植检害虫鉴定专家系统一般是以 DOS 为运行平台，主要以文本为信息表达方式，如上述的 PQ-INFORMIS 中的鉴定子系统。随着多媒体技术及面向对象编程语言的发展，近期研制的管制性害虫鉴定专家系统均以 Windows 为运行平台，信息表达方式多样，包括文本、图像、视频、音频等，如 PQ-PickBugs。

PQ-PickBugs 在多媒体专家系统研究方面进行了探索，采用 Visual Basic 语言进行软件编程，为用户提供害虫种类鉴定(图 7-7)、害虫信息咨询、害虫知识问答(图 7-8)等功能。PQ-PickBugs 包括国家规定的管制性害虫及其近似种计 127 种，分属于昆虫纲的等翅目、半翅目、同翅目、鞘翅目、鳞翅目、双翅目以及蛛形纲的蜱螨目和软体动物门腹足纲的柄眼目。该系统集专家鉴定知识、害虫分类信息、寄主植物、地理分布、传播途径、截获信息及文献信息等于一体，为口岸检疫人员快速、准确鉴定植检害虫提供了强有力的支持。

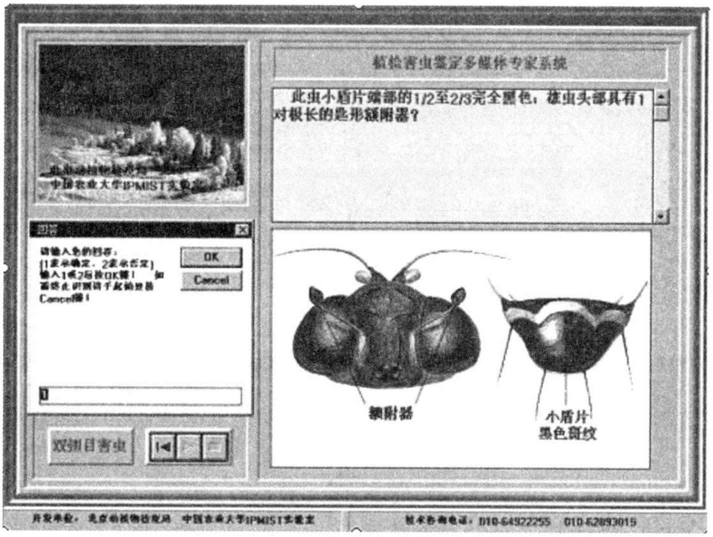

图 7-7　PQ-PickBugs 害虫辅助鉴定界面

从专家系统技术角度分析，PQ-PickBugs 的尚缺乏后台数据库的支持，没有实现推理机和知识库的真正分离，因此无法灵活、方便地管理有害生物相关信息和修改知识库。鉴于我国植物检疫实际工作的需要和多媒体专家系统技术进步，QPIIS 的研制具有突出的必要性。QPIIS 是一个针对中国管制性植物有害生物进行辅助鉴定和信息查询、管理的多媒体专家系统(图 7-9)。该软件系统以文字、图像、音频、视频等多种媒体素材向用户提供关于管制性植物病、虫、草害及其近似种的各类信息。QPIIS 具有强大的辅助鉴定、信息查询、信息库编辑、知识库编辑以及打印输出功能，能够为检疫部门、农产品进出口贸易部门、大专院校及相关单位的管理人员、科技工作者提供先进的管制性植物有害生物信息管理和辅助鉴定工具。

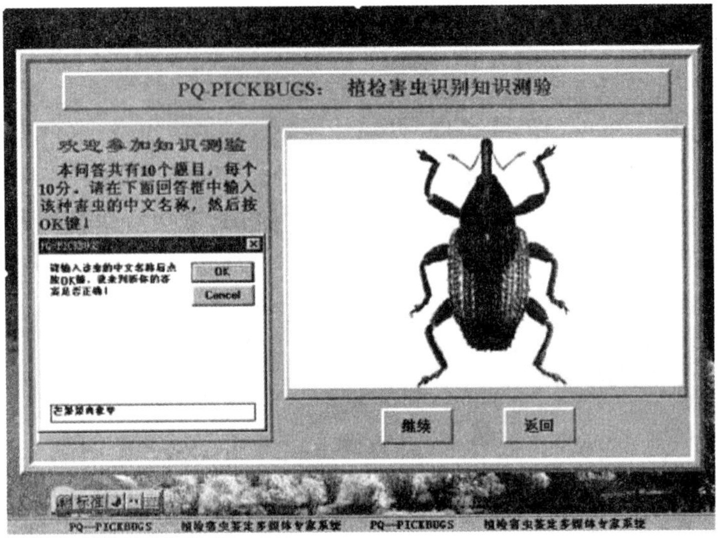

图 7-8 **PQ-PickBugs** 害虫种类问答界面

图 7-9 **QPIIS** 主界面

与 PQ-PickBugs 相比，QPIIS 以管制性有害生物基础信息库和管制性害虫辅助鉴定知识库为支撑，能够灵活、方便地对有害生物相关信息和鉴定知识进行管理。系统总体结构共包括6个模块，即初始化模块、信息浏览模块、信息查询模块、辅助鉴定模块、信息库编辑模块和知识库编辑模块，各模块由若干子模块构成(图7-10)。初始化模块是系统总控模块；信息查询模块和辅助鉴定模块分别通过其结果浏览子模块直接调用信息浏览模块；信息库编辑模块直接控制信息数据库的所有记录，因此与信息浏览模块和信息查询模块之间存在信息的相互关联；知识库编辑模块直接控制知识库的所有记录，与辅助鉴定模块存在信息的相互关联。

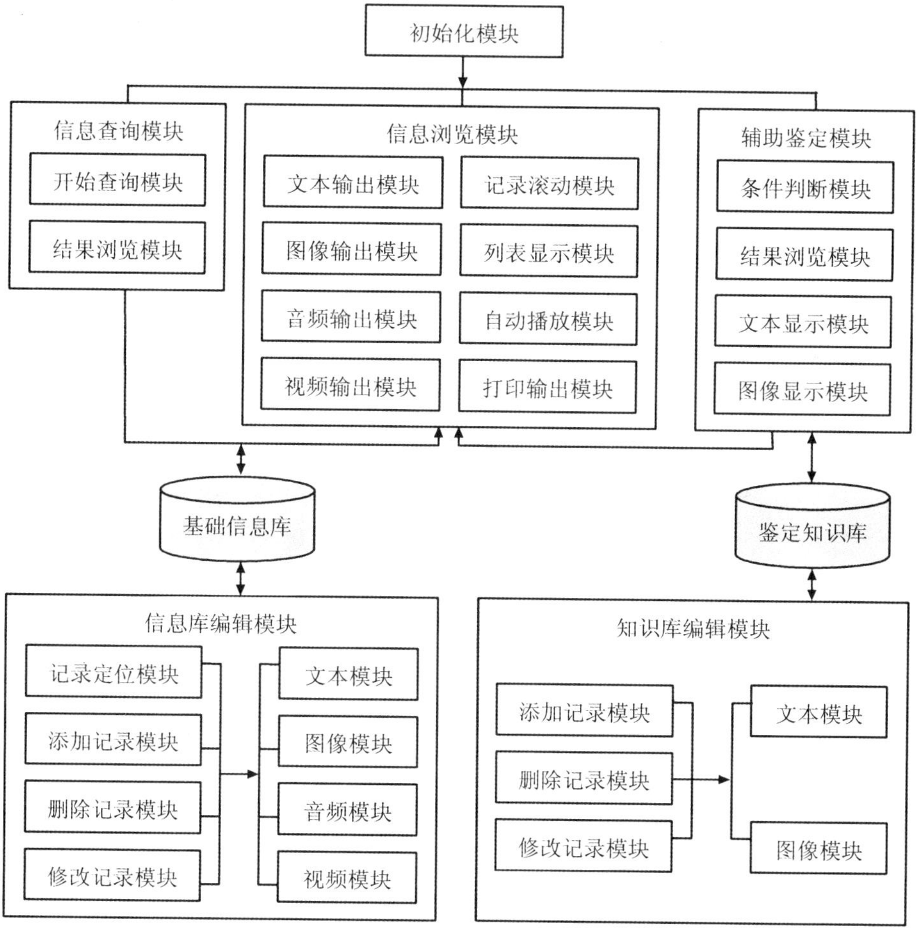

图7-10　QPIIS系统总体结构

QPIIS 提供 150 余种管制性害虫及其近似种的辅助鉴定功能。用户根据系统给出的特征描述(文字和图像),判断待鉴定的害虫是否具备上述特征,通过点按“是”或“否” 按钮继续进行下一个特征的判断。如果需要返回已判断过的某一特征,点按“历史记录”中的该特征记录即可。重复进行上述判断操作,用户可获得鉴定结果,即害虫种类的中文名称。如果用户需要浏览该害虫的详细信息,点按“结果浏览”按钮即可,并可打印输出该种害虫的各类信息。得到鉴定结果后,用户可通过点按“重新鉴定”按钮继续进行害虫的鉴定(图 7-11)。

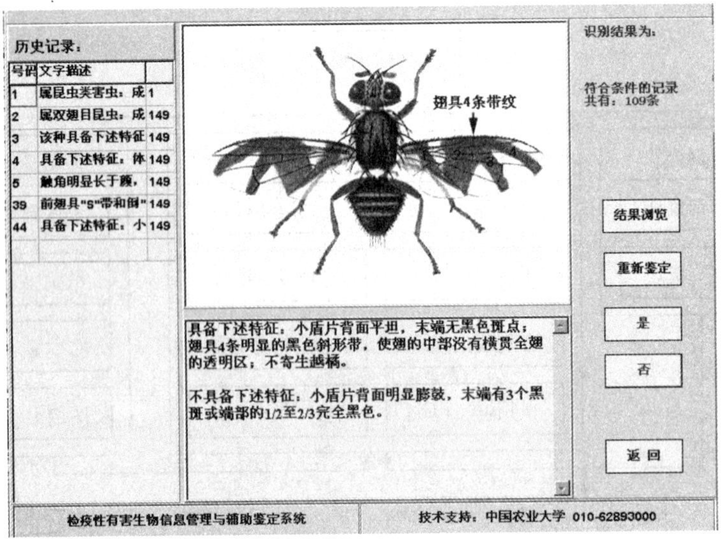

图 7-11 QPIIS 害虫辅助鉴定界面

QPIIS 提供便捷的管制性植物病、虫、草害及其近似种的信息查询功能。用户可根据需要在“中文名称”“英文名称”“学名”“别名”“分类地位”“检疫地位”“地理分布”“寄主植物”“危害与症状”“形态特征”“生物学特性”“传播途径”“检疫方法”“防治方法”“截获信息”“文献信息”及“类型”等栏目中选择一项或多项填入需查询的内容,然后选择查询方式(即单条件或多条件模糊查询),点按“开始查询”按钮开始信息查询。系统执行查询功能后,用户可点按“浏览结果”按钮浏览查询到的有害生物的详细信息并可进行选择性打印输出。

QPIIS 提供了高效的管制性植物有害生物基础信息管理功能,即基础信息库编辑功能(图 7-12)。用户点按“记录定位”按钮选择需要进行编辑的有害生物种类,如果需要修改信息则通过点按各信息按钮(如“形态特征”等)即可对相

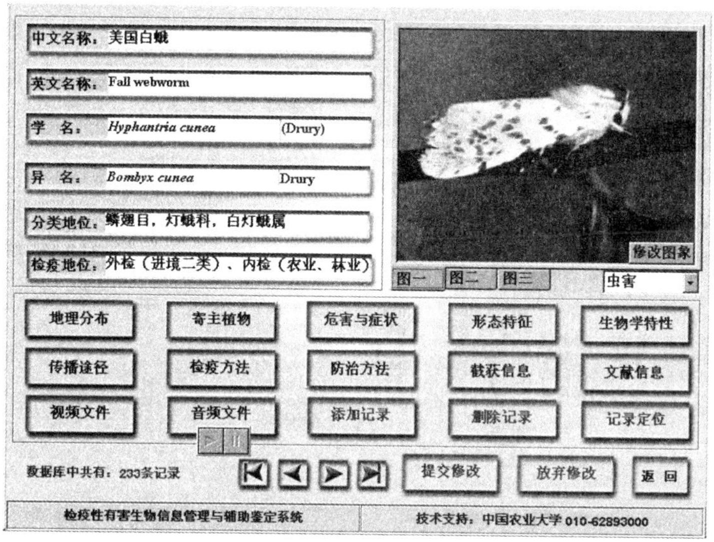

图 7-12　QPIIS 基础信息库编辑界面

关的文本、图像、音频、视频内容进行修改，点按“提交修改”按钮进行数据操作保存；如果需要删除该有害生物种类，则点按“删除记录”按钮。用户需要增加有害生物种类时，点按“增加记录”按钮并填写相关信息内容即可。在文本信息录入时，打开相关文本文件以及界面窗口，通过文本选定、复制、粘贴等步骤将文本输入到数据库中。在图像、音频及视频信息录入时，通过文件路径选择相关的图像、音频及视频文件，并将其保存到数据库中。

QPIIS 为专家型用户提供了实用的鉴定知识库编辑功能。专家型用户可通过点按“增加记录”或“删除记录”对系统原有的有害生物种类进行增减；还可依据对分式检索表原理，修改知识库表中的“前置号码”“识别特征文本”“识别特征图像”“肯定号码”“否定号码”“肯定结果”和“否定结果”等的具体内容。在进行各种知识库编辑操作后，点按“提交”按钮进行数据操作保存（图 7-13）。

7.4.3　地理信息系统技术在动植物检疫中的应用

GIS 技术能够解决哪些动植物检疫问题呢？凡是与地理分布等相关的检疫问题均可借助 GIS 技术加以解决，例如已有相关报道表明 GIS 技术可以辅助进行风险分析（特别是其中的适生性分析）及疫情监测等工作。

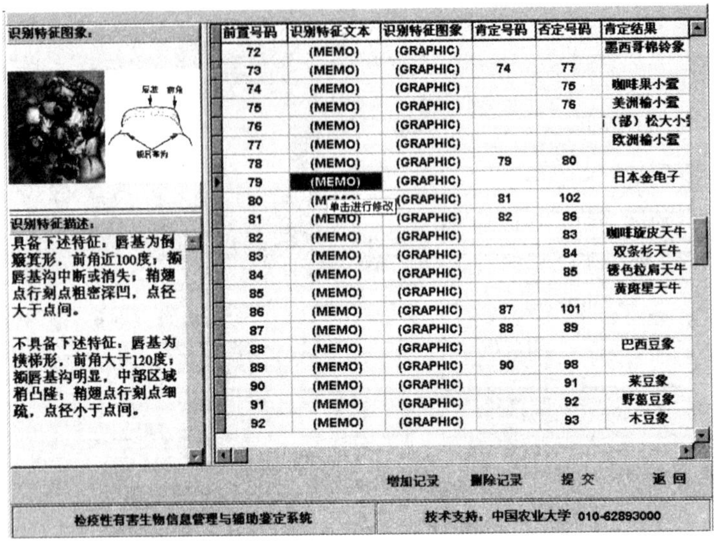

图 7-13　QPIIS 辅助鉴定知识库编辑界面

1) GIS 与检疫性病虫害适生性分析

在风险分析研究方面，GIS 技术用于风险评估阶段，如疫病或有害生物的地理分布、适生性分析等，生成图文并茂的分析报告，为检疫管理层提供辅助决策的功能。自 20 世纪 80 年代起，人们已开始尝试将 GIS 运用到风险分析研究之中。国际上较早出现的 GIS 分析软件是澳大利亚 Sutherst 等 1985 年研制的 CLIMEX，该系统用于生态气候评估，目前已广泛应用于微生物、节肢动物和植物的生态气候适生性研究。我国学者从 20 世纪 90 年代起运用 GIS 工具进行了诸如梨火疫病、苹果蠹蛾、地中海实蝇等的适生性分析。此外，针对小麦印度腥黑穗病菌，白章红等(1997)利用 GIS 系统 EPPL7 对其进行了适生性研究，结果表明该病菌适生气候为大于零度以上的有效积温≥1 300 日度，1 年中最冷月的平均温度≤20℃，小麦抽穗扬花期间的平均温度为 7～29℃，平均大气相对湿度≥48%。

2002—2004 年，山东出入境检验检疫局与中国农业大学植物检疫实验室合作，以 MapInfo professional 7.0 简体中文版和 MapBasic5.5 为开发工具，采用专家分析评判和软件工程的方法开展棉花根腐病菌在中国适生性分析研究和棉花根腐病菌地理信息系统的研制。通过查阅文献以及比较美国主要发生区的特点，该研究明确提出决定棉花根腐病菌适生性的主要因子共有 4 个，即年均气温、土壤类型、土壤pH值和土壤温度。其中，通过年均气温和土壤类型可以确定适生地区，通过土壤pH值和土壤温度可分析适生程度。

针对年均气温、土壤类型两个主要因子，依据相应的评判标准，分别对棉花根腐病菌在我国的适生区进行了分析。在此基础上，将所得到的年均气温适生区和土壤类型适生区进行叠加分析(即同时考虑两个因子)，确定了我国的340余个县为棉花根腐病菌的适生地区，主要分布在长江流域和西南地区。根据适生程度综合评判公式以及适生地区相关数据，进一步分析1～12月份棉花根腐病菌在我国的适生程度，结果表明在适生地区内，每年的5～8月份是棉花根腐病菌适生程度较高的月份(图7-14)。本研究初步证明棉花根腐病菌在中国是适生的，其适生程度较高，特别是在每年的夏秋季节其适生程度更高。因此，我国必须继续加强针对棉花根腐病菌的检疫工作，切不可放松防御。

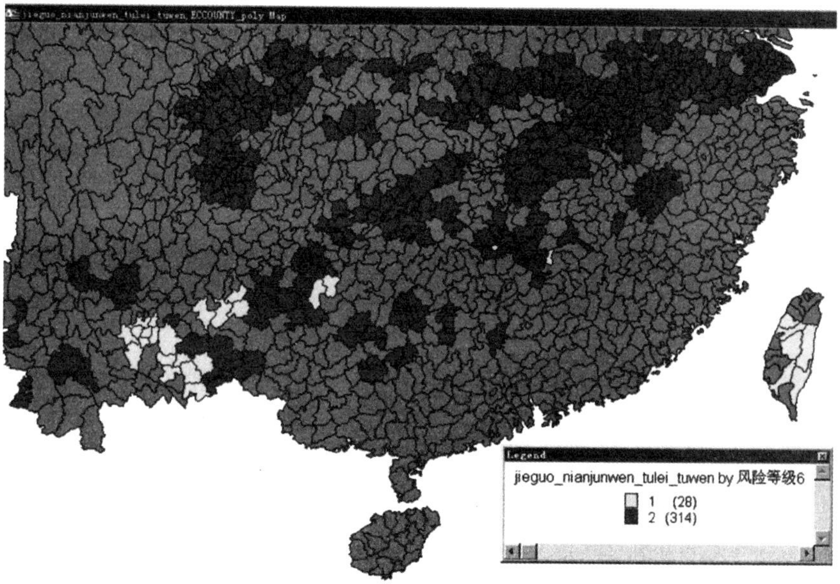

图7-14　6月份棉花根腐病菌适生程度专题图

2) GIS与管制性动植物疫情监测

在疫情监测方面，GIS技术用于监测点地理分布、疫情发生动态及防治区预测等。GIS在疫情的调查、管理和控制中起着重要的作用，美国是开展这方面研究较早的国家，已有的报道如墨西哥棉铃象的监测与根除(1990)、舞毒蛾监测系统的研究(图7-15)(1991)等。在美国密执安州进行的舞毒蛾综合治理项目中，

Gage 等利用诱剂诱到的雄舞毒蛾数目并采用距离权重法进行内插计算，得到诱器捕获量的内插图，同时利用历史数据建立线形模型并得到该虫的危害图，最后将内插图和危害图进行叠加分析得到防治区预测图，用于指导舞毒蛾的综合治理。

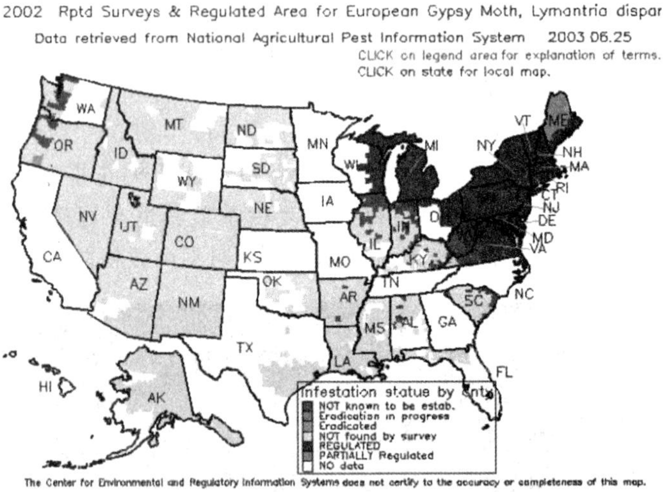

图 7-15　美国舞毒蛾疫情发生监测示意图

近年来，我国已开始应用 GIS 技术来辅助解决危险疫情（如禽流感等）的监测和预警等重要问题。李志红（2003）对 GIS 技术在检疫性实蝇监测领域的应用前景进行了初步分析，分析指出应用 GIS 技术建立我国实蝇监测预警系统是非常必要的，该系统能够将分布在全国各地的实蝇监测点联系起来形成网络、迅速传递信息，并能够及时发现实蝇疫情、掌握疫情和扑灭疫情，以保护我国农林业生产，促进对外贸易发展。

7.4.4　网络技术在动植物检疫中的应用

网络技术利用通信线路把分布在不同地点的多台独立运行的计算机互联起来，以达到通信和共享资源的目的。Internet 和 Intranet 的发展，使世界的两极不再遥远，使沟通无处不在。Internet 是目前世界上最大的计算机网络，是一个数以万计的信息资源的集合，其网络工具包括通信工具（如电子邮件 E-mail、网络新闻 USENET News 等）、远程登录工具（如远程登录 Telnet、文件传输协议 FTP 等）和浏览工具（如 World Wide Web，简称 WWW 等）。自 1986 年接入

Internet 以来，我国 Internet 的发展极为迅速，对我国的教育、科技、经济、文化都产生了巨大的影响。在动植物检疫领域，在 Intranet 实现后，联网部门间加强了检疫专业信息的共享，提高了工作效率；在 Internet 以及 Intranet 上运行的检疫官方网站以及一些专业网站为用户提供了丰富的检疫信息，特别是检疫法规、检疫新闻、疫情动态、预警通告等方面的内容。

1）主要动植物检疫官方网站简介

目前，世界上多数国家（地区）都建设有动植物检疫的官方网站。这里仅就中国、美国和澳大利亚的国家级动植物检疫网站进行介绍。

中国检验检疫信息网（http://www.aqsiq.gov.cn），是国家质量监督检验检疫总局（AQSIQ）向国内外宣传中国商品质量监督与检验、动植物检疫及卫生检疫的窗口。目前，该网站主要包括新闻报道、组织机构、政策法规、质量监督、检验检疫、认证认可、标准化工作、国际合作、科技工作、办事指南等内容。在动植物检疫相关信息中，重点介绍了与动植物检疫相关的政策法规、联系方式、动物检验检疫、植物检验检疫、生物安全、检疫许可和公共信息等，同时还包括有警示通报、外来有害生物风险预警和国际动植物疫情等相关信息（图 7-16）。

图 7-16　中国检验检疫信息网动植物检疫页面

美国动植物检疫网(http://www.aphis.usda.gov),是美国联邦政府农业部(USDA)下设的美国动植物检疫局(APHIS)的官方网站(图 7-17)。该网站为用户提供美国动植物检疫相关咨询和服务,目的在于加强国际合作、促进美国动植物产品的出口。主要内容包括动物健康(Animal Health)、动物安全(Animal Welfare)、水产(Aquaculture)、外来植物病虫害(Excluding Pests & Diseases)、植物健康(Plant Health)、兽医鉴定(Veterinary Accreditation)、野生动植物服务(Wildlife Services)等。在植物保护与检疫(Plant Protection and Quarantine,PPQ)页面中,提供了有关的国家标准以及有害生物风险分析等方面的信息。

图 7-17 美国动植物检疫网主页

澳大利亚农林渔业网(http://www.affa.gov.au),是澳大利亚农林渔业部(DAFF)的官方网站,在该网站的主页上设有"检疫与出口服务"(Quarantine and Export Services)的内容链接。在检疫与出口服务页面上(图 7-18),对澳大利亚检疫检验局(AQIS)的性质和工作进行了介绍,并就一些公众所关心的热点问题进行了详细描述,例如活动物如何出口、2004 年如何到希腊去旅行等。

2)基于网络技术的动植物检疫专业系统简介

随着网络技术的不断应用与发展,与动植物检疫相关的一些专业系统已在

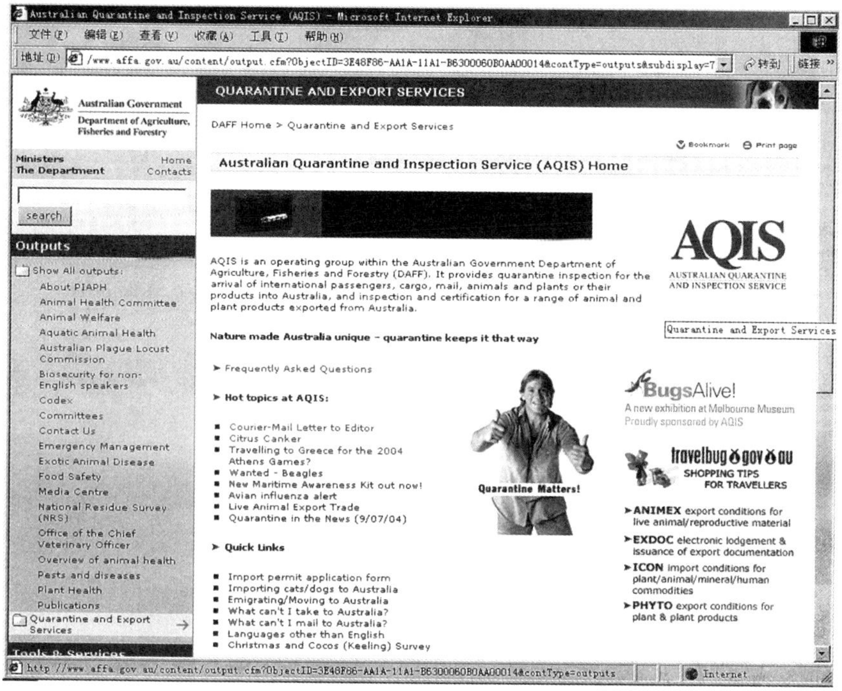

图 7-18　澳大利亚动植物检疫检验页面

Internet 或 Intranet 上运行，例如 CIQ 2000（目前运行于我国出入境检验检疫系统内网，在检验检疫信息远程上报和管理方面起到了重要的作用）、FMFRW 和 APQRES 等。

针对动植物检疫领域实蝇监测工作存在的实际问题，运用网络技术，建立实蝇监测信息管理系统是解决监测点信息高效管理、监测数据实时传送与接收、实蝇疫情实时分析的一条途径。实蝇监测快速反应网络（Fruit-fly Monitoring Fast Reaction Web-database，FMFRW）是一个针对广东地区的经济实蝇进行疫情监测的网络型信息管理系统（图 7-19），由广州出入境检验检疫局与中国农业大学植物检疫实验室于 2001—2003 年合作研制。FMFRW 以 ASP＋MS SQL SERVER 为技术支持，实现了实蝇疫情监测数据与信息的实时传输、查询、统计和管理。目前，该研究已建立起以广州出入境检验检疫局实蝇检疫重点实验室为中心用户，以广东出入境检验检疫局下属各分支局为分局用户的实蝇疫情快速反应网络体系。

为了普及动植物检疫的基础知识、优化高等院校学生的知识结构，满足社会

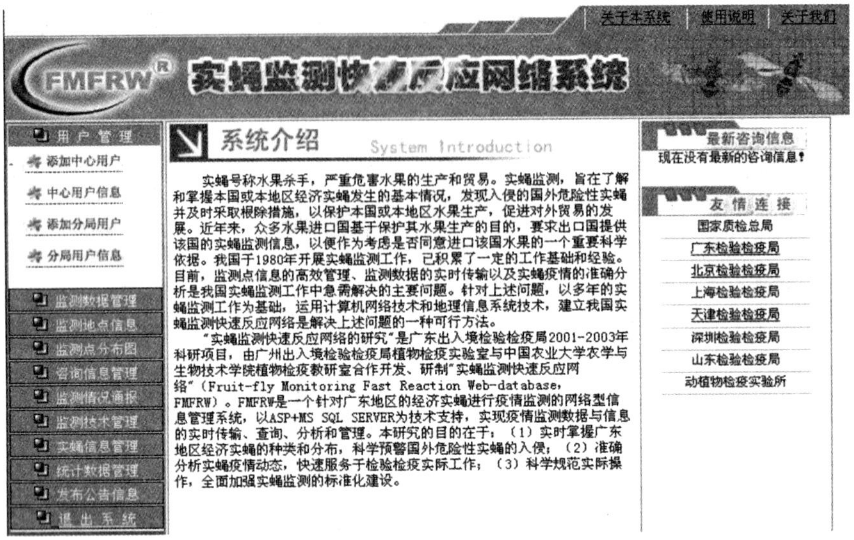

图 7-19　FMFRW 首页(中心用户)

对各相关专业人才的新要求，利用网络技术实现面向普通高校相关专业学生以及社会各界人士的动植物检疫远程教育，是普及动植物检疫知识、宣传动植物检疫法规的一条可行之路。中国农业大学自 2002 年起针对动植物检疫远程教育系统(Animal and Plant Quarantine Remote Education System，APQRES)进行研究，该系统以 JSP＋SQL SERVER 2000 为技术支持，初步实现了用户注册、课程学习、多媒体信息查询与管理(如名词术语、图像及视频素材等)、网上考试、公告发布、留言与管理等主要功能(图 7-20)。

截至目前，APQRES 的研究已取得阶段性成果，动植物检疫图像素材库(Animal and Plant Quarantine Images Web Database，APQIWD)的研究等在一些区域性和国际性学术会议上进行了交流，如 2004 年 5 月的第 15 届国际植物保护大会等，引起较为广泛的关注。APQIWD 是一个针对动植物检疫图像素材进行信息查询和管理的网络数据库系统，适用于动植物检疫相关领域，特别是动植物检疫高等教育、科学研究以及口岸检疫等行业。APQIWD 包括动植物检疫相关图像素材计 1 500 余幅；不仅实现了动植物检疫图像素材的网络共享，支持教师、学生、科技工作者以及检疫官员的实时检索和下载；而且实现了动植物检疫图像素材的网络管理，支持系统管理员对图像素材库的远程实时扩充和完善。

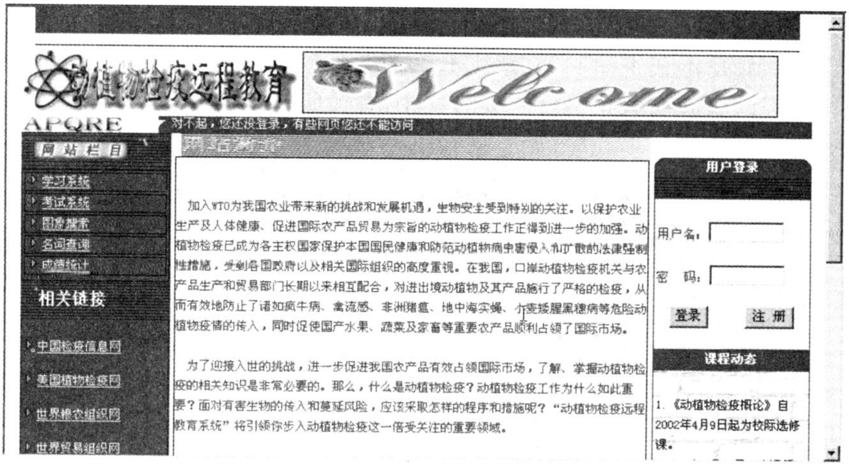

图 7-20　APQRES 主页(2002)

7.4.5　现代信息技术检疫应用的未来发展

现代信息技术为动植物检疫提供了便捷的工具，使工作效率得到了提高，使资源信息得到了共享。回顾已有的应用及其发展，笔者认为在现代信息技术动植物检疫应用中下述 3 方面的问题需要思考和关注。

1)相关的宏观管理需要进一步加强

在现代信息技术动植物检疫应用中，存在一定程度的研究内容重复、数据库规模过小、系统建设缺乏标准等现象。那么如何解决这些现实的问题呢？笔者认为进一步加强宏观调控和管理是必要的。首先，不同部门在进行相关的科研项目立项时，需要彼此沟通、统筹全局，严格避免重复建设；其次，在科研项目执行期间，管理部门需要强化考核标准、加强考核力度，促进相关研究上水平。

2)相关的科研协作需要进一步深入

在与动植物检疫相关的软件系统研发过程中，两方面的协作是必不可少的，一是动植物检疫专业人员与计算机技术人员之间的协作，二是国内外动植物检疫相关部门或专家之间的协作。前一个协作，主要在软件系统需求分析、设计、测试中发挥作用；后一个协作，主要在相关信息的收集、整理过程中发挥作用。笔者认为深化这些协作，对促进现代信息技术在动植物检疫领域的进一步应用具有重要意义。

3)相关的应用研究需要进一步开展

现代信息技术在不断发展,新技术层出不穷。近年来计算机视觉技术、生物芯片技术等已引起动植物检疫领域的关注,有关研究将逐步开展。另外,一些专项研究同样需要进一步开展,如专家系统技术在检疫处理、检疫许可中的进一步应用,又如 Web-GIS 在风险分析和检疫预警中的进一步应用等。最新资料显示,为更加有效地防范外来有害生物传入,《天津口岸植检疫情监测方案》于日前正式实施,天津检验检疫局在天津地区构筑起全面防范外来有害生物传入的监测网。该局计划通过 5 年时间实现以下目标:一是建立天津地区外来植物有害生物监测查询系统。在基本摸清天津地区外来植物有害生物发生、分布情况的基础上,建立天津地区外来植物有害生物监测查询系统,以便随时掌握外来有害生物传入动态。二是建立天津地区外来有害生物快速预警系统。在条件成熟的情况下,充分借鉴国内外先进的工作理念,如澳大利亚北方预警系统等,逐步建立在风险分析基础上的天津地区外来有害生物快速预警系统,全面提升防范外来有害生物入侵的能力。三是建立和完善外来植物有害生物监测标本室。

小 结 以计算机技术为代表的现代信息技术在动植物检疫领域已得到一定程度的应用,数据库技术、专家系统技术、地理信息系统技术以及网络技术等在管制性病虫害辅助诊断、风险分析与疫情监测、检疫教育与信息共享等多方面发挥着重要作用。在现代信息技术动植物检疫应用的未来发展过程中,宏观管理、科研协作以及新技术的进一步应用等问题值得思考与关注。

思 考 题

1. 现代生物技术包括哪些主要技术?
2. 请举例说明现代生物技术在动植物检疫领域的具体应用。
3. 现代信息技术包括哪些主要技术?计算机技术在农业领域应用的发展趋势如何?
4. 请举例说明现代信息技术在动植物检疫领域的具体应用。
5. 试分析现代技术在动植物检疫领域应用的未来发展。

参 考 文 献

1. 世界卫生组织著,农业部畜牧兽医局译. 哺乳动物、禽、蜜蜂 A 和 B 类疾病诊断试验和疫苗标准手册. 北京:中国农业科学技术出版社,2002

2. 白章红,周国梁,钱天荣,等．小麦印度腥黑穗病菌在中国适生性的初步研究．植物检疫,1997,11(6):331-334
3. 朱建裕,朱水芳,廖晓兰,等．实时荧光RT-PCR一步法检测番茄环斑病毒．植物病理学报,2003,33(4):338-341
4. 闫宏娟,李典谟．地理信息系统及其在昆虫生态学中的应用．昆虫知识,1999,36(1):41-44
5. 佘道坚,邓中平,陈志辚,等．PCR法检疫鉴定番石榴实蝇．植物检疫,2004,18(2):73-76
6. 吴信才,白玉琪,郭玲玲．地理信息系统(GIS)发展现状及展望．计算机工程与应用,2000,4:8-9
7. 李志红,艾尔肯,沈佐锐．植物检疫远程教育系统的初步研究．植物保护21世纪展望．2001,583-587
8. 李志红,张宝峰,陈洪俊．计算机专家系统技术与检疫性有害生物的辅助鉴定．植物检疫,2001,15(4):235-239
9. 李志红,沈佐锐,王之岭．植保领域专家系统发展与应用的初步探讨．植物保护21世纪展望．北京:中国科学技术出版社,1998
10. 李志红,沈佐锐,杨铭华．北京市蔬菜生产管理信息系统BJ-CABBA-GIS的研制．中国农业大学学报,1999,4(3):48-52
11. 杨汉春．动物免疫学．2版．北京:中国农业大学出版社．2003
12. 陆汝钤．人工智能．北京:科学出版社,1996
13. 陆承平．兽医微生物学．3版．北京:中国农业出版社,2001
14. 陈乃中,汤德良,刘永平．利用RAPD-PCR技术区分4种仓虫幼虫的初步研究．植物保护,1997,23(3):20-21
15. 陈辉．RFLP和RAPD遗传标记技术及其在昆虫学中的应用．陕西林业科技,1999,1:49-52
16. 罗云启,罗毅．数字化地理信息系统MapInfo应用大全．北京:希望电子出版社,2001
17. 施伟,叶辉．云南橘小实蝇五个地理种群的遗传分化研究．昆虫学报,2004,47(3):384-388
18. 胡白石,许志刚．梨火疫病的分布、传播及检测技术研究进展．植物检疫,1999,13(3):6-10
19. 胡伯海,沈佐锐．农业电子信息技术与应用．北京:中国农业出版社,1999

20. 贺水山，闻伟刚，杨兰英，等．松材线虫 PCR 快速检测方法的研究．植物检疫，2002，16(6)：321-324
21. 殷震，刘景华．动物病毒学．2 版．北京：科学出版社．1997
22. 傅肃性．地理信息系统的理论与应用发展．地理科学进展，2001，20(2)：192-199
23. 漆艳香，肖启明，朱水芳．玉米细菌性枯萎病菌 16S rDNA 基因基因克隆及 TaqMan 探针时实荧光 PCR. 湖南农业大学学报（自然科学版），2003，29(3)：183-187
24. Barrette R J, Grease T J, Hebert P D N, et al. Mitochondrial DNA diversity in the pea aphid Acyrthosiphon pisum. Genome, 1994, 37: 858-865
25. Carrillo T. Computer automation of insect classification, identification and counting. Review of Agricultural Entomology, 1995, 84(10): 1112
26. He M, Haymer D S. Polymorphic intron sequences detected within and between populations of the oriental fruit fly (Diptera: Tephritidae). Annals of the Entomological Society of America, 1997, 90: 6, 825-831, 25 ref
27. Li Z H, Shen Z R, Yang M H, et al. Computer aided technology for regional vegetable pest management tomards agricul tural sustainability. Ecology Engineering, 1998, 11: 37-43
28. Li Z H, Shen Z R, Geng B J, et al. The study on multimedia expert system of plant quarantine pests identification (PQ-PickBugs). Stored product protection, proceedings of 7th International Working Conference on Stored-product Protection, 1999, 1758-1762
29. Liehold A M. Geostatistics and GIS in applied insect ecology. Annual review of entomology, 1993, 38: 303-327
30. Muraji M, Nakahara S. Discrimination among pest species of Bactrocera (Diptera, Tephritidae) based on PCR-RFLP of the mitochondrial DNA. Appl Entomol Zool. 2002, 37(3): 437-446
31. Shen Z R, Li Z H, Yu X W, et al. Technological innovations on insect identification for IPM: expert system, image processing and machine vision. Progress of Agricultural Information Technology, 2000, 189-195

第 8 章　国际贸易与动植物检疫

本章简介　动植物检疫与国际贸易息息相关，并渗透到贸易的整个过程。在国际贸易中，随着贸易自由化的发展，涉及动植物检疫方面的争端案例在不断增加。加入 WTO 推动了中国农业贸易政策的调整，同时为中国动植物检疫带来了机遇和挑战。本章在介绍国际贸易基本常识的基础上，详细介绍了国际贸易中的典型动植物检疫争端，并对加入 WTO 对中国动植物检疫的影响进行了初步分析。

章节安排　8.1　国际贸易概述

8.1.1　国际贸易的特点

8.1.2　国际贸易遵循的原则

8.1.3　国际贸易的基本做法

8.2　有关动物检疫的国际贸易争端

8.2.1　与牛海绵状脑病(BSE)有关的争端

8.2.2　与口蹄疫(FMD)有关的争端

8.2.3　与禽流感有关的争端

8.2.4　与动物健康有关的其他争端

8.3　有关植物检疫的国际贸易争端

8.3.1　与粮食有关的争端

8.3.2　与水果有关的争端

8.3.3　与植物健康有关的其他争端

8.4　加入 WTO 对中国动植物检疫的影响

8.4.1　中国加入 WTO 谈判中的农业问题

8.4.2　加入 WTO 中国农业贸易政策的调整

8.4.3　中国动植物检疫面临的机遇与挑战

8.1 国际贸易概述

学习重点

●认识、掌握国际贸易的特点和原则

●了解国际贸易的基本做法

依据国际惯例，动植物和动植物产品的进出口贸易，在其货物进出境前必须经过动植物检疫机关的监管、检验和检疫。了解国际贸易方面的基础知识，有助于进一步理解有关动植物检疫的相关国家贸易争端，应对加入 WTO 给我国带来的机遇与挑战。

8.1.1 国际贸易的特点

与国内贸易相比，国际贸易的交易环境、交易条件、贸易做法及所涉及的问题都更为复杂。黎孝先(2000)指出，国际贸易的特点主要表现在下述 6 个方面。

1)国际贸易既是一项经济活动，也是涉外活动的一个方面

由于国际贸易具有这一特点，故在对外交往中，不仅要考虑经济利益，而且还应注意配合外交活动，认真贯彻对外方针政策，在履约当中，要重合同、守信用，注意对外保持良好的形象。

2)国际贸易属跨国交易，情况错综复杂

国际贸易的交易双方处在不同的国家和地区，各国的政治制度、法律体系不同，文化背景互有差异，价值观念也往往有别，在洽商交易和履约过程中，涉及各自不同的政策措施、法律规定、贸易惯例和习惯做法，情况千差万别，错综复杂。

3)国际贸易易受国际局势变化的影响，具有不稳定性

国际贸易易受国际政治、经济形势和各国政策及其他客观条件变化的影响，尤其在当前国际局势动荡不定、国际金融市场变化莫测与市场价格瞬息万变的情况下，国际贸易的不稳定性更加明显。

4)国际贸易面临的风险远比国内贸易大

在国际贸易中，交易双方的成交量通常都比国内贸易大，而且交易的商品往往需要通过长途运输，在远距离的运输过程中，可能遇到各种自然灾害、意外事件和各种其他外来风险，加之国际市场情况复杂，千变万化，从而更加大了国际贸易的风险程度。

5)国际贸易线长面广,中间环节多

在国际贸易中,交易双方相距遥远,在开展交易过程中,包括许多中间环节,涉及面很广,除了双方当事人外,还涉及各种中间商、代理商以及为国际贸易服务的商检、仓储、运输、保险、金融、车站、港口、海关等部门,若一个部门、一个环节出了问题,就会影响整笔交易的正常进行。

6)国际市场商战不止,竞争异常激烈

在国际贸易中,一直存在着争夺市场的激烈竞争,有时甚至达到白热化的程度。竞争的形式虽表现为商品竞争、技术竞争和市场竞争,但归根到底,竞争的实质还是人才的竞争。因此,我们必须提高竞争意识,提高外经贸人员的整体素质,才能增强竞争能力,在国际市场竞争中立于不败之地。

上述特点表明,从事国际贸易的要求高,难度大。加之国际市场广阔,从业机构和人员情况复杂,故易产生争议和欺诈活动,频繁发生纠纷案件。这就要求从事国际经贸的人员,不仅必须掌握国际贸易的基本原理、基本知识和基本技能与方法,而且还应具备开拓创新的能力、驾驭市场的能力和善于应战与随机应变的能力。

8.1.2　国际贸易遵循的原则

在国际货物买卖中,交易双方一方面要遵守各自所在国的国内法,而且还必须遵守国家对外缔结或参加的有关国际贸易、国际运输、商标、专利、工业产权与仲裁等方面的条约和协定,如《联合国国际货物销售合同公约》等。此外,公认的国际贸易惯例是在国际贸易长期实践的基础上逐渐形成和发展起来的,是人们从事国际货物买卖活动的行为规范和应当遵守的准则。

根据《联合国国际货物销售合同公约》和许多国家国内法定,在国际货物买卖中,交易双方应在平等互利的基础上,本着“契约自由”和诚实信用等原则,依法订立合同、履行合同和处理争议。根据我国合同法规定,当事人在订立合同、履行合同和处理合同纠纷时,应当遵循下列基本原则:

1)平等原则

订立、履行合同和承担违约责任时,当事人的法律地位都是平等的,都享有同等的法律保护,任何一方不得将自己的意志强加给另一方,也不允许在适用法律上有所区别。

2)自愿原则

订立合同应当遵循当事人自愿的原则,即当事人依法享有自愿订立合同的权利,违背当事人真实意思的合同无效,不具有法律效力。但是,应强调指出,实行合同自愿的原则,并不意味着当事人可以随心所欲地订立合同而不受任何限制和约束,当事人必须在法律规定的范围内订立和履行合同。

3)公平原则

合同当事人应当遵循公平的原则确定各方的权利和义务,即在订立、履行和终止合同时遵循公平的原则,不得显失公平,要做到公正、公允和合情合理,不允许偏向任何一方。

4)诚实信用原则

当事人在订立、履行合同和行使权利、履行义务时,应当遵循诚实信用的原则。此项原则将道德规范与法律规范融合为一体,并兼有法律调节与道德调节双重功能。需要强调指出的是,诚实信用原则是一项强制性规范,不允许当事人约定排除其适用,任何违反诚实信用原则的行为,都是法律不允许的。

5)合法原则

只有依法订立的合同,才对双方当事人具有法律约束力。当事人订立、履行合同是一种法律行为,有效的合同是一项法律文件。因此,当事人订立、履行合同,应当遵守法律,尊重社会公德,不得扰乱社会经济秩序,损害社会公共利益。

8.1.3 国际贸易的基本做法

1)国际货物买卖合同的主要内容

在国际贸易中,国际货物买卖合同是确定合同双方当事人权利与义务的法律依据,也是判断合同是否有效的客观依据。订立一个内容明确、完备的合同,有利于实现当事人订立合同的目的,并对防止和减少以及迅速解决合同争议具有重要的意义。

关于合同内容,《联合国国际货物销售合同公约》和各国合同法都有规定。根据我国合同法第 12 条的规定,一般应包括下列条款:①当事人的名称或者姓名和住所;②标的;③数量;④质量;⑤价格或报酬;⑥履行期限、地点和方式;⑦违约责任;⑧解决争议的办法。当事人可以参照各类合同的示范文本订立合同。根据上述规定,卖方的主要义务是按时、按质、按量交付约定的货物,移交与货物有关的单据和转移货物所有权。买方的主要义务是按合同现定支付货物的价款和受领货物。在双方当事人履行合同的过程中,可能出现某些争议,为了便于处理争议,在合同条款中,通常都规定索赔、不可抗力和仲裁条款。

2)进出口贸易的一般业务程序

进出口贸易一般包括交易前的准备、商订合同和履行合同 3 个阶段。现分别针对进出口贸易的业务程序进行简介。

(1)出口贸易的业务程序

交易前的准备:出口交易前的准备工作,主要包括下列事项:①落实货源和做好备货工作;②加强对国外市场与客户的调查研究,选择适销的目标市场和资信好的客户;③制定出口商品经营方案或价格方案,以便在对外洽商交易时胸有成竹;④开展多种形式的广告宣传和促销活动。

商订出口合同:在做好上述准备工作之后,即通过函电联系或当面洽谈等方式,同国外客户磋商交易,当一方的发盘被另一方接受后,交易即告达成,合同就算订立。

出口合同的履行:出口合同订立后,交易双方就要根据重合同、守信用的原则,履行各自承担的义务。如按CIF条件和信用证付款方式达成的交易,就卖方履行出口合同而言,主要包括下列各环节的工作:①认真备货,按时、按质、按量交付约定的货物;②落实信用证,做好催证、审证、改证工作;③及时租船订舱,安排运输、保险,并办理出口报关手续;④缮制、备妥有关单据,及时向银行交单结汇,收取货款。

(2)进口贸易的业务程序

交易前的准备:进口交易前的准备工作。①制定进口商品经营方案或价格方案,以便在对外洽商交易和采购商品时,做到心中有数,避免盲目行事;②在对国外市场和外商资信情况调查研究的基础上,并经过货比三家,选择适当的采购市场和供货对象。

商订进口合同:商订进口合同与商订出口合同的程序与做法基本相同,但应强调指出的是,如属购买高新技术、成套设备或大宗交易,更应注意选配好洽谈人员,组织一个包括有各种专长的专业人员的精明能干的谈判班子,并切实做好比价工作。

进口合同的履行:履行进口合同与履行出口合同的程序相反,工作侧重点也不一样。如按FOB条件和信用证付款方式成交,买方履行合同的程序,一般包括下列事项:①按合同规定向银行申请开立信用证;②及时派船到对方口岸接运货物,并催促卖方备货装船;③办理货运保险;④审核有关单据,在单证相符时付款赎单;⑤办理进口报关手续,并验收货物。

3)各种国际贸易方式的运用

在国际贸易中,除通常使用的单边进口和单边出口贸易这种逐笔售定的贸易方式外,根据市场环境、商品流通渠道、交易来件和贸易习惯等方面的不同,还可采用其他各种贸易方式，如经销、代理、寄售、展卖、招标与投标、拍卖、期货交易、对销贸易和加工贸易等。近年来，随着电子技术的发展和贸易方式、方法的改变，又兴起了电子商务这种新型的贸易方式。

实践表明，我国灵活运用各种贸易方式是很有成效的。例如，为了利用外商的销售渠道，我国生产的轻纺产品、机电产品和工艺品等，采用经销、代理和寄售等方式，有效地扩大了销路。我们利用招标与投标以及对销贸易的方式，既采购了我国急需的建设物资、生产设备和器材，又扩大了我国产品的出口。为了增加外汇收入，我们还开展了各种形式的加工贸易。此外，期货交易和电子商务也相继发展起来，其运用范围正在扩大。

4)国际贸易争议的预防和处理

在国际贸易中，无论通过何种贸易方式达成的交易，在订立合同后，如果合同没有履行，或履约当中一方出现违约情况，致使对方蒙受经济损失，则受损害方有权采取各种必要的救济方法，这就会产生索赔、理赔与处理纠纷的问题。针对合同订立后可能出现这些问题，当事人在订立买卖合同时，即约定不可抗力、索赔和仲裁条款，以明确处理争议的依据和办法。

小　结　国际贸易既是一项经济活动，也是涉外活动的一个方面；属跨国交易，情况错综复杂；易受国际局势变化的影响，具有不稳定性；面临的风险远比国内贸易大；线长面广，中间环节多；市场商战不止，竞争异常激烈。在国际贸易中应遵循平等、自愿、公平、诚实信用和合法的基本原则。了解国际货物买卖合同的主要内容、进出口贸易的业务程序、各种国际贸易方式的运用以及国际贸易争议的预防和处理等有助于掌握国际贸易的一般做法。

8.2　有关动物检疫的国际贸易争端

学习重点

- 了解、分析与牛海绵状脑病、口蹄疫等重要检疫性疫病有关的贸易争端案例

贸易自由化促进了国际贸易的发展，与此同时贸易争端不可避免。在WTO，一些与动植物检疫相关的贸易争端呈现不断上升的趋势。本节旨在介

绍、分析与动物检疫相关的典型贸易争端案例。

8.2.1 与牛海绵状脑病(BSE)有关的争端

8.2.1.1 阿根廷、澳大利亚、奥地利、比利时、巴西、加拿大、智利、捷克、法国、德国、意大利、荷兰、波兰、罗马尼亚、新加坡、斯洛伐克、斯洛文尼亚、西班牙、美国和其他国家——有关BSE的措施

1)提出方

瑞士。

2)首次提出时间

1996年5月。

3)有关文件

G/SPS/R/5和Corr.1,G/SPS/R/6,G/SPS/R/7,G/SPS/R/8,G/SPS/R/9,G/SPS/R/10,G/SPS/R/11,G/SPS/R/12,G/SPS/R/13,G/SPS/R/14,G/SPS/N/AUS/56,G/SPS/N/AUS/57,G/SPS/N/CAN/18,G/SPS/N/CHL/6,G/SPS/N/CHL/31,G/SPS/N/CZE/14,G/SPS/W/68,G/SPS/W/79,G/SPS/GN/5,G/SPS/GEN/71。

4)解决情况

斯洛伐克解除了运输禁令,并与瑞士就瑞士牛奶和奶制品进口达成了相互满意的解决方案;智利的进口措施被修改;一些其他的措施被取消。

5)纠纷简介

1996年5月第5届SPS委员会会议上,瑞士代表介绍了BSE在瑞士的现状,并指出尽管国际兽医局(OIE)和世界卫生组织(WHO)已做出结论,即奶制品没有传播BSE的风险,但许多国家仍对奶制品进口实施了限制措施。

1996年10月第6届SPS委员会会议上,瑞士向大会报告了一项最新拟订的有关动物健康的规定,即在边境对进口肉类产品采取检疫措施。

1997年3月第7届SPS委员会会议上,瑞士代表继续提及BSE问题指出,尽管瑞士为BSE低流行国家,但却遭受了许多针对BSE的贸易限制,其中有些限制不符合WTO原则。大会主席同意1997年3月21日与感兴趣的成员举行非正式磋商。

1997年7月第8届SPS委员会会议上,瑞士继续向大会报告这一问题称,尽管已经取得了积极的进展,但问题仍然存在。瑞士向有关成员提出了一些问题,并强调说希望通过双边磋商找到迅速解决问题的办法。阿根廷向委员会报告说,阿根廷已对瑞士提出的问题进行了答复,并将提供更多的信息,瑞士对这

一进展表示满意。巴西代表也解释说，目前，巴西将牛精液定为中风险产品，且巴西尚未发生过 BSE，故禁止牛精液进口。在将于 1997 年 7 月召开的 MERCOSUR 工作组会议上，巴西打算把牛精液重新定为低风险产品。

加拿大代表加入讨论称，加拿大正在对一个新制定的有关 BSE 的措施草案进行讨论，但加拿大没有改变进口活牛、牛胚胎、牛精液、牛肉或肉产品的卫生条件。目前，该草案处于意见评论期，欢迎各成员提出意见。加拿大代表认为，该措施符合国际兽医局(OIE)制定的有关标准。由于尚没有定性或定量的参数来确定 BSE 高发生区或低发生区，因此，加拿大担心可能有些成员对 BSE 高发生和低发生国家的划分存有异议，加拿大欢迎继续举行双边磋商解决这一问题。

美国代表也发表了意见，强调美国没有禁止肉类进口，美国根据有关科学证据正在对有关 BSE 的措施进行审议。尽管其他问题尚未解决，但已经开放了牛精液贸易市场。同时，美国欢迎在这一领域开展科学讨论。瑞士代表回应说，美国要求对风干肉出证似乎没有科学依据，瑞士希望正在审议的美国有关 BSE 的措施能与 OIE 的建议相一致。

在这次会议上，罗马尼亚向 SPS 委员会通报称，罗马尼亚已与瑞士进行了双边磋商，其政策是符合 OIE 建议的，并即将向各成员通报。瑞士对瑞罗双边磋商结果表示满意。

波兰代表也指出，波兰对进口产品实施单次进口许可制度，但至今未收到来自瑞士的申请。瑞士代表要求对此进行双边磋商以予澄清。

新加坡代表加入讨论并指出，牛肉出口国应连续 6 年证明其没有 BSE，才允许牛肉出口到新加坡。新加坡代表认为这一措施符合 SPS 协定，并将尽快通报这一要求。

捷克代表称，由于捷克从未发生过 BSE，捷克对瑞士连续发生 BSE 表示关注。事实上，从瑞士进口牛精液、脑和胚胎并未受到限制。捷克希望两国兽医专家继续进行技术磋商讨论此事。欧盟代表指出，欧盟成员国采取的措施并不统一，但在向 WTO 通报前，已对这些措施进行筛选使之符合欧盟的法律。关于 BSE 的情况，花费的时间比预期的要多，尽管在欧盟内部没有统一的立场，但正考虑对政策进行修改。欧盟代表认为这已超出 OIE 的建议，并指出与有关专家继续进行讨论是有益的。

1997 年 10 月 SPS 委员会第 9 届会议上，瑞士继续向委员会报告有关 BSE 的问题，介绍说瑞士的 BSE 状况正在改善，但许多限制继续影响着瑞士出口活牛、遗传材料、肉类以及奶制品。与一些国家的双边磋商仍在进行。瑞士对澳大利亚只针对瑞士的牛胚胎和牛精液实施检疫提出质疑，并询问是否对真正发生过 BSE 的国家实施类似的措施。并对澳大利亚的通报提出质疑说，通报中措施的目标栏填写的是"以国际标准为依据……制定进口要求"，而通报同时又称不存在国际标准，前后矛盾。对此，澳大利亚代表回答说，澳大利亚已对从欧盟成员国进口反刍动物及其遗传材料制定了一般的进口条件，而与其他贸易伙伴多是制定的双边卫生条件。这次通报的对瑞士的要求草案是依照澳大利亚有关 BSE 的一般进口政策制定的，该政策于 1995 年 1 月颁布。这些条件与对所有其他国家有关 BSE 的要求是等效的。目前，已经制定了有关国际标准，澳大利亚认为所通报的措施草案并未偏离这些标准。

随后，瑞士代表对捷克仅对瑞士 6 月龄以上活牛进口加以限制的措施提出质疑，并要求捷克回答这一措施是否也适用于其他发生过 BSE 的国家。捷克答复说，首先，打算进口活动物的进口商应申请单次进口许可证；其次，捷克检疫机构还要考虑原产国流行病情况、新发现传染病个案的频率和根除计划的效果等，并与原产国动物检疫机构进行讨论，综合这些因素后做出决定。捷克的进口法规是一致的，适用于所有成员，但对 BSE 零星发生的国家和连续发生的国家（如瑞士）会加以区别。尽管瑞士实施的措施符合 OIE 的建议，但这些措施并没有彻底消除与 BSE 有关的风险，也没能防止新的传染。与其他国家不同的是，瑞士只宰杀感染了 BSE 的动物，并没有全部宰杀同一地点存栏和饲养的所有动物，这类动物可视作传染病源。捷克和欧盟之间的贸易是以欧盟的措施为依据，这些措施比 OIE 的建议提供了更好的防治效果。最后，捷克承诺与瑞士继续进行双边磋商。

1998 年 3 月第 10 届 SPS 委员会会议上，瑞士继续提出 BSE 问题称，大多数成员继续针对瑞士采取 BSE 措施，影响着瑞士的出口，瑞士代表认为这些措施与 OIE 的建议不尽相同。有些国家已经撤销或修订了他们的措施，特别是关于遗传产品的措施。瑞士希望与欧盟的磋商取得突破性进展。

1998 年 6 月第 11 届 SPS 委员会会议上，瑞士和斯洛伐克向大会报告双边磋商已取得进展。

1998 年 9 月第 12 届 SPS 委员会会议上，瑞士报告说尽管与捷克关于奶制品市场准入的磋商还在进行中，但捷克已撤销对活动物运输的禁令。

同时，瑞士重申了对禁止进口其牛精液的关注，并称这似乎违背了 WTO 有关非歧视、风险评估、通报和磋商的条款。瑞士仍期盼着各国对其提出的具体问题的答复，或重新准许进口瑞士产品。欧盟报告说，同瑞士进行的双边接触是有益的，并指出欧盟正汇总欧盟成员对 BSE 采取措施的详细目录，以便向 WTO 通报。此外，欧盟建议各成员对进口瑞士产品的条件协调一致。智利代表称，智利依照 OIE 关于 BSE 的建议,已批准从法国进口牛精液,并正考虑英国提出的要求,但至今没有收到瑞士希望对其出口牛精液的请求。

1998 年 11 月第 13 届 SPS 委员会会议上,瑞士和斯洛伐克向委员会报告说,关于斯洛伐克禁止进口瑞士奶制品问题,瑞斯两国已基本达成一个短期的解决办法。从长远来看,少数技术问题还有待解决。

1999 年 3 月第 14 届 SPS 委员会会议上,瑞士继续就斯洛伐克进口瑞士奶及奶制品问题通报 SPS 委员会,称双方已找到满意的解决办法。智利代表也通报说,智利已修改了影响牛精液进口的有关措施。

6)评析

依据 SPS 协定第 2 条第 2 款和第 5 条第 7 款,各成员国制定的动植物卫生检疫措施应以科学原理为依据,即使在有关科学依据不充分的情况下,一成员可根据现有的有关信息,包括来自有关国际组织以及其他成员实施的动植物卫生检疫的信息,临时采取某种动植物卫生检疫措施,在这种情况下,实施措施的成员国应力求获取必要的补充信息,以便更客观地评估风险。在这个贸易纠纷中,OIE 的建议认为,通过繁殖材料与奶制品传播 BSE 的可能性极小,因此,一些国家制定的严格限制进口奶制品及繁殖材料的检疫措施是不适当的,这些措施的实施超出了为保护人类、动物的生命或健康的安全所必需的程度。关于从 BSE 疫区进口活牛,确实需要进行深入的风险评估,特别是瑞士已有发生 BSE 的报道,在考虑到 BSE 的潜伏期比较长,而目前又缺乏准确、科学的流行病学调查监测手段。因此,从传播风险的角度考虑,目前禁止进口 BSE 疫区的活牛及牛副产品、牛肉骨粉的检疫卫生措施是合理的。即使考虑进口,也必须从低风险地区,并有一定年限以上未再次发生过 BSE 的地区进口活畜及相关产品,这符合 SPS 协定的有关条款。

8.2.1.2 欧盟——化妆品和有关 BSE 的措施

1)提出方

澳大利亚。

2)支持方

巴西、美国和智利。

3)首次提出时间

1997 年 3 月。

4)有关文件

G/SPS/R/7,G/SPS/R/8,G/SPS/GEN/20 和 G/SPS/N/EEC/43。

5)解决情况

交流信息,沟通情况。

6)纠纷简介

1997 年 3 月 SPS 委员会第 7 届会议上,澳大利亚对欧盟禁止将含有某些牛、绵羊和公山羊组织的化妆品投放市场的措施表示关注,认为这一法令没有考虑到产品出口国的动物卫生状况。欧盟做出了解释,强调说由于 BSE 的监测方法仍在研究之中,加上检测难度大,所以全球的 BSE 流行存在相当多的不确定因素。并强调欧盟将考虑在截止日期之前收到的意见,该规定将于 1997 年 7 月 1 日起实施。

1998 年 7 月第 8 届 SPS 委员会会议上,美国加入该问题的讨论并强调说,欧盟该项措施的实施将减少或全部禁止美国动物脂产品、肥皂和化妆品的出口。欧盟代表反驳说,根据 WHO 的建议,应采取措施减低 TSEs 通过食品或食物链、药品或化妆品传给人类的风险。关于是否存在 BSE 的问题,欧盟代表指出,考虑到要证明不存在 BSE 状况的困难性,欧盟不准备承认任何国家没有 BSE 存在。

7)评析

欧盟将从来没有发生过 BSE 的国家和地区都视为 BSE 疫区,进而采取了严格的检疫措施,违反了 SPS 协定第 2 条第 2、3 款和第 6 条的有关规定。虽然 WHO 建议应采取措施降低 TSEs 通过食品或食物链、药品或化妆品传染给人类的风险,但这不是限制 BSE 非疫区动物源性产品贸易的理由,欧盟这种不分青红皂白地禁止进口的做法实际上是变相的贸易限制。

8.2.1.3 欧盟——有关动物源性产品中“特定风险材料”的规定

1)提出方

美国。

2)支持方

阿根廷、澳大利亚、巴西、加拿大、智利、哥伦比亚、捷克共和国、墨西哥、新西兰、乌拉圭、瑞士。

3)首次提出时间

1997 年 10 月。

4)有关文件

G/SPS/R/9/Rev. 1, G/SPS/R/10, G/SPS/R/11, G/SPS/GEN/36, G/SPS/GEN/45,G/SPS/GEN/67。

5)解决情况

欧盟听取了意见,推迟了措施实施时间。

6)纠纷简介

1997年10月第9届SPS委员会会议上,美国对欧盟禁止使用某些特定风险材料的97/534号决定表示关注,该决定可能引起国际上必需药品的短缺,并对动物脂类及其制品、胶质、药品和许多食品的国际贸易造成严重限制。该禁令对贸易限制的影响程度似乎已经超出了保护公众健康所必需的程度,特别是将该措施用于不存在BSE的美国和其他地区更没有道理。欧盟反驳说,科学研究表明,欧盟以前的措施不足以保护人类和动植物的生命和健康,所以提高了风险保护水平。并解释说,如果成员认为其境内不存在TSEs风险,可向欧盟科学委员会提出申请,接受检查。阿根廷代表加入讨论,认为该措施未区分发生和未发生BSE地区与OIE的建议和SPS协定原则不相符。同时,阿根廷散发了关于BSE风险分析报告的副本。

1998年3月第10届SPS委员会会议上,美国重申欧盟应该认识到美国和其他地区是不存在BSE的。一些代表团发言欢迎欧盟决定对该措施所依据的科学依据以及其他重要措施进行重新审议。欧盟向大会通报说,这一措施已从1998年4月1日拖延至7月1日生效,同时声明无BSE的国家可向欧盟申请例外。

1998年6月第11届SPS委员会会议上,欧盟代表向会议报告,欧盟成员国就此问题仍不能达成一致意见,因此,该决定将推迟到1999年1月1日生效。在考虑OIE对BSE国家的分类基础上,欧盟将制定新的法令。

7)评析

以美国为首的11国对欧盟禁止使用所谓"特定风险材料"的决定提出磋商请求。这些国家认为该禁令超出了保护人类、动植物生命和健康所必需的程度,这实际上导致了严重的贸易限制。欧盟应认识到,根据OIE的建议,这些地区可视为BSE非疫区,欧盟应根据现有的BSE科学依据进行风险分析,重新制定合理的检疫措施。因此,欧盟的做法违反了SPS协定第2条第2款和第6条的有关规定。

8.2.1.4 欧盟——明胶进口

1)提出方

巴西。

2)支持方

阿根廷、澳大利亚、智利、墨西哥、泰国、美国。

3)首次提出时间

1997年10月。

4)有关文件

G/SPS/R/9/Rev.1,G/SPS/R/10,G/SPS/R/12,G/SPS/R/13,G/SPS/R/15,G/SPS/R/17,G/SPS/R/18,G/SPS/GEN/133,G/SPS/N/EEC/74。

5)解决情况

交流信息,沟通情况,法国修改了有关法规。

6)纠纷简介

1997年10月第9届SPS委员会会议上,巴西代表指出,法国最近采取的对明胶生产的特殊要求对巴西的明胶出口造成了负面影响,巴西认为,法国的这一要求没有科学依据。按照OIE的建议,即使用感染有BSE的原材料生产的明胶也是低风险产品,何况巴西从未发生过一例BSE。欧盟代表解释说,法国的决定是在欧盟有关微生物、化学标准和有关BSE最低要求的规定框架内制定的。以欧盟的观点,巴西没有完全履行OIE的要求,并且,巴西也没有向欧盟提出认定巴西为TSE非疫区的申请。

1998年3月第10届SPS委员会会议上,巴西重申了这一问题,并表示将很快向欧盟提供欧盟在巴西进行的动物饲养问卷调查结果。

1998年9月第11届SPS委员会会议上,巴西继续向大会报告,尽管举行过多次双边会谈,但没有取得任何进展。欧盟向大会解释说,双方的分歧在于巴西认为其境内没有BSE,而欧盟认为世界所有国家都存在BSE。但双方同意继续通过进一步的磋商解决问题。

1998年11月第12届SPS委员会会议上,法国代表向委员会报告,法国正在考虑巴西的意见,决定采用新的规定,并尽早实施。巴西对此表示欢迎。

1999年7月第15届SPS委员会会议上,巴西感谢欧盟对此事的通报,但是巴西认为其明胶出口仍然受阻。拟议的欧盟法规没有依据风险评估,严重影响了欧盟以外国家向欧盟市场出口明胶,巴西要求欧盟等效接受其他国家的措施。欧盟解释了它的新措施,并邀请所有成员国发出书面评论。

1999年11月第16届SPS委员会会议上,欧盟和巴西双方表示将通过双边努力解决问题。2000年3月第17届SPS委员会会议上,巴西和欧盟称,已举行了富有建设性的双边磋商,欧盟已对巴西提供的有关文件进行了研究。

7)评析

尽管有时一个 SPS 贸易争端的解决要经过漫长而曲折的过程,而恰恰是这种曲折的过程对贸易的一方形成了变相限制,而为另一方赢得了时间。在这个案例中,在巴西锲而不舍的努力下,法国最终不得不依据 SPS 协定第 5 条风险评估的原则以及 OIE 标准和建议,认真地研究巴西等国的 TSEs 状况,并据此修改了卫生检疫措施。对 BSE 而言,明胶本身是一种低风险产品,而欧盟宣称世界范围内都可能存在 BSE 疫区,仅仅是假设,而没有科学根据。因此,法国在一个没有科学依据的假设下,对一种低风险的产品采取严厉的措施,显然违背了 SPS 协定第 2 条第 2、3 款和第 5 条第 4 款的有关规定。

8.2.2 与口蹄疫(FMD)有关的争端

8.2.2.1 日本——与 FMD 有关的措施

1)提出方

阿根廷。

2)首次提出时间

1997 年 10 月。

3)有关文件

G/SPS/R/9/Rev. 1,G/TBT/Notif. 97. 357。

4)解决情况

提出了问题,说明了情况。

5)纠纷简介

1997 年 3 月第 7 届 SPS 委员会会议上,阿根廷对日本通报的一项 TBT 措施提出质疑,日本该项 TBT 措施包括授权进口 FMD 灭活疫苗(仅 O 型灭活疫苗)和免除通常审批程序的进口商,同时,该措施确定了三个国家为供应商,即德国、荷兰和英国。阿根廷对此表示质疑,并希望进一步澄清下列问题:①自从日本决定进口 FMD 疫苗后,日本口蹄疫流行的情况如何;②确定三个国家为疫苗供应商的依据;③日本是否自认为零风险国家,是否进行了风险评估以维持零风险状态;④既然 OIE 已宣布阿根廷为通过疫苗消灭口蹄疫的国家,日本对不进口阿根廷肉类的政策如何评价。日本代表对此做出了解释,日本目前通报的措施是对紧急情况下疫苗进口审批程序的修改,在紧急情况下的疫苗进口审批程序是 1997 年 3 月中国台北暴发口蹄疫后制定的,是一项预防性措施。阿根廷最后表示将书面向日本提出有关问题。

6)评析

口蹄疫(FMD)不仅有风传的特性,而且台北与日本之间的人员、货物往来极为频繁。因此,1997 年 3 月,中国台北暴发 O 型口蹄疫后,为了继续维持 FMD 的非疫区状态,日本采取了积极稳妥的预防性措施——注射 FMD 灭活 O 型疫苗防止 FMD 传入台湾;并制定了审批程序,这些措施无可厚非。但在对这个临时措施进行修订时,日本确定三个国家为疫苗供应商的依据似乎有些不足,带有潜在的歧视性。同时,日本对阿根廷的肉类政策也似乎缺乏科学依据,与 SPS 协定的第 2 条第 2 款不相符合。

8.2.2.2　土耳其——禁止活畜进口

1)提出方

美国、匈牙利。

2)支持方

澳大利亚、欧盟、新西兰、乌拉圭。

3)首次提出时间

1998 年 6 月。

4)有关文件

G/SPS/R/11,G/SPS/R/12,G/SPS/R/19。

5)解决情况

提出了问题,说明了情况。

6)纠纷简介

1998 年 6 月 SPS 委员会第 11 届会议上,美国向土耳其发问,土耳其是否正式颁布了与 FMD 有关的牛和牛肉禁止进口法规,是否已向 WTO 成员通报,美国要求解释这项措施的科学依据,并特别强调美国是 FMD 的非疫区。

1998 年 9 月第 12 届 SPS 委员会会议上,美国再次向大会通报,土耳其已经第八次延长其牛和牛肉的禁令。土耳其反驳说,实施这一禁令是为了严防 FMD 传入和传播。目前,土耳其正在全国范围内进行根除计划,已取得明显进展。土耳其相信,为了在本土建立必要的动物健康和安全条件,采用临时措施的做法是公正的,但欢迎与贸易伙伴对话以寻求相互接受的解决办法。

2000 年 6 月第 18 届 SPS 委员会会议上,匈牙利加入讨论并称,已有几个成员国对土耳其以 FMD 为由限制活牛和牛肉进口政策是否与 WTO/SPS 原则相一致提出质询。匈牙利已有 20 余年未发生过 FMD,并已经使用疫苗控制了 FMD。匈牙利认为土耳其的禁令违反了 SPS 协定第 2 条第 2 款。并根据 SPS

协定第5条1款和第8款,匈牙利要求土耳其提供从FMD非疫区国家和地区进口活牛和牛肉的风险评估报告。新西兰加入讨论,并询问土耳其是否实行了进口许可制度,如果是,如何进行风险评估,进口许可证如何签发。土耳其向大会提交了有关此问题的总结报告。

7)评析

土耳其关于活牛和牛肉禁止进口的法规有悖于SPS协定第2条第2款,根据SPS协定第5条第1款和第8款,匈牙利等国要求土耳其提供从FMD非疫区国家和地区进口活牛和牛肉的风险评估报告是合理的。

8.2.2.3 阿根廷——临时禁止进口新鲜猪肉及其产品

1)提出方

欧盟。

2)首次提出时间

1998年3月。

3)有关文件

G/SPS/R/10,G/SPS/N/ARG/9。

4)解决情况

提出了问题,说明了情况。

5)纠纷简介

1998年3月第10届SPS委员会会议上,欧盟就阿根廷进口新鲜猪肉及其产品的临时禁令提出质疑称,欧盟注意到这一措施适用于整个欧盟成员。欧盟已经针对古典猪瘟采取了区域化措施控制其在欧盟地区的流行。就此问题,阿根廷代表答复说,阿根廷相信该病在欧盟的局部地区已得到控制,但尚没有与欧盟的推断(即在整个欧盟地区该病得到了控制)相符合的证据。阿根廷曾经向各欧盟成员国进行了咨询,但只有4个国家作出了回复。阿根廷指出,古典猪瘟是一种高传染性的A类疾病,自1985年以来阿根廷就没有再发生过该病。阿根廷将对收到的信息进行评估,以便于对措施作出调整。

6)评析

阿根廷是非洲猪瘟非疫区国家,由于欧盟没有提供在整个欧盟地区猪瘟得到控制的证据,阿根廷采取了禁止从欧盟进口新鲜猪肉及其产品的临时措施是符合SPS协定第5条第7款。这一临时措施并没有超出合理的动物健康保护水平,欧盟应积极配合,向阿根廷提供欧盟地区猪瘟控制的有关信息和证据,以便阿根廷进行风险分析,并依据风险分析结果对临时检疫卫生措施作出调整。

8.2.2.4 韩国——限制进口牛肉

1)提出方

阿根廷。

2)首次提出时间

1999年7月。

3)有关文件

G/SPS/R/9/15,G/SPS/GEN/109,G/SPS/GEN/130。

4)解决情况

提出了问题,说明了情况。

5)纠纷简介

1999年7月第15届SPS委员会会议上,阿根廷代表称,韩国在既没有提出特殊的卫生检疫要求,又不到阿根廷对其卫生状况进行实地考察的情况下,就拒绝进口阿根廷牛肉的做法提出质询。韩国代表回答说,韩国没有发生口蹄疫已达60年,因此,韩国采取了非常严格的卫生检疫要求。韩国认为这种做法是符合OIE的建议,但欢迎就此问题进行双边磋商。

6)评析

韩国在既没有提出特殊检疫卫生要求,又不到产地进行实地考察的情况下,仅以韩国已60余年未发生过FMD为由,而采取极其严厉的零风险政策,禁止阿根廷的牛肉进口的做法是不合理的,缺乏科学依据,违反了SPS措施第2条第2款。

8.2.3 与禽流感有关的争端

8.2.3.1 委内瑞拉——与禽流感有关的措施

1)提出方

美国。

2)首次提出时间

1997年7月。

3)有关文件

G/SPS/R/8,G/SPS/GEN/19。

4)解决情况

提出了问题,说明了情况。

5)纠纷简介

1997年7月SPS委员会第8届会议,美国代表指出,由于在美国东北少数几个州检测到非致病性禽流感,委内瑞拉以此为由禁止进口美国家禽及其产品。美国对这一措施的科学根据表示质疑,并指出委内瑞拉未对其实施的措施内容进行通报。

6)评析

由于美国在东北少数几个州检测到非致病性禽流感,委内瑞拉以此为由禁止进口美国家禽及其产品符合SPS协定第2条第1款。因为尚不清楚美国分离的非致病性禽流感对委内瑞拉的养禽业造成危害的程度,因此,委内瑞拉实施了临时措施,这种做法与SPS协定第5条第7款的原则相一致。但是,委内瑞拉未就这一措施向WTO进行通报,并征求意见,则违背了SPS协定第7条和附件B第5款关于透明度的规定。

8.2.3.2 澳大利亚——关于鸡肉检疫要求的通报

1)提出方

泰国。

2)支持方

欧盟。

3)首次提出时间

1998年9月。

4)有关文件

G/SPS/R/12,G/SPS/N/AUS/72,G/SPS/GEN/90,G/SPS/GEN/96(参照G/SPS/13),G/SPS/GEN/137,GSPS/W/107/Rev.1。

5)解决情况

提出了问题,说明了情况。

6)纠纷简介

1998年9月第12届SPS委员会会议上,泰国代表指出,澳大利亚的鸡肉进口检疫要求已经超出了保护人类和动物生命和健康的需要,并且,对商业运作是行不通的。欧盟代表表示支持,并补充说,澳大利亚建议的处理温度和时间要求过于苛刻,给贸易造成了不必要的障碍,欧盟向澳大利亚书面递交了一系列有关问题。对此,澳大利亚代表做出解释称,该进口检疫要求是根据科学依据和数据制定的,澳大利亚检疫检验局(AQIS)根据对传染性法氏囊病病毒(IBDV)毒株CS88灭活试验研究制定了该检疫要求。同时,澳大利亚代表强调,澳大利亚不存在CS88高强毒株。澳大利亚已经与泰国以及其他国家的检疫机构进行了广泛的磋商，澳大利亚应要求也提供了足够的信息。目前，澳大利亚正在考虑是否进行另外的科学研究，以加深对该问题的科学理解，以及对其他不同禽类病原灭活的方法。

7)评析

澳大利亚根据病原灭活试验结果要求对进口鸡肉产品(一般为冷冻产品)进行热处理，并规定了相应的处理温度和时间，看上去这一措施似乎有科学依据。但是，根据SPS协定第2条第4款，各成员实施的SPS措施不得对国际贸易构成变相限制。试想一旦冰冻鸡肉经过解冻热处理后还存在什么商品消费价值，这实际上是一项苛刻的、不合理的检疫措施，并有对国际贸易构成变相限制之嫌。

8.2.4 与动物健康有关的其他争端

8.2.4.1 澳大利亚——禁止鲑鱼进口

1)提出方

加拿大、美国。

2)首次提出时间

1996年10月。

3)有关文件

G/SPS/R/6,G/SPS/R/7,G/SPS/N/AUS/3。

4)解决情况

该问题进入了WTO争端解决(W/DS18和W/DS26)，澳大利亚与加拿大于2000年5月达成一致解决意见。

5)纠纷简介

1996年10月SPS委员会第6届会议上，美国向大会报告说，澳大利亚以进口鲑鱼可能造成病原传播为由禁止从北美进口新鲜、冰鲜或冰冻鲑鱼。澳大利亚于1994年发布了风险评估报告草案，该报告表明从北美进口鲑鱼几乎没有风险。然而，澳大利亚并没有调整其检疫政策，使其政策与风险评估结果一致，而是重新又进行了一次风险评估，该风险评估报告于1996年5月完成，该报告也没有找到支持其现行政策的科学依据。因此，美国希望澳大利亚在发布其最终风险分析报告时能取消禁令。

对此，澳大利亚代表解释说，在收到大量的反馈意见后，澳大利亚对1995年的风险评估报告草案进行了修改。在1996年的风险评估报告草案发布后，收到了包括美国和加拿大在内的反馈意见，该报告于 1996 年年底完成。澳大利亚代表称，OIE 的标准不能满足澳大利亚适宜的风险保护水平。

1997 年 3 月第 7 届 SPS 委员会会议上，加拿大和美国再次向大会报告此事称，澳大利亚已决定维持禁止进口鲑鱼政策。加拿大已向争端解决机构(DSB)申请成立专家组，进入 WTO 争端解决程序。

6)评析

本案是 WTO/SPS 领域最著名的争端案例之一。加拿大依照 GATT1994 第 23 条、SPS 协定第 11 条、《关于争端解决规则与程序的谅解》(DSU)第 4 条、第 6 条，向 WTO 争端解决机构(DSB)提出建立专家组的请求。专家组在 1998 年 6 月 12 日向 WTO 成员国发布了专家组报告，作出如下裁决：①澳大利亚禁止进口北美鲑鱼的措施违背了 SPS 协定第 5 条第 1 款和第 2 条第 2 款；②澳大利亚的措施违背 SPS 协定第 5 条第 5 款、第 2 条第 3 款的原则；③澳大利亚的措施违背 SPS 协定第 5 条第 6 款的原则。据此，专家组要求澳大利亚立即对检疫措施作出调整，使其措施回到符合 SPS 协定的权利和义务的轨道上来。此后，澳大利亚对有关方面的裁决提出上诉，DSB 上诉机构进行了审理。1998 年 11 月 6 日，DSB 通过了上诉机构的报告和修改后的专家组报告，DSB 判决要求澳大利亚修订有关措施，使其与根据 SPS 协定所承担的义务相符。本案历时一年有余，于 2000 年 1 月 31 日结案。在本案审理过程中，专家组在收集双方的大量证词、多次举行听证会、向有关鱼类疾病专家及风险分析专家咨询的基础上作出了公正裁决。

那么，为什么澳大利亚没有根据 1995 年风险评估报告的结论及时调整检疫措施，而是短短一年内推翻了 1995 年的风险分析报告草案，在 1996 年重新炮制出新的风险评估报告，并作出结论认为，从北美进口在太平洋捕捞的野生去内脏鲑鱼具有很高风险。其原因在于，澳大利亚从 20 世纪 70 年代中期开始发展自身的鲑鱼工业，到 80 年代中后期已发展到相当水平，为了保护本国鲑鱼工业的切身利益，澳大利亚自 1986 起开始逐步调整进口鲑鱼产品的检疫政策，并且越来越严厉，直到要求鲑鱼产品必须进行热处理或烟熏后方能进口，这大大限制了北美对澳大利亚的冰冻鲑鱼的贸易。然而，澳大利亚在采取这一严厉措施的同时，却允许从其他地区进口疾病风险更高的活的观赏鱼和整条冷冻作为鱼饵的鲱鱼等产品。因此，澳大利亚禁止从北美进口太平洋捕捞的野生去内脏冰冻鲑鱼的检疫卫生措施不仅没有科学依据，同时，弃合理的风险评估结果于不顾，采取不公正、不合理的其他措施，严重违背了 WTO 和 SPS 协定的有关权利和义务，违背了 WTO、SPS 协定相关条款。

8.2.4.2　印度——限制进口马匹

1)提出方

欧盟。

2)首次提出时间

1999年3月。

3)有关文件

G/SPS/R/14,G/SPS/GEN/112。

4)解决情况

提出了问题,说明了情况。

5)纠纷简介

1999年3月第14届SPS委员会会议上,欧盟向大会通报,印度停止了与欧盟的马匹贸易,限制进口的原因是印度认为欧盟存在马传染性子宫炎。欧盟代表向印度递交了书面报告,包含一系列书面问题,并要求印度公正地采用措施。目前,印度所采取的措施比OIE标准要严格得多。

6)评析

由于印度认为欧盟存在马传染性子宫炎,因此,禁止从欧盟进口马匹,印度采取的措施比OIE标准要严格得多。马传染性子宫炎是OIE公布的二类疾病,印度却采取了对待一类疾病的检疫措施,这与SPS协定第2条第2款的规定不相符合。

小　结　与动物检疫相关的动物及动物产品国际贸易争端层出不穷,主要涉及牛病、猪病、禽病和鱼病等。美国诉欧盟有关动物源性产品中"特定风险材料"的规定案例,加拿大、美国诉阿根廷进口活牛的限制措施,阿根廷诉日本与FMD有关的措施以及澳大利亚禁止鲑鱼进口的措施等,均对学习者有重要的意义。

8.3　有关植物检疫的国际贸易争端

学习重点

● 了解、分析与粮食、水果、木材等有关的贸易争端案例

从目前已有的WTO贸易争端案例分析,涉及植物检疫方面的主要与粮食、

水果、木材等植物和植物产品以及检疫措施有关。本节旨在介绍、分析这方面的一些典型案例。

8.3.1 与粮食有关的争端

8.3.1.1 捷克——进口马铃薯措施

1)提出方

欧盟。

2)支持方

阿根廷。

3)首次提出时间

1996 年 10 月。

4)有关文件

G/SPS/R/6, G/SPS/R/9/Rev. 1, G/SPS/N/CZE/6, G/SPS/N/CZE/12, G/SPS/GEN/42。

5)解决情况

提出了问题,说明了情况。

6)纠纷简介

1996 年 10 月第 6 届 SPS 委员会会议上,欧盟代表指出,最近,由于捷克共和国的通报(G/SPS/N/CZE/12)没有明确意见反馈的最后日期,使其无法提出反馈意见。捷克共和国代表则承诺将与欧盟双边解决这一问题。

1997 年 10 月第 9 届 SPS 委员会会议上,欧盟继续就这一问题指出,捷克共和国关于马铃薯的进口要求缺乏科学依据;而且,不接受芽苗处理的等效措施。欧盟对此指出,CAC 已经对植物保护剂的活性成分制定了标准。阿根廷代表加入讨论并认为,芽苗处理必须在收获前进行,而捷克共和国要求在收获后处理是不可能的。此外,阿根廷不清楚注册程序是涉及全部产品配方还是仅涉及活性成分。

捷克共和国代表解释说,如果植物产品中所含植物保护剂的活性成分没有在捷克注册,这样的植物产品不能在捷克国内销售,并认为在欧洲联合协定框架下通过双边渠道很容易解决这一问题。

7)评析

根据 SPS 协定第 4 条的等效原则,成员应该接受那些不同的措施,只要这些措施能达到进口国要求的风险保护水平。因此,捷克不接受芽苗处理等效措施的做法不符合SPS措施的等效原则。

8.3.1.2 巴西——限制进口小麦

1)提出方

美国。

2)首次提出时间

1997年3月。

3)有关文件

G/SPS/R/7。

4)解决情况

提出了问题,说明了情况。

5)纠纷简介

1997年3月第7届SPS委员会会议上,巴西通报说,为了防止小麦矮腥黑穗病 *Tillatia controversa* 和小麦印度腥黑穗病 *Tilletia indica* 传入巴西,巴西采取了禁止小麦进口的措施。美国对此指出,1996年美巴双方进行了技术磋商,一致认为两种病害能否在巴西定居尚未定论。如今,巴西决定禁止美国小麦进口,美国对此质询是否有新的科学证据改变了双方共同的结论。巴西代表答复说,在MERCOSUR规定的协调下,基于对几种产品的风险评估和风险管理,巴西实行了新的管理制度。因此,进口小麦必须要有原产地证书,证明小麦来自TCK非疫区。巴西和美国专家已对小麦矮腥黑穗病和小麦印腥病的风险进行了技术磋商,并完成了最后的报告。1996年的美巴双边协定并没有阻止巴西使用其国内法规。

6)评析

尽管对小麦矮腥黑穗病和小麦印度腥黑穗病在巴西是否能定殖尚未定论。但是,由于两种病害是小麦上的毁灭性病害,危害性极大。因此,巴西采取SPS措施控制该病传入符合SPS协定第2条的有关规定。

8.3.2 与水果有关的争端

8.3.2.1 日本——对不同种苹果、樱桃和油桃的检疫要求

1)提出方

美国。

2)首次提出时间

1996年10月。

3)有关文件

G/SPS/R/6,G/SPS/R/7,G/SPS/N/JPN/19。

4)解决情况

进入争端解决程序(W/DS/76),据报道已接近解决。

5)纠纷简介

1996年10月第6届SPS委员会会议上,美国代表向大会报告说,在1995年与日本签署的双边协定下,日本允许两个美国苹果品种进入日本市场。但美国供应商必须进行既耗时、又费钱的试验证明,溴甲烷熏蒸结合冷藏处理的方法对杀死苹果中两种螟蛾幼虫是有效的。这类试验和其他研究证明,这种处理方法的有效性与水果品种无关。然而,日本继续要求做这种多余的试验,这阻碍了美国新的水果品种进入日本市场。在SPS协定第5条第8款下,美国和日本已就此事进行了正式磋商。日本代表解释说,日美正式交换意见后,已进入技术专家磋商阶段,直到根据科学原则解决问题。

1997年3月第7届SPS委员会会议上,美国通报说,美国正在研究、核查日本提供的信息资料。日本代表则称双方还需继续努力才能解决问题。

6)评析

根据SPS协定第2条第1款和第2款,成员有权实施SPS措施,但要有科学依据证明拟采取的措施可以预防风险;同时,所采取措施的程度要适宜。也就是说,对贸易的限制不应超出为保护人类、动植物生命或健康所必需的程度。因此,在已经有研究证明溴甲烷熏蒸结合冷藏的处理方法对杀死苹果中两种螟蛾幼虫是有效的,且处理的有效性与水果品种无关的情况下,日本仍然坚持不同的水果品种进口时都需要用试验再次证明处理的有效性显然是多余的,超出了措施必要的程度,对贸易造成了不必要的障碍。

1997年4月7日,美国正式向WTO争端解决机构(DSB)提出与日本就此问题进行磋商的要求,最后,美国通过WTO争端解决机制赢得了这场官司。

8.3.2.2 印度尼西亚——水果和蔬菜

1)提出方

澳大利亚、美国。

2)首次提出时间

1997年3月。

3)有关文件

G/SPS/R/7,G/SPS/N/IDN/2。

4)解决情况

提出了问题,说明了情况。

5)纠纷简介

1997年3月第7届SPS委员会会议上,澳大利亚和美国代表称,已查明有关印尼关于水果和蔬菜条例的范围。印尼政府在与澳大利亚的双边磋商中提到了国内运作所带来的一些问题,这些问题阻碍了条例草案的发布。美国和澳大利亚敦促印尼考虑立法调整,使WTO成员能及时收到有关拟议中措施的有关信息,以便各成员能及时进行评估。印尼代表对未能及时完成条例草案表示遗憾,但向委员会保证在适当的时候提供关于拟议中条例的有关文件,包括信息的细节。

6)评析

根据SPS协定第7条和附件B,在透明度方面,成员需要履行以下3项义务:其一,在中央政府部门建立国家级的通报机构,负责SPS有关技术规章和标准的通报工作;其二,建立国家SPS咨询点,负责答复WTO其他成员所有合理的SPS问题;其三,公开发布SPS措施。因此,印尼有义务向WTO成员通报有关拟议中的措施草案。

8.3.2.3 斯洛伐克共和国——限制苹果、梨和榅桲进口

1)提出方

匈牙利。

2)支持方

欧盟、保加利亚。

3)首次提出时间

1998年3月。

4)有关文件

G/SPS/R/10,G/SPS/R/11,G/SPS/R/12和Corr.1,G/SPS/N/SVK/8和Rev.1,G/SPS/N/SVK/11,G/SPS/GEN/79。

5)解决情况

斯洛伐克共和国修改了措施,但一些问题仍然存在。

6)纠纷简介

1998年3月第10届SPS委员会会议上,匈牙利代表指出,尽管斯洛伐克共

和国在进口苹果、梨和榅桲方面已经做出了政策调整,但在注册和信息要求方面仍然相当烦琐,这些措施大大超过了保护植物健康的限度,没有基于科学原则,并且构成了对贸易的不必要障碍。斯洛伐克共和国代表则反驳说,制定这项措施的目的是为了防止梨火疫病 *Erwinia amylovora* 传入该国,梨火疫病在斯洛伐克共和国尚未发生。同时,斯洛伐克共和国已经修改了措施以增加进口的可能性,该措施与 SPS 协定相一致。尽管如此,斯洛伐克仍然欢迎就此问题进行双边磋商。

1998 年 6 月第 11 届 SPS 委员会会议上,匈牙利代表继续向大会报告此事称,已经注意到斯洛伐克共和国在此问题上的进展,但是,斯洛伐克现行的措施与欧洲植物保护组织(EPPO)的建议仍然不一致,其要求对每一批货的许可证制度太烦琐。斯洛伐克共和国代表对此解释道,进口的苹果、梨和榅桲占据着斯洛伐克水果市场的 35%,这说明该措施并没有对市场准入造成严重障碍。由于梨火疫病传入后将造成严重经济危害,且目前得到的信息不足。因此,根据 SPS 协定 5 条第 7 款,可以采取预防措施。斯洛伐克共和国正在与采取类似措施的国家交换信息,并准备继续与其贸易伙伴讨论此问题。

1998 年 9 月第 12 届 SPS 委员会会议上,匈牙利代表再次指出,问题已经取得了进展,但斯洛伐克在某些方面仍然使用禁令,且缺乏科学依据。斯洛伐克代表则重申,根据 SPS 协定 5 条第 7 款,斯洛伐克采取了临时措施。

7)评析

在这个案例中,双方产生纠纷的焦点在于斯洛伐克所采取的措施是否适宜,是否超过了保护人类、动植物健康和安全的限度,对贸易造成了不必要的障碍。也就是说,斯洛伐克的措施是否违背了 SPS 协定第 2 条第 1 款和第 2 款。事实上,这是一个涉及诸多技术问题的非常技术性的问题,需要双方经过技术磋商加以解决。

8.3.2.4 巴西——禁止进口椰肉及相关产品

1)提出方

菲律宾。

2)支持方

马来西亚、斯里兰卡。

3)首次提出时间

1998 年 6 月。

4)有关文件

G/SPS/R/11,G/SPS/R/12Corr.1,G/SPS/N/BRA/1。

5)解决情况

提出了问题,说明了情况。

6)纠纷简介

1998年6月第11届SPS委员会会议上,菲律宾就巴西禁止进口椰肉及相关产品向巴西递交了一个书面问题清单。巴西回答说,采取这一措施的目的是防止检疫性有害生物的扩散,巴西将继续从检疫性有害生物的非疫区国家进口椰肉及相关产品,同时,要求出具植物卫生证书。但是到目前为止,只有一个国家向巴西提交了非疫区的申请。巴西强调说,这一措施符合SPS协定和IPPC有关规定,巴西通报了所用的风险评估方法。

1998年9月SPS委员会第12届会议上,菲律宾代表继续向大会报告此事称,巴西对菲律宾的书面问题的答复不明确,并又一次重申了菲律宾关心的问题。巴西代表做了解释,并特别强调巴西所关心的病虫害。因为椰干也有传播病虫害或外来疾病的风险,因此,该措施也适用于椰干。同时,巴西将考虑风险评估的有关建议,并重新确认非疫区国家。

7)评析

根据SPS协定第2条第1款和第2款,各成员有权采取措施保护人类、动植物的健康和安全,只要这些措施应具有科学依据。因此,巴西为保护国内农业生产安全而采取SPS措施无可厚非。

8.3.2.5 澳大利亚——限制热带水果进口

1)提出方

菲律宾、东盟。

2)支持方

巴西、欧盟、印度、韩国、马来西亚、泰国、美国。

3)首次提出时间

2000年3月。

4)有关文件

G/SPS/R/18,G/SPS/R/19,G/SPS/GEN/189,G/SPS/GEN/194。

5)解决情况

提出了问题,说明了情况。

6)纠纷简介

2000年3月SPS委员会第17届会议上,菲律宾向大会通报说,菲律宾出口澳大利亚的水果包括杧果、香蕉和菠萝受到澳大利亚植物卫生措施的限制。对此，澳大利亚代表解释说，应市场准入和避免疾病传入的要求，澳大利亚已公开地、透明地进行了科学的风险评估和风险管理。两国都表示他们正在对此事进行磋商。

2000年6月第18届SPS委员会会议上，菲律宾继续向大会报告说，东盟国家出口到澳大利亚的水果遇到了严格的SPS措施，东盟国家认为这些措施不是根据风险评估制定的，而且超过了保护人类、动植物健康所必需的程度，并希望澳大利亚在适当的时间内对此进行审查。马来西亚代表建议澳大利亚对整个东盟地区进行风险评估。澳大利亚代表对菲律宾提出的几个问题逐条进行了答复；对马来西亚的问题解释说，有害生物风险分析是针对特定贸易方进行的，因此，风险分析应随供货商所在地不同而有所不同。

美国加入讨论并敦促澳大利亚尽快对佛罗里达州柑橘和加州葡萄作出市场准入的决定。澳大利亚回复说，加州葡萄进口风险分析已经完成，有关信息将很快发布。巴西代表则要求澳大利亚对巴西杧果和番木瓜的市场准入提供有关信息，澳大利亚确认已将这一问题列入风险评估项目目录。印度代表也提出印度杧果的市场准入问题，澳大利亚代表称印度有关部门已提供关于处理杧果病害有效措施的相关信息，目前，澳大利亚正在评估这些信息。欧盟加入讨论并提出欧盟鳞球茎植物的市场准入问题，澳大利亚确认正在对此进行风险分析。澳大利亚代表最后称，由于财力和人力紧张，对有关的风险评估项目必须有优先顺序。

7)评析

根据SPS协定第5条第1款，风险分析是制定和实施SPS措施最重要的科学基础之一，这一原则已经被各成员广泛接受和应用。但是，由于风险分析技术上的复杂性，目前尚缺乏可操作性的国际标准。正因为如此，风险分析正在被越来越多的国家，特别是发达国家，作为最具隐蔽性的技术性壁垒措施所使用。澳大利亚将风险分析作为市场准入的重要依据是十分正确的，但仅仅以风险分析为由，就对东盟等国的水果长达8年不予解禁，这种做法很难使人相信澳大利亚进行风险分析的目的是为了保护人类、动植物的安全和健康。

8.3.3 与植物健康有关的其他争端

8.3.3.1 美国——关于影响实木木质包装材料的临时规定

1)提出方

香港。

2)首次提出时间

1998年11月。

3)有关文件

G/SPS/R/13，G/SPS/R/14，G/SPS/GEN/107，G/SPS/N/USA/137，G/SPS/N/CAN/44。

4)解决情况

提出了问题，问题得到了解决。

5)纠纷简介

1998 年 11 月第 13 届 SPS 委员会会议上，美国报告了其对未加工木质包装材料有关法规的修订情况，法规对来自中国，包括中国香港的木质包装材料增加了处理和出具证书的要求。中国香港代表在会上指出，该措施缺乏科学依据，并具有歧视性。尽管中国香港认识到使用溴甲烷熏蒸是有效的，但担心这项措施会对人的健康和环境带来不可预测的副作用，并称香港与美国的双边磋商正在举行。美国代表做出反应，鼓励其他成员对这一问题发表意见。加拿大代表发言说，加拿大也对来自中国的未加工木质包装材料采取了措施，以防止星天牛的传入。一个技术专家组将被派往中国香港以探讨采取对双边贸易影响最小措施的可能性。

1999 年 3 月第 14 届 SPS 委员会会议上，美国称已经就 1999 年 1 月 20 日颁布的措施进行了提前通报，意见反馈期将于 1999 年 3 月 22 日截止。欧盟代表表示，欧盟也在研究这一问题，不久将提供详细信息。

6)评析

根据美国的通报，美国对中国木质包装采取的措施理由主要有两点：其一，中国是光肩星天牛的分布区，并从中国木质包装上截获到光肩星天牛；其二，光肩星天牛在美国已经造成危害。事实上，光肩星天牛在中国只是局部分布，而且其寄主范围有限，不是所有的树种都受到该虫为害。因此，美国对中国(包括香港特别行政区)所有的木质包装均采取措施，缺乏科学依据，违反了 SPS 第 2 条科学原则。除溴甲烷熏蒸措施外，还有很多其他措施可以杀死光肩星天牛，但美国只接受溴甲烷熏蒸的方法，显然违反了 SPS 协定第 4 条等效原则，并对环境造成很大影响。光肩星天牛除在中国分布外，在日本等国也有分布，美国该项措施只针对中国(包括香港特别行政区)实施，违反了 WTO 非歧视原则和 SPS 协定第 2 条第 3 款。

8.3.3.2　美国——对生长介质中培养的杜鹃花的进口限制

1)提出方

欧盟。

2)首次提出时间

1999年7月。

3)有关文件

G/SPS/R/15,G/SPS/R/17,G/SPS/R/18,G/SPS/N/USA/121。

4)解决情况

1999年12月,美国颁布了最终措施文本,允许在特定条件下进口。

5)纠纷简介

1999年3月第14届SPS委员会会议上,欧盟代表指出,美国推迟颁布关于杜鹃花进口措施的最终文本,事实上导致了对欧盟杜鹃花出口的限制,欧盟要求得到有关此问题的风险分析报告以及有关最终措施文本的详细信息。美国代表答复说,关于从欧盟进口生长介质培养的杜鹃花的措施最终文本已经结束了意见反馈期,并将于此次会议结束后的1个月内正式颁布。

1999年11月第16届SPS委员会会议上,欧盟代表要求美国通报这项措施的最新情况。美国代表答复说,该措施的最终版本不久将正式颁布。

2000年3月第17届SPS委员会会议上,美国通知SPS委员会,有关最终措施已于1999年12月30日正式颁布,美国允许在防止有害生物传入的条件下进口欧盟生长介质培养的杜鹃花。

6)评析

根据WTO/SPS协定第12条第1款,特设立SPS委员会会议,为成员间磋商提供经常性的场所,以解决成员间的贸易纠纷。欧盟正是利用了这一点,通过多边的SPS委员会会议敦促美国尽快发布并执行已经制定的有关规定,最终使问题得到了及时的解决。

8.3.3.3 日本和韩国——法规的翻译

1)提出方

阿根廷。

2)支持方

泰国。

3)首次提出时间

1996年10月。

4)有关文件

G/SPS/R/6,G/SPS/N/JPN/1,G/SPS/N/KOR/29,G/SPS/N/KOR/20,G/SPS/N/KOR/31。

5)解决情况

提出了问题,澄清了情况。

6)纠纷简介

1996年10月SPS委员会第6届会议上,阿根廷代表就通报的语言问题发表了看法称,很遗憾从日本和韩国收到通报没有使用WTO的3种工作语言。SPS委员会主席提醒大家,根据SPS协定,如果其他成员提出要求,发达国家应该提供法规草案文本,在法规文本太长的情况下,应该提供英、法和西语三种工作语言之一的法规摘要。日本属于提供英文摘要通报的国家。泰国代表则建议通报中应给出足够的信息以使感兴趣的成员更好地理解通报并提出意见。

7)评析

根据SPS协定附件B第8款,如其他成员请求,发达国家成员应以英文、法文或西班牙文提供通报所涵盖的文件,如文件篇幅较长,则应提供此类文件的摘要。因此,在这个案例中,至少日本应该履行这样的义务。

8.3.3.4 日本——关于修改日本植物保护法的通报

1)提出方

美国。

2)支持方

澳大利亚、加拿大、智利、欧盟、新西兰、菲律宾(东盟)、乌拉圭。

3)首次提出时间

1998年11月。

4)有关文件

G/SPS/R/13,G/SPS/R/12,G/SPS/GEN/100,G/SPS/N/JPN/37。

5)解决情况

提出了问题,说明了情况。

6)纠纷简介

1998年11月第11届SPS委员会会议,美国代表称,美国注意到日本正在修改其植物保护法,在非检疫性有害生物名单中增加了27种有害生物。尽管该法规修订草案中的一些内容值得鼓励,但是,美国仍然关注日本植物卫生法规的修订基础及其应用,修改的法规草案没有改变对大多数非检疫性有害生物要求进行熏蒸处理和其他费用昂贵的检疫处理的现行做法,这些有害生物包括在日本广泛分布、不应该受到国内法规和检疫措施控制的害虫。美国要求日本考虑国际植物保护公约(IPPC)关于检疫性有害生物的定义。欧盟加入讨论,要求日本解释建立该措施的科学依据以及风险评估情况。日本答复说，其检疫性有害生物的定义与 IPPC 的检疫性有害生物的定义是一致的。不久，日本将审议其非检疫性有害生物名单，并安排意见征询期，日本希望就这一问题进行双边磋商。

1999 年 11 月第 16 届 SPS 委员会会议上，由于尚未收到日本的答复，欧盟再次提出要求日本对这一问题做出解释。日本宣布将就这一问题进行双边磋商。

7)评析

上面的很多纠纷已经表明，SPS 措施的制定和实施要基于科学依据，且实施措施的程度应该与潜在的风险相适宜。因此，日本要求对大多数非检疫性有害生物也进行熏蒸等检疫处理的做法显然缺乏科学依据，并对贸易造成了不必要的障碍。

小　结　与植物检疫相关的植物和植物产品贸易争端主要涉及粮食、水果、木材等。其中比较典型的案例包括美国诉巴西限制进口小麦，美国诉日本对不同种苹果、樱桃和油桃的检疫要求，匈牙利诉斯洛伐克共和国限制苹果、梨和榅桲进口，香港诉美国关于影响实木木质包装材料的临时规定等。

8.4　加入 WTO 对中国动植物检疫的影响

学习重点

- 认识 WTO 对中国农业的影响
- 分析、掌握中国动植物检疫面临的机遇与挑战

加入 WTO 给中国的农业带来了较为深刻的影响，给中国的动植物检疫带来了新的机遇和挑战。本节在回顾中国加入 WTO 谈判中的农业问题，认识加入 WTO 中国农业贸易政策的调整的基础上，着重分析了中国动植物检疫所面临的机遇与挑战。

8.4.1　中国加入 WTO 谈判中的农业问题

中国的“复关”谈判从 1986 年开始，一直到 1994 年年底 WTO 成立前夕结束，其间共举行了 19 次有关“中国复关问题”的工作组会议，还有多次的非正式磋商。“入世”谈判从 1995 年 11 月开始，到 2001 年 9 月第 18 次工作组会议结束。其中，涉及农业的问题主要集中在下述 3 个方面。

1)农产品市场准入问题

根据农业协议,中国承诺对农产品进口采取约束关税方式,实行关税配额管理(TR,即对配额内农产品进口实行低税率,配额外进口实行高税率)。如何实施农产品关税配额管理,是中国与各方谈判的焦点。几个主要谈判方基本接受了中国国营贸易参与配额的分配与管理,但同时也提出在放开外贸经营权的基础上,非国营贸易企业也应参与关税配额的分配,以保证关税配额的充分使用。许多谈判方认为,如果只有国营贸易参与关税配额分配,将不能保证配额的充分使用而减少了市场准入机会。就谈判进程看,如何确定关税配额量是比较棘手的问题。按农业协议规定,对于进口量较少的农产品,应承诺"最低市场准入量"的进口义务,亦即发展中国家农产品的关税配额量最低不得少于该产品国内消费总量的3%;对于那些过去进口量超过国内消费总量3%的农产品,应按"现行市场准入量"(即最近3年的平均进口量)承诺关税配额。

2)农产品出口补贴问题

中国从1990年开始取消了出口补贴,并曾经承诺不再恢复采取出口补贴措施。但由于农产品成本迅速上涨,农产品的低价优势已逐渐消失,中国农产品出口竞争能力面临越来越严重的挑战,而且发达国家仍在一定程度上使用出口补贴来提高其农产品出口竞争能力,因此中国在谈判中曾提出,尽管目前中国没有使用出口补贴,但仍希望保留使用出口补贴的权利。在WTO第五次中国工作组会议上,为推动加入世界贸易组织谈判的进程,同时也出于我国深化改革和扩大对外开放的需要,中国代表团在宣布进一步降低关税、消除关税壁垒的同时,也决定取消农产品出口补贴。

3)农产品国内支持问题

根据WTO的要求,中国提交了按WTO秘书处要求格式计算的农产品国内支持数据。从总体上讲,中国现行农业政策大都符合农业协议所规定的"绿箱政策"(如国家采取的一系列财政支农政策、商品基地建设以及农业开发项目等),可以免于减让,而有关市场支持政策(如收购政策)则属于负保护政策(国内支持总量AMS为负数),因此,关于中国农产品的国内支持谈判只涉及透明度问题,即要向各方说明或澄清有关农业政策措施(特别是中国要求免予减让的"绿箱政策"措施)的执行程序与运作过程。

因为在市场准入谈判中涉及动植物检疫问题,中国动植物检疫部门代表早在20世纪90年代初,从中国"复关"第10次工作组会议开始参加了随后所有的中国"复关"和"入世"多边谈判,此外还参加了中国与美国、欧盟、加拿大、印度、墨西哥、阿根廷、埃及的双边SPS问题谈判,签署了双边议定书。例如,在植物检疫方面，与美国的谈判涉及美国对华出口小麦、柑橘的问题；与欧盟的谈判涉及欧盟对华出口马铃薯种薯、柑橘、苹果、盆景介质的问题；与加拿大的谈判涉及加拿大对华出口马铃薯种薯的问题；与印度的谈判涉及印度对华出口水果、蔬菜的问题；与墨西哥的谈判涉及墨西哥对华出口水果、蔬菜、作物种子的问题；与阿根廷的谈判涉及阿根廷对华出口柑橘、苹果、梨的问题；与埃及的谈判涉及埃及对华出口柑橘的问题等。

8.4.2 加入 WTO 中国农业贸易政策的调整

加入 WTO，我国的农业贸易政策需进行一定程度的调整。易小准等(2000)分析指出，我国的农业贸易政策调整应注意下述几方面的问题：

1)农业贸易政策的目标

农业贸易政策的目标应与国内农业政策的改革和调整相配套，即与国内农业政策的目标相适应。从一定意义上看，贸易政策应服从国内农业政策，为农业政策目标服务，由此来确保国内粮食安全和农产品市场的稳定。

2)农产品出口政策的调整

中国是发展中国家，且人均国民生产总值(GNP)与最不发达国家相当，所以，在加入 WTO 谈判及承诺乌拉圭回合农业协议中，对出口政策的调整，可按发展中国家的待遇及国际通行的办法进行处理。

3)农产品进口政策的调整

中国是农产品进口大国，必须建立健全合理的进口政策，保证既有利于解决国内农产品的供需平衡问题，又能保护国内生产不受进口产品的冲击。进口政策调整的重点包括：①对于呈负保护水平或无正常关税的农产品，应根据农业协议建立合理的关税约束水平，以避免加入 WTO 后这些产品受国外产品的冲击；②制定反补贴及反倾销法，使中国既能进口少量的受补贴的国外低价粮油等重要农产品，节约外汇，又能防止国外有补贴的农产品过度的进入而冲击国内生产；③设计实用、合理的关税配额与关税结构，其中对最低市场准入量的规定，应根据国内供求的长期发展趋势，科学规划、动态调整。

4)进一步加强进出境动植物检疫工作

中国应充分利用乌拉圭回合对环境与动植物检疫的规定，在出口方面，加强质量检测，促进农产品质量的提高，并可利用中国是发展中国家的身份，争取发达国家在一定程度上放宽条件，强调生产水平的差异，谋求得到差别待遇，减少出口障碍；在进口方面，根据 WTO 要求加强对进口农产品的检测，确保国内环境和人民健康及动植物的生命不受危害。

5)进一步加强农产品贸易政策研究工作

加强对国际农产品贸易环境以及有关国家农产品贸易政策和法规的研究，特别是世界各国对最惠国待遇的农产品给惠方案，如从中国进口农产品减免关税的有关规定、产品清单、原产地规定、产品分类标准、质量要求、包装要求、数量限制等，使我国的农产品的生产者、经营者以及进出口商能够及时掌握国际市场信息，按照国际惯例经营农产品进出口业务，在农产品国际贸易中争取主动。

8.4.3　中国动植物检疫面临的机遇与挑战

我国加入WTO后，平均关税水平已从几年前的40%以上降到2002年的12%，以后还将逐步下降到9%左右，关税对贸易的调控作用明显下降，与此同时，配额、许可证等传统的非关税贸易管制措施也大量取消，使用范围和使用条件受到严格限制。动植物检疫措施作为合理保护动植物健康的技术性贸易措施与国际贸易，特别是与农产品国际贸易的关系日显密切。包括我国在内的大多数WTO成员对加强本国动植物检疫工作，保护本国利益都有相同的认识。

入世给中国动植物检疫事业带来难得的发展机遇，动植物检疫工作受到国家的高度重视，近几年来在机构建设、法规建设、人员、技术、装备等各方面都得到了长足的发展。动植物检疫部门通过采取有效的检疫措施，在方便进口贸易的同时成功将对农业生产危害巨大的检疫性动物疫病和植物有害生物拒于国门之外。通过开展技术攻关与国际合作，成功跨越了国外植物检疫技术壁垒，将我国苹果、鸭梨、荔枝等农产品成功打入美国、加拿大、日本等重要国际市场，为国家实施“走出去”战略，有效利用国内国外两个市场、两种资源做出了积极的贡献。

但不可忽视的是，入世在给中国植物检疫事业发展带来前所未有的机遇的同时也带来了巨大的挑战，这些挑战包括法规建设、标准建设方面的，也包括人才培养和技术提高方面的。其中最现实的挑战是我国根据入世承诺，修改了相关的动植物检疫法规，决定对以前一直禁止进口的一大批农产品在一定的检疫条件下开放市场。这样就面临了既要允许进口又必须确保检疫安全的矛盾，必须通过准确的口岸检疫鉴定、有效的检疫处理和合理的疫情监测等措施获得与以前禁止进口措施等效的保护水平。

技术性贸易措施在国际贸易中的重要作用使国际动植物检疫工作得到了空前的发展。有关动植物检疫的国际标准迅速增加，有关动植物检疫的风险分析方法和技术日益成熟，高新技术在动植物检疫上的应用越来越多。笔者认为，我国的动植物检疫工作必须在新的历史条件下，以全面实施《SPS协定》为契机，使各方面的工作得以迅速协调的发展。《SPS协定》的核心内容集中体现了透明度、非歧视性和科学性三大原则，我国全面实施《SPS 协定》必须牢牢把握这些原则。

1)关于动植物检疫措施的透明度原则

关于透明度原则，通过修改立法程序、建立工作制度等措施可很快得以改善，在入世第一年，中国向 WTO 通报了 155 项 SPS 措施，所取得的成绩得到其他 WTO 成员的公认与好评。

2)关于动植物检疫措施的非歧视原则

关于非歧视性原则，由于我国进出境植物检疫和国内植物检疫长期分属不同部门管理，法规完善程度和技术水平差距较大，所以困难主要反映在如何体现动植物检疫措施的国民待遇问题上。从长远看，这牵涉到机构设置、立法体系等一系列深层次问题，需国家通盘考虑解决。但在近期操作上，建议国家在重视进出境动植物检疫工作的同时要增加对国内动植物检疫工作的投入，进出境动植物检疫部门与国内动植物检疫部门间要加强配合，建立协作机制，不断完善国家相关法律、法规、规章和标准体系，避免对内对外动植物检疫措施的不一致，充分体现上述原则。

3)关于动植物检疫措施的科学性原则

关于科学性原则，体现在从动植物检疫措施的制定到实施的各个方面。具体建议如下：

(1)动植物检疫措施的制定

第一，要认真学习掌握现有动植物检疫国际标准，自觉采用符合中国国情的国际标准，建立符合国际惯例的中国动植物检疫标准体系。要改变被动接受国际标准的传统思维习惯，主动参与到国际标准的研究制定过程中，让更多的动植物检疫国际标准体现中国的观点，体现中国的利益。

第二，要进一步明确动植物检疫风险管理的工作思路，保证所采用的动植物检疫措施建立在风险评估的基础上，有充分的科学依据。动植物检疫风险分析工作要继续在风险评估技术、风险交流工作上下功夫，根据《SPS 协定》有关风险分析的含义及相关的风险分析国际标准制定出中国动植物检疫风险分析程序和方法指南。

第三，要继续推进动植物疫情区域化工作，根据《SPS 协定》有关区域化的原则及相关国际标准研究制订我国关注的动植物疫区区域化原则和管理办法。

(2)动植物检疫措施的实施　动植物检疫人员要具备较好的业务素质和敬业精神。较好的业务素质是指有较扎实的动植物检疫专业知识，有一定的外语水平，有较丰富的现场工作经验。较好的业务素质是正确实施动植物检疫措施的基础，敬业精神则是科学实施《SPS 协定》的关键。动植物检疫人员要掌握正确的动植物检疫操作规程，拥有有效的检验检疫技术方法。正确的操作规则和有效的检疫方法是动植物疫情准确检出的技术保证，反映了一个国家动植物检验检疫的技术水平。在当今生物技术、信息技术等高新技术突飞猛进的情况下，不断开发和掌握更为快捷准确的动植物检疫技术，并加强其在动植物检疫方法、鉴定技术、处理技术、监测技术中的应用，具有非常重要的意义。

加强我国动植物检疫、全面实施《SPS 协定》涉及方方面面，需要动员包括检疫部门、农业部门、科研单位、学校、社会在内等各方面的力量，协调配合，共同做好各项工作。相信通过各部门共同努力，我国将在不久的将来完成从被动适应《SPS 协定》规则到主动使用《SPS 协定》，为国家谋取更多利益的角色转换。

小　结　农产品市场准入、出口补贴和国内支持问题是中国加入 WTO 谈判中所涉及的主要农业问题。加入 WTO 使中国的农业贸易政策面临调整，涉及到农业贸易政策的目标定位、农产品进出口政策调整以及进一步加强进出境动植物检疫工作和农业贸易政策研究工作等。加入 WTO 在给中国动植物检疫事业发展带来前所未有的机遇的同时也带来了巨大的挑战，法规建设、标准建设、人才培养和技术提高等问题需要特别关注。以全面实施《SPS 协定》为契机，以把握透明度、非歧视性和科学性三大原则为基础，全面推进我国动植物检疫工作的协调发展，是历史赋予我们的重任。

思　考　题

1. 请简述国际贸易的特点和遵循的原则。
2. 试结合 1～2 个有关动物检疫的国际贸易争端，对其进行案例分析。
3. 试结合 1～2 个有关植物检疫的国际贸易争端，对其进行案例分析。
4. 中国加入 WTO 谈判中主要涉及哪几个农业问题？
5. 加入 WTO 中国农业贸易政策的调整应关注哪几方面的问题？
6. 试论述加入 WTO 给中国动植物检疫所带来的机遇与挑战。

参 考 文 献

1. 杨荣珍．WTO 争端解决-案例与评析．北京：对外经济贸易大学出版社，2002

2. 易小准，唐小兵．贸易自由化的挑战．北京：中央编译出版社，2000

3. 黎孝先．国际贸易实务．北京：对外经济贸易大学出版社，2000

4. Department of Agriculture Fisheries & Forestry-Australia, Quarantine and Market Access. Biosecurity Australia, Edmund Barton Building, Blackall Street, Barton ACT 2600, 2000
5. Kym Anderson, Chery McRae and David Wilson, The Economics of Quarantine and the SPS Agreement. Centre for International Economic Studies, Adelaide and AFFA Biosecurity Australia, Canberra, 2001
6. O'Connor and Company. Agriculture export refunds in EC and WTO law. Rue De SPA 30, B-1000 Brussels, Beigium, 1999
7. WTO/TBT-SPS 中国国家咨询点报告(第 2 号)

附　录

一、实施卫生与植物卫生措施协定

各成员：

重申不应阻止各成员为保护人类、动物或植物的生命或健康而采用或实施必需的措施，但是这些措施的实施方式不得构成在情形相同的成员之间进行任意或不合理歧视的手段，或构成对国际贸易的变相限制。

期望改善各成员的人类健康、动物健康和植物卫生状况。

注意到卫生与植物卫生措施通常以双边协议或议定书为基础实施，期望有关建立规则和纪律的多边框架，以指导卫生与植物卫生措施的制定、采用和实施，从而将其对贸易的消极影响减少到最低程度。

认识到国际标准、指南和建议可以在这方面作出重要贡献。

期望进一步推动各成员使用协调的、以有关国际组织制定的国际标准、指南和建议为基础的卫生与植物卫生措施，这些国际组织包括食品法典委员会、国际兽疫组织以及在《国际植物保护公约》范围内运作的有关国际和区域组织，但不要求各成员改变其对人类、动物或植物的生命或健康的适当保护水平。

认识到发展中国家成员在遵守进口成员的卫生与植物卫生措施方面可能遇到特殊困难，进而在市场准入及在其领土内制定和实施卫生与植物卫生措施方面也会遇到特殊困难，期望协助它们在这方面所做的努力。

因此期望对适用 GATT 1994 关于使用卫生与植物卫生措施的规定，特别是第 20 条(b)项①的规定详述具体规则。

特此协议如下：

第 1 条　总则

1. 本协定适用于所有可能直接或间接影响国际贸易的卫生与植物卫生措施。此类措施应依照本协定的规定制定和适用。

2. 就本协定而言，适用附件 A 中规定的定义。

3. 各附件为本协定的组成部分。

4. 对于不属本协定范围的措施，本协定的任何规定不得影响各成员在《技术性贸易壁垒协定》项下的权利。

第 2 条　基本权利和义务

1. 各成员有权采取为保护人类、动物或植物的生命或健康所必需的卫生与植物卫生措施，只要此类措施与本协定的规定不相抵触。

2. 各成员应保证任何卫生与植物卫生措施仅在为保护人类、动物或植物的生命或健康所必需的限度内实施，并根据科学原理，如无充分的科学证据则不再维持，但第 5 条第 7 款规定的情况除外。

3. 各成员应保证其卫生与植物卫生措施不在情形相同或相似的成员之间，包括在成员自己领土和其他成员的领土之间构成任意或不合理的歧视。卫生与植物卫生措施的实施方式不得构成对国际贸易的变相限制。

4. 符合本协定有关条款规定的卫生与植物卫生措施应被视为符合各成员根据 GATT 1994 有关使用卫生与植物卫生措施的规定所承担的义务，特别是第 20 条(b)项的规定。

第 3 条　协调

1. 为在尽可能广泛的基础上协调卫生与植物卫生措施，各成员的卫生与植物卫生措施应根据现有的国际标准、指南或建议制定，除非本协定、特别是第 3 款中另有规定。

2. 符合国际标准、指南或建议的卫生与植物卫生措施应被视为为保护人类、动物或植物的生命或健康所必需的措施，并被视为与本协定和 GATT 1994 的有关规定相一致。

3. 如存在科学理由，或一成员依照第 5 条第 1 款至第 8 款的有关规定确定动植物卫生的保护水平是适当的，则各成员可采用或维持比根据有关国际标准、指南或建议制定的措施所可能达到的保护水平更高的卫生与植物卫生措施。尽管有以上规定，但是所产生的卫生与植物卫生保护水平与根据国际标准、指南或建议制定的措施所实现的保护水平不同的措施，均不得与本协定中任何其他规定相抵触。

4. 各成员应在力所能及的范围内充分参与有关国际组织及其附属机构，特别是食品法典委员会、国际兽疫组织以及在《国际植物保护公约》范围内运作的有关国际和区域组织，以促进在这些组织中制定和定期审议有关卫生与植物卫生措施所有方面的标准、指南和建议。

5. 第 12 条第 1 款和第 4 款规定的卫生与植物卫生措施委员会(本协定中称“委员会”)应制定程序，以监控国际协调进程，并在这方面与有关国际组织协同努力。

第 4 条　等效

1. 如出口成员客观地向进口成员证明其卫生与植物卫生措施达到进口成员适当的卫生与植物卫生保护水平，则各成员应将其他成员的措施作为等效措施予以接受，即使这些措施不同于进口成员自己的措施，或不同于从事相同产品贸易的其他成员使用的措施。为此，应请求，应给予进口成员进行检查、检验及其他相关程序的合理机会。

2. 应请求，各成员应进行磋商，以便就承认具体卫生与植物卫生措施的等效性问题达成双边和多边协定。

第5条　风险评估和适当的卫生与植物卫生保护水平的确定

1. 各成员应保证其卫生与植物卫生措施的制定以对人类、动物或植物的生命或健康所进行的、适合有关情况的风险评估为基础，同时考虑有关国际组织制定的风险评估技术。

2. 在进行风险评估时，各成员应考虑可获得的科学证据；有关工序和生产方法；有关检查、抽样和检验方法；特定病害或虫害的流行；病虫害非疫区的存在；有关生态和环境条件；以及检疫或其他处理方法。

3. 各成员在评估对动物或植物的生命或健康构成的风险并确定为实现适当的卫生与植物卫生保护水平以防止此类风险所采取的措施时，应考虑下列有关经济因素：由于虫害或病害的传入、定居或传播造成生产或销售损失的潜在损害；在进口成员领土内控制或根除病虫害的费用；以及采用替代方法控制风险的相对成本效益。

4. 各成员在确定适当的卫生与植物卫生保护水平时，应考虑将对贸易的消极影响减少到最低程度的目标。

5. 为实现在防止对人类生命或健康、动物和植物的生命或健康的风险方面运用适当的卫生与植物卫生保护水平的概念的一致性，每一成员应避免其认为适当的保护水平在不同的情况下存在任意或不合理的差异，如此类差异造成对国际贸易的歧视或变相限制。各成员应在委员会中进行合作，依照第12条第1款、第2款和第3款制定指南，以推动本规定的实际实施。委员会在制定指南时应考虑所有有关因素，包括人们自愿承受人身健康风险的例外特性。

6. 在不损害第3条第2款的情况下，在制定或维持卫生与植物卫生措施以实现适当的卫生与植物卫生保护水平时，各成员应保证此类措施对贸易的限制不超过为达到适当的卫生与植物卫生保护水平所要求的限度，同时考虑其技术和经济可行性。

7. 在有关科学证据不充分的情况下，一成员可根据可获得的有关信息，包括来自有关国际组织以及其他成员实施的卫生与植物卫生措施的信息，临时采用卫生与植物卫生措施。在此种情况下，各成员应寻求获得更加客观地进行风险评估所必需的额外信息，并在合理期限内据此审议卫生与植物卫生措施。

8. 如一成员有理由认为另一成员采用或维持的特定卫生与植物卫生措施正在限制或可能限制其产品出口，且该措施不是根据有关国际标准、指南或建议制定的，或不存在此类标准、指南或建议，则可请求说明此类卫生与植物卫生措施的理由，维持该措施的成员应提供此种说明。

第 6 条　适应地区条件，包括适应病虫害非疫区和低度流行区的条件

1. 各成员应保证其卫生与植物卫生措施适应产品的产地和目的地的卫生与植物卫生特点，无论该地区是一国的全部或部分地区，或几个国家的全部或部分地区。在评估一地区的卫生与植物卫生特点时，各成员应特别考虑特定病害或虫害的流行程度、是否存在根除或控制计划以及有关国际组织可能制定的适当标准或指南。

2. 各成员应特别认识到病虫害非疫区和低度流行区的概念。对这些地区的确定应根据地理、生态系统、流行病监测以及卫生与植物卫生控制的有效性等因素。

3. 声明其领土内地区属病虫害非疫区或低度流行区的出口成员，应提供必要的证据，以便向进口成员客观地证明此类地区属、且有可能继续属病虫害非疫区或低度流行区。为此，应请求，应使进口成员获得进行检查、检验及其他有关程序的合理机会。

第 7 条　透明度

各成员应依照附件 B 的规定通知其卫生与植物卫生措施的变更，并提供有关其卫生与植物卫生措施的信息。

第 8 条　控制、检查和批准程序

各成员在实施控制、检查和批准程序时，包括关于批准食品、饮料或饲料中使用添加剂或确定污染物允许量的国家制度，应遵守附件 C 的规定，并在其他方面保证其程序与本协定规定不相抵触。

第 9 条　技术援助

1. 各成员同意以双边形式或通过适当的国际组织便利向其他成员、特别是发展中国家成员提供技术援助。此类援助可特别针对加工技术、研究和基础设施等领域，包括建立国家管理机构，并可采取咨询、信贷、捐赠和赠予等方式，包括为寻求技术专长的目的，为使此类国家适应并符合为实现其出口市场的适当卫生与植物卫生保护水平所必需的卫生与植物卫生措施而提供的培训和设备。

2. 当发展中国家出口成员为满足进口成员的卫生与植物卫生要求而需要大量投资时，后者应考虑提供此类可使发展中国家成员维持和扩大所涉及的产品市场准入机会的技术援助。

第 10 条 特殊和差别待遇

1. 在制定和实施卫生与植物卫生措施时,各成员应考虑发展中国家成员、特别是最不发达国家成员的特殊需要。

2. 如适当的卫生与植物卫生保护水平有余地允许分阶段采用新的卫生与植物卫生措施,则应给予发展中国家成员有利害关系产品更长的时限以符合该措施,从而维持其出口机会。

3. 为保证发展中国家成员能够遵守本协定的规定,应请求,委员会有权,给予这些国家对于本协定项下全部或部分义务的特定的和有时限的例外,同时考虑其财政、贸易和发展需要。

4. 各成员应鼓励和便利发展中国家成员积极参与有关国际组织。

第 11 条 磋商和争端解决

1. 由《争端解决谅解》详述和适用的 GATT1994 第 22 条和第 23 条的规定适用于本协定项下的磋商和争端解决,除非本协定另有具体规定。

2. 在本协定项下涉及科学或技术问题的争端中,专家组应寻求专家组与争端各方磋商后选定的专家的意见。为此,在主动或应争端双方中任何一方请求下,专家组在其认为适当时,可设立一技术专家咨询小组,或咨询有关国际组织。

3. 本协定中的任何内容不得损害各成员在其他国际协定项下的权利,包括援用其他国际组织或根据任何国际协定设立的斡旋或争端解决机制的权利。

第 12 条 管理

1. 特此设立卫生与植物卫生措施委员会,为磋商提供经常性场所。委员会应履行为实施本协定规定并促进其目标实现所必需的职能,特别是关于协调的目标。委员会应经协商一致作出决定。

2. 委员会应鼓励和便利各成员之间就特定的卫生与植物卫生问题进行不定期的磋商或谈判。委员会应鼓励所有成员使用国际标准、指南和建议。在这方面,委员会应主办技术磋商和研究,以提高在批准使用食品添加剂或确定食品、饮料或饲料中污染物允许量的国际和国家制度或方法方面的协调性和一致性。

3. 委员会应同卫生与植物卫生保护领域的有关国际组织,特别是食品法典委员会、国际兽疫组织和《国际植物保护公约》秘书处保持密切联系,以获得用于管理本协定的可获得的最佳科学和技术意见,并保证避免不必要的重复工作。

4. 委员会应制定程序,以监测国际协调进程及国际标准、指南或建议的使用。为此,委员会应与有关国际组织一起,制定一份委员会认为对贸易有较大影响的与卫生与植物卫生措施有关的国际标准、指南或建议清单。在该清单中各成员应说明那些被用作进口条件或在此基础上进口产品符合这些标准即可享有对其市场准入的国际标准、指南或建议。在一成员不将国际标准、指南或建议作为进口条件的情况下，该成员应说明其中的理由，特别是它是否认为该标准不够严格，而无法提供适当的卫生与植物卫生保护水平。如一成员在其说明标准、指南或建议的使用为进口条件后改变其立场，则该成员应对其立场的改变提供说明，并通知秘书处以及有关国际组织，除非此类通知和说明已根据附件 B 中的程序作出。

5. 为避免不必要的重复，委员会可酌情决定使用通过有关国际组织实行的程序、特别是通知程序所产生的信息。

6. 委员会可根据一成员的倡议，通过适当渠道邀请有关国际组织或其附属机构审查有关特定标准、指南或建议的具体问题，包括根据第 4 款对不使用所作说明的依据。

7. 委员会应在《WTO 协定》生效之日后 3 年后，并在此后有需要时，对本协定的运用和实施情况进行审议。在适当时，委员会应特别考虑在本协定实施过程中所获得的经验，向货物贸易理事会提交修正本协定文本的建议。

第 13 条　实施

各成员对在本协定项下遵守其中所列所有义务负有全责。各成员应制定和实施积极的措施和机制，以支持中央政府机构以外的机构遵守本协定的规定。各成员应采取所能采取的合理措施，以保证其领土内的非政府实体以及其领土内相关实体为其成员的区域机构，符合本协定的相关规定。此外，各成员不得采取其效果具有直接或间接要求或鼓励此类区域或非政府实体、或地方政府机构以与本协定规定不一致的方式行事作用的措施。各成员应保证只有在非政府实体遵守本协定规定的前提下，方可依靠这些实体提供的服务实施卫生与植物卫生措施。

第 14 条　最后条款

对于最不发达国家成员影响进口或进口产品的卫生与植物卫生措施，这些国家可自《WTO 协定》生效之日起推迟 5 年实施本协定的规定。对于其他发展中国家成员影响进口或进口产品的现有卫生与植物卫生措施；如由于缺乏技术专长、技术基础设施或资源而妨碍实施，则这些国家可自《WTO 协定》生效之日起推迟 2 年实施本协定的规定，但第 5 条第 8 款和第 7 条的规定除外。

附件 A　定义

1. 卫生与植物卫生措施——用于下列目的的任何措施：

(a)保护成员领土内的动物或植物的生命或健康免受虫害、病害、带病有机体或致病有机体的传入、定居或传播所产生的风险；

(b)保护成员领土内的人类或动物的生命或健康免受食品、饮料或饲料中的添加剂、污染物、毒素或致病有机体所产生的风险；

(c)保护成员领土内的人类的生命或健康免受动物、植物或动植物产品携带的病害，或虫害的传入、定居或传播所产生的风险；

(d) 防止或控制成员领土内因虫害的传入、定居或传播所产生的其他损害。

卫生与植物卫生措施包括所有相关法律、法令、法规、要求和程序，特别包括：最终产品标准；工序和生产方法；检验、检查、认证和批准程序；检疫处理，包括与动物或植物运输有关的或与在运输过程中为维持动植物生存所需物质有关的要求；有关统计方法、抽样程序和风险评估方法的规定；以及与粮食安全直接有关的包装和标签要求。

2. 协调——不同成员制定、承认和实施共同的卫生与植物卫生措施。

3. 国际标准、指南和建议：

(a)对于粮食安全，指食品法典委员会制定的与食品添加剂、兽药和除虫剂残余物、污染物、分析和抽样方法有关的标准、指南和建议，及卫生惯例的守则和指南；

(b)对于动物健康和寄生虫病，指国际兽疫组织主持制定的标准、指南和建议；

(c)对于植物健康，指在《国际植物保护公约》秘书处主持下与在《国际植物保护公约》范围内运作的区域组织合作制定的国际标准、指南和建议；

(d)对于上述组织未涵盖的事项，指经委员会确认的、由其成员资格向所有WTO成员开放的其他有关国际组织公布的有关标准、指南和建议。

4. 风险评估——根据可能适用的卫生与植物卫生措施评价虫害或病害在进口成员领土内传入、定居或传播的可能性，及评价相关潜在的生物学后果和经济后果；或评价食品、饮料或饲料中存在的添加剂、污染物、毒素或致病有机体对人类或动物的健康所产生的潜在不利影响。

5. 适当的卫生与植物卫生保护水平——制定卫生与植物卫生措施以保护其领土内的人类、动物或植物的生命或健康的成员所认为适当的保护水平。

注：许多成员也称此概念为“可接受的风险水平”。

6. 病虫害非疫区——由主管机关确认的未发生特定虫害或病害的地区，无论是一国的全部或部分地区，还是几个国家的全部或部分地区。

注：病虫害非疫区可以包围一地区、被一地区包围或毗连一地区，可在一国的部分地区内，或在包括几个国家的部分或全部地理区域内，在该地区内已知发

生特定虫害或病害，但已采取区域控制措施，如建立可限制或根除所涉虫害或病害的保护区、监测区和缓冲区。

7. 病虫害低度流行区——由主管机关确认的特定虫害或病害发生水平低、且已采取有效监测、控制或根除措施的地区，该地区可以是一国的全部或部分地区，也可以是几个国家的全部或部分地区。

附件 B　卫生与植物卫生法规的透明度

法规的公布

1. 各成员应保证迅速公布所有已采用的卫生与植物卫生法规，以使有利害关系的成员知晓。

2. 除紧急情况外，各成员应在卫生与植物卫生法规的公布和生效之间留出合理时间间隔，使出口成员、特别是发展中国家成员的生产者有时间使其产品和生产方法适应进口成员的要求。

咨询点

3. 每一成员应保证设立一咨询点，负责对有利害关系的成员提出的所有合理问题作出答复，并提供有关下列内容的文件：

(a)在其领土内已采用或提议的任何卫生与植物卫生法规；

(b)在其领土内实施的任何控制和检查程序、生产和检疫处理方法、杀虫剂允许量和食品添加剂批准程序；

(c)风险评估程序、考虑的因素以及适当的卫生与植物卫生保护水平的确定；

(d)成员或其领土内相关机构在国际和区域卫生与植物卫生组织和体系内，及在本协定范围内的双边和多边协定和安排中的成员资格和参与情况，及此类协定和安排的文本。

4. 各成员应保证在如有利害关系的成员索取文件副本，除递送费用外，应按向有关成员本国国民提供的相同价格(如有定价)提供。

通知程序

5. 只要国际标准、指南或建议不存在或拟议的卫生与植物卫生法规的内容与国际标准、指南或建议的内容实质上不同，且如果该法规对其他成员的贸易有重大影响，则各成员即应：

(a)提早发布通知，以使有利害关系的成员知晓采用特定法规的建议；

(b)通过秘书处通知其他成员法规所涵盖的产品，并对拟议法规的目的和理由作出简要说明。此类通知应在仍可进行修正和考虑提出的意见时提早作出。

(c)应请求，向其他成员提供拟议法规的副本，只要可能，应标明与国际标准、指南或建议有实质性偏离的部分；

(d)无歧视地给予其他成员合理的时间以提出书面意见，应请求讨论这些意见，并对这些书面意见和讨论的结果予以考虑。

6. 但是，如一成员面临健康保护的紧急问题或面临发生此种问题的威胁，则该成员可省略本附件第 5 款所列步骤中其认为有必要省略的步骤，只要该成员：

(a)立即通过秘书处通知其他成员所涵盖的特定法规和产品，并对该法规的目标和理由作出简要说明，包括紧急问题的性质；

(b)应请求，向其他成员提供法规的副本；

(c)允许其他成员提出书面意见，应请求讨论这些意见，并对这些书面意见和讨论的结果予以考虑。

7. 提交秘书处的通知应使用英文、法文或西班牙文。

8. 如其他成员请求，发达国家成员应以英文、法文或西班牙文提供特定通知所涵盖的文件，如文件篇幅较长，则应提供此类文件的摘要。

9. 秘书处应迅速向所有成员和有利害关系的国际组织散发通知的副本，并提请发展中国家成员注意任何有关其特殊利益产品的通知。

10. 各成员应指定一中央政府机构，负责在国家一级依据本附件第 5 款、第 6 款、第 7 款和第 8 款实施有关通知程序的规定。

一般保留

11. 本协定的任何规定不得解释为要求：

(a)使用成员语文以外的语文提供草案细节或副本或公布文本内容，但本附件第 8 款规定的除外；

(b)各成员披露会阻碍卫生与植物卫生立法的执行或会损害特定企业合法商业利益的机密信息。

附件 C　控制、检查和批准程序

1. 对于检查和保证实施卫生与植物卫生措施的任何程序，各成员应保证：

(a)此类程序的实施和完成不受到不适当的迟延，且对进口产品实施的方式不严于国内同类产品。

(b)公布每一程序的标准处理期限，或应请求，告知申请人预期的处理期限；主管机构在接到申请后迅速审查文件是否齐全，并以准确和完整的方式通知申请人所有不足之处；主管机构尽快以准确和完整的方式向申请人传达程序的结果，以便在必要时采取纠正措施；即使在申请存在不足之处时，如申请人提出请求，主管机构也应尽可能继续进行该程序；以及应请求，将程序所进行的阶段通知申请人，并对任何迟延作出说明。

(c)有关信息的要求仅限于控制、检查和批准程序所必需的限度，包括批准使用添加剂或为确定食品、饮料或饲料中污染物的允许量所必需的限度。

(d)在控制、检查和批准过程中产生的或提供的有关进口产品的信息，其机密性受到不低于本国产品的遵守，并使合法商业利益得到保护。

(e)控制、检查和批准一产品的单个样品的任何要求仅限于合理和必要的限度。

(f)因对进口产品实施上述程序而征收的任何费用与对国内同类产品或来自任何其他成员的产品所征收的费用相比是公平的，且不高于服务的实际费用。

(g)程序中所用设备的设置地点和进口产品样品的选择应使用与国内产品相同的标准，以便将申请人、进口商、出口商或其代理人的不便减少到最低程度。

(h)只要由于根据适用的法规进行控制和检查而改变产品规格，则对改变规格产品实施的程序仅限于为确定是否有足够的信心相信该产品仍符合有关规定所必需的限度。

(i)建立审议有关运用此类程序的投诉的程序，且当投诉合理时采取纠正措施。

如一进口成员实行批准使用食品添加剂或制定食品、饮料或饲料中污染物允许量的制度，以禁止或限制未获批准的产品进入其国内市场，则进口成员应考虑使用有关国际标准作为进入市场的依据，直到作出最后确定为止。

2. 如一卫生与植物卫生措施规定在生产阶段进行控制，则在其领土内进行有关生产的成员应提供必要协助，以便利此类控制及控制机构的工作。

3. 本协定的内容不得阻止各成员在各自领土内实施合理检查。

二、中华人民共和国进出境动植物检疫法

(1991年10月30日第七届全国人民代表大会常务委员会第二十二次会议通过，主席令第53号发布)

第一章　总则

第一条　为防止动物传染病、寄生虫病和植物危险性病、虫、杂草以及其他有害生物(以下简称病虫害)传入、传出国境，保护农、林、牧，渔业生产和人体健

康，促进对外经济贸易的发展，制定本法。

第二条　进出境的动植物、动植物产品和其他检疫物，装载动植物、动植物产品和其他检疫物的装载容器、包装物，以及来自动植物疫区的运输工具，依照本法规定实施检疫。

第三条　国务院设立动植物检疫机关（以下简称国家动植物检疫机关），统一管理全国进出境动植物检疫工作。国家动植物检疫机关在对外开放的口岸和进出境动植物检疫业务集中的地点设立的口岸动植物检疫机关，依照本法规定实施进出境动植物检疫。

贸易性动物产品出境的检疫机关，由国务院根据实际情况规定。

国务院农业行政主管部门主管全国进出境动植物检疫工作。

第四条 口岸动植物检疫机关在实施检疫时可以行使下列职权：

（一）依照本法规定登船、登车、登机实施检疫；

（二）进入港口、机场、车站、邮局以及检疫物的存放、加工、养殖、种植场所实施检疫，并依照规定采样；

（三）根据检疫需要，进入有关生产、仓库等场所，进行疫情监测、调查和检疫监督管理；

（四）查阅、复制、摘录与检疫物有关的运行日志、货运单、合同、发票以及其他单证。

第五条　国家禁止下列各物进境：

（一）动植物病原体（包括菌种、毒种等）、害虫及其他有害生物；

（二）动植物疫情流行的国家和地区的有关动植物、动植物产品和其他检疫物；

（三）动物尸体；

（四）土壤。

口岸动植物检疫机关发现有前款规定的禁止进境物的，作退回或者销毁处理。

因科学研究等特殊需要引进本条第一款规定的禁止进境物的，必须事先提出申请，经国家动植物检疫机关批准。

本条第一款第二项规定的禁止进境物的名录，由国务院农业行政主管部门制定并公布。

第六条　国外发生重大动植物疫情并可能传入中国时，国务院应当采取紧急预防措施，必要时可以下令禁止来自动植物疫区的运输工具进境或者封锁有关口岸；受动植物疫情威胁地区的地方人民政府和有关口岸动植物检疫机关，应当立即采取紧急措施，同时向上级人民政府和国家动植物检疫机关报告。

邮电、运输部门对重大动植物疫情报告和送检材料应当优先传送。

第七条　国家动植物检疫机关和口岸动植物检疫机关对进出境动植物、动植物产品的生产、加工、存放过程，实行检疫监督制度。

第八条　口岸动植物检疫机关在港口、机场、车站、邮局执行检疫任务时，海关、交通、民航、铁路、邮电等有关部门应当配合。

第九条　动植物检疫机关检疫人员必须忠于职守，秉公执法。

动植物检疫机关检疫人员依法执行公务，任何单位和个人不得阻挠。

第二章　进境检疫

第十条　输入动物、动物产品、植物种子、种苗等其他繁殖材料的，必须事先提出申请，办理检疫审批手续。

第十一条　通过贸易、科技合作、交换、赠送、援助等方式输入动植物、动植物产品和其他检疫物的，应当在合同或者协议中订明中国法定的检疫要求，并订明必须附有输出国家或者地区政府动植物检疫机关出具的检疫证书。

第十二条　货主或者其代理人应当在动植物、动植物产品和其他检疫物进境前或者进境时持输出国家或者地区的检疫证书、贸易合同等单证，向进境口岸动植物检疫机关报检。

第十三条　装载动物的运输工具抵达口岸时，口岸动植物检疫机关应当采取现场预防措施，对上下运输工具或者接近动物的人员、装载动物的运输工具和被污染的场地作防疫消毒处理。

第十四条　输入动植物、动植物产品和其他检疫物，应当在进境口岸实施检疫。未经口岸动植物检疫机关同意，不得卸离运输工具。

输入动植物，需隔离检疫的，在口岸动植物检疫机关指定的隔离场所检疫。

因口岸条件限制等原因，可以由国家动植物检疫机关决定将动植物、动植物产品和其他检疫物运往指定地点检疫。在运输、装卸过程中，货主或者其代理人应当采取防疫措施。指定的存放、加工和隔离饲养或者隔离种植的场所，应当符合动植物检疫和防疫的规定。

第十五条　输入动植物、动植物产品和其他检疫物，经检疫合格的，准予进境；海关凭口岸动植物检疫机关签发的检疫单证或者在报单上加盖的印章验放。

输入动植物、动植物产品和其他检疫物，需调离海关监管区检疫的，海关凭口岸动植物检疫机关签发的《检疫调离通知单》验放。

第十六条　输入动物，经检疫不合格的，由口岸动植物检疫机关签发《检疫处理通知单》，通知货主或者其代理人作如下处理：

（一）检出一类传染病、寄生虫病的动物，连同其同群动物全群退回或者全群扑杀并销毁尸体；

（二）检出二类传染病、寄生虫病的动物，退回或者扑杀，同群其他动物在隔离场或者其他指定地点隔离观察。

输入动物产品和其他检疫物经检疫不合格的，由口岸动植物检疫机关签发《检疫处理通知单》，通知货主或者其代理人作除害、退回或者销毁处理。经除害处理合格的，准予进境。

第十七条　输入植物、植物产品和其他检疫物，经检疫发现有植物危险性病、虫、杂草的，由口岸动植物检疫机关签发《检疫处理通知单》，通知货主或者其代理人作除害、退回或者销毁处理。经除害处理合格的，准予进境。

第十八条　本法第十六条第一款第一项、第二项所称一类、二类动物传染病、寄生虫病的名录和本法第十七条所称植物危险性病、虫、杂草的名录，由国务院农业行政主管部门制定本公布。

第十九条　输入动植物、动植物产品和其他检疫物，经检疫发现有本法第十八条规定的名录之外，对农、林、牧、渔业有严重危险的其他病虫害的，由口岸动植物检疫机关依照国务院农业行政主管部门的规定，通知货主或者其代理人作除害、退回或者销毁处理。经除害处理合格的，准予进境。

第三章　出境检疫

第二十条　货主或者其代理人在动植物、动植物产品和其他检疫物出境前，向口岸动植物检疫机关报检。

出境前需经隔离检疫的动物，在口岸动植物检疫机关指定的隔离场所检疫。

第二十一条　输出动植物、动植物产品和其他检疫物，由口岸动植物检疫机关实施检疫，经检疫合格或者经除害处理合格的，准予出境；海关凭口岸动植物检疫机关签发的检疫证书或者在报关单上加盖的印章验放。检疫不合格又无有效方法作除害处理的，不准出境。

第二十二条　经检疫合格的动植物、动植物产品和其他检疫物，有下列情形之一的，货主或者其代理人应当重新报检：

（一）更改输入国家或者地区，更改好的输入国家或者地区又有不同检疫要求的；

（二）改换包装或者原未拼装后来拼装的；

（三）超过检疫规定有效期的。

第四章　过境检疫

第二十三条　要求运输动物过境的，必须事先商得中国国家动植物检疫机关同意，并按照指定的口岸和路线过境。

装载过境动物的运输工具、装载容器、饲料和铺垫材料，必须符合中国动植物检疫的规定。

第二十四条 运输动植物、动植物产品和其他检疫物过境的，由承运人或者押运人持货运单和输出国家或者地区政府动植物检疫机关出具的检疫证书，在进境时向口岸动植物检疫机关报检，出境口岸不再检疫。

第二十五条 过境的动物经检疫合格的，准予过境；发现有本法第十八条规定的名录所列的动物传染病、寄生虫病的，全群动物不准过境。

过境动物的饲料受病虫害污染的，作除害、不准过境或者销毁处理。

过境的动物的尸体、排泄物、铺垫材料及其他废弃物，必须按照动植物检疫机关的规定处理，不得擅自抛弃。

第二十六条 对过境植物、动植物产品和其他检疫物，口岸动植物检疫机关检查运输工具或者包装，经检疫合格的，准予过境；发现有本法第十八条规定的名录所列的病虫害的，作除害处理或者不准过境。

第二十七条 动植物、动植物产品和其他检疫物过境期间，未经动植物检疫机关批准，不得开拆包装或者卸离运输工具。

第五章 携带、邮寄物检疫

第二十八条 携带、邮寄植物种子、种苗以及其繁殖材料进境的，必须事先提出申请，办理检疫审批手续。

第二十九条 禁止携带、邮寄进境的动植物、动植物产品和其他检疫物的名录，由国务院农业行政主管部门制定并公布。

携带、邮寄前款规定的名录所列的动植物、动植物产品和其他检疫物进境的，作退回或者销毁处理。

第三十条 携带本法第二十九条规定的名录以外的动植物、动植物产品和其他检疫物进境的，在进境时向海关申报并接受口岸动物检疫机关检疫。

携带动物进境的，必须持有输出国家或者地区的检疫证书等证件。

第三十一条 邮寄本法第二十九条规定的名录以外的动植物、动植物产品和其他检疫物进境的，由口岸动植物检疫机关在国际邮件互换局实施检疫，必要时可以取回口岸动植物检疫机关检疫；未经检疫不得运递。

第三十二条 邮寄进境的动植物、动植物产品和其他检疫物，经检疫或者除害处理合格后放行；经检疫不合格又无有效方法作除害处理的，作退回或者销毁处理，并签发《检疫处理通知单》。

第三十三条 携带、邮寄出境的动植物、动植物产品和其他检疫物，物主有检疫要求的，由口岸动植物检疫机关实施检疫。

第六章　运输工具检疫

第三十四条　来自动植物疫区的船舶、飞机、火车抵达口岸时，由口岸动植物检疫机关实施检疫。发现有本法第十八条规定的名录所列的病虫害的，作不准带离运输工具、除害、封存或者销毁处理。

第三十五条　进境的车辆，由口岸动植物检疫机关作防疫消毒处理。

第三十六条　进出境运输工具上的泔水、动植物性废弃物，依照口岸动植物检疫机关的规定处理，不得擅自抛弃。

第三十七条　装载出境的动植物、动植物产品和其他检疫物的运输工具，应当符合动植物检疫和防疫的规定。

第三十八条　进境供拆船用的废旧船舶，由口岸动植物检疫机关实施检疫，发现有本法第十八条规定的名录所列的病虫害的，作除害处理。

第七章　法律责任

第三十九条　违反本法规定，有下列行为之一的，由口岸动植物检疫机关处以罚款：

（一）未报检或者未依法办理检疫审批手续的；

（二）未经口岸动植物检疫机关许可擅自将进境动植物、动植物产品或者其他检疫物卸离运输工具或者运递的；

（三）擅自调离或者处理在口岸动植物检疫机关指定的隔离场所中隔离检疫的动植物的。

第四十条　报检的动植物、动植物产品或者其他检疫物与实际不符合的，由口岸动植物检疫机关处以罚款；已取得检疫单证的，予以吊销。

第四十一条　违反本法规定，擅自开拆过境动植物、动植物产品或者其他检疫物的包装的，擅自将过境动植物、动植物产品或者其他检疫物卸离运输工具的，擅自抛弃过境动物的尸体、排泄物、铺垫材料或者其他废弃物的，有动植物检疫机关处以罚款。

第四十二条　违反本法规定，引起重大动植物疫情的，比照刑法第一百七十八条的规定追究刑事责任。

第四十三条　伪造、变造检疫单证、印章、标志、封识，依照刑法第一百六十七条的规定追究刑事责任。

第四十四条　当事人对动植物检疫机关的处罚决定不服的，可以在接到处罚通知之日起十五日内向作出处罚决定的机关的上一级机关申请复议；当事人也可以在接到处罚通知之日起十五日内直接向人民法院起诉。

复议机关应当在接到复议申请之日起六十日内作出复议决定。当事人对复议决定不服的,可以在接到复议决定之日起十五日内向人民法院起诉。复议机关逾期不作出复议决定的,当事人可以在复议期满之日起十五日内向人民法院起诉。

当事人逾期不申请复议也不向人民法院起诉,又不履行处罚决定的,作出处罚决定的机关可以申请人民法院强制执行。

第四十五条　动植物检疫机关检疫人员滥用职权,徇私舞弊,伪造检疫结果,或者玩忽职守,延误检疫出证,构成犯罪的,依法追究刑事责任;不构成犯罪的,给予行政处分。

第八章　附则

第四十六条　本法下列用语的含义是:

(一)“动物”是指饲养、野生的活动物,如畜、禽、兽、蛇、龟、鱼、虾、蟹、贝、蚕、蜂等;

(二)“动物产品”是指来源于动物未经加工或者虽经加工但仍有可能传播疫病的产品,如生皮张、毛类、肉类、脏器、油脂、动物水产品、奶制品、蛋类、血液、精液、胚胎、骨、蹄、角等;

(三)“植物”是指栽培植物、野生植物及其种子、种苗及其他繁殖材料等;

(四)“植物产品”是指来源于植物未经加工或者虽经加工但仍有可能传播病虫害的产品,如粮食、豆、棉花、油、麻、烟草、籽仁、干果、鲜果、蔬菜、生药材、木材、饲料等;

(五)“其他检疫物”是指动物疫苗、血清、诊断液、动植物性废弃物等。

第四十七条　中华人民共和国缔结或者参加的有关动植物检疫的国际条约与本法有不同规定的,适用该国际条约的规定。但是,中华人民共和国声明保留的条款除外。

第四十八条　口岸动植物检疫机关实施检疫依照规定收费。收费办法由国务院农业行政主管部门会同国务院物价等有关主管部门制定。

第四十九条　国务院根据本法制定实施条例。

第五十条　本法自1992年4月1日起施行。1982年6月4日国务院发布的《中华人民共和国进出口动植物检疫条例》同时废止。

附:刑法有关条款

第一百六十七条　伪造、变造或者盗窃、抢夺、毁灭国家机关、企业、事业单位、人民团体的公文、证件、印章的,处三年以下有期徒刑、拘役、管制或者剥夺政治权利;情节严重的,处三年以上十年以下有期徒刑。

第一百七十八条　违反国境卫生检疫规定,引起检疫传染病的传播、或者有引起检疫传染病传播严重危险的,处三年以下有期徒刑或者拘役,可以并处或者单处罚金。

三、中华人民共和国动物防疫法

(1997年7月3日第八届全国人民代表大会常务委员会第二十六次会议通过)

目　　录

第一章　总　　则

第一条　为了加强对动物防疫工作的管理,预防、控制和扑灭动物疫病,促进养殖业发展,保护人体健康,制定本法。

第二条　本法适用于在中华人民共和国领域内的动物防疫活动。

进出境动物、动物产品的检疫,适用《中华人民共和国进出境动植物检疫法》。

第三条　本法所称动物,是指家畜家禽和人工饲养、合法捕获的其他动物。

本法所称动物产品,是指动物的生皮、原毛、精液、胚胎、种蛋以及未经加工的胴体、脂、脏器、血液、绒、骨、角、头、蹄等。

本法所称动物疫病,是指动物传染病、寄生虫病。

本法所称动物防疫,包括动物疫病的预防、控制、扑灭和动物、动物产品的检疫。

第四条　动物屠宰,依照本法对其胴体、头、蹄和内脏实施检疫、监督。经检疫合格作为食品的,其卫生检验、监督,依照《中华人民共和国食品卫生法》的规定办理。

第五条　国家对动物疫病实行预防为主的方针。

第六条　国务院畜牧兽医行政管理部门主管全国的动物防疫工作。

县级以上地方人民政府畜牧兽医行政管理部门主管本行政区域内的动物防疫工作。

县级以上人民政府所属的动物防疫监督机构实施动物防疫和动物防疫监督。

军队的动物防疫监督机构负责军队现役动物及军队饲养自用动物的防疫工作。

第七条　各级人民政府应当加强对动物防疫工作的领导。

第八条　国家鼓励、支持动物防疫的科学研究，推广先进的科学研究成果，普及动物防疫的科学知识，提高动物防疫水平。

第九条　在动物防疫工作、动物防疫科学研究中做出成绩和贡献的单位和个人，由人民政府或者畜牧兽医行政管理部门给予奖励。

第二章　动物疫病的预防

第十条　根据动物疫病对养殖业生产和人体健康的危害程度，本法规定管理的动物疫病分为下列三类：

（一）一类疫病，是指对人畜危害严重、需要采取紧急、严厉的强制预防、控制、扑灭措施的；

（二）二类疫病，是指可造成重大经济损失、需要采取严格控制、扑灭措施，防止扩散的；

（三）三类疫病，是指常见多发、可能造成重大经济损失、需要控制和净化的。

前款三类疫病的具体病种名录由国务院畜牧兽医行政管理部门规定并公布。

第十一条　国务院畜牧兽医行政管理部门应当制定国家动物疫病预防规划。

国务院畜牧兽医行政管理部门根据国内外动物疫情和保护养殖业生产及人体健康的需要，及时规定并公布动物疫病预防办法。

国家对严重危害养殖业生产和人体健康的动物疫病实行计划免疫制度，实施强制免疫。实施强制免疫的动物疫病病种名录由国务院畜牧兽医行政管理部门规定并公布。

实施强制免疫以外的动物疫病预防，由县级以上地方人民政府畜牧兽医行政管理部门制定计划，报同级人民政府批准后实施。

第十二条　国家应当采取措施预防和扑灭严重危害养殖业生产和人体健康的动物疫病。

预防和扑灭动物疫病所需的药品、生物制品和有关物资，应当有适量的储备，并纳入国民经济和社会发展计划。

第十三条　动物防疫监督机构应当加强对动物疫病预防的宣传教育和技术指导、技术培训、咨询服务，并组织实施动物疫病免疫计划。

乡、民族乡、镇的动物防疫组织应当在动物防疫监督机构的指导下，组织做好动物疫病预防工作。

第十四条　饲养、经营动物和生产、经营动物产品的单位和个人，应当依照本法和国家有关规定做好动物疫病的计划免疫、预防工作，并接受动物防疫监督机构的监测、监督。

第十五条　动物饲养场应当及时扑灭动物疫病。种畜、种禽应当达到国家规定的健康合格标准。

第十六条　动物、动物产品的运载工具、垫料、包装物应当符合国务院畜牧兽医行政管理部门规定的动物防疫条件。

染疫动物及其排泄物、染疫动物的产品、病死或者死因不明的动物尸体，必须按照国务院畜牧兽医行政管理部门的有关规定处理，不得随意处置。

第十七条　保存、使用、运输动物源性致病微生物的，应当遵守国家规定的管理制度和操作规程。

因科研、教学、防疫等特殊需要，运输动物病料的，应当按照国家有关规定运输。

从事动物疫病科学研究的单位应当按照国家有关规定，对实验动物严格管理，防止动物疫病传播。

第十八条　禁止经营下列动物、动物产品：

(一)封锁疫区内与所发生动物疫病有关的；

(二)疫区内易感染的；

(三)依法应当检疫而未经检疫或者检疫不合格的；

(四)染疫的；

(五)病死或者死因不明的；

(六)其他不符合国家有关动物防疫规定的。

第三章　动物疫病的控制和扑灭

第十九条　国务院畜牧兽医行政管理部门统一管理并公布全国动物疫情，

也可以根据需要授权省、自治区、直辖市人民政府畜牧兽医行政管理部门公布本行政区域内的动物疫情。

第二十条　任何单位或者个人发现患有疫病或者疑似疫病的动物，都应当及时向当地动物防疫监督机构报告。动物防疫监督机构应当迅速采取措施，并按照国家有关规定上报。

任何单位和个人不得瞒报、谎报、阻碍他人报告动物疫情。

第二十一条　发生一类动物疫病时，当地县级以上地方人民政府畜牧兽医行政管理部门应当立即派人到现场，划定疫点、疫区、受威胁区，采集病料，调查疫源，及时报请同级人民政府决定对疫区实行封锁，将疫情等情况逐级上报国务院畜牧兽医行政管理部门。

县级以上地方人民政府应当立即组织有关部门和单位采取隔离、扑杀、销毁、消毒、紧急免疫接种等强制性控制、扑灭措施，迅速扑灭疫病，并通报毗邻地区。

在封锁期间，禁止染疫和疑似染疫的动物、动物产品流出疫区，禁止非疫区的动物进入疫区，并根据扑灭动物疫病的需要对出入封锁区的人员、运输工具及有关物品采取消毒和其他限制性措施。

疫区范围涉及两个以上行政区域的，由有关行政区域共同的上一级人民政府决定对疫区实行封锁，或者由各有关行政区域的上一级人民政府共同决定对疫区实行封锁。

第二十二条　发生二类动物疫病时，当地县级以上地方人民政府畜牧兽医行政管理部门应当划定疫点、疫区、受威胁区。

县级以上地方人民政府应当根据需要组织有关部门和单位采取隔离、扑杀、销毁、消毒、紧急免疫接种、限制易感染的动物、动物产品及有关物品出入等控制、扑灭措施。

第二十三条　疫点、疫区、受威胁区和疫区封锁的解除，由原决定机关宣布。

第二十四条　发生三类动物疫病时，县级、乡级人民政府应当按照动物疫病预防计划和国务院畜牧兽医行政管理部门的有关规定，组织防治和净化。

第二十五条　二类、三类动物疫病呈暴发性流行时，依照本法第二十一条的规定办理。

第二十六条　为控制、扑灭重大动物疫情，动物防疫监督机构可以派人参加当地依法设立的现有检查站执行监督检查任务；必要时，经省、自治区、直辖市人民政府批准，可以设立临时性的动物防疫监督检查站，执行监督检查任务。

第二十七条　发生人畜共患疫病时，有关畜牧兽医行政管理部门应当与卫生行政部门及有关单位互相通报疫情。畜牧兽医行政管理部门、卫生行政部门及有关单位应当及时采取控制、扑灭措施。

第二十八条　疫区内有关单位和个人，应当遵守县级以上人民政府及其畜牧兽医行政管理部门依法作出的有关控制、扑灭动物疫病的规定。

第二十九条　发生动物疫情时，航空、铁路、公路、水路等运输部门应当优先运送控制、扑灭疫情的人员和有关物资，电信部门应当及时传递动物疫情报告。

第四章　动物和动物产品的检疫

第三十条　动物防疫监督机构按照国家标准和国务院畜牧兽医行政管理部门规定的行业标准、检疫管理办法和检疫对象，依法对动物、动物产品实施检疫。

第三十一条　动物防疫监督机构设动物检疫员具体实施动物、动物产品检疫。动物检疫员应当具有相应的专业技术，具体资格条件和资格证书颁发办法由国务院畜牧兽医行政管理部门规定。

县级以上畜牧兽医行政管理部门应当加强动物检疫员的培训、考核和管理。动物检疫员取得相应的资格证书后，方可上岗实施检疫。

动物检疫员应当按照检疫规程实施检疫，并对检疫结果负责。

第三十二条　国家对生猪等动物实行定点屠宰、集中检疫。

省、自治区、直辖市人民政府规定本行政区域内实行定点屠宰、集中检疫的动物种类和区域范围；具体屠宰场（点）由市（包括不设区的市）、县人民政府组织有关部门研究确定。

动物防疫监督机构对屠宰场（点）屠宰的动物实行检疫并加盖动物防疫监督机构统一使用的验讫印章。国务院畜牧兽医行政管理部门、商品流通行政管理部门协商确定范围内的屠宰厂、肉类联合加工厂的屠宰检疫按照国务院的有关规定办理，并依法进行监督。

第三十三条　农民个人自宰自用生猪等动物的检疫，由省、自治区、直辖市人民政府制定管理办法。

第三十四条　动物防疫监督机构依法进行检疫，按照国务院财政、物价行政管理部门的规定收取检疫费用，不得加收其他费用，也不得重复收费。

第三十五条　动物防疫监督机构不得从事经营性活动。

第三十六条　国内异地引进种用动物及其精液、胚胎、种蛋的，应当先到当地动物防疫监督机构办理检疫审批手续并须检疫合格。

第三十七条　人工捕获的可能传播动物疫病的野生动物，须经捕获地或者接收地的动物防疫监督机构检疫合格，方可出售和运输。

第三十八条　经检疫合格的动物、动物产品，由动物防疫监督机构出具检疫证明，动物产品同时加盖或者加封动物防疫监督机构使用的验讫标志。

经检疫不合格的动物、动物产品，由货主在动物检疫员监督下作防疫消毒和其他无害化处理；无法作无害化处理的，予以销毁。

第三十九条　动物凭检疫证明出售、运输、参加展览、演出和比赛。动物产品凭检疫证明、验讫标志出售和运输。

第四十条　检疫证明不得转让、涂改、伪造。

检疫证明的格式和管理办法，由国务院畜牧兽医行政管理部门制定。

第五章　动物防疫监督

第四十一条　动物防疫监督机构依法对动物防疫工作进行监督。

动物防疫监督机构在执行监测、监督任务时，可以对动物、动物产品采样、留验、抽检，对没有检疫证明的动物、动物产品进行补检或者重检，对染疫或者疑似染疫的动物和染疫的动物产品进行隔离、封存和处理。

第四十二条　经铁路、公路、水路、航空运输动物、动物产品的，托运人必须提供检疫证明方可托运；承运人必须凭检疫证明方可承运。

动物防疫监督机构有权对动物、动物产品运输依法进行监督检查。

第四十三条　动物防疫监督工作人员执行监督检查任务时，应当出示证件，有关单位和个人应当给予支持、配合。

动物防疫监督机构及人员进行动物防疫监督检查，不得收取费用。

第四十四条　动物饲养场所、贮存场所、屠宰厂、肉类联合加工厂、其他定点屠宰场（点）和动物产品冷藏场所的工程的选址和设计，应当符合国务院畜牧兽医行政管理部门规定的动物防疫条件。

第四十五条　动物饲养场、屠宰厂、肉类联合加工厂和其他定点屠宰场（点）等单位，从事动物饲养、经营和动物产品生产、经营活动，应当符合国务院畜牧兽医行政管理部门规定的动物防疫条件，并接受动物防疫监督机构的监督检查。

从事动物诊疗活动，应当具有相应的专业技术人员，并取得畜牧兽医行政管理部门发放的动物诊疗许可证。

患有人畜共患传染病的人员不得直接从事动物诊疗以及动物饲养、经营和动物产品生产、经营活动。

第六章　法律责任

第四十六条　违反本法规定，有下列行为之一的，由动物防疫监督机构给予警告；拒不改正的，由动物防疫监督机构依法代作处理，处理所需费用由违法行为人承担：

（一）对饲养、经营的动物不按照动物疫病的强制免疫计划和国家有关规定及时进行免疫接种和消毒的；

（二）对动物、动物产品的运载工具、垫料、包装物不按照国家有关规定清洗消毒的；

（三）不按照国家有关规定处置染疫动物及其排泄物、染疫动物的产品、病死或者死因不明的动物尸体的。

第四十七条　违反本法第十七条规定，保存、使用、运输动物源性致病微生物或者运输动物病料的，由动物防疫监督机构给予警告，可以并处两千元以下的罚款。

第四十八条　违反本法规定，经营下列动物、动物产品的，由动物防疫监督机构责令停止经营，立即采取有效措施收回已售出的动物、动物产品，没收违法所得和未售出的动物、动物产品；情节严重的，可以并处违法所得五倍以下的罚款：

（一）封锁疫区内与所发生动物疫病有关的；

（二）疫区内易感染的；

（三）依法应当检疫而检疫不合格的；

（四）染疫的；

（五）病死或者死因不明的；

（六）其他不符合国家有关动物防疫规定的。

第四十九条　违反本法规定，经营依法应当检疫而没有检疫证明的动物、动物产品的，由动物防疫监督机构责令停止经营，没收违法所得；对未售出的动物、动物产品，依法补检，并依照本法第三十八条的规定办理。

第五十条　违反本法第四十二条规定，不执行凭检疫证明运输动物、动物产品的规定的，由动物防疫监督机构给予警告，责令改正；情节严重的，可以对托运人和承运人分别处以运输费用三倍以下的罚款。

第五十一条　转让、涂改、伪造检疫证明的，由动物防疫监督机构没收违法所得，收缴检疫证明；转让、涂改检疫证明的，并处二千元以上五千元以下的罚款，违法所得超过五千元的，并处违法所得一倍以上三倍以下的罚款；伪造检疫证明的，并处一万元以上三万元以下的罚款，违法所得超过三万元的，并处违法所得一倍以上三倍以下的罚款；构成犯罪的，依法追究刑事责任。

第五十二条　违反本法第四十五条第一款规定，从事动物饲养、经营和动物产品生产、经营活动的单位的动物防疫条件不符合规定的，由动物防疫监督机构给予警告、责令改正；拒不改正的，并处一万元以上三万元以下的罚款。

第五十三条 违反本法规定，单位瞒报、谎报或者阻碍他人报告动物疫情的，由动物防疫监督机构给予警告，并处二千元以上五千元以下的罚款；对负有直接责任的主管人员和其他直接责任人员，依法给予行政处分。

第五十四条 违反本法规定，逃避检疫，引起重大动物疫情，致使养殖业生产遭受重大损失或者严重危害人体健康的，依法追究刑事责任。

第五十五条 动物检疫员违反本法规定，对未经检疫或者检疫不合格的动物、动物产品出具检疫证明、加盖验讫印章的，由其所在单位或者上级主管机关给予记过或者撤销动物检疫员资格的处分；情节严重的，给予开除的处分。

因前款规定的违法行为给有关当事人造成损害的，由动物检疫员所在单位承担赔偿责任。

第五十六条 动物防疫监督工作人员滥用职权，玩忽职守，徇私舞弊，隐瞒和延误疫情报告，伪造检疫结果，构成犯罪的，依法追究刑事责任；尚不构成犯罪的，依法给予行政处分。

第五十七条 阻碍动物防疫监督工作人员依法执行职务，构成犯罪的，依法追究刑事责任；尚不构成犯罪的，依法给予治安管理处罚。

第七章 附 则

第五十八条 本法自1998年1月1日起施行。

四、植物检疫条例

第一条 为了防止危害植物的危险性病、虫、杂草传播蔓延，保护农业、林业生产安全，制定本条例。

第二条 国务院农业主管部门、林业主管部门主管全国的植物检疫工作，各省、自治区、直辖市农业主管部门、林业主管部门主管本地区的植物检疫工作。

第三条 县级以上地方各级农业主管部门、林业主管部门所属的植物检疫机构，负责执行国家的植物检疫任务。植物检疫人员进入车站、机场、港口、仓库以及其他有关场所执行植物检疫任务，应穿着检疫制服和佩带检疫标志。

第四条 凡局部地区发生的危险性大、能随植物及其产品传播的病、虫、杂草，应定为植物检疫对象。农业、林业植物检疫对象和应施检疫的植物、植物产品名单，由国务院农业主管部门、林业主管部门制定。各省、自治区、直辖市农业主管部门、林业主管部门可以根据本地区的需要，制定本省、自治区、直辖市的补充名单，并报国务院农业主管部门、林业主管部门备案。

第五条　局部地区发生植物检疫对象的，应划为疫区，采取封锁、消灭措施，防止植物检疫对象传出；发生地区已比较普遍的，则应将未发生地区划为保护区，防止植物检疫对象传入。

疫区应根据植物检疫对象的传播情况、当地的地理环境、交通状况以及采取封锁、消灭措施的需要来划定，其范围应严格控制。

在发生疫情的地区，植物检疫机构可以派人参加当地的道路联合检查站或者木树检查站；发生特大疫情时，经省、自治区、直辖市人民政府批准，可以设立植物检疫检查站，开展植物检疫工作。

第六条　疫区和保护区的划定，由省、自治区、直辖市农业主管部门、林业主管部门提出，报省、自治区、直辖市人民政府批准，并报国务院农业主管部门、林业主管部门备案。

疫区和保护区的范围涉及两省、自治区、直辖市以上的，由有关省、自治区、直辖市农业主管部门、林业主管部门共同提出，报国务院农业主管部门、林业主管部门批准后划定。

疫区、保护区的改变和撤销的程序，与划定时同。

第七条　调运植物和植物产品，属于下列情况的，必须经过检疫：

（一）列入应施检疫的植物、植物产品名单的，运出发生疫情的县级行政区域之前，必须经过检疫；

（二）凡种子、苗木和其他繁殖材料，不论是否列入应施检疫的植物、植物产品名单和运往何地，在调运之前，都必须经过检疫。

第八条　按照本条例第七条的规定必须检疫的植物和植物产品，经检疫未发现植物检疫对象的，发给植物检疫证书。发现有植物检疫对象、但能彻底消毒处理的，托运人应按植物检疫机构的要求，在指定地点作消毒处理，经检查合格后发给植物检疫证书；无法消毒处理的，应停止调运。

植物检疫证书的格式由国务院农业主管部门、林业主管部门制定。

对可能被植物检疫对象污染的包装材料、运载工具、场地、仓库等，也应实施检疫。如已被污染，托运人应按植物检疫机构的要求处理。因实施检疫需要的车船停留、货物搬运、开拆、取样、储存、消毒处理等费用，由托运人负责。

第九条　按照本条例第七条的规定必须检疫的植物和植物产品，交通运输部门和邮政部门一律凭植物检疫证书承运或收寄。植物检疫证书应随货运寄。具体办法由国务院农业主管部门、林业主管部门会同铁路、交通、民航、邮政部门制定。

第十条　省、自治区、直辖市间调运本条例第七条规定经过检疫的植物和植物产品的，调入单位必须事先征得所在地的省、自治区、直辖市植物检疫机构同意，并向调出单位提出检疫要求；调出单位必须根据该检疫要求向所在地的省、自治区、直辖市植物检疫机构申请检疫。对调入的植物和植物产品，调入单位所在地的省、自治区、直辖市的植物检疫机构应当查验检疫证书，必要时可以复检。

省、自治区、直辖市内调运植物和植物产品的检疫办法，由省、自治区、直辖市人民政府规定。

第十一条　种子、苗木和其他繁殖材料的繁育单位，必须有计划地建立无植物检疫对象的种苗繁育基地、母树林基地。试验推广的种子、苗木和其他繁殖材料，不得带有植物检疫对象。植物检疫机构应实施产地检疫。

第十二条　从国外引进种子、苗木，引进单位应当向所在地的省、自治区、直辖市植物检疫机构提出申请，办理检疫审批手续。但是，国务院有关部门所属的在京单位从国外引进种子、苗木，应当向国务院农业主管部门、林业主管部门所属的植物检疫机构提出申请，办理检疫审批手续。具体办法由国务院农业主管部门、林业主管部门制定。

从国外引进、可能潜伏有危险性病、虫的种子、苗木和其他繁殖材料，必须隔离试种，植物检疫机构应进行调查、观察和检疫，证明确实不带危险性病、虫的，方可分散种植。

第十三条　农林院校和试验研究单位对植物检疫对象的研究，不得在检疫对象的疫区进行。如教学、科研确需在非疫区进行时，属于国务院主管部门、林业主管部门规定的核物检疫对象须经国务院农业主管部门、林业主管部门批准，属于省、自治区、直辖市规定的植物检疫对象须经省、自治区、直辖市农业主管部门、林业主管部门批准，并应采取严密措施防止扩散。

第十四条　植物检疫机构对于新发现的检疫对象和其他危险性病、虫、杂草，必须及时查清情况，立即报告省、自治区、直辖市农业主管部门、林业主管部门，采取措施，彻底消灭，并报告国务院农业主管部门、林业主管部门。

第十五条　疫情由国务院农业主管部门、林业主管部门发布。

第十六条　按照本条例第五条第一款和第十四条的规定，进行疫情调查和采取消灭措施所需的紧急防治费和补助费，由省、自治区、直辖市在每年的植物保护费、森林保护费或者国营农场生产费中安排。特大疫情的防治费，国家酌情给予补助。

第十七条　在植物检疫工作中作出显著成绩的单位和个人，由人民政府给予奖励。

第十八条　有下列行为之一的，植物检疫机构应当责令纠正，可以处以罚款；造成损失的，应当负责赔偿；构成犯罪的，由司法机关依法追究刑事责任：

（一）未依照本条例规定办理植物检疫证书或者在报检过程中弄虚作假的；

（二）伪造、涂改、买卖、转让植物检疫单证、印章、标志、封识的；

（三）未依照本条例规定调运、隔离试种或者生产应施检疫的植物、植物产品的；

（四）违反本条例规定，擅自开拆植物、植物产品包装，调换植物、植物产品，或者擅自改变植物、植物产品的规定用途的；

（五）违反本条例规定，引起疫情扩散的。

有前款第（一）、（二）、（三）、（四）项所列情形之一，尚不构成犯罪的，植物检疫机构可以没收非法所得。

对违反本条例规定调运的植物和植物产品，植物检疫机构有权予以封存、没收、销毁或者责令改变用途。销毁所需费用由责任人承担。

第十九条　植物检疫人员在植物检疫工作中，交通运输部门和邮政部门有关工作人员在植物、植物产品的运输，邮寄工作中，徇私舞弊、玩忽职守的，由其所在单位或者上级。主管机关给予行政处分；构成犯罪的，由司法机关依法追究刑事责任。

第二十条　当事人对植物检疫机构的行政处罚决定不服的，可以自接到处罚决定通知书之日起十五日内，向作出行政处罚决定的植物检疫机构的上级机构申请复议；对复议决定不服的，可以自接到复议决定书之日起十五日内向人民法院提起诉讼。当事人逾期不申请复议或者不起诉又不履行行政处罚决定的，植物检疫机构可以申请人民法院强制执行或者依法强制执行。

第二十一条　植物检疫机构执行检疫任务可以收取检疫费，具体办法由国务院农业主管部门、林业主管部门制定。

第二十二条　进出口植物的检疫，按照《中华人民共和国进出境动植物检疫法》的规定执行。

第二十三条　本条例的实施细则由国务院农业主管部门、林业主管部门制定。各省、自治区、直辖市可根据本条例及其实施细则，结合当地具体情况，制定实施办法。

第二十四条　本条例自发布之日起施行。国务院批准、农业部 1957 年 12 月 4 日发布的《国内植物检疫试行办法》同时废止。

五、中华人民共和国禁止携带、邮寄进境的动物、动物产品和其他检疫物名录

（1992年6月11日农业部发布）

类别	名　称
动物	鸡、鸭、鹅、锦鸡、猫头鹰、鸽、鹌鹑、鸟、兔、大白鼠、小鼠、豚鼠、松鼠、花鼠、蛙、蛇、龟、鳖、蜥蜴、鳄、蚯蚓、蜗牛、鱼、虾、蟹、猴、穿山甲、猞猁、蜜蜂、蚕等
动物产品	精液、胚胎、受精卵、蚕卵、生肉类、腊肉、香肠、火腿、腌肉、熏肉、蛋、水生动物产品、鲜奶、奶酪、黄油、奶油、乳清粉、皮张、鬃毛类、蹄骨角类、血液、血粉、油脂类、脏器等
其他检疫物	菌种、毒种、虫种、细胞、血清、动物标本、动物尸体、动物废弃物以及可能被病原体污染的物品

六、OIE法定（报告）的动物疫病名录（OIE Listed diseases）

（2007年，OIE动物卫生法典第16版）

疫病种类	疫病名称
多种动物共患病（Multiple species diseases）	炭疽（Anthrax）
	伪狂犬病（Aujeszky's disease）
	蓝舌病（Bluetongue）
	布鲁氏菌病（流产布氏杆菌）（Brucellosis）（*Brucella abortus*）
	布鲁氏菌病（马尔他布氏杆菌）（Brucellosis）（*Brucella melitensis*）
	布鲁氏菌病（猪布氏杆菌）（*Brucella suis*）（Brucellosis）
	克里米亚刚果出血热（Crimean Congo haemorrhagic fever）
	棘球蚴病（Echinococcosis/hydatidosis）
	口蹄疫（Foot and mouth disease）
	心水病（Heartwater）
	日本脑炎（Japanese encephalitis）
	钩端螺旋体病（Leptospirosis）

续表

疫病种类	疫病名称
	新大陆螺旋蝇蛆病(New world screwworm)
	旧大陆螺旋蝇蛆病(Old world screwworm)
	副结核病(Paratuberculosis)
	Q 热(Q fever)
	狂犬病(Rabies)
	裂谷热(Rift Valley fever)
	牛瘟(Rinderpest)
	旋毛虫病(Trichinellosis)
	土拉杆菌病(Tularemia)
	水泡性口炎(Vesicular stomatitis)
	西尼罗热(West Nile fever)
牛病 Cattle diseases	牛无浆体病(Bovine anaplasmosis) 牛巴贝虫病(Bovine babesiosis) 牛生殖道弯曲杆菌病(Bovine genital campylobacteriosis) 牛海绵状脑病(Bovine spongiform encephalopathy) 牛结核病(Bovine tuberculosis) 牛病毒性腹泻(Bovine viral diarrhoea) 牛接触性胸膜肺炎(Contagious bovine peuropneumoia) 地方流行性牛白血病(Enzootic bovine leukosis) 出血性败血症(Haemorrhagic septicaemia) 牛传染性鼻气管炎/传染性脓疱性阴户阴道炎(Infectious bovine rhinotracheitis/infectious pustular vulvovaginitis) 疙瘩皮肤病(结节疹)(Lumpky skin disease) 恶性卡它热(Malignant catarrhal fever) 泰勒氏虫病(Theileriosis) 毛滴虫病(Trichomonosis) 锥虫病(采采蝇传播)(Trypanosomosis)(tsetse-transmitted)
绵羊和山羊病 Sheep and goat diseases	山羊关节炎/脑炎(Caprine arthritis/encephalitis) 接触传染性无乳症(Contagious agalactia) 山羊传染性胸膜肺炎(Contagiuos caprine pleuropnemonia) 母羊地方性流产(绵羊衣原体病)(Enzootic abortion of ewes)(ovine chlamydiosis)

续表

疫病种类	疫病名称
	梅迪-维斯那病(Maedi-visna) 内罗毕绵羊病(Nairobi sheep disease) 绵羊附睾炎(羊布鲁氏菌)(Ovine epididymitis)(*Brucella ovis*) 小反刍兽疫(Peste des petits ruminants) 沙门氏菌病(流产沙门氏菌)(Salmonellosis)(S. abortusovis) 痒病(Scrapie) 绵羊痘和山羊痘(Sheep pox and goat pox)
马病 Equine diseases	非洲马瘟(African horse sickness) 马传染性子宫炎(Contagious equine metritis) 马媾疫(Dourine) 马脑脊髓炎(东部)(Equine encephalomyelitis)(Eastern) 马脑脊髓炎(西部)(Equine encephalomyelitis)(Western) 马传染性贫血(Equine infectious anaemia) 马流感(Equine influenza) 马梨形虫病(Equine piroplasmosis 马鼻肺炎(Equine rhinopneumonitis) 马病毒性动脉炎(Equine viral arteritis) 鼻疽(Glanders) 苏拉病(伊氏锥虫)(Surra)(*Trypanosoma evansi*) 委内瑞拉马脑脊髓炎(Venezuelan equine encephalomyelitis)
猪病 Swine diseases	非洲猪瘟(African swine fever) 猪瘟(Classical swine fever) 尼帕病毒性脑炎(Nipah virus encephalitis) 猪囊尾蚴病(Porcine cysticercosis) 猪繁殖与呼吸综合征(Porcine reproductive and respiratory syndrome) 猪水疱病(Swine vesicular disease) 传染性胃肠炎(Transmissible gastroenteritis)
禽病 Avian diseases	禽衣原体病(Avian chlamydiosis) 禽传染性支气管炎(Avian infectious bronchitis) 禽传染性喉气管炎(Avian infectious laryngotracheitis)

续表

疫病种类	疫病名称
	禽支原体病(鸡毒支原体)(Avian mycoplasmosis)(*M. gallisepticum*)
	禽支原体病(滑液支原体)(Avian mycoplasmosis)(*M. synoviae*)
	鸭病毒性肝炎(Duck virus hepatitis)
	禽霍乱(Fowl cholera)
	禽伤寒(Fowl typhoid)
	高致病性禽流感(Highly pathogenic avian influenza)
	传染性法氏囊病(Infectious bursal disease)
	马立克氏病(Marek's disease)
	新城疫(Newcastle disease)
	鸡白痢(Pullorum disease)
	火鸡鼻气管炎(Turkey rhinotracheitis)
兔病	黏液瘤病(Myxomatosis)
Lagomorph disease	兔出血症(Rabbit haemorrhagic disease)
蜂病	蜜蜂蜂螨病(Acarapisosis of honey bees)
Bee diseases	蜜蜂美洲幼虫腐臭病(American foulbrood of honey bees)
	蜜蜂欧洲幼虫腐臭病(European foulbrood of honey bees)
	小蜂巢甲虫病[Small hive beetle infestation (*Aethina tumida*)]
	蜜蜂 *Tropilaelaps* 螨病(*Tropilaelaps infestation of honey bees*)
	蜜蜂瓦螨病(Varroosis of honey bees)
鱼病	地方流行性造血器官坏死症(Epizootic haematopoietic necrosis)
Fish diseases	传染性造血器官坏死症(Infectious haematopoietic necrosis)
	鲤春病毒血症(Spring viraemia of carp)
	病毒性出血性败血病(Viral haemorrhagic septicaemia)
	传染性胰腺坏死(Infectious pancreatic necrosis)
	传染性鲑鱼贫血(Infectious salmon anaemia)
	流行性溃疡综合征(Epizootic ulcerative syndrome)
	细菌性肾病[Bacterial kidney disease (*Renibacterium salmoninarum*)]
	大西洋鲑鱼三代虫病[Gyrodactylosis (*Gyrodactylus salaris*)]
	红海鲷虹彩病毒病(Red sea bream iridoviral disease)

续表

疫病种类	疫 病 名 称
软体动物病 Mollusc diseases	牡蛎包拉米虫感染(Infection with Bonamia ostreae) Bonamia exitiosa 感染(Infection with Bonamia exitiosa) 折光马尔太虫感染(Infection with *Marteilia refringens*) 马可尼小囊虫(孢子虫)感染(Infection with *Mikrocytos mackini*) 海水派琴虫感染(Infection with *Perkinsus marinus*) 奥尔森派琴虫感染(Infection with *Perkinsus olseni*) *Xenohaliotis californiensis* 感染(Infection with *Xenohaliotis californiensis*)
甲壳动物病 Crustacean diseases	Taura 综合征(Taura syndrome) 白斑病(White spot disease) 黄头病(Yellowhead disease) 四面体杆状病毒病[Tetrahedral baculovirosis (*Baculovirus penaei*)] 球形杆状病毒病[Spherical baculovirosis (*Penaeus monodon*-type baculovirus)] 传染性皮下及造血系统坏死病(Infectious hypodermal and haematopoietic necrosis) 小龙虾瘟疫[Crayfish plague (*Aphanomyces astaci*)]
其他疾病 Other diseases	骆驼痘(Camelpox) 利什曼病(Leishmaniosis)

七、中华人民共和国进境动物一、二类传染病、寄生虫病名录

疫病种类	疫 病 名 称		
一类	口蹄疫	非洲猪瘟	猪水疱病
	猪瘟	牛瘟	小反刍兽疫
	蓝舌病	痒病	牛海绵状脑病
	非洲马瘟	禽流感	新城疫
	鸭瘟	牛肺疫	牛结节疹

续表

疫病种类		疫病名称		
二类	共患病	炭疽	伪狂犬病	心水病
		狂犬病	Q热	裂谷热
		副结核病	巴氏杆菌病	布氏杆菌病
		结核病	鹿流行性出血热	细小病毒病
		梨形虫病		
	牛病	锥虫病	边虫病	牛地方流行性白血病
		牛传染性鼻气管炎	牛病毒性腹泻—黏膜病	牛生殖道弯杆菌病
		赤羽病	中山病	水疱性口炎
		牛流行热	茨城病	
	绵羊和山羊病	绵羊痘和山羊痘	衣原体病	梅迪—维斯纳病
		边界病	绵羊肺腺瘤病	山羊关节炎脑炎
	猪病	猪传染性脑脊髓炎	猪传染性胃肠炎	猪流行性腹泻
		猪密螺旋体痢疾	猪传染性胸膜肺炎	猪繁殖与呼吸综合征
	马病	马传染性贫血	马脑脊髓炎	委内瑞拉马脑脊髓炎
		马鼻疽	马流行性淋巴管炎	马沙门氏杆菌病
		类鼻疽	马传染病毒性动脉炎	马鼻肺炎
	禽病	鸡传染性喉气管炎	鸡传染性支气管炎	鸡传染性法氏囊病
		鸭病毒性肝炎	鸡伤寒	禽痘
		鹅螺旋体病	马立克氏病	住白细胞原虫病
		鸡白痢	家禽支原体病	鹦鹉热(鸟疫)
		鸡病毒性关节炎	禽白血病	
	啮齿动物病	兔病毒性出血症	兔黏液瘤病	野兔热
	水生动物病	鱼传染性胰脏坏死	鱼传染性造血器官坏死	鲤春病毒病
		斑节对虾杆状病毒病	鱼鳔炎症	鱼眩转病
		鱼鳃霉病	鱼疖疮病	异尖线虫病
		对虾杆状病毒病	鲑鳟鱼病毒性出血性败血症	
	蜂病	美洲幼虫腐臭病	欧洲幼虫腐臭病	蜂螨病
		瓦螨病	蜂孢子虫病	
	其他动物疾病	蚕微粒子病	水貂阿留申病	犬瘟热
		利什曼病		

八、中华人民共和国一、二、三类动物疫病病种名录

疫病种类		疫病名称		
一类		口蹄疫	猪水疱病	猪瘟
		非洲猪瘟	非洲马瘟	牛瘟
		牛传染性胸膜肺炎	牛海绵状脑病	痒病
		蓝舌病	小反刍兽疫	绵羊痘和山羊痘
		鸡新城疫	禽流行性感冒(高致病性禽流感)	
二类	多种动物共患病	伪狂犬病	狂犬病	炭疽
		魏氏梭菌病	副结核病	布鲁氏菌病
		弓形虫病	棘球蚴病	钩端螺旋体病
	牛病	牛传染性鼻气管炎	牛恶性卡他热	牛白血病
		牛出血性败血病	牛结核病	牛焦虫病
		牛锥虫病	日本血吸虫病	
	绵羊和山羊病	山羊关节炎脑炎	梅迪—维斯纳病	
	猪病	猪乙型脑炎	猪细小病毒病	猪繁殖与呼吸综合征
		猪丹毒	猪肺疫	猪链球菌病
		猪传染性萎缩性鼻炎	猪支原体肺炎	旋毛虫病
		猪囊尾蚴病		
	马病	马传染性贫血	马流行性淋巴管炎	马鼻疽
		巴贝斯焦虫病	伊氏锥虫病	
	禽病	鸡传染性喉气管炎	鸡传染性支气管炎	鸡传染性法氏囊病
		鸡马立克氏病	鸡产蛋下降综合征	禽白血病
		禽痘	鸭瘟	鸭病毒性肝炎
		小鹅瘟	禽霍乱	鸡白痢
		鸡败血支原体感染	鸡球虫病	
	兔病	兔病毒性出血症	兔黏液瘤病	野兔热
		兔球虫病		
	水生动物病	病毒性出血性败血病	鲤鱼病毒血症	对虾杆状病毒病
	蜜蜂疫病	美洲幼虫腐臭病	欧洲幼虫腐臭病	蜜蜂孢子虫病
		蜜蜂螨病	大蜂螨病	白垩病

续表

疫病种类		疫病名称		
三类	多种动物共患病	黑腿病	李氏杆菌病	放线菌病
		类鼻疽	肝片吸虫病	丝虫病
	牛病	牛流行热	牛病毒性腹泻/黏膜病	牛生殖器弯曲杆菌病
		毛滴虫病	牛皮蝇蛆病	
	绵羊和山羊病	肺腺瘤病	绵羊地方性流产	传染性脓疱皮炎
		干酪性淋巴结炎	肠毒血症	腐蹄病
		传染性眼炎	绵羊疥癣	
	马病	马流行性感冒	马腺疫	马鼻腔肺炎
		溃疡性淋巴管炎	马媾疫	
	猪病	猪传染性胃肠炎	猪副伤寒	猪密螺旋体痢疾
	禽病	鸡病毒性关节炎	禽传染性脑脊髓炎	传染性鼻炎
		禽结核病	禽伤寒	
	鱼病	鱼传染性造血器官坏死病	鱼鳃霉病	
	其他动物疫病	水貂阿留申病	水貂病毒性肠炎	鹿茸真菌病
		蚕多角体病	蚕白僵病	犬温热
		利什曼病		

九、中华人民共和国进境植物检疫性有害生物名录

（2007年5月28日中华人民共和国农业部发布施行）

昆虫

1. *Acanthocinus carinulatus* (Gebler)
   白带长角天牛
2. *Acanthoscelides obtectus* (Say)
   菜豆象
3. *Acleris variana* (Fernald)
   黑头长翅卷蛾
4. *Agrilus* spp. (non-Chinese)
   窄吉丁（非中国种）

5. *Aleurodicus dispersus* Russell
螺旋粉虱

6. *Anastrepha* Schiner
按实蝇属

7. *Anthonomus grandis* Boheman
墨西哥棉铃象

8. *Anthonomus quadrigibbus* Say
苹果花象

9. *Aonidiella comperei* McKenzie
香蕉肾盾蚧

10. *Apate monachus* Fabricius
咖啡黑长蠹

11. *Aphanostigma piri* (Cholodkovsky)
梨矮蚜

12. *Arhopalus syriacus* Reitter
辐射松幽天牛

13. *Bactrocera* Macquart
果实蝇属

14. *Baris granulipennis* (Tournier)
西瓜船象

15. *Batocera* spp. (non-Chinese)
白条天牛(非中国种)

16. *Brontispa longissima* (Gestro)
椰心叶甲

17. *Bruchidius incarnates* (Boheman)
埃及豌豆象

18. *Bruchophagus roddi* Gussak
苜蓿籽蜂

19. *Bruchus* spp. (non-Chinese)
豆象(属)(非中国种)

20. *Cacoecimorpha pronubana* (Hübner)
荷兰石竹卷蛾

21. *Callosobruchus* spp. (maculatus(F.)and non-Chinese)

瘤背豆象(四纹豆象和非中国种)

22. *Carpomya incompleta* (Becker)

欧非枣实蝇

23. *Carpomya vesuviana* Costa

枣实蝇

24. *Carulaspis juniperi* (Bouchè)

松唐盾蚧

25. *Caulophilus oryzae* (Gyllenhal)

阔鼻谷象

26. *Ceratitis* Macleay

小条实蝇属

27. *Ceroplastes rusci* (L.)

无花果蜡蚧

28. *Chionaspis pinifoliae* (Fitch)

松针盾蚧

29. *Choristoneura fumiferana* (Clemens)

云杉色卷蛾

30. *Conotrachelus* Schoenherr

鳄梨象属

31. *Contarinia sorghicola* (Coquillett)

高粱瘿蚊

32. *Coptotermes* spp. (non-Chinese)

乳白蚁(非中国种)

33. *Craponius inaequalis* (Say)

葡萄象

34. *Crossotarsus* spp. (non-Chinese)

异胫长小蠹(非中国种)

35. *Cryptophlebia leucotreta* (Meyrick)

苹果异形小卷蛾

36. *Cryptorrhynchus lapathi* L.

杨干象

37. *Cryptotermes brevis* (Walker)

麻头砂白蚁

38. *Ctenopseustis obliquana* (Walker)
斜纹卷蛾
39. *Curculio elephas* (Gyllenhal)
欧洲栗象
40. *Cydia janthinana* (Duponchel)
山楂小卷蛾
41. *Cydia packardi* (Zeller)
樱小卷蛾
42. *Cydia pomonella* (L.)
苹果蠹蛾
43. *Cydia prunivora* (Walsh)
杏小卷蛾
44. *Cydia pyrivora* (Danilevskii)
梨小卷蛾
45. *Dacus* spp. (non-Chinese)
寡鬃实蝇(非中国种)
46. *Dasineura mali* (Kieffer)
苹果瘿蚊
47. *Dendroctonus* spp. (*valens* LeConte and non-Chinese)
大小蠹(红脂大小蠹和非中国种)
48. *Deudorix isocrates* Fabricius
石榴小灰蝶
49. *Diabrotica* Chevrolat
根萤叶甲属
50. *Diaphania nitidalis* (Stoll)
黄瓜绢野螟
51. *Diaprepes abbreviata* (L.)
蔗根象
52. *Diatraea saccharalis* (Fabricius)
小蔗螟
53. *Dryocoetes confusus* Swaine
混点毛小蠹
54. *Dysmicoccus grassi* Leonari

香蕉灰粉蚧

55. *Dysmicoccus neobrevipes* Beardsley
新菠萝灰粉蚧

56. *Ectomyelois ceratoniae* (Zeller)
石榴螟

57. *Epidiaspis leperii* (Signoret)
桃白圆盾蚧

58. *Eriosoma lanigerum* (Hausmann)
苹果绵蚜

59. *Eulecanium gigantea* (Shinji)
枣大球蚧

60. *Eurytoma amygdali* Enderlein
扁桃仁蜂

61. *Eurytoma schreineri* Schreiner
李仁蜂

62. *Gonipterus scutellatus* Gyllenhal
桉象

63. *Helicoverpa zea* (Boddie)
谷实夜蛾

64. *Hemerocampa leucostigma* (Smith)
合毒蛾

65. *Hemiberlesia pitysophila* Takagi
松突圆蚧

66. *Heterobostrychus aequalis* (Waterhouse)
双钩异翅长蠹

67. *Hoplocampa flava* (L.)
李叶蜂

68. *Hoplocampa testudinea* (Klug)
苹叶蜂

69. *Hoplocerambyx spinicornis* (Newman)
刺角沟额天牛

70. *Hylobius pales* (Herbst)
苍白树皮象

71. *Hylotrupes bajulus* (L.)
家天牛
72. *Hylurgopinus rufipes* (Eichhoff)
美洲榆小蠹
73. *Hylurgus ligniperda* Fabricius
长林小蠹
74. *Hyphantria cunea* (Drury)
美国白蛾
75. *Hypothenemus hampei* (Ferrari)
咖啡果小蠹
76. *Incisitermes minor* (Hagen)
小楹白蚁
77. *Ips* spp. (non-Chinese)
齿小蠹(非中国种)
78. *Ischnaspis longirostris* (Signoret)
黑丝盾蚧
79. *Lepidosaphes tapleyi* Williams
杧果蛎蚧
80. *Lepidosaphes tokionis* (Kuwana)
东京蛎蚧
81. *Lepidosaphes ulmi* (L.)
榆蛎蚧
82. *Leptinotarsa decemlineata* (Say)
马铃薯甲虫
83. *Leucoptera coffeella* (Guérin-Méneville)
咖啡潜叶蛾
84. *Liriomyza trifolii* (Burgess)
三叶斑潜蝇
85. *Lissorhoptrus oryzophilus* Kuschel
稻水象甲
86. *Listronotus bonariensis* (Kuschel)
阿根廷茎象甲
87. *Lobesia botrana* (Denis et Schiffermuller)

葡萄花翅小卷蛾

88. *Mayetiola destructor* (Say)

黑森瘿蚊

89. *Mercetaspis halli* (Green)

霍氏长盾蚧

90. *Monacrostichus citricola* Bezzi

桔实锤腹实蝇

91. *Monochamus* spp. (non-Chinese)

墨天牛(非中国种)

92. *Myiopardalis pardalina* (Bigot)

甜瓜迷实蝇

93. *Naupactus leucoloma* (Boheman)

白缘象甲

94. *Neoclytus acuminatus* (Fabricius)

黑腹尼虎天牛

95. *Opogona sacchari* (Bojer)

蔗扁蛾

96. *Pantomorus cervinus* (Boheman)

玫瑰短喙象

97. *Parlatoria crypta* Mckenzie

灰白片盾蚧

98. *Pharaxonotha kirschi* Reither

谷拟叩甲

99. *Phloeosinus cupressi* Hopkins

美柏肤小蠹

100. *Phoracantha semipunctata* (Fabricius)

桉天牛

101. *Pissodes* Germar

木蠹象属

102. *Planococcus lilacius* Cockerell

南洋臀纹粉蚧

103. *Planococcus minor* (Maskell)

大洋臀纹粉蚧

104. *Platypus* spp. (non-Chinese)
长小蠹(属)(非中国种)
105. *Popillia japonica* Newman
日本金龟子
106. *Prays citri* Milliere
桔花巢蛾
107. *Promecotheca cumingi* Baly
椰子缢胸叶甲
108. *Prostephanus truncatus* (Horn)
大谷蠹
109. *Ptinus tectus* Boieldieu
澳洲蛛甲
110. *Quadrastichus erythrinae* Kim
刺桐姬小蜂
111. *Reticulitermes lucifugus*(Rossi)
欧洲散白蚁
112. *Rhabdoscelus lineaticollis* (Heller)
褐纹甘蔗象
113. *Rhabdoscelus obscurus* (Boisduval)
几内亚甘蔗象
114. *Rhagoletis* spp. (non-Chinese)
绕实蝇(非中国种)
115. *Rhynchites aequatus* (L.)
苹虎象
116. *Rhynchites bacchus* L.
欧洲苹虎象
117. *Rhynchites cupreus* L.
李虎象
118. *Rhynchites heros* Roelofs
日本苹虎象
119. *Rhynchophorus ferrugineus* (Olivier)
红棕象甲
120. *Rhynchophorus palmarum* (L.)

棕榈象甲

121. *Rhynchophorus phoenicis* (Fabricius)
紫棕象甲

122. *Rhynchophorus vulneratus* (Panzer)
亚棕象甲

123. *Sahlbergella singularis* Haglund
可可盲蝽象

124. *Saperda* spp. (non-Chinese)
楔天牛(非中国种)

125. *Scolytus multistriatus* (Marsham)
欧洲榆小蠹

126. *Scolytus scolytus* (Fabricius)
欧洲大榆小蠹

127. *Scyphophorus acupunctatus* Gyllenhal
剑麻象甲

128. *Selenaspidus articulatus* Morgan
刺盾蚧

129. *Sinoxylon* spp. (non-Chinese)
双棘长蠹(非中国种)

130. *Sirex noctilio* Fabricius
云杉树蜂

131. *Solenopsis invicta* Buren
红火蚁

132. *Spodoptera littoralis* (Boisduval)
海灰翅夜蛾

133. *Stathmopoda skelloni* Butler
猕猴桃举肢蛾

134. *Sternochetus* Pierce
杧果象属

135. *Taeniothrips inconsequens* (Uzel)
梨蓟马

136. *Tetropium* spp. (non-Chinese)
断眼天牛(非中国种)

137. *Thaumetopoea pityocampa* (Denis et Schiffermuller)
松异带蛾
138. *Toxotrypana curvicauda* Gerstaecker
番木瓜长尾实蝇
139. *Tribolium destructor* Uyttenboogaart
褐拟谷盗
140. *Trogoderma* spp. (non-Chinese)
斑皮蠹(非中国种)
141. *Vesperus* Latreile
暗天牛属
142. *Vinsonia stellifera* (Westwood)
七角星蜡蚧
143. *Viteus vitifoliae* (Fitch)
葡萄根瘤蚜
144. *Xyleborus* spp. (non-Chinese)
材小蠹(非中国种)
145. *Xylotrechus rusticus* L.
青杨脊虎天牛
146. *Zabrotes subfasciatus* (Boheman)
巴西豆象

软体动物

147. *Achatina fulica* Bowdich
非洲大蜗牛
148. *Acusta despecta* Gray
硫球球壳蜗牛
149. *Cepaea hortensis* Müller
花园葱蜗牛
150. *Helix aspersa* Müller
散大蜗牛
151. *Helix pomatia* Linnaeus
盖罩大蜗牛
152. *Theba pisana* Müller
比萨茶蜗牛

真菌

153. *Albugo tragopogi* (Persoon) Schröter var. *helianthi* Novotelnova
向日葵白锈病菌

154. *Alternaria triticina* Prasada et Prabhu
小麦叶疫病菌

155. *Anisogramma anomala* (Peck) E. Muller
榛子东部枯萎病菌

156. *Apiosporina morbosa* (Schweinitz) von Arx
李黑节病菌

157. *Atropellis pinicola* Zaller et Goodding
松生枝干溃疡病菌

158. *Atropellis piniphila* (Weir) Lohman et Cash
嗜松枝干溃疡病菌

159. *Botryosphaeria laricina* (K. Sawada) Y. Zhong
落叶松枯梢病菌

160. *Botryosphaeria stevensii* Shoemaker
苹果壳色单隔孢溃疡病菌

161. *Cephalosporium gramineum* Nisikado et Ikata
麦类条斑病菌

162. *Cephalosporium maydis* Samra, Sabet et Hingorani
玉米晚枯病菌

163. *Cephalosporium sacchari* E. J. Butler et Hafiz Khan
甘蔗凋萎病菌

164. *Ceratocystis fagacearum* (Bretz) Hunt
栎枯萎病菌

165. *Chrysomyxa arctostaphyli* Dietel
云杉帚锈病菌

166. *Ciborinia camelliae* Kohn
山茶花腐病菌

167. *Cladosporium cucumerinum* Ellis et Arthur
黄瓜黑星病菌

168. *Colletotrichum kahawae* J. M. Waller et Bridge
咖啡浆果炭疽病菌

169. *Crinipellis perniciosa* (Stahel) Singer
可可丛枝病菌
170. *Cronartium coleosporioides* J. C. Arthur
油松疱锈病菌
171. *Cronartium comandrae* Peck
北美松疱锈病菌
172. *Cronartium conigenum* Hedgcock et Hunt
松球果锈病菌
173. *Cronartium fusiforme* Hedgcock et Hunt ex Cummins
松纺锤瘤锈病菌
174. *Cronartium ribicola* J. C. Fisch.
松疱锈病菌
175. *Cryphonectria cubensis* (Bruner) Hodges
桉树溃疡病菌
176. *Cylindrocladium parasiticum* Crous，Wingfield et Alfenas
花生黑腐病菌
177. *Diaporthe helianthi* Muntanola-Cvetkovic Mihaljcevic et Petrov
向日葵茎溃疡病菌
178. *Diaporthe perniciosa* É. J. Marchal
苹果果腐病菌
179. *Diaporthe phaseolorum* (Cooke et Ell.) Sacc. var. *caulivora* Athow et Caldwell
大豆北方茎溃疡病菌
180. *Diaporthe phaseolorum* (Cooke et Ell.) Sacc. var. *meridionalis* F. A. Fernandez
大豆南方茎溃疡病菌
181. *Diaporthe vaccinii* Shear
蓝莓果腐病菌
182. *Didymella ligulicola* (K. F. Baker，Dimock et L. H. Davis) von Arx
菊花花枯病菌
183. *Didymella lycopersici* Klebahn
番茄亚隔孢壳茎腐病菌
184. *Endocronartium harknessii* (J. P. Moore) Y. Hiratsuka

松瘤锈病菌

185. *Eutypa lata* (Pers.) Tul. et C. Tul.

葡萄藤猝倒病菌

186. *Fusarium circinatum* Nirenberg et O'Donnell

松树脂溃疡病菌

187. *Fusarium oxysporum* Schlecht. f. sp. *apii* Snyd. et Hans

芹菜枯萎病菌

188. *Fusarium oxysporum* Schlecht. f. sp. *asparagi* Cohen et Heald

芦笋枯萎病菌

189. *Fusarium oxysporum* Schlecht. f. sp. *cubense* (E. F. Sm.) Snyd. et Hans (Race 4 non-Chinese races)

香蕉枯萎病菌(4 号小种和非中国小种)

190. *Fusarium oxysporum* Schlecht. f. sp. *elaeidis* Toovey

油棕枯萎病菌

191. *Fusarium oxysporum* Schlecht. f. sp. *fragariae* Winks et Williams

草莓枯萎病菌

192. *Fusarium tucumaniae* T. Aoki, O'Donnell, Yos. Homma et Lattanzi

南美大豆猝死综合征病菌

193. *Fusarium virguliforme* O'Donnell et T. Aoki

北美大豆猝死综合征病菌

194. *Gaeumannomyces graminis* (Sacc.) Arx et D. Olivier var. *avenae* (E. M. Turner) Dennis

燕麦全蚀病菌

195. *Greeneria uvicola* (Berk. et M. A. Curtis) Punithalingam

葡萄苦腐病菌

196. *Gremmeniella abietina* (Lagerberg) Morelet

冷杉枯梢病菌

197. *Gymnosporangium clavipes* (Cooke et Peck) Cooke et Peck

榅桲锈病菌

198. *Gymnosporangium fuscum* R. Hedw.

欧洲梨锈病菌

199. *Gymnosporangium globosum* (Farlow) Farlow

美洲山楂锈病菌

200. *Gymnosporangium juniperi-virginianae* Schwein
美洲苹果锈病菌

201. *Helminthosporium solani* Durieu et Mont.
马铃薯银屑病菌

202. *Hypoxylon mammatum* (Wahlenberg) J. Miller
杨树炭团溃疡病菌

203. *Inonotus weirii* (Murrill) Kotlaba et Pouzar
松干基褐腐病菌

204. *Leptosphaeria libanotis* (Fuckel) Sacc.
胡萝卜褐腐病菌

205. *Leptosphaeria maculans* (Desm.) Ces. et De Not.
十字花科蔬菜黑胫病菌

206. *Leucostoma cincta* (Fr.:Fr.) Hohn.
苹果溃疡病菌

207. *Melampsora farlowii* (J. C. Arthur) J. J. Davis
铁杉叶锈病菌

208. *Melampsora medusae* Thumen
杨树叶锈病菌

209. *Microcyclus ulei* (P. Henn.) von Arx
橡胶南美叶疫病菌

210. *Monilinia fructicola* (Winter) Honey
美澳型核果褐腐病菌

211. *Moniliophthora roreri* (Ciferri et Parodi) Evans
可可链疫孢荚腐病菌

212. *Monosporascus cannonballus* Pollack et Uecker
甜瓜黑点根腐病菌

213. *Mycena citricolor* (Berk. et Curt.) Sacc.
咖啡美洲叶斑病菌

214. *Mycocentrospora acerina* (Hartig) Deighton
香菜腐烂病菌

215. *Mycosphaerella dearnessii* M. E. Barr
松针褐斑病菌

216. *Mycosphaerella fijiensis* Morelet
香蕉黑条叶斑病菌
217. *Mycosphaerella gibsonii* H. C. Evans
松针褐枯病菌
218. *Mycosphaerella linicola* Naumov
亚麻褐斑病菌
219. *Mycosphaerella musicola* J. L. Mulder
香蕉黄条叶斑病菌
220. *Mycosphaerella pini* E. Rostrup
松针红斑病菌
221. *Nectria rigidiuscula* Berk. et Broome
可可花瘿病菌
222. *Ophiostoma novo-ulmi* Brasier
新榆枯萎病菌
223. *Ophiostoma ulmi* (Buisman) Nannf.
榆枯萎病菌
224. *Ophiostoma wageneri* (Goheen et Cobb) Harrington
针叶松黑根病菌
225. *Ovulinia azaleae* Weiss
杜鹃花枯萎病菌
226. *Periconia circinata*(M. Mangin)Sacc.
高粱根腐病菌
227. *Peronosclerospora* spp. (non-Chinese)
玉米霜霉病菌(非中国种)
228. *Peronospora farinosa* (Fries: Fries) Fries f. sp. *betae* Byford
甜菜霜霉病菌
229. *Peronospora hyoscyami* de Bary f. sp. *tabacina* (Adam) Skalicky
烟草霜霉病菌
230. *Pezicula malicorticis* (Jacks.) Nannfeld
苹果树炭疽病菌
231. *Phaeoramularia angolensis* (T. Carvalho et O. Mendes)P. M. Kirk
柑橘斑点病菌

232. *Phellinus noxius* (Corner) G. H. Cunn.
木层孔褐根腐病菌

233. *Phialophora gregata* (Allington et Chamberlain) W. Gams
大豆茎褐腐病菌

234. *Phialophora malorum* (Kidd et Beaum.) McColloch
苹果边腐病菌

235. *Phoma exigua* Desmazières f. sp. foveata (Foister) Boerema
马铃薯坏疽病菌

236. *Phoma glomerata* (Corda) Wollenweber et Hochapfel
葡萄茎枯病菌

237. *Phoma pinodella* (L. K. Jones) Morgan-Jones et K. B. Burch
豌豆脚腐病菌

238. *Phoma tracheiphila* (Petri) L. A. Kantsch. et Gikaschvili
柠檬干枯病菌

239. *Phomopsis sclerotioides* van Kesteren
黄瓜黑色根腐病菌

240. *Phymatotrichopsis omnivora* (Duggar) Hennebert
棉根腐病菌

241. *Phytophthora cambivora* (Petri) Buisman
栗疫霉黑水病菌

242. *Phytophthora erythroseptica* Pethybridge
马铃薯疫霉绯腐病菌

243. *Phytophthora fragariae* Hickman
草莓疫霉红心病菌

244. *Phytophthora fragariae* Hickman var. *rubi* W. F. Wilcox et J. M. Duncan
树莓疫霉根腐病菌

245. *Phytophthora hibernalis* Carne
柑橘冬生疫霉褐腐病菌

246. *Phytophthora lateralis* Tucker et Milbrath
雪松疫霉根腐病菌

247. *Phytophthora medicaginis* E. M. Hans. et D. P. Maxwell

苜蓿疫霉根腐病菌

248. *Phytophthora phaseoli* Thaxter

菜豆疫霉病菌

249. *Phytophthora ramorum* Werres, De Cock et Man in't Veld

栎树猝死病菌

250. *Phytophthora sojae* Kaufmann et Gerdemann

大豆疫霉病菌

251. *Phytophthora syringae* (Klebahn) Klebahn

丁香疫霉病菌

252. *Polyscytalum pustulans* (M. N. Owen et Wakef.) M. B. Ellis

马铃薯皮斑病菌

253. *Protomyces macrosporus* Unger

香菜茎瘿病菌

254. *Pseudocercosporella herpotrichoides* (Fron) Deighton

小麦基腐病菌

255. *Pseudopezicula tracheiphila* (Müller-Thurgau) Korf et Zhuang

葡萄角斑叶焦病菌

256. *Puccinia pelargonii-zonalis* Doidge

天竺葵锈病菌

257. *Pycnostysanus azaleae* (Peck) Mason

杜鹃芽枯病菌

258. *Pyrenochaeta terrestris* (Hansen) Gorenz, Walker et Larson

洋葱粉色根腐病菌

259. *Pythium splendens* Braun

油棕猝倒病菌

260. *Ramularia beticola* Fautr. et Lambotte

甜菜叶斑病菌

261. *Rhizoctonia fragariae* Husain et W. E. McKeen

草莓花枯病菌

262. *Rigidoporus lignosus* (Klotzsch) Imaz.

橡胶白根病菌

263. *Sclerophthora rayssiae* Kenneth, Kaltin et Wahl var. *zeae* Payak et

Renfro

玉米褐条霜霉病菌

264. *Septoria petroselini* (Lib.) Desm.

欧芹壳针孢叶斑病菌

265. *Sphaeropsis pyriputrescens* Xiao et J. D. Rogers

苹果球壳孢腐烂病菌

266. *Sphaeropsis tumefaciens* Hedges

柑橘枝瘤病菌

267. *Stagonospora avenae* Bissett f. sp. *triticea* T. Johnson

麦类壳多胞斑点病菌

268. *Stagonospora sacchari* Lo et Ling

甘蔗壳多胞叶枯病菌

269. *Synchytrium endobioticum* (Schilberszky) Percival

马铃薯癌肿病菌

270. *Thecaphora solani* (Thirumalachar et M. J. O'Brien) Mordue

马铃薯黑粉病菌

271. *Tilletia controversa* Kühn

小麦矮腥黑穗病菌

272. *Tilletia indica* Mitra

小麦印度腥黑穗病菌

273. *Urocystis cepulae* Frost

葱类黑粉病菌

274. *Uromyces transversalis* (Thümen) Winter

唐菖蒲横点锈病菌

275. *Venturia inaequalis* (Cooke) Winter

苹果黑星病菌

276. *Verticillium albo-atrum* Reinke et Berthold

苜蓿黄萎病菌

277. *Verticillium dahliae* Kleb.

棉花黄萎病菌

原核生物

278. *Acidovorax avenae* subsp. cattleyae (Pavarino) Willems et al.

兰花褐斑病菌

279. *Acidovorax avenae* subsp. citrulli (Schaad et al.) Willems et al.
瓜类果斑病菌

280. *Acidovorax konjaci* (Goto) Willems et al.
魔芋细菌性叶斑病菌

281. *Alder yellows* phytoplasma
桤树黄化植原体

282. *Apple proliferation* phytoplasma
苹果丛生植原体

283. *Apricot chlorotic* leafroll phtoplasma
杏褪绿卷叶植原体

284. *Ash yellows* phytoplasma
白蜡树黄化植原体

285. *Blueberry stunt* phytoplasma
蓝莓矮化植原体

286. *Burkholderia caryophylli* (Burkholder) Yabuuchi et al.
香石竹细菌性萎蔫病菌

287. *Burkholderia gladioli* pv. alliicola (Burkholder) Urakami et al.
洋葱腐烂病菌

288. *Burkholderia glumae* (Kurita et Tabei) Urakami et al.
水稻细菌性谷枯病菌

289. *Candidatus Liberobacter* africanum Jagoueix et al.
非洲柑桔黄龙病菌

290. *Candidatus Liberobacter* asiaticum Jagoueix et al.
亚洲柑桔黄龙病菌

291. *Candidatus Phytoplasma* australiense
澳大利亚植原体候选种

292. *Clavibacter michiganensis* subsp. *insidiosus* (McCulloch) Davis et al.
苜蓿细菌性萎蔫病菌

293. *Clavibacter michiganensis* subsp. *michiganensis* (Smith) Davis et al.
番茄溃疡病菌

294. *Clavibacter michiganensis* subsp. *nebraskensis* (Vidaver et al.) Da-

vis et al.

玉米内州萎蔫病菌

295. *Clavibacter michiganensis* subsp. *sepedonicus* (Spieckermann et al.) Davis et al.

马铃薯环腐病菌

296. Coconut lethal yellowing phytoplasma

椰子致死黄化植原体

297. *Curtobacterium flaccumfaciens* pv. *flaccumfaciens* (Hedges) Collins et Jones

菜豆细菌性萎蔫病菌

298. *Curtobacterium flaccumfaciens* pv. *oortii* (Saaltink et al.) Collins et Jones

郁金香黄色疱斑病菌

299. Elm phloem necrosis phytoplasma

榆韧皮部坏死植原体

300. *Enterobacter cancerogenus* (Urosevi) Dickey et Zumoff

杨树枯萎病菌

301. *Erwinia amylovora* (Burrill) Winslow et al.

梨火疫病菌

302. *Erwinia chrysanthemi* Burkhodler et al.

菊基腐病菌

303. *Erwinia pyrifoliae* Kim, Gardan, Rhim et Geider

亚洲梨火疫病菌

304. *Grapevine flavescence* dorée phytoplasma

葡萄金黄化植原体

305. Lime witches' broom phytoplasma

来檬丛枝植原体

306. *Pantoea stewartii* subsp. *stewartii* (Smith) Mergaert et al.

玉米细菌性枯萎病菌

307. Peach X-disease phytoplasma

桃 X 病植原体

308. Pear decline phytoplasma

梨衰退植原体

309. Potato witches' broom phytoplasma
马铃薯丛枝植原体

310. *Pseudomonas savastanoi* pv. *phaseolicola* (Burkholder) Gardan et al.
菜豆晕疫病菌

311. *Pseudomonas syringae* pv. *morsprunorum* (Wormald) Young et al.
核果树溃疡病菌

312. *Pseudomonas syringae* pv. *persicae* (Prunier et al.) Young et al.
桃树溃疡病菌

313. *Pseudomonas syringae* pv. *pisi* (Sackett) Young et al.
豌豆细菌性疫病菌

314. *Pseudomonas syringae* pv. *maculicola* (McCulloch) Young et al
十字花科黑斑病菌

315. *Pseudomonas syringae* pv. *tomato* (Okabe) Young et al.
番茄细菌性叶斑病菌

316. *Ralstonia solanacearum* (Smith) Yabuuchi et al. (race 2)
香蕉细菌性枯萎病菌(2 号小种)

317. *Rathayibacter rathayi* (Smith) Zgurskaya et al.
鸭茅蜜穗病菌

318. *Spiroplasma citri* Saglio et al.
柑橘顽固病螺原体

319. Strawberry multiplier phytoplasma
草莓簇生植原体

320. *Xanthomonas albilineans* (Ashby) Dowson
甘蔗白色条纹病菌

321. *Xanthomonas arboricola* pv. *celebensis* (Gaumann) Vauterin et al.
香蕉坏死条纹病菌

322. *Xanthomonas axonopodis* pv. *betlicola* (Patel et al.) Vauterin et al.
胡椒叶斑病菌

323. *Xanthomonas axonopodis* pv. *citri* (Hasse) Vauterin et al.
柑橘溃疡病菌

324. *Xanthomonas axonopodis* pv. *manihotis* (Bondar) Vauterin et al.

木薯细菌性萎蔫病菌

325. *Xanthomonas axonopodis* pv. *vasculorum* (Cobb) Vauterin et al.

甘蔗流胶病菌

326. *Xanthomonas campestris* pv. *mangiferaeindicae* (Patel et al.) Robbs et al.

杧果黑斑病菌

327. *Xanthomonas campestris* pv. *musacearum* (Yirgou et Bradbury) Dye

香蕉细菌性萎蔫病菌

328. *Xanthomonas cassavae* (ex Wiehe et Dowson) Vauterin et al.

木薯细菌性叶斑病菌

329. *Xanthomonas fragariae* Kennedy et King

草莓角斑病菌

330. *Xanthomonas hyacinthi* (Wakker) Vauterin et al.

风信子黄腐病菌

331. *Xanthomonas oryzae* pv. *oryzae* (Ishiyama) Swings et al.

水稻白叶枯病菌

332. *Xanthomonas oryzae* pv. *oryzicola* (Fang et al.) Swings et al.

水稻细菌性条斑病菌

333. *Xanthomonas populi* (ex Ride) Ride et Ride

杨树细菌性溃疡病菌

334. *Xylella fastidiosa* Wells et al.

木质部难养细菌

335. *Xylophilus ampelinus* (Panagopoulos) Willems et al.

葡萄细菌性疫病菌

线虫

336. *Anguina agrostis* (Steinbuch) Filipjev

剪股颖粒线虫

337. *Aphelenchoides fragariae* (Ritzema Bos) Christie

草莓滑刃线虫

338. *Aphelenchoides ritzemabosi* (Schwartz) Steiner et Bührer

菊花滑刃线虫

339. *Bursaphelenchus cocophilus* (Cobb) Baujard

椰子红环腐线虫

340. *Bursaphelenchus xylophilus* (Steiner et Bührer) Nickle
松材线虫

341. *Ditylenchus angustus* (Butler) Filipjev
水稻茎线虫

342. *Ditylenchus destructor* Thorne
腐烂茎线虫

343. *Ditylenchus dipsaci* (Kühn) Filipjev
鳞球茎茎线虫

344. *Globodera pallida* (Stone) Behrens
马铃薯白线虫

345. *Globodera rostochiensis* (Wollenweber) Behrens
马铃薯金线虫

346. *Heterodera schachtii* Schmidt
甜菜胞囊线虫

347. *Longidorus* (Filipjev) Micoletzky(The species transmit viruses)
长针线虫属(传毒种类)

348. *Meloidogyne Goeldi* (non-Chinese species)
根结线虫属(非中国种)

349. *Nacobbus abberans* (Thorne) Thorne et Allen
异常珍珠线虫

350. *Paralongidorus maximus* (Bütschli) Siddiqi
最大拟长针线虫

351. *Paratrichodorus Siddiqi* (The species transmit viruses)
拟毛刺线虫属(传毒种类)

352. *Pratylenchus Filipjev* (non-Chinese species)
短体线虫 (非中国种)

353. *Radopholus similis* (Cobb) Thorne
香蕉穿孔线虫

354. *Trichodorus Cobb* (The species transmit viruses)
毛刺线虫属(传毒种类)

355. *Xiphinema Cobb* (The species transmit viruses)

剑线虫属(传毒种类)

病毒及类病毒

356. *African cassava mosaic virus*, ACMV
非洲木薯花叶病毒(类)

357. *Apple stem grooving virus*, ASPV
苹果茎沟病毒

358. *Arabis mosaic* virus, ArMV
南芥菜花叶病毒

359. *Banana bract mosaic virus*, BBrMV
香蕉苞片花叶病毒

360. *Bean pod mottle virus*, BPMV
菜豆荚斑驳病毒

361. *Broad bean stain virus*, BBSV
蚕豆染色病毒

362. *Cacao swollen shoot virus*, CSSV
可可肿枝病毒

363. *Carnation ringspot virus*, CRSV
香石竹环斑病毒

364. *Cotton leaf crumple virus*, CLCrV
棉花皱叶病毒

365. *Cotton leaf curl virus*, CLCuV
棉花曲叶病毒

366. *Cowpea severe mosaic virus*, CPSMV
豇豆重花叶病毒

367. *Cucumber green mottle mosaic virus*, CGMMV
黄瓜绿斑驳花叶病毒

368. *Maize chlorotic dwarf virus*, MCDV
玉米褪绿矮缩病毒

369. *Maize chlorotic mottle virus*, MCMV
玉米褪绿斑驳病毒

370. *Oat mosaic virus*, OMV
燕麦花叶病毒

371. *Peach rosette mosaic virus*, PRMV
桃丛簇花叶病毒
372. *Peanut stunt virus*, PSV
花生矮化病毒
373. *Plum pox virus*, PPV
李痘病毒
374. *Potato mop-top virus*, PMTV
马铃薯帚顶病毒
375. *Potato virus* A, PVA
马铃薯 A 病毒
376. *Potato virus V*, PVV
马铃薯 V 病毒
377. *Potato yellow dwarf virus*, PYDV
马铃薯黄矮病毒
378. *Prunus necrotic ringspot virus*, PNRSV
李属坏死环斑病毒
379. *Southern bean mosaic virus*, SBMV
南方菜豆花叶病毒
380. *Sowbane mosaic virus*, SoMV
藜草花叶病毒
381. *Strawberry latent ringspot virus*, SLRSV
草莓潜隐环斑病毒
382. *Sugarcane streak virus*, SSV
甘蔗线条病毒
383. *Tobacco ringspot virus*, TRSV
烟草环斑病毒
384. *Tomato black ring virus*, TBRV
番茄黑环病毒
385. *Tomato ringspot virus*, ToRSV
番茄环斑病毒
386. *Tomato spotted wilt virus*, TSWV
番茄斑萎病毒

387. *Wheat streak mosaic virus*, WSMV
小麦线条花叶病毒

388. *Apple fruit crinkle viroid*, AFCVd
苹果皱果类病毒

389. *Avocado sunblotch viroid*, ASBVd
鳄梨日斑类病毒

390. *Coconut cadang-cadang viroid*, CCCVd
椰子死亡类病毒

391. *Coconut tinangaja viroid*, CTiVd
椰子败生类病毒

392. *Hop latent viroid*, HLVd
啤酒花潜隐类病毒

393. *Pear blister canker viroid*, PBCVd
梨疱症溃疡类病毒

394. *Potato spindle tuber viroid*, PSTVd
马铃薯纺锤块茎类病毒

杂草

395. *Aegilops cylindrica* Horst
具节山羊草

396. *Aegilops squarrosa* L.
节节麦

397. *Ambrosia* spp.
豚草(属)

398. *Ammi majus* L.
大阿米芹

399. *Avena barbata* Brot.
细茎野燕麦

400. *Avena ludoviciana* Durien
法国野燕麦

401. *Avena sterilis* L.
不实野燕麦

402. *Bromus rigidus* Roth

硬雀麦

403. *Bunias orientalis* L.

疣果匙荠

404. *Caucalis latifolia* L.

宽叶高加利

405. *Cenchrus* spp. (non-Chinese species)

蒺藜草(属)(非中国种)

406. *Centaurea diffusa* Lamarck

铺散矢车菊

407. *Centaurea repens* L.

匍匐矢车菊

408. *Crotalaria spectabilis* Roth

美丽猪屎豆

409. *Cuscuta* spp.

菟丝子(属)

410. *Emex australis* Steinh.

南方三棘果

411. *Emex spinosa* (L.) Campd.

刺亦模

412. *Eupatorium adenophorum* Spreng.

紫茎泽兰

413. *Eupatorium odoratum* L.

飞机草

414. *Euphorbia dentata* Michx.

齿裂大戟

415. *Flaveria bidentis* (L.) Kuntze

黄顶菊

416. *Ipomoea pandurata* (L.) G. F. W. Mey.

提琴叶牵牛花

417. *Iva axillaris* Pursh

小花假苍耳

418. *Iva xanthifolia* Nutt.

假苍耳

419. *Knautia arvensis* (L.) Coulter

欧洲山萝卜

420. *Lactuca pulchella* (Pursh) DC.

野莴苣

421. *Lactuca serriola* L.

毒莴苣

422. *Lolium temulentum* L.

毒麦

423. *Mikania micrantha* Kunth

薇甘菊

424. *Orobanche* spp.

列当(属)

425. *Oxalis latifolia* Kubth

宽叶酢浆草

426. *Senecio jacobaea* L.

臭千里光

427. *Solanum carolinense* L.

北美刺龙葵

428. *Solanum elaeagnifolium* Cay.

银毛龙葵

429. *Solanum rostratum* Dunal.

刺萼龙葵

430. *Solanum torvum* Swartz

刺茄

431. *Sorghum almum* Parodi.

黑高粱

432. *Sorghum halepense* (L.) Pers. (Johnsongrass and its cross breeds)

假高粱(及其杂交种)

433. *Striga* spp. (non-Chinese species)

独脚金(属)(非中国种)

434. *Tribulus alatus* Delile

翅蒺藜

435. *Xanthium* spp. (non-Chinese species)

苍耳(属)(非中国种)

备注 1:非中国种是指中国未有发生的种;

备注 2:非中国小种是指中国未有发生的小种;

备注 3:传毒种类是指可以作为植物病毒传播介体的线虫种类。

十、中华人民共和国进境植物检疫禁止进境物名录

(1997 年 7 月 29 日中华人民共和国农业部发布施行)

禁止进境物	禁止进境的原因(防止传入的危险性病虫害)	禁止的国家或地区
玉米种子	玉米细菌性枯萎病菌	亚洲:越南、泰国 欧洲:独联体、波兰、瑞士、意大利、罗马尼亚、南斯拉夫 美洲:加拿大、美国、墨西哥
大豆种子	大豆疫病菌	亚洲:日本 欧洲:英国、法国、独联体、德国 美洲:加拿大、美国 大洋洲:澳大利亚、新西兰
马铃薯块茎及其繁殖材料	马铃薯黄矮病毒 马铃薯帚顶病毒 马铃薯金线虫 马铃薯白线虫 马铃薯癌肿病菌	亚洲:日本、印度、巴勒斯坦、黎巴嫩、尼泊尔、以色列、缅甸 欧洲:丹麦、挪威、瑞典、独联体、波兰、捷克、斯洛伐克、匈牙利、保加利亚、芬兰、冰岛、德国、奥地利、瑞士、荷兰、比利时、英国、爱尔兰、法国、西班牙、葡萄牙、意大利 非洲:突尼斯、阿尔及利亚、南非、肯尼亚、坦桑尼亚、津巴布韦 美洲:加拿大、美国、墨西哥、巴拿马、委内瑞拉、秘鲁、阿根廷、巴西、厄瓜多尔、玻利维亚、智利 大洋洲:澳大利亚、新西兰
榆属苗、插条	榆枯萎病菌	亚洲:印度、伊朗、土耳其 欧洲:各国 美洲:加拿大、美国
松属苗、接穗	松材线虫 松突圆蚧	亚洲:朝鲜、日本、中国香港、中国澳门 欧洲:法国 美洲:加拿大、美国

续表

禁止进境物	禁止进境的原因（防止传入的危险性病虫害）	禁止的国家或地区
橡胶属芽、苗、籽	橡胶南美叶疫病菌	美洲：墨西哥、中美洲及南美洲各国
烟属繁殖材料烟叶	烟霜霉病菌	亚洲：缅甸、伊朗、也门、伊拉克、叙利亚、黎巴嫩、约旦、以色列、土耳其 欧洲：各国 非洲：埃及、利比亚、突尼斯、阿尔及利亚、摩洛哥 美洲：加拿大、美国、墨西哥、危地马拉、萨尔瓦多、古巴、多米尼加、巴西、智利、阿根廷、乌拉圭 大洋洲：各国
小麦（商品）	小麦矮腥黑穗病菌 小麦印度腥黑穗病菌	亚洲：印度、巴基斯坦、阿富汗、尼泊尔、伊朗、伊拉克、土耳其、沙特阿拉伯 欧洲：独联体、捷克、斯洛伐克、保加利亚、匈牙利、波兰（海乌姆、卢步林、普热梅布尔、热舒夫、塔尔诺布热格、扎莫希奇）、罗马尼亚、阿尔巴尼亚、南斯拉夫、德国、奥地利、比利时、瑞士、瑞典、意大利、法国（罗讷—阿尔卑斯） 非洲：利比亚、阿尔及利亚 美洲：乌拉圭、阿根廷（布宜诺斯艾利斯、圣非）、巴西、墨西哥、加拿大（安大略）、美国（华盛顿、怀俄明、蒙大拿、科罗拉多、爱达荷、俄勒冈、犹它及其他有小麦印度腥黑穗病发生的地区）
水果及茄子、辣椒、番茄果实	地中海实蝇	亚洲：印度、伊朗、沙特阿拉伯、叙利亚、黎巴嫩、约旦、巴勒斯坦、以色列、塞浦路斯、土耳其 欧洲：匈牙利、德国、奥地利、比利时、法国、西班牙、葡萄牙、意大利、马耳他、南斯拉夫、阿尔巴尼亚、希腊非洲：埃及、利比亚、突尼斯、阿尔及利亚、摩洛哥、塞内加尔、布基纳法索、马里、几内亚、塞拉利昂、利比里亚、加纳、多哥、贝宁、尼日尔、尼日利亚、喀麦隆、苏丹、埃塞俄比亚、肯尼亚、乌干达、坦桑尼亚、卢旺达、布隆迪、扎伊尔、安哥拉、赞比亚、马拉维、莫桑比克、马达加斯加、毛里求斯、留尼汪、津巴布韦、博茨瓦纳、南非 美洲：美国（包括夏威夷）、墨西哥、危地马拉、萨尔瓦多、洪都拉斯、尼加拉瓜、厄瓜多尔、哥斯达黎加、巴拿马、牙买加、委内瑞拉、秘鲁、巴西、玻利维亚、智利、阿根廷、乌拉圭、哥伦比亚 大洋洲：澳大利亚、新西兰（北岛）

续表

禁止进境物	禁止进境的原因（防止传入的危险性病虫害）	禁止的国家或地区
植物病原体（包括菌种、毒种）、害虫、有害生物体及其他转基因生物材料	根据《中华人民共和国进出境动植物检疫法》第5条规定	所有国家或地区
土壤	根据《中华人民共和国进出境动植物检疫法》第5条规定	所有国家或地区

十一、全国农业植物检疫性有害生物名单

（2006年3月2日中华人民共和国农业部发布实施）

序号	中文名	学　名
昆虫：		
1	菜豆象	*Acanthoscelides obtectus* (Say)
2	柑橘小实蝇	*Bactrocera dorsalis* (Hendel)
3	柑橘大实蝇	*Bactrocera minax* (Enderlein)
4	蜜柑大实蝇	*Bactrocera tsuneonis* (Miyake)
5	三叶斑潜蝇	*Liriomyza trifolii* (Burgess)
6	椰心叶甲	*Brontispa longissima* Gestro
7	四纹豆象	*Callosobruchus maculates* (Fabricius)
8	苹果蠹蛾	*Cydia pomonella* (Linnaeus)
9	葡萄根瘤蚜	*Daktulosphaira vitifoliae* Fitch
10	苹果绵蚜	*Eriosoma lanigerum* (Hausmann)
11	美国白蛾	*Hyphantria cunea* (Drury)
12	马铃薯甲虫	*Leptinotarsa decemlineata* (Say)
13	稻水象甲	*Lissorhoptrus oryzophilus* Kuschel
14	蔗扁蛾	*Opogona sacchari* Bojer
15	红火蚁	*Solenopsis invicta* Buren
16	杧果果肉象甲	*Sternochetus frigidus* (Fabricius)
17	杧果果实象甲	*Sternochetus olivieri* (Faust)
线虫：		
18	菊花滑刃线虫	*Aphelenchoides ritzemabosi* (Schwartz) Steiner & Buhrer
19	腐烂茎线虫	*Ditylenchus destructor* Thorne
20	香蕉穿孔线虫	*Radopholus similes* (Cobb) Thorne
细菌：		
21	瓜类果斑病菌	*Acidovorax avenae* subsp. *citrulli* (Schaad *et al.*) Willems *et al*

续表

序号	中文名	学　名
22	柑橘黄龙病菌	*Candidatus liberobacter asiaticum* Jagoueix *et al*
23	番茄溃疡病菌	*Clavibacter michiganensis* subsp. *michiganensis* (Smith) Davis *et al*
24	十字花科黑斑病菌	*Pseudomonas syringae* pv. *maculicola* (McCulloch) Young *et al*
25	番茄细菌性叶斑病菌	*Pseudomonas syringae* pv. *tomato* (Okabe) Young, Dye & Wilkie
26	柑橘溃疡病菌	*Xanthomonas axonopodis* pv. *citri* (Hasse) Vauterin *et al*
27	水稻细菌性条斑病菌	*Xanthomonas oryzae* pv. *oryzicola* (Fang *et al*) Swings *et al*
真菌：		
28	黄瓜黑星病菌	*Cladosporium cucumerinum* Ellis & Arthur
29	香蕉镰刀菌枯萎病菌4号小种	*Fusarium oxysporum* f. sp. *cubense* (Smith) Snyder & Hansen Race 4
30	玉米霜霉病菌	*Peronosclerospora* spp.
31	大豆疫霉病菌	*Phytophthora sojae* Kaufmann&Gerdemann
32	马铃薯癌肿病菌	*Synchytrium endobioticum* (Schilb.) Percival
33	苹果黑星病菌	*Venturia inaequalis* (Cooke) Winter
34	苜蓿黄萎病菌	*Verticillium albo-atrum* Reinke & Berthold
35	棉花黄萎病菌	*Verticillium dahliae* Kleb.
病毒：		
36	李属坏死环斑病毒	*Prunus necrotic ringspot ilarvirus*
37	烟草环斑病毒	*Tobacco ringspot nepovirus*
38	番茄斑萎病毒	*Tomato spotted wilt tospovirus*
杂草：		
39	豚草属	*Ambrosia* spp.
40	菟丝子属	*Cuscuta* spp.
41	毒麦	*Lolium temulentum* L.
42	列当属	*Orobanche* spp.
43	假高粱	*Sorghum halepense* (L.) Pers.

十二、全国林业植物检疫性有害生物名单

（2004年中华人民共和国国家林业总局发布施行）

一、昆虫(11种)

1. 红脂大小蠹 *Dendroctonus valens* Le Conte
2. 椰心叶甲 *Brontispa longissima* (Gestro)
3. 松突圆蚧 *Hemiberlesia pitysophia* Takagi
4. 杨干象 *Cryptorrhynchus lapathi* Linne
5. 苹果蠹蛾 *Laspeyresia pomonella* (Linnaeus)
6. 双钩异翅长蠹 *Heterobostrychus aequalis* (Waterhouse)
7. 蔗扁蛾 Opogona sacchari (Bojer)
8. 枣大球蚧 *Eulecanium gigantean* (shinji)
9. 红棕象甲 *Rhyncnophorus ferrugineus* oliu.
10. 青杨脊虎天牛 *Xylotrechus rusticus* (Linnaeus)
11. 美国白蛾 *Hyphantria cunea* (Drury)

二、病原微生物(6种)

1. 猕猴桃细菌性溃疡病菌 *Pseudomonas syringae* pv. *actinidiea* Takikawa et al.
2. 松疱锈病菌 *Cronartium ribicola* J. C. Fischer ex Rabenhorst
3. 落叶松枯梢病菌 *Guignardia laricina* (Sawada) Yamamoto et K. Ito
4. 冠瘿病菌 *Agrobacterium tumefaciens* (Smith and Townsend) Conn.
5. 杨树花叶病毒 *Poplar Mosaic Virus*
6. 草坪草褐斑病菌 *Rhizoctonia solani*

三、线虫(1种)

松材线虫 *Bursaphelenchus xylophilus* (Steiner et Burher) Nickle

四、植物(1种)

薇甘菊 Mikania Micrantha H. B. K.

十三、中华人民共和国进境动植物检疫许可证申请表

中华人民共和国
进境动植物检疫许可证申请表

一、申请单位 编号

名称：				本表所填内容真实；保证严格遵守进出境动植物检疫的有关规定，特此声明。 签字盖章： 申请日期： 年 月 日
地址：				
邮编：	法人代码：		联系人：	
电话：		传真：		

二、进境后的生产、加工、使用、存放单位

名 称	联系人	电话	传真

三、进境检疫物

名 称	品种	数量	重量	产地	生产、加工、存放单位	是否转基因产品
输出国家或地区：				进境日期：	出境日期：	
进境口岸：			出境口岸：		指运地：	
目的地：			用途：			
运输路线及方式：						
进境后的隔离检疫场所：						

四、审批意见(以下由出入境检验检疫机关填写)

初审机关意见：(本栏目仅适用于特许审批)	审批机关意见：
签字盖章： 日期： 年 月 日	经办： 审核： 签发： 经办日期： 年 月 日

A 0029320 中华人民共和国国家出入境检验检疫局印制

十四、"动植物检疫图像信息系统"用户手册

动植物检疫图像信息系统(Animal and Plant Quarantine Images Information System,APQIIS)是一个针对动植物检疫相关图像素材进行浏览、查询、管理、打印的多媒体数据库,由中国农业大学植物检疫实验室研制。APQIIS是《动植物检疫概论》教材随赠的图像信息系统,其开发得到了北京市高等教育精品教材建设项目的支持。APQIIS面向我国高等院校、科研院所和政府机构等相关部门,以图文对照的方式,为各类用户提供了200余幅动植物检疫的相关图像素材,以及这些图像的来源和内容说明。APQIIS能够为动植物检疫教学、科研等工作提供现代化的辅助工具,对在全国范围内进一步普及动植物检疫知识、提高动植物检疫教育水平起到重要作用。

(一)系统安装与运行环境

1. 硬件环境要求　最低配置为PC586,内存16M,显示方式为800×600。推荐配置是奔腾Ⅳ 1.4GMhz,内存128M,显示方式为1 024×768。

2. 软件环境要求　中文Windows98及以上版本。

3. 安装方法　将安装盘放入光驱后,将执行自动安装程序。建议先仔细阅读光盘中"安装说明.txt"文件,再根据安装向导的提示,设置安装路径等选项,完成系统安装。

(二)版本类型

1. 高级用户版　适用对象为高级用户,功能包括图像浏览、图像查询和图像管理。

2. 普通用户版　适用对象为普通用户,功能包括图像浏览和图像查询。

(三)系统操作指南

APQIIS具有友好的用户界面,点按相关按钮即可获得所需信息,操作方便、简捷。系统运行后,点按启动界面中的"进入"按钮(图1),系统呈现其主界面(图2),功能按钮包括"图像浏览""图像查询""图像管理"和"系统说明"等。

1. 图像浏览　APQIIS可浏览动植物检疫的相关图像,同时可浏览此幅图像的标题、关键词、来源以及内容说明(图3)。用户点按"列表显示""自动播放"以及"打印输出"按钮能够执行相应功能。在列表显示界面(图4),点击图像记

图 1 APQIIS 启动界面

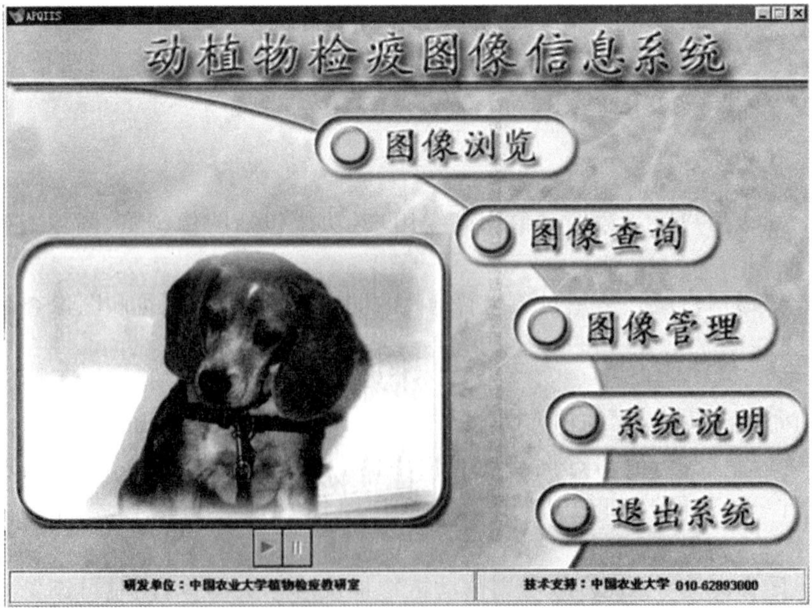

图 2 APQIIS 主界面

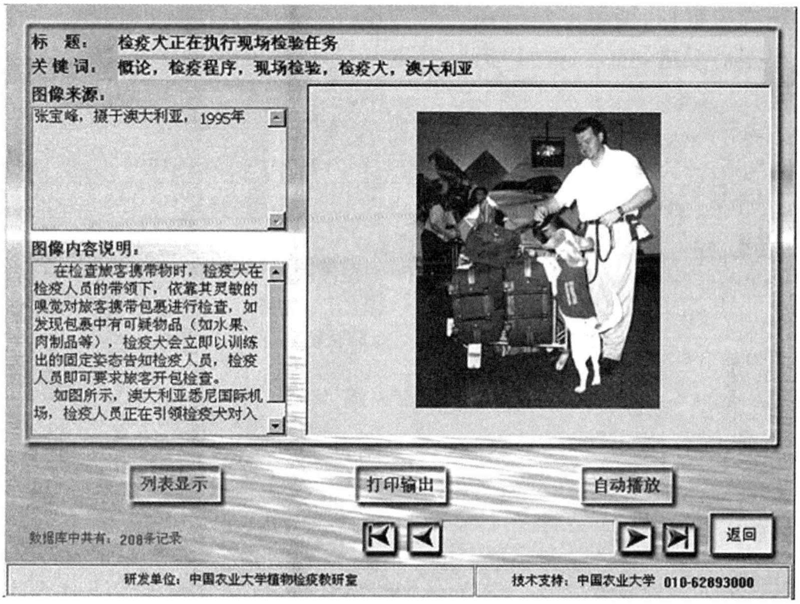

图 3　APQIIS 信息浏览界面

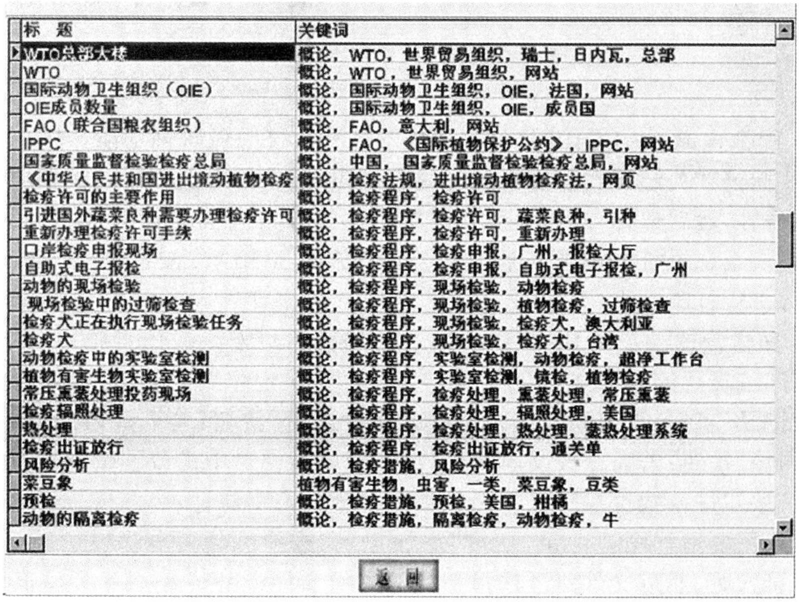

标　题	关键词
WTO总部大楼	概论，WTO，世界贸易组织，瑞士，日内瓦，总部
WTO	概论，WTO，世界贸易组织，网站
国际动物卫生组织（OIE）	概论，国际动物卫生组织，OIE，法国，网站
OIE成员数量	概论，国际动物卫生组织，OIE，成员国
FAO（联合国粮农组织）	概论，FAO，意大利，网站
IPPC	概论，FAO，《国际植物保护公约》，IPPC，网站
国家质量监督检验检疫总局	概论，中国，国家质量监督检验检疫总局，网站
《中华人民共和国进出境动植物检疫	概论，检疫法规，进出境动植物检疫法，网页
检疫许可的主要作用	概论，检疫程序，检疫许可
引进国外蔬菜良种需要办理检疫许可	概论，检疫程序，检疫许可，蔬菜良种，引种
重新办理检疫许可手续	概论，检疫程序，检疫许可，重新办理
口岸检疫申报现场	概论，检疫程序，检疫申报，广州，报检大厅
自助式电子报检	概论，检疫程序，检疫申报，自助式电子报检，广州
动物的现场检验	概论，检疫程序，现场检验，动物检疫
现场检验中的过筛检查	概论，检疫程序，现场检验，植物检疫，过筛检查
检疫犬正在执行现场检验任务	概论，检疫程序，现场检验，检疫犬，澳大利亚
检疫犬	概论，检疫程序，现场检验，检疫犬，台湾
动物检疫中的实验室检测	概论，检疫程序，实验室检测，动物检疫，超净工作台
植物有害生物实验室检测	概论，检疫程序，实验室检测，镜检，植物检疫
常压熏蒸处理投药现场	概论，检疫程序，检疫处理，熏蒸处理，常压熏蒸
检疫辐照处理	概论，检疫程序，检疫处理，辐照处理，美国
热处理	概论，检疫程序，检疫处理，热处理，蒸热处理系统
检疫出证放行	概论，检疫程序，检疫出证放行，通关单
风险分析	概论，检疫措施，风险分析
菜豆象	植物有害生物，虫害，一类，菜豆象，豆类
预检	概论，检疫措施，预检，美国，柑橘
动物的隔离检疫	概论，检疫措施，隔离检疫，动物检疫，牛

图 4　APQIIS 列表显示界面

录的标题或关键词，即可浏览到相关的图像信息。在打印输出选项界面(图 5)，用户可根据需要进行输出项目选择，并进行打印预览和输出。

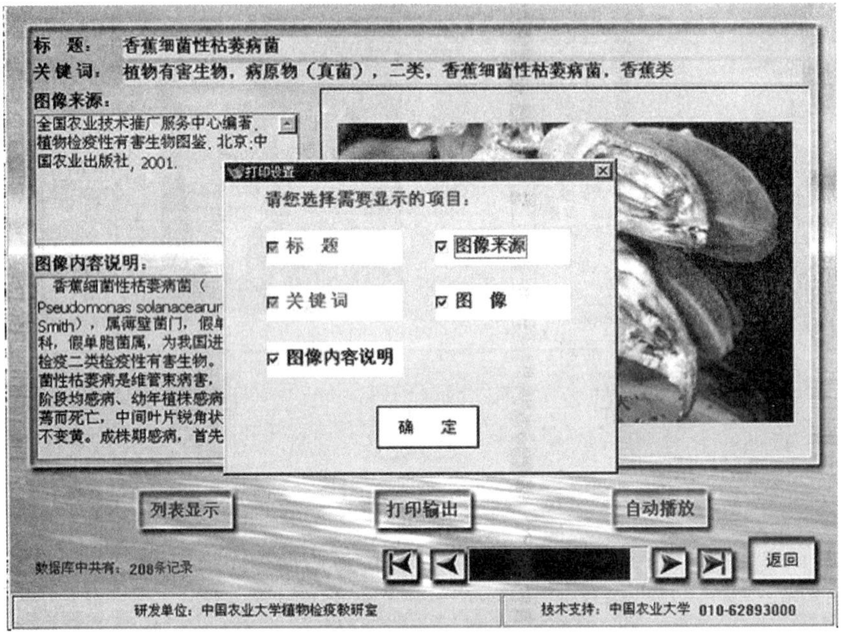

图 5 APQIIS 打印输出选项界面

2. 图像查询 APQIIS 提供便捷的动植物检疫图像查询功能。用户可根据需要在“标题”“关键词”“图像来源”“内容说明”等栏目中选择一项或多项填入需查询的内容，然后选择查询逻辑项(即单条件或多条件模糊查询)，点按“开始查询”按钮。系统执行查询功能后，用户可点按“浏览结果”按钮浏览查询到的图像，并可进行打印输出(图 6)。

3. 图像管理 APQIIS 提供了高效的动植物检疫图像信息管理功能，即图像数据库编辑功能(图 7)。用户可通过点按“记录定位”按钮选择需要进行编辑的图像记录。如果需要修改记录，点按“修改记录”按钮；若需替换图像，则点按“读取图像”按钮；若需修改文本，可直接在相应的栏目中进行编辑操作；点按“提交修改”按钮进行数据操作保存。如果需要删除该图像记录，点按“删除记录”按钮。如果需要增加图像记录，点按“增加记录”按钮并填写相关信息内容即可。在图像录入时，通过文件路径选择相关的图像文件(. bmp 格式)，并将其保存到数据库(图 8)。

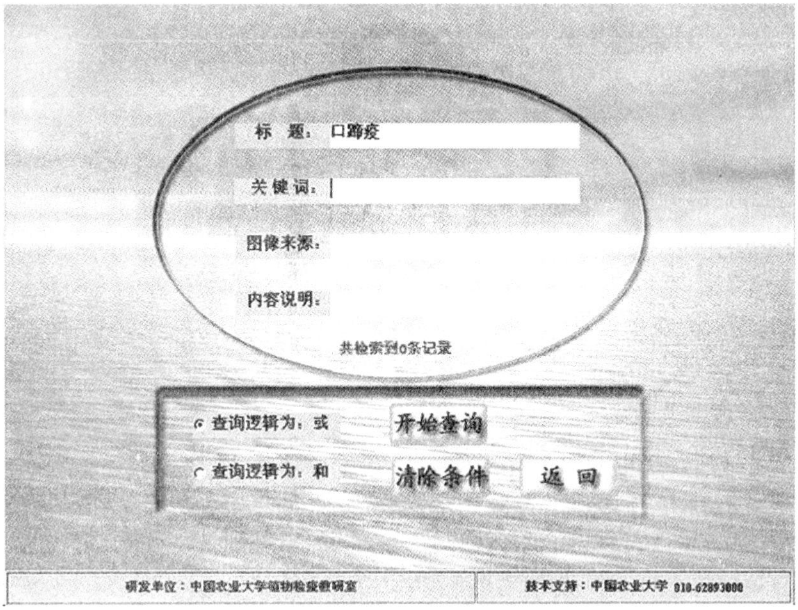

图 6　APQIIS 信息查询界面

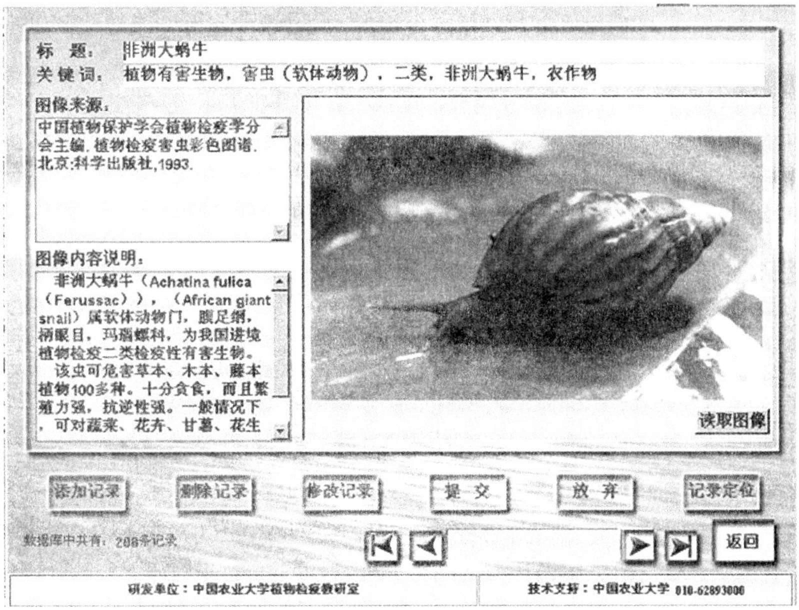

图 7　APQIIS 信息库编辑界面

图 8 APQIIS 信息库编辑的图像信息录入

(四)技术支持单位与联系方式

联系人：李志红博士

中国农业大学植物检疫实验室

地址：北京市海淀区圆明园西路 2 号

邮编：100094

电话：010-62733000

EMAIL：lizh@cau. edu. cn